Donald A. McQuarrie
マッカーリ 化学数学

藤森裕基　松澤秀則　筑紫 格　訳

Mathematics for Physical Chemistry
Opening Doors

丸善出版

Mathematics for Physical Chemistry

Opening Doors

by

Donald A. McQuarrie

Originally Published by University Science Books

Copyright © 2008 by University Science Books.

All rights reserved. No part of this publication may be photocopied, recorded or otherwise reproduced, stored in retrieval system or transmitted in any form or by electronic or mechanical means without the prior permission of the copyright owner and publisher.

Japanese translation published by Maruzen Publishing Co., Ltd., Tokyo.
Copyright © 2014 by Maruzen Publishing Co., Ltd.
Japanese translation rights arranged with University Science Books through Japan UNI Agency, Inc., Tokyo.

Printed in Japan

原著者序文

　私が自然科学を学ぶ大学生に対して話をするときに，長い間好んで引用してきた言葉がある．それは James Caballero の言葉である．「私は学生たちに，これ以上数学の授業を受けないと決めるさいには，よく耳をすますようにアドバイスしている．よく注意していれば，扉が閉まる音が聞こえるだろう．」本書はそのような学生のためにかかれたものである．

　本書は，私が John Simon とともに執筆した "Physical Chemistry: A Molecular Approach" と，私が執筆した "Quantum Chemistry"（2007 年に第 2 版が出版された）の "数学に関する章" を集め，それらを発展させたものである．これらの書籍の "数学に関する章" は，そのあとで議論する内容を理解するために必要最低限の数学的な知識と，数学的な話題の簡潔なまとめから構成されている．長年科学書の出版に携わってきた私の本の編集者は，"物理化学は難しい．数学がわからないと理解することができない" という．この "数学に関する章" のポイントは，物理化学的な事象に応用する前に，数学的なまとめを読むことによって，数学の知識についての心配を減らし，物理化学を学ぶ時間をより増やせることである．多くの人々が，この "数学に関する章" を 1 冊にまとめることを，私に提案してくれた．そのおかげで本書は完成にいたった．

　自然科学を学ぶ大学生が数学の授業を難しいと感じるのは，プロの数学者から数学を教わるためである．プロの数学者は数学を発展させることに熱心で，その応用には関心がない．そのため，数学者は，定理の検証や数学を用いるさいには，すべての条件を厳密に定義する必要性を尊重する．自然科学を学ぶ多くの学生は，たんに数学を物理的な問題に適用したいだけであり，数学の授業に物理的な直観力を持ち込んで，数学の厳密さは過剰であると感じている．残念ながら，この直観はつねに正しいとはかぎらない．17 世紀と 18 世紀の微積分の発展以来，数学者は，特定の挙動を示す関数の多くが直観に反していることを見出して

きた．たとえば，全領域において連続であるが，導関数はもたない関数がある．実際，B. R. Gelbaum と J. M. H. Olmsted の "Counterexamples in Analysis"（Dover Publications）は本全体が数学的反例集となっている．これらの反例は物理的な問題ではまれにしか生じないものであるが，数学ではもっとも重要なものである．このように，数学を教える教員と，数学を教わる多くの学生の間には，自然で正当な二分法が存在する．私はその出典を知らないが，つぎのような格言がある．"応用数学者は純粋数学を理解しておらず，純粋数学者は応用数学者を信用していない．"

　本書は 23 章からなる．それぞれの章はかなり短く，長くても 20 ページ程度であるので，わずかな時間で読むことができるだろう．各章で学ぶ定理は数個であるが，物理的な問題への応用に重点をおいた実践的なレベルのものを厳選した．各章には議論されるテクニックを理解できるような例題も掲載した．多くの問題を解かずには物理化学（または自然科学）を学ぶことはできない．そこで，各章の最後に約 30 の問題を掲載した．これらの問題は，各章で扱う数学と物理とをつなぎ，物理化学的事象を数学で説明するものである．問題は全部で 600 問を超え，本書の最後にそれらの問題の多くの答えを掲載した．

　本書を通して，数式処理システム（CAS）とよばれる数学ソフトウェア，Mathematica, Maple, Mathcad のうち，少なくとも一つの使い方を学ぶことを推奨する．これらの CAS の比較は，http://en.wikipedia.org/wiki/Computer_algebra_system を参照してほしい．CAS は，以前は重労働だった計算を簡単に行ってくれるソフトウェアである．多くの大学の化学科は，これらのソフトウェアのうち，いずれかのライセンスをもっているであろう．CAS は数値計算を実行するだけでなく，代数的な操作も実行することができる．また，CAS の使い方を学ぶこと，そして実際に使用することは比較的容易であり，科学を真剣に学ぶのであれば，いずれかの CAS の使い方を知っておく必要がある．CAS は，代数学を解く作業から解放し，物理的な視点から問題を考えることに集中させてくれる．さらに CAS を利用すれば，パラメーターを変化させて結果を図示することができ，方程式の本質を考えることも可能とする．実際に，本書に掲載したすべての図は，フンボルト州立大学（カリフォルニア州）の Mervin Hanson 教授が Mathematica を用いて作図したものである．また，本書に掲載した多くの問

題は CAS を用いて解くことを前提としており，そうでない問題も，CAS を用いればより簡単に解くことができる．

　コンピュータ時代の産物として，ほとんどあらゆるトピックスがウェブサイトに掲載されるようになった．それは数学についても同様である．昔は，物理化学を学ぶほとんどの学生は，三角恒等式や積分公式などを含む CRC 標準数学表のようなハンドブックを持っていたが，現在ではすべてオンラインで入手することができる．本書では，多くのトピックスのためのウェブサイトを示した．ウェブサイトはときに消滅してしまうという悪しき習慣があるが，ウェブサイトを利用したいと思うときに，まだ存在しているであろうものを選んで掲載した．万が一それらのウェブサイトが開けなければ，Google で検索すれば，見つけられるだろう．役立つウェブサイトの一覧は本書の最後にある参考文献に掲載した．

　本書の発行にあたり，非常に多くの方々にご協力いただいた．多くの方々が本書を読み，私の間違いを指摘してくれた．とくにウォバシュ大学の Scott Feller，フンボルト州立大学の Mervin Hanson，アマースト大学の Helen Leung と Mark Marshall，およびコロラド大学の John Taylor に感謝する．Wilsted & Taylor Publishing Services の Christine Taylor とその部下の方々にも感謝する．とくに Jennifer Uhlich なしでは，私の原稿が美しく魅力的な本に変わることはなかっただろう．Yvonne Tsang は本書を美しくデザインしてくれた．Jennifer McClain は素晴らしい共同編集者であった．ICC Macmillan の Bill Clark と Gunjan Chandola は私がこれまで経験したなかでいちばんの仕事をしてくれた．また，Mathematica でグラフを作図し，一度も怒ることなく私の要求に応えて何回もかき直してくれた Mervin Hanson と，本書の細部にわたる監修と，James Caballero の言葉を連想させる表紙を提案してくれた University Science Books の Jane Ellis に感謝する．良き編集者であり，私の親友でもある Bruce Armbruster と彼の妻であり同僚である Kathy に感謝する．最後に，私の妻 Carole に感謝する．妻は TeX で原稿を作成し，原稿をすべて読んでくれた．そして妻は（すべての意味において）私に対する最高の評論家である．

著　者

訳 者 序 文

　大学で化学を学ぶ学生のなかで，物理化学が苦手であるという学生は少なくない．そんな物理化学が苦手である学生と話をすると，物理化学というよりも，物理化学で扱う数学がわからないという．しかし化学科の学生が大学で一般的に学ぶ数学は純粋数学であり，彼らのなかでは純粋数学と物理化学がなかなか結びつかないのが現実である．本書はそんな，どちらかというと数学を苦手としている学生が，化学を理解するために学ぶ数学の教科書である．

　本書の著者であるマッカーリ氏は，物理化学を学ぶ方法として新たな"分子論的アプローチ"を提案した人物である．物理化学の専門家であるため，数学の説明に対しても化学者的視点から取り組んでいる．本書は数学の教科書でありながら，その中に物理化学的な話題が満載されており，読者が容易に数学と物理化学を結びつけて理解できるように工夫されている．そのため，数学が得意であるという学生にもぜひ読んでもらいたい教科書である．

　本書は高校で学ぶであろう微積分の復習から始まり，数学の基礎を学んだ後，化学で必要となる数学へと発展していく．数学を学ぶ過程において，Mathematica，Maple，Mathcad に代表される数式処理システム（CAS）とよばれるソフトウェアを利用することを強く推奨している．また，基本的な数学公式などを集約して掲載しているウェブサイトを多く紹介しているので，ぜひ参考にしてもらいたい．

　なお，マッカーリ氏は 2009 年に永眠された．翻訳にあたり，直接マッカーリ氏と意見を交換できなかったことが悔やまれる．マッカーリ氏のご冥福を心よりお祈り申し上げる．

　本書の出版に当たり，多くの方々にご協力をいただいた．訳者の一人（筑紫）は，本書を研究室のゼミの輪講で使用した．ゼミを通して，学生の考え方や，翻訳のさいに役に立つ経験とコメントをいただいた研究室の学生の皆さんに感謝す

る．とくに，西山枝里さんには翻訳の一部を活字に起こしてもらい，藤村順君には，校正原稿の確認をしてもらった．また，訳者の一人（松澤）は，翻訳にあたって量子化学を学ぶ学生の観点から，研究室の学生の皆さんから多くの助言をいただいた．とくに，博士課程に在籍する石橋千晶さんには，量子化学に関係する部分の内容を確認してもらった．本書の完成のためにご協力いただいた学生の皆さんに感謝の意を表する．

　最後に，丸善出版株式会社の小野栄美子さんと住田朋久さんの存在なしでは，本書を出版することはできなかった．お二人のご協力に心から感謝する．

2014年1月

訳　者　一　同

目　　次

第1章　一変数関数：微分 ……………………………………………………… 1

- 1.1　関　　数　1
- 1.2　連　続　性　5
- 1.3　微　　分　8
- 1.4　極　　値　11
- 　　問　　題　15

第2章　一変数関数：積分 ……………………………………………………… 17

- 2.1　積分の定義　17
- 2.2　微積分の基本定理　19
- 2.3　積分の方法　21
- 2.4　特　異　積　分　25
- 　　問　　題　27

第3章　級数と極限 ……………………………………………………………… 29

- 3.1　無限級数の収束と発散　30
- 3.2　べ　き　級　数　34
- 3.3　マクローリン級数　36
- 3.4　べき級数の応用　39
- 　　問　　題　44

第 4 章　積 分 関 数　………………………………………………………… 47

4.1　ガンマ関数　　47
4.2　ベータ関数　　49
4.3　誤 差 関 数　　51
4.4　ディラックのデルタ関数　　53
　　　問　　題　　58

第 5 章　複 素 数　………………………………………………………………… 61

5.1　複素数と複素平面　　62
5.2　オイラーの公式と複素数の極形式　　65
　　　問　　題　　69

第 6 章　常微分方程式　………………………………………………………… 71

6.1　一階線形微分方程式　　72
6.2　定数係数をもつ斉次線形微分方程式　　77
6.3　振　動　解　　80
6.4　公式集と数式処理システム　　86
　　　問　　題　　88

第 7 章　微分方程式の級数解　………………………………………………… 91

7.1　級　数　法　　92
7.2　ルジャンドル方程式の級数解　　95
　　　問　　題　　101

第 8 章　直交多項式　…………………………………………………………… 103

8.1　ルジャンドル多項式　　103

8.2　直交多項式　　111
　　　　　問　　題　　116

第9章　フーリエ級数 ……………………………………………… 119

　　　9.1　直交関数の展開としてのフーリエ級数　　119
　　　9.2　複素フーリエ級数　　128
　　　9.3　フーリエ級数の収束　　129
　　　　　問　　題　　131

第10章　フーリエ変換 ……………………………………………… 133

　　　10.1　フーリエの積分定理　　133
　　　10.2　いくつかのフーリエ変換対　　134
　　　10.3　フーリエ変換と分光学　　140
　　　10.4　パーシバルの定理　　142
　　　　　問　　題　　145

第11章　演　算　子 ……………………………………………… 147

　　　11.1　線形演算子　　147
　　　11.2　演算子の交換子　　151
　　　11.3　エルミート演算子　　154
　　　　　問　　題　　160

第12章　多変数関数 ……………………………………………… 163

　　　12.1　偏　微　分　　163
　　　12.2　全　微　分　　167
　　　12.3　偏微分の連鎖法則　　170
　　　12.4　オイラーの定理　　173
　　　12.5　極大と極小　　175

目次

    12.6　多重積分　　179
    　　問　題　　185

第13章　ベクトル ……………………………………… 189

    13.1　ベクトルの表現　　189
    13.2　ベクトルの掛け算　　192
    13.3　ベクトルの微分　　200
    　　問　題　　203

第14章　平面極座標と球座標 ……………………………… 205

    14.1　平面極座標　　205
    14.2　球　座　標　　209
    　　問　題　　217

第15章　古典的波動方程式 ………………………………… 219

    15.1　振動する弦　　219
    15.2　変数分離法　　220
    15.3　基準振動の重ねあわせ　　224
    15.4　フーリエ級数解　　226
    15.5　振動する長方形の膜　　229
    　　問　題　　233

第16章　シュレーディンガー方程式 ………………………… 235

    16.1　箱のなかの粒子　　235
    16.2　剛体回転子　　238
    16.3　水素原子のなかの電子　　245
    　　問　題　　249

第17章　行列式 ……………………………………………… 251

17.1　行列式の定義　251
17.2　行列式の性質　254
17.3　クラメールの規則　257
　　　問　題　261

第18章　行　　列 ……………………………………………… 263

18.1　行列代数　263
18.2　逆　行　列　270
18.3　直交行列　273
18.4　ユニタリー行列　276
　　　問　題　278

第19章　行列の固有値問題 …………………………………… 281

19.1　固有値問題　282
19.2　エルミート行列の固有値と固有ベクトル　285
19.3　固有値問題の応用　288
19.4　行列の対角化　295
　　　問　題　299

第20章　ベクトル空間 ………………………………………… 301

20.1　ベクトル空間の公理　301
20.2　線形独立　304
20.3　内積空間　307
20.4　複素内積空間　311
　　　問　題　315

第21章　確　　率 … 317

21.1　離散分布　317
21.2　多項分布　326
21.3　連続分布　329
21.4　結合確率分布　332
　　　問　　題　334

第22章　統計：回帰と相関 … 337

22.1　線形回帰分析　338
22.2　相関分析　342
22.3　測定誤差の伝搬　345
　　　問　　題　347

第23章　数値計算法 … 349

23.1　方程式の解　349
23.2　数値積分　352
23.3　級数の和　356
23.4　連立一次方程式　359
　　　問　　題　365

参考文献　367
問題解答　371
索　　引　383

公　式　集

三角恒等式

$\sin(x \pm y) = \sin x \cos y \pm \cos x \sin y \qquad \cos(x \pm y) = \cos x \cos y \mp \sin x \sin y$

$\sin x \sin y = \dfrac{1}{2}\cos(x-y) - \dfrac{1}{2}\cos(x+y) \qquad \cos x \cos y = \dfrac{1}{2}\cos(x-y) + \dfrac{1}{2}\cos(x+y)$

$\sin x \cos y = \dfrac{1}{2}\sin(x+y) + \dfrac{1}{2}\sin(x-y) \qquad \cos x \sin y = \dfrac{1}{2}\sin(x+y) - \dfrac{1}{2}\sin(x-y)$

$\sin^2 x + \cos^2 x = 1 \qquad \cos 2x = \cos^2 x - \sin^2 x \qquad \sin 2x = 2\sin x \cos x$

$\sin^2 x = \dfrac{1}{2}(1 - \cos 2x) \qquad \cos^2 x = \dfrac{1}{2}(1 + \cos 2x)$

$e^{ix} = \cos x + i\sin x$

$\sin x = \dfrac{e^{ix} - e^{-ix}}{2i} \qquad \cos x = \dfrac{e^{ix} + e^{-ix}}{2} \qquad \tan x = \dfrac{1 - e^{-2ix}}{1 + e^{-2ix}}$

$\sinh x = \dfrac{e^x - e^{-x}}{2} \qquad \cosh x = \dfrac{e^x + e^{-x}}{2} \qquad \tanh x = \dfrac{1 - e^{-2x}}{1 + e^{-2x}}$

$\cosh^2 x - \sinh^2 x = 1$

$\sinh ix = i\sin x \qquad \cosh ix = \cos x \qquad \sin ix = -i\sin x \qquad \cos ix = \cos ix$

べき級数

$f(x) = f(0) + f'(0)x + \dfrac{1}{2!}f''(0)x^2 + \dfrac{1}{3!}f'''(0)x^3 + \cdots\cdots$

$e^x = 1 + x + \dfrac{x^2}{2!} + \dfrac{x^3}{3!} + \cdots\cdots$

$\sin x = x - \dfrac{x^3}{3!} + \dfrac{x^5}{5!} - \dfrac{x^7}{7!} + \cdots\cdots \qquad \cos x = 1 - \dfrac{x^2}{2!} + \dfrac{x^4}{4!} - \dfrac{x^6}{6!} + \cdots\cdots$

$\sinh x = x + \dfrac{x^3}{3!} + \dfrac{x^5}{5!} + \cdots\cdots \qquad \cosh x = 1 + \dfrac{x^2}{2!} + \dfrac{x^4}{4!} + \cdots\cdots$

$\ln(1+x) = x - \dfrac{x^2}{2} + \dfrac{x^3}{3} - \dfrac{x^4}{4} + \cdots\cdots \qquad -1 < x \leq 1$

$\ln\dfrac{1+x}{1-x} = 2\left(x + \dfrac{x^3}{3} + \dfrac{x^5}{5} + \cdots\cdots\right) \qquad |x| < 1$

$\dfrac{1}{1-x} = 1 + x + x^2 + x^3 + \cdots\cdots \qquad |x| < 1$

$(1 \pm x)^n = 1 \pm nx + \dfrac{n(n-1)}{2}x^2 \pm \dfrac{n(n-1)(n-2)}{3!}x^3 + \cdots\cdots \qquad |x| < 1$

$(1 \pm x)^{-n} = 1 \mp nx + \dfrac{n(n+1)}{2!}x^2 \mp \dfrac{n(n+1)(n+2)}{3!}x^3 + \cdots\cdots \qquad |x| < 1$

定積分

$$\int_0^\infty x^{n-1}\mathrm{e}^{-x}\mathrm{d}x = \Gamma(n) \qquad \Gamma(n) = (n-1)\Gamma(n-1) = (n-1)! \qquad \Gamma(1/2) = \pi^{1/2}$$

$$\int_0^\infty \mathrm{e}^{-ax^2}\mathrm{d}x = \frac{1}{2}\left(\frac{\pi}{a}\right)^{1/2} \qquad a > 0$$

$$\int_0^\infty x^{2n}\mathrm{e}^{-ax^2}\mathrm{d}x = \frac{1\times 3\times 5\times\cdots\times(2n-1)}{2^{n+1}a^n}\left(\frac{\pi}{a}\right)^{1/2} \qquad (n\text{ は正の整数},\ a>0)$$

$$\int_0^\infty x^{2n+1}\mathrm{e}^{-ax^2}\mathrm{d}x = \frac{n!}{2a^{n+1}} \qquad (n\text{ は正の整数},\ a>0)$$

$$\int_0^\infty \mathrm{e}^{-ax}\cos bx\,\mathrm{d}x = \frac{a}{a^2+b^2} \qquad a>0$$

$$\int_0^\infty \mathrm{e}^{-ax}\sin bx\,\mathrm{d}x = \frac{a}{a^2+b^2} \qquad a>0$$

$$\int_0^\infty \mathrm{e}^{-ax^2}\cos bx\,\mathrm{d}x = \left(\frac{\pi}{4a}\right)^{1/2}\mathrm{e}^{-b^2/4a} \qquad a>0$$

$$\int_0^1 x^{n-1}(1-x)^{m-1}\mathrm{d}x = 2\int_0^{\pi/2}\sin^{2n-1}\theta\cos^{2m-1}\theta\,\mathrm{d}\theta = B(n,m) = \frac{\Gamma(n)\Gamma(m)}{\Gamma(n+m)} \qquad n>1,\ m>1$$

$$\frac{2}{\sqrt{\pi}}\int_0^x \mathrm{e}^{-u^2}\mathrm{d}u = \mathrm{erf}(x) = 1 - \mathrm{erfc}(x)$$

$$\int_0^a \sin\frac{n\pi x}{a}\sin\frac{m\pi x}{a}\mathrm{d}x = \int_0^a \cos\frac{n\pi x}{a}\cos\frac{m\pi x}{a}\mathrm{d}x = \frac{a}{2}\delta_{nm} \qquad (n\text{ と }m\text{ は整数})$$

$$\int_0^a \cos\frac{n\pi x}{a}\sin\frac{m\pi x}{a}\mathrm{d}x = 0 \qquad (n\text{ と }m\text{ は整数})$$

$$\int_0^\pi \cos^n\theta\sin\theta\,\mathrm{d}\theta = \int_{-1}^1 x^n\,\mathrm{d}x = \begin{cases} 0 & n\text{ が奇数のとき} \\ \dfrac{2}{n+1} & n\text{ が偶数のとき} \end{cases}$$

$$\int_0^\pi \cos^n\theta\sin^3\theta\,\mathrm{d}\theta = \int_{-1}^1 x^n(1-x^2)\,\mathrm{d}x = \begin{cases} 0 & n\text{ が奇数のとき} \\ \dfrac{4}{(n+1)(n+3)} & n\text{ が偶数のとき} \end{cases}$$

$$\int_{-\infty}^\infty \frac{\sin x}{x}\mathrm{d}x = \int_{-\infty}^\infty \frac{\sin^2 x}{x^2}\mathrm{d}x = \pi$$

ベクトル

$$\boldsymbol{u} \cdot \boldsymbol{v} = uv \cos \theta \qquad \boldsymbol{u} \times \boldsymbol{v} = uv\, \boldsymbol{c} \sin \theta$$

$$\boldsymbol{u} \times \boldsymbol{v} = \begin{vmatrix} \boldsymbol{i} & \boldsymbol{j} & \boldsymbol{k} \\ u_x & u_y & u_z \\ v_x & v_y & v_z \end{vmatrix}$$

$$= \boldsymbol{i}(u_y v_z - v_y u_z) + \boldsymbol{j}(u_z v_x - v_z u_x) + \boldsymbol{k}(u_x v_y - v_x u_y)$$

$$\boldsymbol{u} \cdot (\boldsymbol{v} \times \boldsymbol{w}) = \begin{vmatrix} u_x & u_y & u_z \\ v_x & v_y & v_z \\ w_x & w_y & w_z \end{vmatrix}$$

$$\boldsymbol{u} \times (\boldsymbol{v} \times \boldsymbol{w}) = \boldsymbol{v}(\boldsymbol{u} \cdot \boldsymbol{w}) - \boldsymbol{w}(\boldsymbol{u} \cdot \boldsymbol{v})$$

$$\mathrm{grad}\, f = \nabla f = \frac{\partial f}{\partial x}\boldsymbol{i} + \frac{\partial f}{\partial y}\boldsymbol{j} + \frac{\partial f}{\partial z}\boldsymbol{k}$$

$$\mathrm{div}\, \boldsymbol{v} = \nabla \cdot \boldsymbol{v} = \frac{\partial v_x}{\partial x} + \frac{\partial v_y}{\partial y} + \frac{\partial v_z}{\partial z}$$

$$\mathrm{div}\, \mathrm{grad}\, f = \nabla^2 f$$

フーリエ級数

$$f(x) = \frac{a_0}{2} + \sum_{n=1}^{\infty} a_n \cos \frac{n\pi x}{l} + \sum_{n=1}^{\infty} b_n \sin \frac{n\pi x}{l}$$

$$a_n = \frac{1}{2l} \int_{-l}^{l} f(x) \cos \frac{n\pi x}{l} \mathrm{d}x \quad \text{および} \quad b_n = \frac{1}{2l} \int_{-l}^{l} f(x) \sin \frac{n\pi x}{l} \mathrm{d}x$$

フーリエ変換

$$f(t) = \mathrm{e}^{-\alpha |t|} \qquad \widehat{F}(\omega) = \left(\frac{2}{\pi}\right)^{1/2} \frac{\alpha}{\omega^2 + \alpha^2}$$

$$f(t) = \mathrm{e}^{-\alpha^2 t^2} \qquad \widehat{F}(\omega) = \frac{1}{(2\alpha^2)^{1/2}} \mathrm{e}^{-\omega^2/4\alpha^2}$$

$$f(t) = \mathrm{e}^{-\alpha t} \cos \omega_0 t \quad (t > 0) \qquad \widehat{F}(\omega) = \left(\frac{2}{\pi}\right)^{1/2} \frac{\alpha}{\alpha^2 + (\omega - \omega_0)^2} + \left(\frac{2}{\pi}\right)^{1/2} \frac{\alpha}{\alpha^2 + (\omega + \omega_0)^2}$$

一階線形微分方程式

$$y'(x) + p(x)y(x) = q(x)$$

$$y(x) = \mathrm{e}^{-\int p(x)\mathrm{d}x} \left[\int q(x) \mathrm{e}^{\int p(x)\mathrm{d}x} \mathrm{d}x + c \right]$$

確率密度

二項分布：$p_m = \dfrac{n!}{m!(n-m)!} p^m (1-p)^{n-m}$

ポアソン分布：$p_m = \dfrac{\lambda^m}{m!} e^{-\lambda t}$

正規分布：$p(x)\mathrm{d}x = \dfrac{1}{\sqrt{2\pi\sigma^2}} e^{-(x-\langle x \rangle)^2/2\sigma^2} \mathrm{d}x$

行列

$A = A^\mathsf{T}$　対称行列
$A^\mathsf{T} = A^{-1}$　直交行列
$A = (A^*)^\mathsf{T} = A^\dagger$　エルミート行列
$A^{-1} = (A^*)^\mathsf{T} = A^\dagger$　ユニタリー行列
$A^{-1} = \dfrac{1}{|A|} A_{\mathrm{cof}}{}^\mathsf{T}$　逆行列

座標系

直交座標 (x, y, z)

$\nabla f = \mathrm{grad}\, f = \dfrac{\partial f}{\partial x} \boldsymbol{i} + \dfrac{\partial f}{\partial y} \boldsymbol{j} + \dfrac{\partial f}{\partial z} \boldsymbol{k}$

$\nabla \cdot \boldsymbol{u} = \mathrm{div}\, \boldsymbol{u} = \dfrac{\partial u_x}{\partial x} + \dfrac{\partial u_y}{\partial y} + \dfrac{\partial u_z}{\partial z}$

$\nabla^2 f = \dfrac{\partial^2 f}{\partial x^2} = \dfrac{\partial^2 f}{\partial y^2} + \dfrac{\partial^2 f}{\partial z^2}$

平面極座標 (r, θ)
$x = r\cos\theta \qquad y = r\sin\theta$
$\qquad 0 \le r < \infty \qquad 0 \le \theta \le 2\pi$
$\mathrm{d}A = r\, \mathrm{d}r\, \mathrm{d}\theta$

$\nabla^2 f = \dfrac{\partial^2 f}{\partial r^2} + \dfrac{1}{r}\dfrac{\partial f}{\partial r} + \dfrac{1}{r^2}\dfrac{\partial^2 f}{\partial \theta^2}$

球座標 (r, θ, ϕ)
$x = r\sin\theta\cos\phi \qquad y = r\sin\theta\sin\phi \qquad z = r\cos\theta$
$\qquad 0 \le r < \infty \qquad 0 \le \theta < \pi \qquad 0 \le \phi \le 2\pi$
$\mathrm{d}A = r^2 \sin\theta\, \mathrm{d}\theta\, \mathrm{d}\phi$
$\mathrm{d}V = r^2 \sin\theta\, \mathrm{d}r\, \mathrm{d}\theta\, \mathrm{d}\phi$

$\nabla^2 f = \dfrac{1}{r^2}\dfrac{\partial}{\partial r}\left(r^2 \dfrac{\partial f}{\partial r}\right) + \dfrac{1}{r^2 \sin\theta}\dfrac{\partial}{\partial \theta}\left(\sin\theta \dfrac{\partial f}{\partial \theta}\right) + \dfrac{1}{r^2 \sin^2\theta}\dfrac{\partial^2 f}{\partial \phi^2}$

1

一変数関数:微分

　最初の2章では,微積分の本質的な性質である関数の概念と微分・積分の方法について確認する.この2章のみで微積分をすべて網羅することは不可能なので,物理化学で用いられる微積分を中心に話を進めていく.みなさんはこれまで第一原理からさまざまな関数を導き求めてきたことと思うが,これらの結果はウェブサイトをはじめとする多くの場に表としてまとめられている.これらの表は一般的なルールにしたがってまとめられているので,表を使用すればいろいろな問題を解くことができる.微分の逆,いい換えると導関数が得られるもとの関数を導くことを,反微分または積分とよぶ.みなさんはこれまでに,微分や積分を用いてさまざまな関数を導く方法を多くの時間を費やして学んだだろう.幸いなことに,これらの関数はよくまとめられてウェブサイトに掲載されているので,いつでも利用することができる.そこで最初の2章の目的の一つは,これらのさまざまなウェブサイトを自信をもって用いることを奨励することである.序文で述べたように,たいていの物理化学分野で用いる数学にはおよそ20%の才能と80%の自信が必要となる.化学を学ぶどんな学生でも,本書を通じてその自信が得られるようになるだろう.

1.1 関　　　数

　関数は変数 x と y を関連づけるものである.これを関数記号 f を用いて $y = f(x)$ と表す.このとき,一つの x の値から一つの y の値が得られるのであれば,その関数は一価関数といい,一つの x の値から二つ以上の y の値が得られるのであれば,その関数は多価関数という.関数は一価関数でなければいけないと主張する人もいるが,本書ではより柔軟に,多価関数も関数として扱う.

　それではいくつかの例をみていこう.まず,$y = x^2$ (または $y = f(x) = x^2$) を考える.このとき x の値は $-2 \leq x \leq 2$ とする.この場合,それぞれの x の値はただ一つの y の値しか与えないので,これは一価関数である.つぎに $y^2 = x \ (0 \leq x \leq 1)$ を考える.y につ

いて解くと，$y = \pm\sqrt{x}$ となる．つまり一つの y の値は二つの x の値から得られることになる．この関係は，y が $\pm\sqrt{x}$ の多価関数であるともいえるし，二つの一価関数 $y = f_1(x) = \sqrt{x}$ と $y = f_2(x) = -\sqrt{x}$ であるともいえる．

厳密にいえば，関数は f によって表され，x を変数とした f によって得られる値は $y = f(x)$ と表される．しかし，一般的には $f(x)$ を "関数" や "x の関数" とよぶ．また，x から y が得られることを示すために $y = y(x)$ と表すこともある．この表記は一般的でとても便利である．x は独立変数とよばれ，y は従属変数とよばれる．

関数を大きく二つに分けると，代数関数と超越関数に分けられる．代数関数は有限個の代数演算子，足し算（和，加算），引き算（差，減算），掛け算（積，乗算），割り算（商，除算）および平方根で与えられる．たとえば，$y(x) = (x^2 + 2)/(x - 1)$ や $y(x) = (x^3 + x^2 + 3)/\sqrt{x^2 - 3}$ は代数関数である．多項式，多項式の比，多項式のべき乗（分数べき乗）の比も代数関数である．代数関数でない関数は超越関数とよばれる．たとえば三角関数，指数関数，対数関数である．これらは有限個の足し算，引き算，掛け算，割り算，平方根で表すことができないために超越関数とよばれ，ある意味，代数演算を超越している関数である．

三角関数は最初は三角形の辺の比として学んだが，単位円（半径 1 の円）を用いて考えると理解しやすい．図 1.1 は単位円と角度 θ の直角三角形を示す．θ は対応する円弧の長さから計算することもできる．つまり $90°$ は $2\pi/4 = \pi/2$ の円弧であり，$180°$ は $2\pi/2 = \pi$ の円弧になる．正弦関数（サイン関数，sin）は図 1.1 の太い垂直線の長さである．水平線より上にあるときは正の値に，下にあるときは負の値になる．図 1.2 は

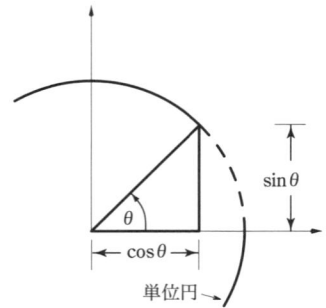

図 1.1 単位円における円弧と角度 θ の関係．幾何学的には，太い垂直線が $\sin\theta$ となり，太い水平線が $\cos\theta$ となる．この図は三角関数が円関数とよばれる理由を示している．

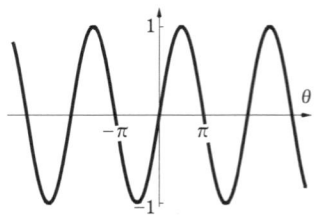

図 1.2 $\sin\theta$．θ は任意の値をとることができる．θ が 2π よりも大きくなると，θ は図 1.1 の円の上を反時計回りに 1 周以上回転する．θ の負の値は θ が円の上を時計回りに回転する．$\sin\theta$ の値は 2π を単位として繰り返す．そのため周期は 2π となり，$\sin(\theta + 2\pi) = \sin\theta$ と表される．

$\sin\theta$ の θ 依存性を示している．$\theta = 0$ と $\theta = \pi$ で $\sin\theta = 0$ となり，$\theta = \pi/2$ で $\sin\theta = +1$，$\theta = 3\pi/2$ で $\sin\theta = -1$ となり，$\theta = 2\pi$ でもとに戻って $\sin\theta = 0$ となる．θ が 2π を超えて増加するとき，$\sin\theta$ はそれまでと同じように変化する．これは図1.1 で θ が反時計回りに回転することに対応している．図 1.2 は θ の値が負にもなることを示している．これは図 1.1 で時計回りに θ が回転することに対応している．ここで用いられる θ の単位はラジアンである．ラジアンは，°（度）よりも一般的によく用いられるとともに，より基本的な単位である．

図 1.1 に示す太い水平線は余弦関数（コサイン関数，cos）$\cos\theta$ を示す．図 1.1 で反時計回りに θ が変化すると太い水平線の長さ（$\cos\theta$）は $\theta = 0$ で $\cos\theta = +1$，$\theta = \pi/2$ で $\cos\theta = 0$，$\theta = \pi$ で $\cos\theta = -1$ となる．図 1.3 は $\cos\theta$ の θ 依存性を示す．$\cos\theta$ は θ が $\pm 2\pi$ ごとに繰り返される．$\sin\theta$ や $\cos\theta$ のように繰り返される関数を周期関数とよぶ．$\sin\theta$ と $\cos\theta$ は 2π ごとに関数が繰り返されるので，周期は 2π となる．この性質は $f(\theta) = f(\theta + 2\pi)$ と表される．

図 1.4 は正接関数（タンジェント関数，tan）$\tan\theta = \sin\theta/\cos\theta$ の θ 依存性を示す．$\tan\theta$ は $\theta = \pm\pi/2, \pm 3\pi/2, \cdots\cdots$ で発散する（いい換えると，無限大になる）．これはそれらの θ で $\cos\theta$ が 0 になるからである．$\sin\theta$ や $\cos\theta$ と違って $\tan\theta$ は周期が π になる．よって $\tan\theta = \tan(\theta + \pi)$ となる．

重要な超越関数として指数関数 e^x と対数関数 $\ln x\, (= \log_e x)$ がある．これら二つの関数は互いに特別な関係にあり，$y = y(x) = e^x$ のとき，$x = x(y) = \ln y$ となる．二つの関数 $y(x) = e^x$ と $x(y) = \ln y$ は互いに逆関数であり，

$$y = e^x \quad \text{および} \quad x = \ln y$$

となる．これらの関係を用いると次式が得られる．

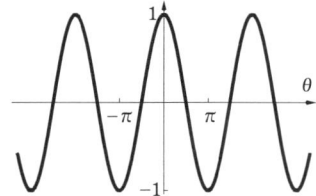

図 1.3 $\cos\theta$．$\cos\theta$ は周期 2π で繰り返し，$\cos(\theta + 2\pi) = \cos\theta$ と表される．図 1.2 と図 1.3 は非常に似たグラフである．しかしその曲線は $\pi/2$ ずれている．つまり，$\sin(\theta + \pi/2) = \cos\theta$ であり，$\cos(\theta + \pi/2) = -\sin\theta$ である．

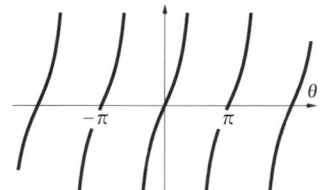

図 1.4 $\tan\theta$．$\theta = \pm\pi/2, \pm 3\pi/2, \cdots\cdots$ で発散する．なぜなら，$\tan\theta = \sin\theta/\cos\theta$ であり，$\theta = \pm\pi/2, \pm 3\pi/2, \cdots\cdots$ で $\cos\theta = 0$ になるからである．また，$\tan\theta = \tan(\theta + \pi)$ である．

$$y = e^{\ln y} \quad \text{および} \quad x = \ln e^x \tag{1.1}$$

式(1.1)を用いると対数の性質を簡単に導ける．たとえば，$u = e^x$，$v = e^y$とすると，

$$uv = e^x e^y = e^{x+y}$$

となる．これを対数関数に適用すると，

$$\ln uv = x + y = \ln u + \ln v \tag{1.2}$$

となる．さらに $u = e^x$，$v = e^y$ とすると，

$$\ln \frac{u}{v} = \ln uv^{-1} = x - y = \ln u - \ln v \tag{1.3}$$

となる．$x < 1$ のとき $\ln x < 0$ となることを示すために，この関係を用いる．$u < v$ で $x = u/v$ とすると式(1.3)の右辺は負になる（図1.5）．その結果，$u = e^x$ とすると $u^n = e^{nx} = e^{n \ln u}$ となり，

$$\ln u^n = n \ln u \tag{1.4}$$

となることがわかる．図1.5は $y = e^x$（実線）と $y = \ln x$（破線）のグラフである．一方のグラフは他方のグラフの x と y を交換することによって得られ，また，$y = x$ の直線を軸にしてひっくり返すことによっても得られる．

双曲線正弦関数（ハイパボリックサイン関数，sinh）$\sinh x$ と双曲線余弦関数（ハイパボリックコサイン関数，cosh）$\cosh x$ は，e^x によりつぎのように定義される．

$$\sinh x = \frac{e^x - e^{-x}}{2} \quad \text{および} \quad \cosh x = \frac{e^x + e^{-x}}{2} \tag{1.5}$$

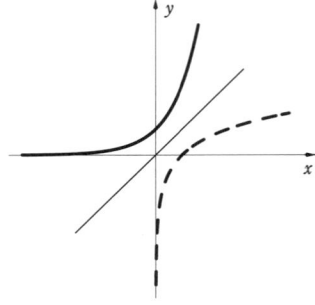

図 1.5 指数関数 e^x（実線）と対数関数 $\ln x$（破線）．二つの関数は $y = x$ に対して対称の関係にある．

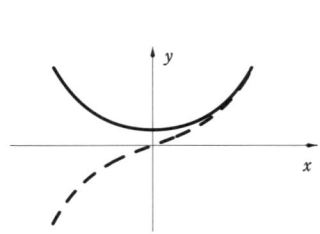

図 1.6 $\cosh x$（実線）と $\sinh x$（破線）．$\cosh x$ は y 軸に対して対称であるが，$\sinh x$ は非対称である．

図 1.6 は $\sinh x$ と $\cosh x$ のグラフを示す．双曲線余弦関数はひもの両端を固定してぶらりと垂らしたときのようすを表す関数である．セントルイスのゲートウェイアーチは双曲線余弦関数を逆さまにしたものである．$\cosh x$ は y 軸に対して対称だが，$\sinh x$ は y 軸で折り返すと符号が変化することに注意しよう．これらの性質は $\cosh(-x) = \cosh(x)$，$\sinh(-x) = -\sinh(x)$ で表される．一般的に $f(-x) = f(x)$ となる関数は x の偶関数，$f(-x) = -f(x)$ となる関数は x の奇関数とよばれている．

例題 1-1　$\sinh x$ が奇関数であることを示せ．

解：
$$\sinh(-x) = \frac{e^{-x} - e^x}{2} = -\frac{e^x - e^{-x}}{2} = -\sinh x$$

$\sinh x$ と $\cosh x$ が双曲線関数とよばれる理由はつぎの二つの式を比較することで理解できる．

$$\cos^2 u + \sin^2 u = 1 \quad \text{および} \quad \cosh^2 u - \sinh^2 u = 1$$

これらは円関数 $(x^2 + y^2 = 1)$ と双曲線関数 $(x^2 - y^2 = 1)$ に対応する．

1.2 連 続 性

物理化学の分野で扱う関数の多くは連続関数である．本節では連続とは何かを定義するが，みなさんはすでに，紙からペンを離すことなく描ける関数が連続関数であることを，直観的に理解しているだろう．私たちが扱う多くの関数は連続だが，すべてが連続であるとは限らない．図 1.7 はベンゼンのモルエントロピーの温度依存性を示す．モルエントロピーはある温度範囲では連続であるが，279 K（ベンゼンの融点）と 353 K（ベンゼンの沸点）でモルエントロピーのとび（不連続）がみられる．物理化学的観点からみると，ベンゼンの場合，これらの不連続な温度で相転移という興味深い現象が起きている．物理化学において不連続性を示すほかの関数も考えてみよう．

連続性を議論する前に，極限について考える．ある関数 $f(x)$ において，極限は，

$$\lim_{x \to a} f(x) = l \tag{1.6}$$

と表される．この式は x を限りなく a に近づけたときに $f(x)$ と l の差をいくらでも小さくできることを意味している．別の表現をすれば，

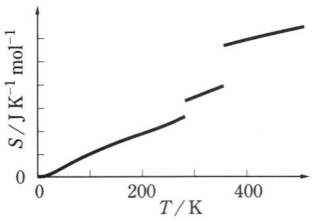

図 1.7　0 K から 500 K におけるベンゼンのモルエントロピーの温度依存性.

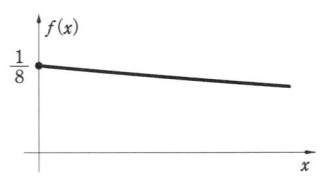

図 1.8　x が小さい領域における関数 $f(x) = (\sqrt{x+16}-4)/x$.

$$x \to a \quad \text{で} \quad |f(x) - l| \to 0 \tag{1.7}$$

とかくこともできる．式(1.7)は x を十分に a に近づけたとき，しかし決して a に等しくはならないときに，$f(x)$ が l に限りなく近づくことを意味している．実際，$f(x)$ は $x = a$ で導かれる値と等しくなる必要はない．たとえば，

$$\lim_{x \to 0} \frac{\sqrt{x+16}-4}{x}$$

を考えてみる．x は分母にあるので $x = 0$ になることはないが，x を限りなく小さくすることはできる．図 1.8 は $f(x) = (\sqrt{x+16}-4)/x$ を x に対してプロットしたグラフである．$x \to 0$ においては有限の値 (1/8) に近づいているようにみえる．これが成り立つことを確かめるために $f(x)$ の分母と分子にそれぞれ $\sqrt{x+16}+4$ を掛けるとつぎのようになる．

$$\lim_{x \to 0} \frac{\sqrt{x+16}-4}{x} \frac{\sqrt{x+16}+4}{\sqrt{x+16}+4} = \lim_{x \to 0} \frac{x}{x(\sqrt{x+16}+4)}$$
$$= \lim_{x \to 0} \frac{1}{\sqrt{x+16}+4} = \frac{1}{8}$$

ここでは $x \to 0$ のとき $x + 16 \to 16$ となることを用いる．

関数の極限において，x が a に近づくときの方向を考える．x が $x - a$ が正になる方向から（いい換えると，右側から）a に近づくとき，$f(x)$ が極限値 l をとることは，

$$\lim_{x \to a+} f(x) = l_+ \tag{1.8}$$

と表される．同じく，つぎのように表すこともできる．

$$\lim_{x \to a+} f(x) = \lim_{\varepsilon \to 0} f(a + \varepsilon) = l_+ \quad (\varepsilon > 0) \tag{1.9}$$

この極限は $x=a$ における $f(x)$ の右側極限とよばれ，ときに $f(a+)$ で表される．もちろん左側極限もある．

$$\lim_{x \to a-} f(x) = \lim_{\varepsilon \to 0} f(a-\varepsilon) = f(a-) = l_- \quad (\varepsilon > 0) \tag{1.10}$$

この右側極限と左側極限が異なるような関数の良い例として，次式で定義されるヘビサイドの階段関数（図 1.9）がある．

$$H(x) = \begin{cases} 0 & x < 0 \\ 1 & x > 0 \end{cases} \tag{1.11}$$

この場合，$H(0+) = 1$，$H(0-) = 0$ となる．このように，ある点（ヘビサイドの階段関数では $x = 0$）において，右側極限と左側極限が異なるとき，関数は不連続となる．

$x = a$ において，

$$\lim_{x \to a\pm} f(x) = \lim_{\varepsilon \to 0} f(a \pm \varepsilon) = f(a) \quad (\varepsilon > 0) \tag{1.12}$$

となるとき，関数は連続となる．ここではもちろん $f(a)$ が有限であることを仮定している．式 (1.12) が成り立たないとき，$f(x)$ は $x = a$ において不連続となる．不連続は関数のグラフではとびとして表現される．たとえば，ヘビサイドの階段関数（図 1.9）では $x = 0$ において 1 の不連続なとびがみられる．ほかの例として，$f(x) = 1/(1-x)^2$ における $x = 1$ での不連続がある（図 1.10）．この場合は $x = 1$ において $f(x)$ は有限でないため，連続にはならない．

右側極限と左側極限のように，右側の連続性と左側の連続性がある．たとえば，$\lim_{x \to a+} f(x) = f(a)$（または $f(a+) = f(a)$）で表すことができれば，$x = a$ において右側からは $f(x)$ は連続であるといえ，また，$f(a-) = f(a+)$ の関係は $x = a$ において連続となる．

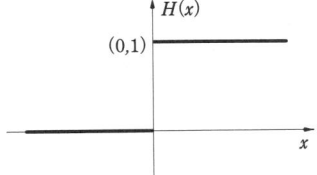

図 1.9 ヘビサイドの階段関数．$x < 0$ で $H(x) = 0$ であり，$x > 0$ で $H(x) = 1$．

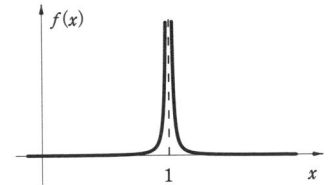

図 1.10 $x = 1$ 付近における不連続関数 $f(x) = 1/(1-x)^2$．

例題 1-2 $f(x) = |x| - x$ は x 軸で連続となるか.

解： $x \leq 0$ では $f(x) = -2x$, $x \geq 0$ では $f(x) = 0$ となる．ゆえに $f(x)$ は x 軸全体で連続となる（図 1.11）．

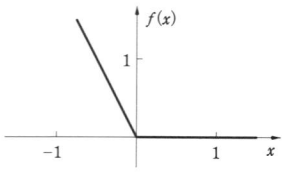

図 1.11　関数 $f(x) = |x| - x$.

ヘビサイドの階段関数は全体では連続ではないが，部分的には連続である．区間 $a \leq x \leq b$ において，さらに，末端に有限の極限をもつ連続な関数となる小区間に分けられるのであれば，区間 $a \leq x \leq b$ において関数は区分的に連続であるといえる．図 1.9 はヘビサイドの階段関数が区間 $(-\infty, 0)$ と $(0, \infty)$ において連続であることを示している．図 1.7 に示されたベンゼンのモルエントロピーも区分的に連続な関数の例である．

1.3　微　　分

x における $y(x)$ の微分（導関数）は x における $y(x)$ の接線の傾きになる．それは次式で表すことができる．

$$y'(x) = \frac{dy}{dx} = \lim_{\Delta x \to 0} \frac{\Delta y}{\Delta x} = \lim_{\Delta x \to 0} \frac{y(x + \Delta x) - y(x)}{\Delta x} \tag{1.13}$$

式 (1.13) は Δx を厳密に 0 にするのではなく，限りなく 0 に近づけることを意味している．図 1.12 はこの極限に近づける過程を表している．微積分学では，最初に式 (1.13) を用いた関数の微分を学んだだろう．たとえば，$y(x) = x^2 + 2$ においては，

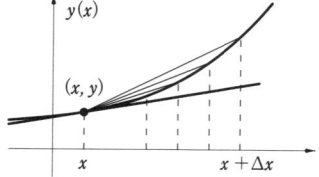

図 1.12　$y(x)$ の導関数を定義するさいの極限化を示した図．$\Delta x \to 0$ で比 $[y(x + \Delta x) - y(x)]/\Delta x$ は点 (x, y) における接線の傾きに近づく．

$$y'(x) = \frac{dy}{dx} = \lim_{\Delta x \to 0} \frac{(x+\Delta x)^2 + 2 - x^2 - 2}{\Delta x} = \lim_{\Delta x \to 0} (2x + \Delta x) = 2x$$

となる．$f(x) = 1/x$ の場合は，

$$y'(x) = \frac{dy}{dx} = \lim_{\Delta x \to 0} \frac{1}{\Delta x}\left(\frac{1}{x+\Delta x} - \frac{1}{x}\right)$$
$$= \lim_{\Delta x \to 0} \frac{1}{\Delta x}\left[-\frac{\Delta x}{x(x+\Delta x)}\right] = \lim_{\Delta x \to 0}\left[-\frac{1}{x(x+\Delta x)}\right] = -\frac{1}{x^2}$$

となる．それでは $y(x) = \sin x$ について解いてみよう．

$$\frac{d\sin x}{dx} = \lim_{\Delta x \to 0} \frac{\sin(x+\Delta x) - \sin x}{\Delta x}$$

三角恒等式，

$$\sin\alpha - \sin\beta = 2\cos\frac{\alpha+\beta}{2}\sin\frac{\alpha-\beta}{2}$$

を用いると，

$$\frac{d\sin x}{dx} = \lim_{\Delta x \to 0} \frac{2\cos(x+\Delta x/2)\sin(\Delta x/2)}{\Delta x} = \lim_{\varepsilon \to 0} \frac{\cos(x+\varepsilon)\sin\varepsilon}{\varepsilon}$$

となる．ここで $\varepsilon = \Delta x/2$ である．$\cos(x+\varepsilon)$ の極限は $\cos x$ であり，$(\sin\varepsilon)/\varepsilon$ の極限はいわゆる不定形 0/0 となり，実際は 1 になる（問題 1-30）．ゆえに，

$$\frac{d\sin x}{dx} = \cos x$$

となる．なお，多くのウェブサイトが三角恒等式の表を掲載している（369 ページ参照）．

通常，微積分学では式 (1.13) をいろいろな関数を微分するときに用いる．そしてその結果や $(uv)' = uv' + u'v$ や $(u/v)' = (vu' - uv')/v^2$ などの一般的な規則を用いて微分を行う．多くのウェブサイトが導関数の表を掲載している．

例題 1-3　$y = f(x) = x^2 e^{-x}\cos x$ を微分せよ．

解： 積の微分の公式，$(uvw)' = u'vw + uv'w + uvw'$ を適用する．

$$y'(x) = 2xe^{-x}\cos x - x^2 e^{-x}\cos x - x^2 e^{-x}\sin x$$
$$= xe^{-x}[2\cos x - x(\cos x + \sin x)]$$

ここで，合成関数の微分を学ぼう．合成関数は関数の関数といえる．$y = f(u)$，$u = g(x)$ のとき，$y = f(g(x))$ が x の合成関数となる．x に対する y の微分が連鎖法則によって与えられることを思い出そう．

$$\frac{dy}{dx} = \frac{dy}{du}\frac{du}{dx} \tag{1.14}$$

たとえば，$y(x) = \sin(x^2 + 2)$ は，$y = f(u) = \sin u$ かつ $u = x^2 + 2$ とすることができ，y を x で微分すると，

$$\frac{dy}{dx} = (\cos u)2x = 2x\cos(x^2 + 2)$$

となる．

例題 1-4 $y(x) = e^{-(x^2+a^2)^{1/2}}$ において，a を定数とするとき，dy/dx を求めよ．

解： ここで，$y = e^{-u}$ と $u = (x^2 + a^2)^{1/2}$ について連鎖法則を用いる．

$$\frac{dy}{dx} = \frac{dy}{du}\frac{du}{dx} = (-e^{-u})\left[\frac{x}{(x^2+a^2)^{1/2}}\right] = -\frac{xe^{-(x^2+a^2)^{1/2}}}{(x^2+a^2)^{1/2}}$$

c_1 と c_2 を定数とすると，

$$\frac{d}{dx}[c_1 f_1(x) + c_2 f_2(x)] = c_1 \frac{df_1}{dx} + c_2 \frac{df_2}{dx} \tag{1.15}$$

となる．この性質をもつ演算は線形であるという．微分は線形演算である．

微分は一階微分しかないというわけではない．二階微分，三階微分と続く微分を得ることができる．たとえば，$y(x) = x^2 e^x$ において一階微分は，

$$y'(x) = \frac{dy}{dx} = (2x + x^2)e^x$$

となり，二階微分は，

$$y''(x) = \frac{d^2y}{dx^2} = \frac{d}{dx}(2x + x^2)e^x = (2 + 4x + x^2)e^x$$

となる．

これまで関数には $y = f(x)$ という表現を用いてきた．より一般的には $f(x, y) = c$ を用いる．ここで c は定数であり，y を x の単純な項として表現することはできない．たとえば，

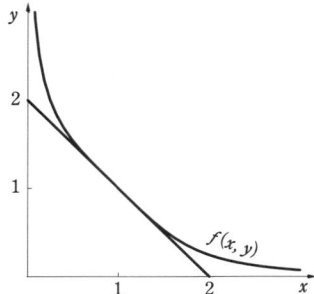

図 1.13 陰関数 $f(x, y) = x^3y + xy^3$ と点 $(1, 1)$ における接線 $y = -x + 2$.

$$f(x, y) = x^3y + xy^3 = 2 \tag{1.16}$$

を考えてみよう．図 1.13 はこの関数をプロットしたものである．$f(x, y) = c$ で表される関数は陰関数とよばれる．式 (1.16) の y を x によって簡単に解くことはできないが，dy/dx は解くことができる．$f(x, y)$ を x で微分するときは $y = y(x)$ とおくことになるが，($y(x)$ に対する公式を知らなくても) 次式が得られる．

$$x^3 \frac{dy}{dx} + 3x^2 y + 3xy^2 \frac{dy}{dx} + y^3 = 0$$

すなわち，

$$\frac{dy}{dx} = -\frac{3x^2 y + y^3}{x^3 + 3xy^2} \tag{1.17}$$

となる．この過程は陰関数の微分とよぶ．dy/dx を x と y の項として表現するのは奇妙に思うかもしれないが，それは問題ではない．図 1.13 の点 $(1, 1)$ における曲線の傾きを考える．式 (1.17) に $x = y = 1$ を代入すると $dy/dx = -1$ となる．接線の式は $y = -x + b$ となり，$x = y = 1$ を代入すると $b = 2$ なので，$y = -x + 2$ となる (図 1.13)．

1.4 極　　値

　微分のおもな応用の一つは関数の極大値と極小値 (極値) を導き出すことである．$f'(x) = 0$ となる点は傾きが水平となり，$f(x)$ の臨界点とよばれる．$f'(c) = 0$ は臨界点として定義されるが，それは $f(x)$ が (局所的な) 極値をもつことを保証するものではない．たとえば $f(x) = x^3$ においては $f'(0) = 0$ となるが，$x = 0$ で $f(x)$ は極値をとらない (後ほど出てくる図 1.15 (b))．$f'(c) = 0$ は $f(c)$ が極値をとるための必要条件であり，十分条件ではない．

$a \leq x \leq b$ において $f(x)$ と $f'(x)$ がともに連続となる関数を考えてみよう．$f'(x) > 0$ のとき，x が増加すると $f(x)$ も増加し，$f'(x) < 0$ のとき，x が増加すると $f(x)$ は減少する．ゆえに，$x < c$ で $f'(x) > 0$ かつ $x > c$ で $f'(x) < 0$ のときには $f(x)$ は c において上に凸の関数となる．c 付近での $f(x)$ のグラフが $x = c$ における接線よりも下にあるとき，$x = c$ で関数 $f(x)$ は上に凸という（図 1.14 (a)）．一方，$x < c$ で $f'(x) < 0$ かつ $x > c$ で $f'(x) > 0$ のときには $f(x)$ は c において下に凸の関数となる．c 付近での $f(x)$ のグラフが $x = c$ における接線よりも上にあるとき，$x = c$ で関数 $f(x)$ は下に凸となる（図 1.14 (b)）．

関数のくぼみの形は二階微分の符号と相関がある．$f''(x) = \mathrm{d}f'(x)/\mathrm{d}x$ なので，$f''(x)$ は x の増加にともない $f'(x)$ の傾きがどのように変化するかを表している．$f''(x) > 0$ のとき，x が増加すると $f'(x)$ は増加し $f(c)$ は極小値となる．$f''(x) < 0$ のとき，x が増加すると $f'(x)$ は減少し $f(c)$ は極大値となる．これらの条件は臨界点が極値になるかどうかの判断条件になる．$f'(c) = 0$ で $f''(c)$ が存在するとき，

1. $f''(c) < 0$ のとき，$x = c$ で $f(x)$ は極大になる．
2. $f''(c) > 0$ のとき，$x = c$ で $f(x)$ は極小になる．
3. $f''(c) = 0$ のとき，さらに分析しなければ結論は得られない．

関数 $f(x)$ のくぼみが c において変化するとき，$x = c$ は変曲点とよばれる．したがって変曲点で $f''(x) = 0$ となる．変曲点である c において，つぎのようになる．

1. $f''(c) = 0$
2. $f''(x)$ は $x = c$ で符号が変化する．

ちなみに，多くの学生が $f''(c) = 0$ という条件は $x = c$ における変曲点を意味していると考えているようだが，それは必ずしも正しくない．三つの関数 $f(x) = x^4$, $g(x) = x^3$, $h(x) = -x^4$ は $x = 0$ で一階微分と二階微分が 0 になるが，$x = 0$ で $f(x)$ は最小値，

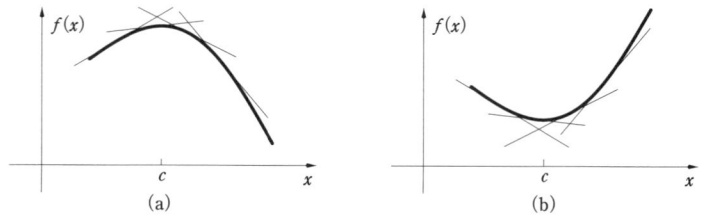

図 1.14 $f(x)$ が上に凸の関数(a)と下に凸の関数(b)．

1.4 極値

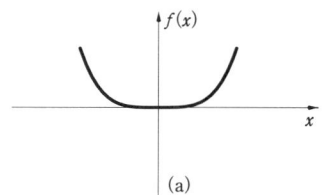
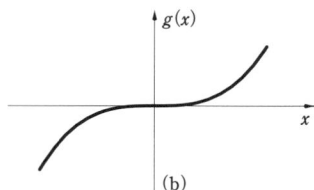

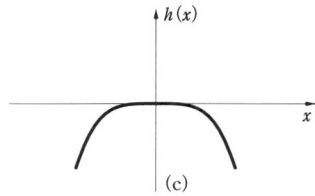

図 1.15 各種関数．
(a) $f(x) = x^4$, (b) $g(x) = x^3$,
(c) $h(x) = -x^4$.

$g(x)$ は変曲点，$h(x)$ は最大値をとる（図 1.15）．臨界点で $f''(c) = 0$ であれば，その関数の性質を知るためにより高階の微分を調べなければならない．

例題 1-5 x の領域全体において $f(x) = 3x^5 - 20x^3$ の極値と変曲点を求めよ．

解： 一階微分は，

$$f'(x) = 15x^4 - 60x^2 = 0$$

となり，$f(x)$ は $x = 0, \pm 2$ において三つの臨界点をもつ．二階微分については，

$$f''(x) = 60x^3 - 120x = 0$$

となる．$f''(2) = 240 > 0$ であり，$f''(-2) = -240 < 0$ となるので，臨界点 $x = 2$ は最小値となり，$x = -2$ は最大値となる．$f''(0) = 0$ は $x = 0$ で変曲点になることを示している．$f''(x)$ の符号が $x = 0$ で変化することは $x = 0$ が変曲点になることを示している（図 1.16）．

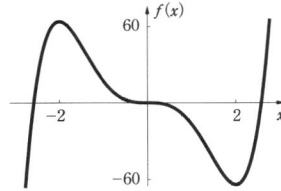

図 1.16 関数 $f(x) = 3x^5 - 20x^3$.

例題 1-6 $f(x) = x^2(1-x)^2$ の極値と変曲点を求めよ．

解： 一階微分より，

$$f'(x) = 2x(1-x)^2 - 2x^2(1-x) = 2x(1-x)(1-2x) = 0$$

とすると，臨界点は $x = 0, 1/2, 1$ となる．二階微分は，

$$f''(x) = 12x^2 - 12x + 2$$

となる．臨界点では，$f''(0) > 0$, $f''(1) > 0$, $f''(1/2) < 0$ となり，$f(x)$ は $x=0$ と 1 で極小，$x=1/2$ で極大となる．$f''(x) = 0$ となる変曲点は $x = (3 \pm \sqrt{3})/6$ ($x = 0.211\cdots$ と $x = 0.787\cdots$) となる．以下の表はこの両者ともが変曲点であることを示しており，関数を図 1.17 に示した．

変曲点
$0.211\cdots$　　$f''(0.20) = 0.08 > 0$　　　$f''(0.22) = -0.059 < 0$
$0.787\cdots$　　$f''(0.78) = -0.059 < 0$　　$f''(0.79) = 0.009 > 0$

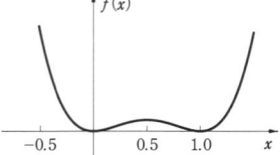

図 1.17 関数 $f(x) = x^2(1-x)^2$．

さいごに，$-1 < x < 1$ における $f(x) = x^{2/3}$ を考える．一階微分は $f'(x) = 2/(3x^{1/3})$ となり，正の値から $x \to 0$ とすると $f'(x) \to \infty$ に，負の値から $x \to 0$ とすると $f'(x) \to -\infty$ になる．ゆえに，$f'(x)$ は $x=0$ では不連続であり，$f(x)$ は極小値となる（図 1.18）．この図は $-1 < x < 1$ において $f'(x)$ が存在し，かつ連続であることを示している．

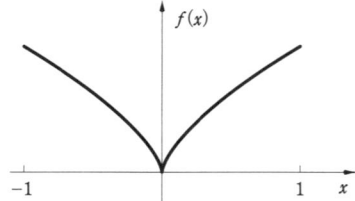

図 1.18 $-1 < x < 1$ における関数 $f(x) = x^{2/3}$．

問　題

1-1. つぎの関数を $-3 \leq x \leq 3$ の範囲でプロットせよ．
  (a) $y = |x|$　　(b) $y = 1/(x-1)$
  (c) $y = x^{2/3}$

1-2. 関数 $y = x/|x|$ を $-5 < x < 5$ の範囲でプロットせよ．

1-3. 関数 $y(x) = x - |x|$ を $-5 < x < 5$ の範囲でプロットせよ．

1-4. つぎの関数を偶関数，奇関数，どちらでもないに分類せよ．
  (a) $\tanh x$　(b) $e^x \sin x$　(c) $\dfrac{e^x}{(e^x+1)^2}$
  (d) $\cos x + \sin x$

1-5. 関数 $y(x) = H(x) - H(x-1)$ を $0 < x < 4$ の範囲でプロットせよ．ここで $H(x)$ は式(1.11)で定義されるヘビサイドの階段関数である．

1-6. 関数
$$f(t) = t - 2(t-2)H(t-2) + 2(t-4)H(t-4) - 2(t-6)H(t-6) + \cdots$$
を $t \geq 0$ でプロットせよ．ここで $H(x)$ は式(1.11)で定義されるヘビサイドの階段関数である．またこの関数を言葉で説明せよ．

1-7. つぎの関数は周期関数か．周期関数であればその周期を求めよ．
  (a) $\sin x + 2\cos x$　(b) $\tan 2x$
  (c) $|\cos x|$　(d) $\dfrac{\sin x}{x}$

1-8. 次式を満たす x を求めよ．
  (a) $x^2 + 2 < 3x$　(b) $-2 < \dfrac{3x+1}{x+1} < 2$
  (c) $0 \leq \sin x \leq 1$

1-9. 図1.6の $\sinh x$ と $\cosh x$ のグラフが，x が大きいときに一致するのはなぜか．

1-10. 同じグラフ上に $\sin x$ と $\sin^{-1} x$ をプロットせよ．二つの曲線は $y = x$ に対して対称になるか．$\sin^{-1} x$ は x の一価関数であるか．

1-11. つぎの式を計算せよ．
  (a) $\displaystyle\lim_{x \to 0+} \dfrac{1}{1 - e^{-1/x}}$　(b) $\displaystyle\lim_{x \to 0-} \dfrac{1}{1 - e^{-1/x}}$

1-12. $0 < x < 2\pi$ で $f(x)$ が連続のとき，α と β を求めよ．

$$f(x) = \begin{cases} -\sin x & 0 < x < \pi/2 \\ \alpha \sin x + \beta & \pi/2 < x < 3\pi/2 \\ \left(x - \dfrac{3\pi}{2}\right)^2 & 3\pi/2 < x < 2\pi \end{cases}$$

1-13. つぎの式を微分せよ．
  (a) $(2+x)e^{-x^2}$　(b) $\dfrac{\sin x}{x}$
  (c) $x^2 \tan 2x$　(d) $e^{-\sin x}$

1-14. $f(x) = |x|$ は $x = 0$ で微分できるか．

1-15. つぎの式の $y''(x)$ を求めよ．
  (a) $y(x) = x^2 \cos x$　(b) $y(x) = e^{-x} \sin x$
  (c) $y(x) = x^2 \ln x$

1-16. つぎの式の $y'(x)$ と $y''(x)$ を求めよ．
  (a) $y(x) = e^{-x^2}$　(b) $y(x) = \sin e^{-x}$
  (c) $y(x) = e^{-\tan x}$

1-17. $f(x, y) = x^4 y + x^2 y^3 = 2$ において，点 $(1, 1)$ における dy/dx を求めよ．接線の方程式も求めよ．

1-18. x の全領域において $f(x) = x^3 - 3x + 1$ の極値と変曲点を求めよ．

1-19. x の全領域において $f(x) = x^5 + 2x$ の極値と変曲点を求めよ．

1-20. x の全領域において，
$$f(x) = 2x^3 - 3x^2 - 12x + 3$$
の極値と変曲点を求めよ．

1-21. x の全領域において，
$$f(x) = 3x^4 - 4x^3 - 24x^2 + 48x - 20$$
の極値と変曲点を求めよ．

1-22. $\dfrac{d}{dx} u^v = v u^{v-1} \dfrac{du}{dx} + (\ln u) u^v \dfrac{dv}{dx}$ を示せ．
ヒント：$y = u^v$ とおくと微分は $\ln y$ になる．$\dfrac{d}{dx} x^x$ を求めるためにこの結果を用いる．

1-23. 鉛直上方に放出された物体の高さが時間の関数 $h(t) = 40(128t - 32t^2)$ として与えられた．最高到達点を求めよ．

1-24. 長方形の周囲の長さが一定のとき，最大の面積となるのは正方形であることを示せ．

1-25. $xy^2 = 1$ の曲線上でもっとも原点に近い点を求めよ．
ヒント：関数 $D = (x^2 + y^2)^{1/2}$ を考えよ．

1-26. 黒体放射の法則は次式で与えられる．

$$\rho(\lambda, T) = \frac{8\pi hc}{\lambda^5} \frac{1}{e^{hc/\lambda k_B T} - 1}$$

ここで，$\rho(\lambda, t)d\lambda$ は λ と $\lambda + d\lambda$ の間にあるエネルギー，λ は放射の波長，h はプランク定数，k_B はボルツマン定数，c は光速，T は絶対温度である．ウィーンの変位則によれば，$\lambda_{max}T$ は定数である．ここで，λ_{max} は $\rho(\lambda, t)$ が最大になる λ である．黒体放射の法則からウィーンの変位則を導け．また，"定数"は $hc/4.965 k_B$ となることを示せ．

1-27.
$$\frac{d^2 uv}{dx^2} = v\frac{d^2 u}{dx^2} + 2\frac{du}{dx}\frac{dv}{dx} + u\frac{d^2 u}{dx^2}$$

を示せ．ここで数字の係数は 1, 2, 1 であり，$(x+y)^2 = x^2 + 2xy + y^2$ と同じであることに注意せよ．uv の高階の微分を求め，$(x+y)^n$ を展開した係数と比較せよ．

1-28. 微積分において e がなぜ "自然な" 数字であるかの理由を明らかにするため，まずは指数関数 $y(x) = b^x$ を考える．ここで，b は定数である．次式を示せ．

$$\frac{dy}{dx} = b^x \lim_{h \to 0} \frac{(b^h - 1)}{h} \quad (1)$$

この極限が何であれ極限を c とおくと，式(1)は次式のようになる．

$$\frac{dy}{dx} = cb^x = cy(x)$$

$c = 1$ のとき，$y(x)$ は自分自身を微分した関数となる．こうなるのは，
$$b = (1 + h)^{1/h} \quad (h \to 0)$$
のとき，または等価な式だが，
$$b = \left(1 + \frac{1}{n}\right)^n \quad (n \to \infty)$$
のときであることを示せ．電卓やコンピュータを用いて $b \to 2.71828\cdots = e$ を示せ．

1-29. 本問題では e が "自然に" 生じるもう一つの例を示す．複利で利子 r が毎年支払われる銀行にお金を預けるとする．預けたお金は n 年後に $(1+r)^n$ 倍に増えることになる．いま，利子が半年ごとに支払われていると仮定する．このとき，お金の増大係数は $(1 + r/2)^{2n}$ であることを示せ．続いて，利子が毎日支払われるとするとその増大係数は $(1 + r/365)^{365n}$ であることを示せ．利子が6%で5年経過したとき，増大係数は 1.3382（年利），1.3439（半年利），1.3498（日歩）となる．さいごに，利子が連続的に複利計算されるときの増大係数は $e^{rn} = 1.3499$ となることを示せ．

1-30. 図 1.19 を用いて，$\lim\limits_{x \to 0} \dfrac{\sin x}{x} = 1$ を示せ．

ヒント：三角形 OAB の面積 ≤ 扇形 OAD の面積 ≤ 三角形 OCD の面積，であることを利用する．

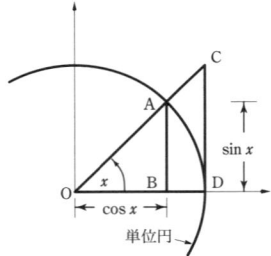

図 1.19 $\lim\limits_{x \to 0} \dfrac{\sin x}{x} = 1$ の証明に関連した図．

2

一変数関数：積分

　本書の最初の2章では，微積分の基礎を復習している．1章の微分に続いて，本章では積分を復習する．この二つの操作はいわゆる微積分の基本定理によって互いに関連している．すなわち積分は反微分であり，積分過程は微分過程によりもとに戻すことができる．本章では最初に，曲線の下の面積を長方形の和として近似したときの極限となる，リーマンによる積分の定義を提示してから，微積分の基本定理について説明する．つぎに，積分の計算方法を簡単に説明し，2.4節では，積分範囲の少なくとも一方が無限大となる特異積分について説明する．そしてこの種の積分が収束するかどうかを調べる簡単な方法を紹介する．

2.1 積分の定義

　もともと積分は，曲線によって囲まれた面積を計算するために考案された．しかし今日では，積分は極限をとる過程として定義される．図2.1のような状況を考える．区間 (a, b) を n 個の小区間 (a, x_1), (x_1, x_2), ……, (x_{n-1}, b) に分割する．j 番目の区間にある任意の点を ξ_j とする．ここで，$j = 1, 2, \ldots, n$ である．このとき，面積 S_n は，

$$S_n = \sum_{j=1}^{n} f(\xi_j)(x_j - x_{j-1}) = \sum_{j=1}^{n} f(\xi_j)\Delta x_j$$

となる．ここで，$x_0 = a$, $x_n = b$ であり，$\Delta x_j = x_j - x_{j-1}$ である．幾何学的には，この面積は図2.1のような長方形の短冊の足しあわせで表され，それはリーマン和とよばれている．それぞれの短冊の幅をどんどん小さくしていき無限小まで近づけると，それはリーマン積分とよばれ，次式のようにかける．

$$\int_a^b f(x)\,dx = \lim_{h \to 0} \sum_{j=1}^{n} f(\xi_j)\Delta x_j \tag{2.1}$$

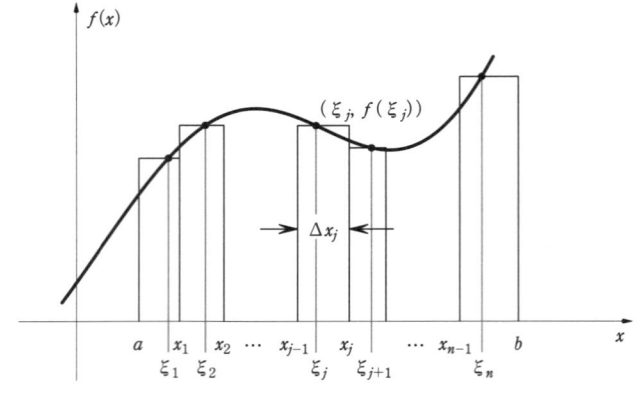

図 2.1 リーマン和の説明図.

ここで，h はもっとも大きい短冊の幅である．すべての短冊が同じ幅であれば，$h = (b - a)/n$ であり，式(2.1) において，$h \to 0$ にすると $n \to \infty$ となる．$a \leq x \leq b$ において $f(x)$ が連続であればこの極限が得られる．幾何学的には，$f(x)$ が a と b の間で正のとき，$f(x)$ の a から b までの積分は $f(x)$ と x 軸，$x = a$ と $x = b$ の垂直線で囲まれた部分となる．そうでないときは，x 軸より上の面積は正として，x 軸より下の面積は負として扱う．

しかし，実際の積分では式(2.1) は用いない．以下で示すように，積分と微分は逆の演算であり，しばしば微分公式の表を逆に用いることによって積分を求める．先に進む前に，まず式(2.1) で与えられた定義をもとに，いくつかの積分の性質をみてみよう．c_1 と c_2 を定数とすると，

$$\int_a^b [c_1 f_1(x) + c_2 f_2(x)] \mathrm{d}x = c_1 \int_a^b f_1(x) \mathrm{d}x + c_2 \int_a^b f_2(x) \mathrm{d}x \tag{2.2}$$

となる．積分は線形演算であり，式(2.2) は微分に関する式(1.15) と似ている．式(2.1) は $a \leq c \leq b$ のとき，

$$\int_a^b f(x) \mathrm{d}x = \int_a^c f(x) \mathrm{d}x + \int_c^b f(x) \mathrm{d}x \tag{2.3}$$

となる．横軸を x とすることについて特別な意味はないので，

$$\int_a^b f(x) \mathrm{d}x = \int_a^b f(u) \mathrm{d}u = \int_a^b f(t) \mathrm{d}t$$

などとかける．ここでの積分変数はダミー変数とよばれる．積分の結果は a と b の値のみに依存する．

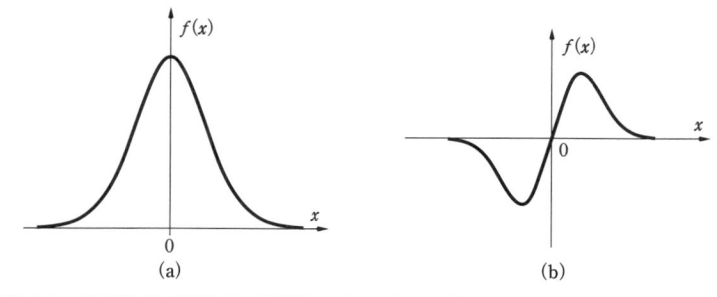

図 2.2 偶関数(a)と奇関数(b). 偶関数はy軸に対して対称であり,奇関数は符号が変わる.

つぎに曲線の下の正味の面積と等しくなるという積分の解釈を用いて,偶関数と奇関数の積分に関する特別な性質を説明する.1章でも説明したが,$f(-x) = f(x)$となる関数$f(x)$を偶関数 (even function),$f(-x) = -f(x)$となる関数$f(x)$を奇関数 (odd function) とよぶ(図2.2).$-a \leq x \leq a$における偶関数$f_{\text{even}}(x)$の積分を考えてみよう.

$$I = \int_{-a}^{a} f_{\text{even}}(x)\,\mathrm{d}x$$

図2.2(a)をみるとわかるように$-a \leq x \leq 0$の面積と$0 \leq x \leq a$の面積は等しいので,Iは,

$$I = \int_{-a}^{a} f_{\text{even}}(x)\,\mathrm{d}x = 2\int_{0}^{a} f_{\text{even}}(x)\,\mathrm{d}x \tag{2.4}$$

とかける.同様に奇関数$f_{\text{odd}}(x)$においては,

$$\int_{-a}^{a} f_{\text{odd}}(x)\,\mathrm{d}x = 0 \tag{2.5}$$

となる(図2.2(b)).

2.2 微積分の基本定理

これまで述べた積分は有限の範囲の積分であり,定積分とよばれている.積分上限をxとしたxに関する積分は不定積分とよばれ,

$$F(x) = \int_{a}^{x} f(u)\,\mathrm{d}u \tag{2.6}$$

とかく.ここで,積分変数をxでなく,uとかくことに注意しよう.それは積分変数と積分上限をはっきりと区別するためである.積分変数はダミー変数なので,何にするかは任

意である．いい換えると，

$$F(x) = \int_a^x f(u)\,\mathrm{d}u = \int_a^x f(z)\,\mathrm{d}z = \int_a^x f(t)\,\mathrm{d}t$$

はすべて同等になる．しかし，

$$F(x) = \int_a^x f(x)\,\mathrm{d}x$$

とかくのは悪い習慣であり，避けるべきである．なぜなら，積分上限の x と積分変数の x は異なる値だからである．

微積分の基本定理は以下のとおりである．区間 (a, b) において，関数 $f(x)$ が連続で，定数 c を用いて，

$$F(x) = \int_a^x f(u)\,\mathrm{d}u + c \tag{2.7}$$

とかけるとき，$F(x)$ は $f(x)$ の不定積分であるといい，$F'(x) = f(x)$ ともかける．微積分の基本定理は微分と積分が逆の関係であることを表している．

式(2.7) から $f(x)$ を得るために上限 x まで積分する．

$$F(x + \Delta x) - F(x) = \int_a^{x+\Delta x} f(u)\,\mathrm{d}u - \int_a^x f(u)\,\mathrm{d}u = \int_x^{x+\Delta x} f(u)\,\mathrm{d}u \tag{2.8}$$

区間 $(x, x + \Delta x)$ で $f(u)$ が連続であれば，$f(u)$ は一定となり，Δx がとても小さいときは $f(x)$ と等しくなる．式(2.8) を Δx で割り，$\Delta x \to 0$ の極限を考えると，積分記号を用いて $f(x)$ は，

$$\frac{\mathrm{d}F}{\mathrm{d}x} = F'(x) = f(x) \tag{2.9}$$

とかける．式(2.7) と式(2.9) は微積分の基本定理を要約している．

定積分として一般的に使われる $f(x)$ と x 軸が囲む面積を計算するために，式(2.7) を用いる．$x = \beta$, $x = \alpha$ のとき，$F(\beta) - F(\alpha)$ を表す一般的な式は，

$$F(\beta) - F(\alpha) = \int_\alpha^\beta f(x)\,\mathrm{d}x = \Big[F(x)\Big]_\alpha^\beta \tag{2.10}$$

となる．

式(2.10) によって，以下のように式(2.3) を証明することができる．

$$\int_\alpha^\beta f(x)\,\mathrm{d}x = \int_\alpha^c f(x)\,\mathrm{d}x + \int_c^\beta f(x)\,\mathrm{d}x = F(c) - F(\alpha) + F(\beta) - F(c)$$
$$= F(\beta) - F(\alpha)$$

また，式(2.10) を用いてつぎの重要な式(2.11) が導かれる．

$$\int_{\alpha}^{\beta} f(x)\,\mathrm{d}x = -\int_{\beta}^{\alpha} f(x)\,\mathrm{d}x = -[F(\alpha) - F(\beta)] = F(\beta) - F(\alpha) \tag{2.11}$$

式(2.7) と式(2.10) は $f(x)$ を導く関数を見つけるための積分の方法を示している．たとえば，$\int_{0}^{\pi/2} \cos x\,\mathrm{d}x$ を計算するために微分の表にある $\mathrm{d}\sin x/\mathrm{d}x = \cos x$ を用いると，

$$\int_{0}^{\pi/2} \cos x\,\mathrm{d}x = \Big[\sin x\Big]_{0}^{\pi/2} = \sin(\pi/2) - \sin 0 = 1$$

となる．

例題 2-1 $\int_{0}^{1} x^3\,\mathrm{d}x$ を計算せよ．

解： $\mathrm{d}x^4/\mathrm{d}x = 4x^3$ を用いると，

$$\int_{0}^{1} x^3\,\mathrm{d}x = \frac{1}{4}\Big[x^4\Big]_{0}^{1} = \frac{1}{4}$$

これらの例は簡単である．なぜなら微分の表から $F(x)$ を見つけられるからである．しかし多くの場合，微分の表を用いることができるように式を変形する必要がある．

2.3 積分の方法

みなさんは微積分の授業でさまざまな積分の計算を数週間かけて学んだだろう．不定積分を解くためには非常に多くの方法や秘訣がある．たとえば，部分積分，三角関数を用いた積分，および"複雑な"置換を用いた積分などである．十分に訓練すれば，ほとんどの学生はこれらの方法を使いこなせるようになる．これらの方法のなかで，部分積分がもっともよく用いられるだろう．部分積分は次式で表される（問題 2-4）．

$$\int u\,\mathrm{d}v = uv - \int v\,\mathrm{d}u \tag{2.12}$$

次式を部分積分で解いてみよう．

$$F(x) = \int x \cos x\,\mathrm{d}x$$

この場合，"u" $= x$，"$\mathrm{d}v$" $= \cos x\,\mathrm{d}x$ とする．すると "$\mathrm{d}u$" $= \mathrm{d}x$，"v" $= \sin x$ となるので，式(2.12) を用いて，

$$\int x\cos x\,\mathrm{d}x = x\sin x - \int \sin x\,\mathrm{d}x = x\sin x + \cos x + c$$

となる．ここで，c は積分定数である．この結果は $x\sin x + \cos x + c$ を微分すると $x\cos x$ が得られることによって確認できる．

例題 2-2　多くの場合，置換によって積分をより簡単な形に変えることができる．次式を解け．
$$I = \int_0^2 x\mathrm{e}^{-x^2}\mathrm{d}x$$

解：$\mathrm{e}^{\pm x}$ を含む積分は $\mathrm{d}\mathrm{e}^{\pm x}/\mathrm{d}x = \pm\mathrm{e}^{\pm x}$ から考える．$x^2 = u$ とおくと $\mathrm{d}u = 2x\mathrm{d}x$ となるので，
$$I = \int_0^2 x\mathrm{e}^{-x^2}\mathrm{d}x = \frac{1}{2}\int_0^4 \mathrm{e}^{-u}\mathrm{d}u = \frac{1}{2}\left[-\mathrm{e}^{-u}\right]_0^4 = \frac{1-\mathrm{e}^{-4}}{2}$$

積分範囲は x で積分するときは 0 から 2 であるが，u で積分するときは 0 から 4 になる．なぜなら，$x = 0$ のとき $u = 0$ で，$x = 2$ のとき $u = 4$ だからである．

例題 2-3　しばしば量子力学で用いられるつぎの積分を解け．
$$I = \int_0^\pi \cos^2\theta \sin\theta\,\mathrm{d}\theta$$

解：$x = \cos\theta$ とすると，$\mathrm{d}x = -\sin\theta\mathrm{d}\theta$ となるので，
$$I = \int_0^\pi \cos^2\theta \sin\theta\,\mathrm{d}\theta = -\int_1^{-1} x^2\,\mathrm{d}x = \int_{-1}^1 x^2\,\mathrm{d}x = \frac{1}{3}\left[x^3\right]_{-1}^1 = \frac{2}{3}$$

確かに，良い積分の表を用いることができれば，多くの積分を計算できるようになる．"CRC Standard Mathematical Tables and Formulae" は標準的な冊子であり，50 ページ以上の積分の表が掲載されている．もっとも総合的な表は Gradshteyn と Ryzhik による "Tables of Integrals, Series, and Products" で，1000 ページ以上もあるが，応用数学を学ぶ人にとっては必要不可欠な書籍である．それ以外にも，Mathematica, Mathcad, Maple など，市販されているたくさんのソフトウェアがあり，微分や定積分，不定積分を計算できる．これらのソフトウェアでは数値計算だけでなく，代数操作もでき，数式処理システム（CAS）とよばれている．たとえば Mathematica では，

と入力するとつぎのような計算をしてくれる．

$$\int x^3 \cos ax \, dx = \frac{3(a^2 x^2 - 2)\cos ax}{a^4} + \frac{x(a^2 x^2 - 6)\sin ax}{a^3}$$

また，

    Integrate[x Log[a x+b],{x,0,1}]

と入力すると，

$$\int_0^1 x \ln(ax+b) \, dx = \frac{2ab - a^2 + 2b^2 \ln b + 2(a^2 - b^2)\ln(a+b)}{4a^2}$$

と計算してくれる．Mathcad や Maple などのほかの CAS も同様の計算ができる．ほとんどの理工系の学科や企業の研究所では少なくとも一つの CAS のライセンスをもっている．これらのソフトウェアの使い方を学ぶことによって，計算の時間と誤りが減るだけでなく，代数の単純作業が肩代わりされるので，問題に集中できるようになる．

正しく定義された定積分を得るためには，関数は不連続であってもよいが，区分的に連続でなければならない（区分的に連続の定義については 1.2 節のさいごの段落を参照）．図 2.3 は単純な区分的に連続な関数を示す．関数 $f(x)$ が $a \le x \le b$ で区分的に連続であり，$x = c$ で不連続なとびがあるとする．積分はつぎのようになる．

$$I = \int_a^b f(x) \, dx = \lim_{\varepsilon \to 0} \int_a^{c-\varepsilon} f(x) \, dx + \lim_{\varepsilon \to 0} \int_{c+\varepsilon}^b f(x) \, dx \tag{2.13}$$

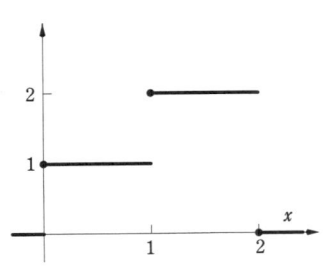

図 2.3 $x < 0$ では $f(x) = 0$，$0 \le x < 1$ では $f(x) = 1$，$1 \le x < 2$ では $f(x) = 2$，$x \ge 2$ では $f(x) = 0$．

例題 2-4 図2.3で関数 $f(x)$ と x 軸で囲まれる面積を計算せよ．

$$f(x) = \begin{cases} 0 & x < 0 \\ 1 & 0 \leq x < 1 \\ 2 & 1 \leq x < 2 \\ 0 & x \geq 2 \end{cases}$$

解：
$$I = \lim_{\varepsilon \to 0} \int_0^{1-\varepsilon} dx + \lim_{\varepsilon, \varepsilon' \to 0} \int_{1+\varepsilon}^{2-\varepsilon'} 2\, dx$$
$$= \lim_{\varepsilon \to 0}(1-\varepsilon) + 2\lim_{\varepsilon, \varepsilon' \to 0}(2-\varepsilon'-1-\varepsilon) = 3$$

幾何学的には，図2.3より，$f(x)$ と x 軸で囲まれる面積は $1+2$ なので3になることがわかるだろう．

つぎの例題は不連続関数の積分を行うさいに，式(2.13) を用いなくてもよいことを示している．

例題 2-5 距離 r にある二つの球対称分子の相互作用を表す井戸型ポテンシャル（図2.4）は次式で表される．

$$u(r) = \begin{cases} \infty & 0 < r < \sigma \\ -\varepsilon & \sigma < r < \lambda\sigma \\ 0 & r > \lambda\sigma \end{cases}$$

ここで，σ, λ, ε はそれぞれ分子固有の定数である．実在気体の第二ビリアル係数は，

$$B(T) = -2\pi \int_0^\infty [\mathrm{e}^{-u(r)/k_\mathrm{B}T} - 1] r^2 dr$$

と表される．ここで k_B はボルツマン定数であり，T は絶対温度である．第二ビリアル係数を井戸型ポテンシャルを用いて表せ．

解：
$$B(T) = -2\pi \int_0^\sigma (-1) r^2 dr - 2\pi \int_\sigma^{\lambda\sigma} (\mathrm{e}^{\varepsilon/k_\mathrm{B}T} - 1) r^2 dr$$

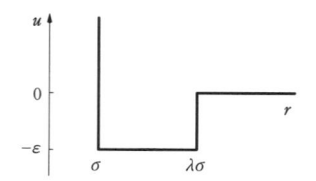

図 2.4 二つの球対称分子の相互作用を表す井戸型ポテンシャル．

$$= \frac{2\pi\sigma^3}{3}[1-(\lambda^3-1)(e^{\varepsilon/k_BT}-1)]$$

例題 2-4 では三つの,例題 2-5 では二つのとびがあるが,式(2.11) は一つ以上の不連続なとびをもつ場合に一般化できる.また,各区間の端点における $f(x)$ の値は問題にならない.たとえば例題 2-4 において $f(x) = 1$ である区間を $0 \leq x < 1$, $0 < x < 1$, $0 \leq x \leq 1$, $0 < x \leq 1$ と,どのようにかいても違いはない.

微分公式によって,任意の関数の微分を計算できるが,積分には既知の関数で表現できないものが多くある.4 章で多くのよく知られている関数が積分によって定義されることを学ぶ.たとえば,誤差関数 erf(x) はつぎのように定義される.

$$\mathrm{erf}(x) = \frac{2}{\sqrt{\pi}} \int_0^x e^{-u^2} du$$

erf(1.5) を計算するためには,図 2.5 に示される 0 から 3/2 の u において u 軸と e^{-u^2} のグラフに囲まれた面積を求める.これには多くの数値計算の繰り返しが必要となる.これまでに微積分学の授業で台形近似やシンプソン近似を学んだことを思い出してみよう.基本的にそれらの方法は面積の数値近似を与える(23 章参照).Mathematica,Mathcad,Maple などでは数値的に積分計算を行う.Mathematica の入力はつぎのようにする.

```
NIntegrate[Exp[-x^2],{x,0,3/2}]
```

すると,つぎの結果が得られる.

$$\int_0^{3/2} e^{-u^2} du = 0.856188$$

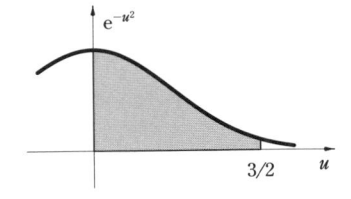

図 2.5 $0 \leq x \leq 3/2$ での u 軸と関数 e^{-u^2} の間の面積は $\int_0^{3/2} e^{-u^2} du$ となる.

2.4 特 異 積 分

無限までの積分は特異積分とよばれており,次式によって定義される.

$$\int_a^\infty f(x)\,\mathrm{d}x = \lim_{c\to\infty}\int_a^c f(x)\,\mathrm{d}x \tag{2.14}$$

$$\int_{-\infty}^b f(x)\,\mathrm{d}x = \lim_{c\to -\infty}\int_c^b f(x)\,\mathrm{d}x \tag{2.15}$$

特異積分においてある一定値が得られるとき，積分は収束するといい，一定値が得られないとき積分は発散するという．

例題 2-6 $\int_1^\infty \mathrm{d}x/x^p$ の収束を p の関数として調べよ．

解： 以下の式を導くことができる．

$$\int_1^\infty \frac{\mathrm{d}x}{x^p} = \lim_{b\to\infty}\int_1^b \frac{\mathrm{d}x}{x^p} = \lim_{b\to\infty}\left[\frac{1}{1-p}\frac{1}{x^{p-1}}\right]_1^b$$

$p>1$ のときは，

$$\lim_{b\to\infty}\frac{1}{1-p}\left(\frac{1}{b^{p-1}}-1\right) = \frac{1}{1-p}(0-1) = \frac{1}{p-1}$$

となり，収束する．$p<1$ のときは，

$$\lim_{b\to\infty}\frac{1}{1-p}(b^{1-p}-1) = \infty$$

となり，発散する．$p=1$ のときも，

$$\int_1^\infty \frac{\mathrm{d}x}{x^p} = \lim_{b\to\infty}\int_1^b \frac{\mathrm{d}x}{x} = \lim_{b\to\infty}\ln b = \infty$$

となり発散する．つまり $\int_1^\infty \mathrm{d}x/x^p$ は $p>1$ で収束し，$p\leq 1$ で発散する．この結果は覚えておく価値がある．

例題 2-7 $\int_a^\infty \mathrm{e}^{-sx}\mathrm{d}x$ の収束を s の関数として調べよ．

解： 以下の式を導くことができる．

$$\int_a^\infty \mathrm{e}^{-sx}\mathrm{d}x = \lim_{b\to\infty}\int_a^b \mathrm{e}^{-sx}\mathrm{d}x$$

$$= \lim_{b\to\infty}\frac{\mathrm{e}^{-sa}-\mathrm{e}^{-sb}}{s} = \frac{\mathrm{e}^{-sa}}{s} \quad (s>0)$$

したがって，積分は $s>1$ で収束し，$s\leq 1$ で発散する．

積分が収束するかしないかを判定するこの方法は p 検定とよばれ，例題 2-6 の結果がもとになっている．

$\lim_{x \to \infty} x^p f(x) = K$ のとき，

1. $p > 1$ かつ K が有限の値ならば，$\int_a^\infty f(x) \, dx$ は収束する．

2. $p \leq 1$ かつ $K \neq 0$ ならば，$\int_a^\infty f(x) \, dx$ は発散する．

次式が収束するかどうかを確かめてみよう．

$$I = \int_0^\infty f(x) \, dx = \int_0^\infty \frac{e^{-x}}{(1+x)^2} \, dx$$

$\lim_{x \to \infty} x^2 f(x) = K = 0$ となるので，$p > 1$ で K は有限の値となり，積分は収束する．

例題 2-8　p 検定を利用して次式の収束を調べよ．

$$I = \int_1^\infty f(x) \, dx = \int_1^\infty \frac{x^2}{(x^6+1)^{1/2}} \, dx$$

解：$\lim_{x \to \infty} x f(x) = K = 1$ となる．ゆえに $p = 1$ で $K \neq 0$ なので積分は発散する．

問　題

2-1．つぎの不定積分を計算せよ．
 (a) x^n　(b) $\dfrac{1}{x}$　(c) e^{-x}　(d) $\sin x$
 (e) $\dfrac{1}{1+x}$

2-2．つぎの積分を計算せよ．
 (a) $\int_1^2 \dfrac{dT}{T}$　(b) $\int_0^\pi \sin u \, du$　(c) $\int_0^1 e^{-z} \, dz$
 (d) $\int_{T_1}^{T_2} \dfrac{dT}{T^2}$

2-3．つぎの積分を置換法で計算せよ．
 (a) $\int_0^{\pi/4} \tan u \, du$　(b) $\int_0^1 \dfrac{t \, dt}{1+t^2}$
 (c) $\int_0^2 \dfrac{w \, dw}{1+w^2}$

2-4．部分積分を表す式 (2.12) を導け．

2-5．つぎの積分を部分積分で計算せよ．
 (a) $\int x e^{-x} \, dx$　(b) $\int x \sin x \, dx$
 (c) $\int \ln x \, dx$　(d) $\int x^2 \ln x \, dx$

2-6．つぎの積分を部分積分で計算せよ．
 (a) $\int_0^\pi x^2 \cos x \, dx$　(b) $\int_1^2 x \ln x \, dx$
 (c) $\int_0^\infty x^2 e^{-x} \, dx$　(d) $\int_0^{\pi/2} x^2 \sin x \, dx$

2-7．つぎの式を計算せよ．
 (a) $\int_{-\pi}^{\pi} \sin^3 \theta \, d\theta$　(b) $\int_{-\infty}^{\infty} x e^{-x^2} \, dx$
 (c) $\int_{-2}^{2} \dfrac{t^3 \, dt}{1+t^2}$

2-8．つぎの式を計算せよ．
 (a) $\int_0^\pi \sin 2x \, dx$　(b) $\int_0^\infty x e^{-x^2} \, dx$
 (c) $\int_0^{\pi/2} x \sin x^2 \, dx$　(d) $\int_0^\pi \cos \theta \sin^2 \theta \, d\theta$

2-9. $x=0$ から 2 で，$y=2x$ と $y=x^2$ で囲まれた部分の面積を計算せよ．

2-10. $-a \leq x \leq a$ で，曲線 $f(x) = \sqrt{a^2-x^2}$，と x 軸で囲まれた部分の面積を計算せよ．

2-11. $f(x)=f(-x)$ のとき，
$$\int_{-A}^{A} f(x)\,dx = 2\int_0^A f(x)\,dx$$
となり，$f(x)=-f(-x)$ のとき，
$$\int_{-A}^{A} f(x)\,dx = 0$$
となることを示せ．

2-12. この問題は，積分の重要かつ実用的な取り扱いを説明する．ステファン–ボルツマンの法則はすべての波長において，黒体放射の法則（問題 1-26 参照）の積分は T^4 に依存することを示している．積分を用いずにこれを証明せよ．

2-13. 積分を計算せずに，
$$\int_0^\infty e^{-\beta x^2}\,dx/(1+\beta x^2)^2$$
が $c/\beta^{1/2}$ となることを示せ．ここで，c は定数である．

2-14. 積分を計算せずに，$\int_0^\infty x^n e^{-\alpha x}\,dx$ が c/α^{n+1} となることを示せ．ここで，c は定数である．

2-15. 積分，
$$I = \int_0^\pi (3\cos^2\theta - 1)^2 \sin\theta\,d\theta$$
は剛体球または水素原子の量子力学的な取り扱いのなかで用いられる．$x=\cos\theta$ のとき，
$$I = \int_{-1}^{1} (3x^2-1)^2\,dx = \frac{8}{5}$$
となることを示せ．

2-16. 例題 2-4 の関数の不定積分が関数
$$F(x) = \begin{cases} 0 & x < 0 \\ x & 0 \leq x < 1 \\ 1 + 2(x-1) & 1 \leq x < 2 \\ 3 & x \geq 2 \end{cases}$$
によって与えられることを示せ．また $F(x)$ が全領域において連続であることを示せ．例題 2-4 の不連続関数の積分が連続関数になることに注意せよ．この結果は積分が平滑化演算子であることを示している．

2-17. x 軸と，
$$f(x) = \begin{cases} 0 & x < 0 \\ x & 0 \leq x < 1 \\ 1 & 1 \leq x < 2 \\ 3-x & 2 \leq x < 3 \\ 0 & x \geq 3 \end{cases}$$
で囲まれる面積を積分によって計算せよ．$f(x)$ とそれが囲む部分をグラフに描き，計算結果と比較せよ．

2-18. 問題 2-17 の関数の不定積分 $F(x)$ を計算せよ．結果をグラフに描き，それが連続であることを示せ（問題 2-16）．

2-19. p 検定を用いて $\int_1^\infty \dfrac{x^2+1}{(x^6+1)^{1/2}}\,dx$ が発散することを示せ．

2-20. p 検定を用いて $\int_1^\infty \dfrac{x^2\,dx}{x^4+1}$ が収束することを示せ．

2-21. $\int_a^b \dfrac{dx}{(x-a)^p}$ が，$p<1$ のとき収束し，$p \geq 1$ のとき発散することを示せ．ここで，$b>a$ である．

2-22. $\int_0^\infty e^{-x^2+6x}\,dx$ が収束することを示せ．

2-23. 微分の定義から，$G(x) = \int_a^{u(x)} f(z)\,dz$ のとき $\dfrac{dG}{dx} = f(u(x))\dfrac{du}{dx}$ となることを示せ．これはライプニッツの規則とよばれている．積分範囲の下限も x の変数（たとえば $v(x)$）であるときはどうなるか．

3

級 数 と 極 限

　しばしば，方程式が一変数の小さな値（または大きな値）に対してどのように変化するかを考えなければならないことがある．たとえば，低振動数におけるプランクの黒体放射の法則は，

$$\rho_\nu(T)\mathrm{d}\nu = \frac{8\pi h}{c^3}\frac{\nu^3\mathrm{d}\nu}{\mathrm{e}^{\beta h\nu}-1}$$

で表される．ここで，ν は振動数，$\beta = 1/k_\mathrm{B}T$（T はケルビンの絶対温度で，k_B はボルツマン定数），h はプランク定数，c は光速である．これを解くために e^x が無限級数として，

$$\mathrm{e}^x = 1 + x + \frac{x^2}{2!} + \frac{x^3}{3!} + \cdots\cdots$$

のように展開できることを利用する．この式は項が無限に続くことを意味している．上式を $\rho_\nu(T)$ に代入すると ν の小さい値に対しては，

$$\rho_\nu(T)\mathrm{d}\nu = \frac{8\pi h}{c^3}\frac{\nu^3\mathrm{d}\nu}{[1+\beta h\nu+(\beta h\nu)^2/2+\cdots\cdots]-1}$$

$$\approx \frac{8\pi h}{c^3}\frac{\nu^3\mathrm{d}\nu}{\beta h\nu} = \frac{8\pi k_\mathrm{B}T}{c^3}\nu^2\mathrm{d}\nu$$

となる．ゆえに，$\rho_\nu(T)$ は ν が小さいところでは，ν^2 に比例することがわかる．本章では，いくつかの役に立つ級数をまとめ，物理的問題に応用する．

3.1 無限級数の収束と発散

無限級数は,

$$\sum_{n=1}^{\infty} u_n = u_1 + u_2 + u_3 + \cdots\cdots \tag{3.1}$$

で表される.式(3.1) の総和において,n はダミー変数であることを最初に強調しておく.n は 1, 2, 3, …… であり無限に続く.ゆえに,

$$\sum_{n=1}^{\infty} u_n = \sum_{j=1}^{\infty} u_j = \sum_{l=1}^{\infty} u_l$$

とかき直すことができる.式(3.1) の級数の N 番目までの部分和は,

$$S_N = \sum_{n=1}^{N} u_n$$

とかける.ここで,有限の値 S を用いて,

$$\lim_{N \to \infty} S_N = S$$

とかける場合は,級数が収束することを意味しており,S は無限級数の和とよばれる.それ以外の場合,級数は発散する.

無限級数の代表例が等比級数(幾何級数)である.N 番目までの部分和は,

$$S_N = \sum_{j=0}^{N} x^j = 1 + x + x^2 + \cdots\cdots + x^N \tag{3.2}$$

となる.このとき,$j = 0$ から和が始まることに注意しよう.$\sum$ を用いない S_N の表現は容易に得られることがわかるだろう.S_N に x を掛けて S_N から引くと,

$$S_N - xS_N = 1 - x^{N+1}$$

が得られる.これは,

$$S_N = \frac{1 - x^{N+1}}{1 - x} \tag{3.3}$$

とかける.$|x|$ が 1 より小さい場合と大きい場合に分けて考えると,

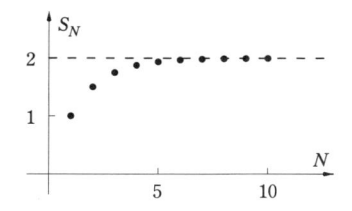

図 3.1　$x = 1/2$ の等比級数の部分和 $2[1 - (1/2)^{N+1}]$ の N 依存性. 極限値は破線で示されている.

$$\lim_{N \to \infty} S_N = \begin{cases} \dfrac{1}{1-x} & |x| < 1 \\ \infty & |x| > 1 \end{cases}$$

となる. $x = 1$ のときは式 (3.2) から直接 $S_N = N + 1$ となることがわかる. また, $x = -1$ のときは, S_N は 1 と 0 の間で振動する. ゆえに, $x = 1$ のときの部分和は発散し, $x = -1$ のときには単一でない値になる. その結果, 等比級数は $|x| < 1$ では収束し, $|x| \geq 1$ では発散することになる. 図 3.1 は $x = 1/2$ のときの部分和の N 依存性を示す. また等比級数はしばしばつぎのようにかかれる.

$$\sum_{n=0}^{\infty} x^n = \frac{1}{1-x} = 1 + x + x^2 + x^3 + \cdots \cdots \qquad |x| < 1 \qquad (3.4)$$

例題 3-1　量子力学的な調和振動子としてモデル化された二原子分子の分配関数は,

$$q(T) = \sum_{n=0}^{\infty} e^{-\left(n + \frac{1}{2}\right)h\nu/k_B T} \qquad (1)$$

となる. ここで, h はプランク定数, ν は振動子の振動数, k_B はボルツマン定数, T は絶対温度である. $q(T)$ を $\sum$ を用いずに表せ.

解：　和の因子 $e^{-h\nu/2k_B T}$ を取り出し, $r = e^{-h\nu/k_B T} < 1$ とし, 等比級数を用いると,

$$q(T) = e^{-h\nu/2k_B T} \sum_{n=0}^{\infty} r^n$$

$$= \frac{e^{-h\nu/2k_B T}}{1 - e^{-h\nu/k_B T}}$$

となる. 式 (1) は無限回の計算を必要とするが, $\sum$ を用いずに表現できれば計算は有限回ですんでしまう.

級数が収束するのであれば, $n \to \infty$ のときに $u_n \to 0$ となる必要がある. しかしこれは収束のための必要条件であり十分条件でないことは, 興味深くかつ重要である. n 番目の項が 0 に近づくが収束しない級数の古典的な例は, 調和級数,

$$S = \sum_{n=1}^{\infty} \frac{1}{n}$$

である．問題3-5は調和関数が $N \to \infty$ で $S_N \to \infty$ となることの標準的な証明である．

無限級数の収束や発散は，有限個の項の追加や削除には影響を受けない．たとえば，収束級数に100の項（和が c になる）を追加したとき，その部分和は S_N から $S_N + c$ に変わり，拡張級数の和 S_+ はつぎのようになる．

$$S_+ = \lim_{N \to \infty} (S_N + c) = S + c$$

どんな循環小数の式でも有理数になることを，等比級数を用いて示すことができる．たとえば，小数 $a = 0.090\,909\,090\,9\cdots\cdots$ を考えてみよう．この循環小数は等比級数の形でかける．

$$a = \frac{9}{10^2} + \frac{9}{10^4} + \frac{9}{10^6} + \cdots\cdots$$

$$= 9 \sum_{n=1}^{\infty} \frac{1}{10^{2n}} = 9 \sum_{n=1}^{\infty} \frac{1}{(100)^n} = \frac{9}{100} \sum_{n=0}^{\infty} \frac{1}{(100)^n} = \frac{9/100}{1 - 1/100} = \frac{9}{99} = \frac{1}{11}$$

式(3.3)から式(3.4)を導くことは，無限級数を考えるにあたり重要なポイントである．式(3.4)は $|x| < 1$ のとき収束し，$|x| \geq 1$ のとき発散する．与えられた無限級数が収束するか発散するかをどうやったら知ることができるだろうか．そのための判定法が多くあるが，シンプルで役立つものは比判定法（ダランベールの収束判定法）である．比判定法を適用するには，$(n+1)$ 番目の値 u_{n+1} と n 番目の値 u_n の比の絶対値をとり，n の値を無限大へと近づけていく．

$$r = \lim_{n \to \infty} \left| \frac{u_{n+1}}{u_n} \right| \tag{3.5}$$

$r < 1$ で級数が収束し，$r > 1$ で級数が発散すると判定できるが，$r = 1$ のときはこの判定法だけでは結論が出ない．式(3.4)の等比級数に比判定法を適用してみよう．

$$r = \lim_{n \to \infty} \left| \frac{x^{n+1}}{x^n} \right| = |x|$$

こうして，$|x| < 1$ で級数が収束し，$|x| > 1$ で級数が発散すると判定できる．$x = 1$ では，実際には発散するが，比判定法だけではその結果を判定することができない．$x = 1$ での振る舞いを決定するためには，ほかのいくつかの方法を試す必要がある．

例題 3-2

e^x は式(3.6) で表される（詳細は3.3節）．

$$e^x = \sum_{n=0}^{\infty} \frac{x^n}{n!} = 1 + x + \frac{x^2}{2!} + \frac{x^3}{3!} + \cdots\cdots \tag{3.6}$$

この級数が収束するときの x の値を求めよ．

解: 比判定法を用いると，任意の固定値 x に対して，

$$r = \lim_{n \to \infty} \left| \frac{x^{n+1}/(n+1)!}{x^n/n!} \right| = \lim_{n \to \infty} \left| \frac{x}{n+1} \right| = 0$$

となる．$r = 0 < 1$ の結果から，x のすべての値に対して e^x が収束すると判定できる．

級数の収束を判定する別の判定法として制限比較判定法がある．

正の項からなる $\sum u_n$ と $\sum v_n$ を考えてみよう．極限,

$$t = \lim_{n \to \infty} \frac{u_n}{v_n}$$

が $0 < t < \infty$ で存在するのであれば，両級数がともに収束するか，両級数がともに発散するかのどちらかである．

この判定法を適用するためには，比較のために用いることのできるいくつかの級数を知っている必要がある．非常に有用であり，かつ多くのケースに適用できる級数は，等比級数,

$$\sum_{n=0}^{\infty} t^n = 1 + t + t^2 + t^3 + \cdots\cdots \qquad |t| < 1$$

と級数,

$$\sum_{n=1}^{\infty} \frac{1}{n^s} = \frac{1}{1^s} + \frac{1}{2^s} + \frac{1}{3^s} + \cdots\cdots \qquad s > 1 \tag{3.7}$$

である．式(3.7) は $s = 1$ のときは調和級数であり，発散する．

$\sum_{n=1}^{\infty} u_n = \sum_{n=1}^{\infty} (n^2 + n)/(n^4 + n + 6)$ の収束を調べるために制限比較判定法を行ってみよう．この判定法は $n \to \infty$ の極限を含んでいるので，n が非常に大きいとする．このとき，$n^2 + n \to n^2$ と $n^4 + n + 6 \to n^4$ であり，よって $n \to \infty$ のとき $u_n = (n^2 + n)/(n^4 + n + 6) \to 1/n^2$ となる．そして，制限比較判定法において v_n を $1/n^2$ と

すると，

$$t = \lim_{n\to\infty} \frac{u_n}{v_n} = 1$$

となる．級数 $\sum_{n=1}^{\infty} v_n = \sum_{n=1}^{\infty} 1/n^2$ は収束するので（式 (3.7)），級数 $\sum_{n=1}^{\infty} (n^2+n)/(n^4+n+6)$ は収束すると判定できる．

例題 3-3 $\sum_{n=1}^{\infty} u_n = \sum_{n=1}^{\infty} (2n^2-1)/(n^3+n+2)$ が収束するかどうかを判定せよ．

解： n が大きいとき，$2n^2 - 1 \to 2n^2$，$n^3 + n + 2 \to n^3$ となるので，$n \to \infty$ のとき $u_n \to 2/n$ となる．$v_n = 1/n$ とすると，$t = \lim_{n\to\infty} u_n/v_n = 2$ となる．級数 $\sum_{n=1}^{\infty} 1/n$ は発散するので，級数 $\sum_{n=1}^{\infty} (2n^2-1)/(n^3+n+2)$ は発散する．

上記の例はどちらも比判定法だけでは結論できない問題である．問題 3-28 では収束を判断するための別の判定法を利用する．

3.2 べ き 級 数

無限級数，

$$S(x) = \sum_{n=0}^{\infty} a_n x^n = a_0 + a_1 x + a_2 x^2 + \cdots\cdots \tag{3.8}$$

は x のべき級数とよばれる．式 (3.8) の $S(x)$ が収束するかどうかを比判定法で判定してみよう．

$$\lim_{n\to\infty} \left| \frac{a_{n+1} x^{n+1}}{a_n x^n} \right| = |x| \lim_{n\to\infty} \left| \frac{a_{n+1}}{a_n} \right| = |x| l$$

ここで，$l = \lim_{n\to\infty} |a_{n+1}/a_n|$ である．ゆえに，$|x| < 1/l = R$ に対して級数は収束し，$|x| > 1/l = R$ に対しては発散する．級数が収束する x の範囲は $-R < x < R$ となり，これは級数の収束区間とよばれる．

例題 3-4

次式の収束区間を求めよ.

$$S(x) = \sum_{n=1}^{\infty} \frac{x^n}{n \times 2^n}$$

解:

$$\lim_{n \to \infty} \left| \frac{a_{n+1} x^{n+1}}{a_n x^n} \right| = |x| \lim_{n \to \infty} \left| \frac{n \times 2^n}{(n+1) 2^{n+1}} \right| = \frac{|x|}{2}$$

級数は $|x| < 2$ のときに収束し, $|x| > 2$ のときに発散する. よって, 収束する範囲は $-2 < x < 2$ となる.

べき級数は以下にあげる重要な性質をもっている.

1. べき級数 $f(x) = \sum_{n=0}^{\infty} a_n x^n$ が $-R < x < R$ で収束するのであれば, $f(x)$ はその区間で連続である.
2. べき級数 $f(x) = \sum_{n=0}^{\infty} a_n x^n$ が $-R < x < R$ で収束するのであれば, その区間において,

$$\int_0^x f(t) \, dt = \sum_{n=0}^{\infty} \frac{a_n x^{n+1}}{n+1}$$

 は収束する.

3. べき級数 $f(x) = \sum_{n=0}^{\infty} a_n x^n$ が $-R < x < R$ で収束するのであれば, その区間において,

$$f'(x) = \sum_{n=1}^{\infty} n a_n x^{n-1}$$

 は収束する.

このため, べき級数は項ごとに微分したり積分したりできる.

たとえば, $|t| < 1$ に対して等比(べき)級数は収束する.

$$\frac{1}{1-t} = \sum_{n=0}^{\infty} t^n = 1 + t + t^2 + \cdots \cdots \qquad |t| < 1$$

$|x| < 1$ において $t = 0$ から $t = x$ まで上式の両辺を積分すると,

$$\int_0^x \frac{dt}{1-t} = -\ln(1-x) = \sum_{n=1}^{\infty} \frac{x^{n+1}}{n+1} = x + \frac{x^2}{2} + \frac{x^3}{3} + \cdots \cdots \qquad -1 \leq x < 1$$

(3.9)

が得られる．ここで，$-1 \leq x < 1$ としているのは，両端 $x = \pm 1$ においては，$x = -1$ で級数は収束し，$x = 1$ では発散するからである．同様に両辺を微分すると式(3.10) が得られる．

$$\frac{1}{(1-x)^2} = \sum_{n=1}^{\infty} n x^{n-1} = 1 + 2x + 3x^2 + \cdots \qquad -1 < x < 1 \qquad (3.10)$$

例題 3-5　次式を $\sum$ を用いずに表せ．

$$f(x) = \sum_{n=0}^{\infty} n x^n$$

解： この級数は，

$$\lim_{n \to \infty} \left| \frac{(n+1)x^{n+1}}{nx^n} \right| = |x| \lim_{n \to \infty} \left| \frac{n+1}{n} \right| = |x|$$

となるので，収束する区間は $-1 < x < 1$ となる．$f(x)$ は等比級数と似ているが，x^n の前に n がかかっている．上式にたどり着く前に x^n を微分し（問題3-10），nx^{n-1} としてから x を掛ける．

$$\frac{1}{1-x} = \sum_{n=0}^{\infty} x^n = 1 + x + x^2 + \cdots \qquad |x| < 1$$

から始めると，両辺を微分して，それから x を掛ける．すると，

$$\frac{x}{(1-x)^2} = x + 2x^2 + 3x^3 + \cdots = \sum_{n=1}^{\infty} n x^n \qquad |x| < 1$$

が得られる．この級数は量子力学的な調和振動子の平均振動エネルギーを計算するときに用いる（問題3-17）．

本節において，それぞれ等比級数から導かれる $\ln(1-x)$ と $(1-x)^{-2}$ に対するべき級数を導いた．3.3節では任意の（正しく定義された）関数に対してべき級数を導く方法を学ぶ．

3.3 マクローリン級数

ここで検討する問題は，与えられた関数に対応する無限級数をどのように見つけるかである．たとえば，式(3.6) はどのように導かれるだろうか．最初に，関数 $f(x)$ がべき級数で表現できると仮定する．

$$f(x) = c_0 + c_1 x + c_2 x + c_3 x^3 + \cdots$$

ここで，c_j は求めるものである．$x = 0$ のとき，$c_0 = f(0)$ となる．関数を x で微分すると，

$$\frac{\mathrm{d}f}{\mathrm{d}x} = c_1 + 2c_2 x + 3c_3 x^2 + \cdots\cdots$$

となり，$x = 0$ のとき，$c_1 = (\mathrm{d}f/\mathrm{d}x)_{x=0}$ となる．もう一度 x で微分すると，

$$\frac{\mathrm{d}^2 f}{\mathrm{d}x^2} = 2c_2 + 3 \times 2c_3 x + \cdots\cdots$$

となり，$x = 0$ のとき，$c_2 = (\mathrm{d}^2 f/\mathrm{d}x^2)_{x=0}/2$ となる．さらにもう一度 x で微分すると，

$$\frac{\mathrm{d}^3 f}{\mathrm{d}x^3} = 3 \times 2c_3 + 4 \times 3 \times 2x + \cdots\cdots$$

となり，$x = 0$ のとき，$c_3 = (\mathrm{d}^3 f/\mathrm{d}x^3)_{x=0}/3!$ となる．よって一般解は，

$$c_n = \frac{1}{n!}\left(\frac{\mathrm{d}^n f}{\mathrm{d}x^n}\right)_{x=0} \tag{3.11}$$

となり，

$$f(x) = f(0) + \left(\frac{\mathrm{d}f}{\mathrm{d}x}\right)_{x=0} x + \frac{1}{2!}\left(\frac{\mathrm{d}^2 f}{\mathrm{d}x^2}\right)_{x=0} x^2 + \frac{1}{3!}\left(\frac{\mathrm{d}^3 f}{\mathrm{d}x^3}\right)_{x=0} x^3 + \cdots\cdots \tag{3.12}$$

が得られる．式(3.12) は $f(x)$ のマクローリン級数とよばれている．

式(3.12) を簡単な関数に適用する前に，その有効性について考えてみよう．式(3.12)の右辺の無限級数がどのような条件下で関数 $f(x)$ と等しくなるか疑問に思うだろう．確かに，展開が有効であるためには，$f(x)$ が満たすべきいくつかの条件がある．式(3.12)を導くためには，$x = 0$ で $f(x)$ のすべての微分が有限であることが必要である（しかし残念ながら，これは必要条件であって十分条件ではない．問題 3-33 は $x = 0$ で微分がすべて有限であるが，式(3.12) が有効でない関数を示している）．$f(x)$ が満たすべき必要条件は，ここではほとんど取り上げていない．それらは微積分の書籍で議論されているのでそちらを参照してほしい．物理化学で扱うほとんどすべての関数はこれらの必要条件を満たしているものの，少なくとも，式(3.12) は $f(x)$ の数学的制限を課していないことに注意する必要がある．

式(3.12) を $f(x) = \mathrm{e}^x$ に適用すると，

$$\left(\frac{\mathrm{d}^n \mathrm{e}^x}{\mathrm{d}x^n}\right)_{x=0} = 1$$

が得られる．つまり，

$$e^x = 1 + x + \frac{x^2}{2!} + \frac{x^3}{3!} + \cdots\cdots$$

は式(3.6)と一致する．式(3.12)を適用して得られるそのほかの重要なマクローリン級数は，

$$\sin x = x - \frac{x^3}{3!} + \frac{x^5}{5!} - \frac{x^7}{7!} + \cdots\cdots \tag{3.13}$$

$$\cos x = 1 - \frac{x^2}{2!} + \frac{x^4}{4!} - \frac{x^6}{6!} + \cdots\cdots \tag{3.14}$$

$$\tan x = x + \frac{x^3}{3} + \frac{2x^5}{15} + \cdots\cdots \qquad |x| < \frac{\pi}{2} \tag{3.15}$$

$$\ln(1+x) = x - \frac{x^2}{2} + \frac{x^3}{3} - \frac{x^4}{4} + \cdots\cdots \qquad -1 < x \leq 1 \tag{3.16}$$

$$(1+x)^n = 1 + nx + \frac{n(n-1)}{2!}x^2 + \frac{n(n-1)(n-2)}{3!}x^3 + \cdots\cdots$$
$$|x| < 1 \tag{3.17}$$

となる（問題3–18）．式(3.13)と式(3.14)はすべての x に対して収束する．式(3.15)から式(3.17)が収束するのは，それぞれ $|x| < \frac{\pi}{2}$，$-1 < x \leq 1$，$|x| < 1$ の範囲のみである．式(3.17)において n が正の整数のとき，級数は途中で打ち切られることに注意しなければならない．たとえば，n が2と3のときはそれぞれ，

$$(1+x)^2 = 1 + 2x + x^2$$
$$(1+x)^3 = 1 + 3x + 3x^2 + x^3$$

となる．n が正の整数に対する式(3.17)は二項展開とよばれる．n が正の整数でないとき，級数は無限大の範囲まで連続であり，式(3.17)は二項級数とよばれる．たとえば，

$$(1+x)^{1/2} = 1 + \frac{x}{2} - \frac{1}{8}x^2 + \cdots\cdots \tag{3.18}$$

$$(1+x)^{-1/2} = 1 - \frac{x}{2} + \frac{3}{8}x^2 - \cdots\cdots \tag{3.19}$$

のような級数になる．ウェブサイトには多くの関数のべき級数の一覧が掲載されているので参考にしてほしい．問題3–26は $x = 0$ でなく，$x = x_0$ で展開したテイラー級数について扱う．

3.4 べき級数の応用

べき級数には多くの応用例がある．たとえば，積分，

$$I = \int_0^1 \frac{\sin x}{x^2} dx$$

が有限であるかどうかを知りたいとする．$x=0$ 近傍は分母が 0 に近づくため注意する必要がある．$\sin x$ に対して式(3.13)を代入すると I は，

$$I = \int_0^1 \frac{1}{x^2}\left(x - \frac{x^3}{3!} + \frac{x^5}{5!} - \cdots\cdots\right)dx$$
$$= \int_0^1 \frac{dx}{x} - \int_0^1 \frac{x}{3!}dx + \int_0^1 \frac{x^3}{5!}dx - \cdots\cdots$$

となる．第2項目以降の積分は有限だが第1項の積分だけは，

$$\int_0^1 \frac{dx}{x} = \Big[\ln x\Big]_0^1 = \infty$$

となり，発散する．それゆえ，I は発散する．

べき級数は積分の計算にも用いられる．積分，

$$I = \int_0^\infty \frac{x^3}{e^x - 1} dx$$

は黒体放射の理論で用いられる式である．この積分を行うには，被積分関数の分子と分母に e^{-x} を掛けて，つぎに分母を等比級数を用いて e^{-x} で展開する．

$$I = \int_0^\infty \frac{x^3 e^{-x} dx}{1 - e^{-x}} = \int_0^\infty x^3 e^{-x}\left[\sum_{n=0}^\infty (e^{-x})^n\right]dx$$

ここで，$x > 0$ に対して e^{-x} のべき級数は収束するので，つぎのように積分できる．

$$I = \sum_{n=0}^\infty \int_0^\infty x^3 e^{-x(n+1)} dx = \sum_{n=0}^\infty \frac{1}{(n+1)^4}\int_0^\infty u^3 e^{-u} du$$
$$= 6\sum_{n=0}^\infty \frac{1}{(n+1)^4} = 6\sum_{n=1}^\infty \frac{1}{n^4}$$

総和の部分は多くの教科書にあるように，$\pi^4/90$ になる．ゆえに，$I = \pi^4/15$ となる．

ここで，べき級数を扱うさいに非常に役立つ表記を導入するとよいだろう．x^2 以上の項を，$O(x^2)$ と表す．たとえば，$\cos x$ は $\cos x = 1 - x^2/2! + x^4/4! - \cdots\cdots$ となるので，

$O(x^4)$ を用いて $\cos x = 1 - x^2/2 + O(x^4)$ とかく．つぎの例題で示すように，この表記は，級数展開を途中で切り捨てるときに無視するべき乗の項を表すのに用いられる．

例題 3-6　強電解質水溶液（たとえば，塩化ナトリウム水溶液）における統計力学理論では，溶液の熱力学的なエネルギーは次式で与えられる．

$$U(\kappa, a) = -\frac{x^2 + x - x(1+2x)^{1/2}}{4\pi\beta a^3}$$

ここで，$\beta = 1/k_B T$ であり，a は正イオンと負イオンの平均イオン半径，$x = \kappa a$ であり，κ は溶液の濃度に依存するパラメーターである．濃度が薄いとき，つまり，$\kappa \to 0$ のとき，U が κ^3 にしたがって変化することを示せ．

解：　U を x のべき級数として表す．二項級数を用いると，

$$-(4\pi\beta a^3)U = x^2 + x - x(1+2x)^{1/2}$$
$$= x^2 + x - x\left[1 + \frac{2x}{2} - \frac{(2x)^2}{8} + O(x^3)\right]$$
$$= x^2 + x - x - x^2 + \frac{x^3}{2} + O(x^4)$$
$$= \frac{x^3}{2} + O(x^4)$$

となる．ここで $x = \kappa a$ を代入すると，

$$U = -\frac{\kappa^3}{8\pi\beta} + O(\kappa^4)$$

となる．

電解質水溶液の理論に関するほかの例を以下に示す．強電解質水溶液の浸透圧 σ は，

$$\sigma(x) = \frac{3}{x^3}\left[1 + x - \frac{1}{1+x} - 2\ln(1+x)\right] \tag{3.20}$$

で与えられる．ここで，$x = \kappa a$ である．小さな κ（希薄水溶液）において $\sigma(x)$ は，

$$\sigma(x) = \frac{3}{x^3}\Big\{1 + x - [1 - x + x^2 - x^3 + x^4 + O(x^5)] -$$
$$2\left[x - \frac{x^2}{2} + \frac{x^3}{3} - \frac{x^4}{4} + O(x^5)\right]\Big\}$$
$$= \frac{3}{x^3}\left[\frac{x^3}{3} - \frac{x^4}{2} + O(x^5)\right] = 1 - \frac{3}{2}x + O(x^2)$$

となる．図 3.2 は小さな x に対する $\sigma(x) - 1 = -3x/2 + O(x^2)$ を示す．$1/(1+x)$ と

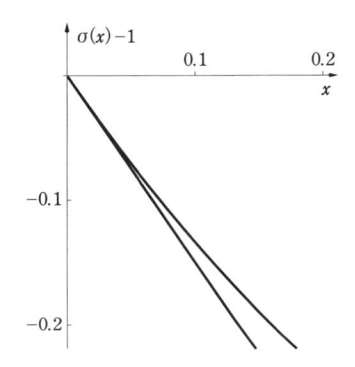

図 3.2 x が小さい領域における式 (3.20) で与えられる $\sigma(x)-1$ と $\sigma(x)-1 = -3x/2$ の比較. $x \to 0$ において $\sigma(x) - 1 = -3x/2 + O(x^2)$ となる.

$\ln(1+x)$ を x のべき級数として展開するさいに x^5 以降の項を $O(x^5)$ として省略していることに注意しよう．この表記を用いれば，x のべき乗の項を省略するさいにミスを起こさなくなるだろう．このことは，上の二つの例において低次の項 (x^0, x^1, x^2) を消すときにとくに重要となる．

物理化学において多くの自然現象を導くために，本章で出てきた級数を用いることができる．たとえば，つぎのような場合である．

$$l = \lim_{x \to 0} \frac{\sin x}{x} \tag{3.21}$$

$x \to 0$ のとき，$\sin x$ と x は両方とも 0 に近づくので，その比は不定形とよばれる．このような場合は次式で表されるロピタルの定理，

$$\lim \frac{f(x)}{g(x)} = \lim \frac{f'(x)}{g'(x)} \tag{3.22}$$

を用いることができる．ここで，$\lim f'(x)/g'(x)$ が不定形の場合は，式 (3.22) の一階微分をさらに微分し，二階微分を用いる．式 (3.21) にロピタルの定理を適用すると次式が得られる．

$$\lim_{x \to 0} \frac{\sin x}{x} = \lim_{x \to 0} \frac{\dfrac{d \sin x}{dx}}{\dfrac{dx}{dx}} = \lim_{x \to 0} \cos x = 1$$

図 3.3 は x に対する $\sin x/x$ を示す．$x \to 0$ のとき，$\sin x/x \to 1$ となることがわかる（問題 1–30 はこの結果の幾何学的な証明である）．式 (3.13) を x で割り，$x \to 0$ とすることにより，同じ結果を導くことができる（これらの二つの方法は確かに等しい．問題 3–23）．

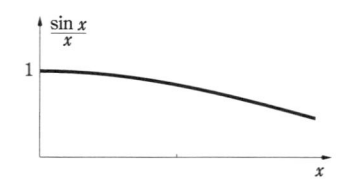

図 3.3 $\sin x/x$. $x \to 0$ において $\sin x/x \to 1$ となる.

例題 3-7

ロピタルの定理と $\cos x$ のマクローリン級数を用いて，
$$\lim_{x \to 0} \frac{1 - \cos x}{x^2}$$
を求めよ．

解： ロピタルの定理を用いると，
$$\lim_{x \to 0} \frac{1 - \cos x}{x^2} = \lim_{x \to 0} \frac{\sin x}{2x} = \lim_{x \to 0} \frac{\cos x}{2} = \frac{1}{2}$$

となる．つぎに $\cos x$ をマクローリン級数で展開すると，
$$\lim_{x \to 0} \frac{1 - \cos x}{x^2} = \lim_{x \to 0} \frac{1 - \left(1 - \frac{x^2}{2} + O(x^4)\right)}{x^2} = \frac{1}{2}$$

となる（図 3.4）．

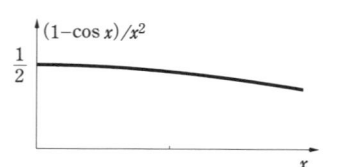

図 3.4 $(1 - \cos x)/x^2$. $x \to 0$ において $(1 - \cos x)/x^2 \to 1/2$ となる.

さいごに，級数と極限を含む例をみてみよう．結晶のモル熱容量の温度依存性を表すアインシュタインの比熱の理論は，

$$C_V = 3R \left(\frac{\Theta_E}{T}\right)^2 \frac{e^{-\Theta_E/T}}{(1 - e^{-\Theta_E/T})^2} \tag{3.23}$$

で与えられる．ここで，R は気体定数であり，Θ_E は固体の特性を表し，アインシュタイン温度とよばれる定数である．高温においてはデュロン–プティの極限（$C_V \to 3R$）と一致することをみてみる．最初に，$x = \Theta_E/T$ とおくと，式(3.23) は，

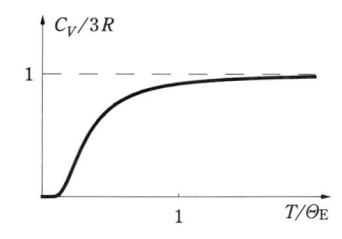

図 3.5 式 (3.23) の $C_V/3R$ の T/Θ_E 依存性. $T \to \infty$ で $C_V \to 3R$ となる.

$$C_V = 3Rx^2 \frac{\mathrm{e}^{-x}}{(1-\mathrm{e}^{-x})^2} \tag{3.24}$$

となる. 高温では x が小さくなり,

$$\mathrm{e}^{-x} = 1 - x + O(x^2)$$

と展開すると, $x \to 0$ ($T \to \infty$) の極限において式 (3.24) は,

$$C_V = 3Rx^2 \frac{1-x+O(x^2)}{[x+O(x^2)]^2} \to 3R$$

となる. この結果はデュロン-プティの法則とよばれ, 単原子結晶において高温におけるモル熱容量の値が $3R = 24.9\,\mathrm{J\,K^{-1}\,mol^{-1}}$ になることを示している. "高温" とは $T \gg \Theta_E$ であり, 多くの物質においては 500 K 程度のことである. 図 3.5 は $C_V/3R$ の T/Θ_E 依存性を示している.

問 題

3-1. 級数 $S = \sum_{n=0}^{\infty} 1/3^n$ を計算せよ.

3-2. 級数 $S = \sum_{n=1}^{\infty} (-1)^{n+1}/2^n$ を計算せよ.

3-3. 循環小数 $0.272\,727\,27\cdots$ を分数で表せ.

3-4. $0.142\,142\cdots$ は有理数であることを示せ.

3-5. 本問題は調和級数が発散することの標準的な証明である.
$$S_2 = 1 + \frac{1}{2} = \frac{3}{2} \qquad S_4 > 1 + \frac{2}{2}$$
$$S_8 > 1 + \frac{3}{2} \qquad S_{16} > 1 + \frac{4}{2}$$
を示せ. その後, $N \to \infty$ で S_N は無限になるかを論ぜよ.

3-6. 級数 $S = \dfrac{1}{2^5} + \dfrac{1}{2^7} + \dfrac{1}{2^9} + \dfrac{1}{2^{11}} + \cdots$ を計算せよ.

3-7. つぎの級数が収束するかどうかを判定せよ.

(a) $\sum_{n=1}^{\infty} \dfrac{1}{n!}$ (b) $\sum_{n=1}^{\infty} \dfrac{n}{n^3 + 3}$

(c) $\sum_{n=1}^{\infty} \dfrac{\ln n}{n}$ (d) $\sum_{n=1}^{\infty} \dfrac{2^n}{3^n + n}$

3-8. つぎの級数が収束するかどうかを判定せよ.

(a) $\sum_{n=0}^{\infty} \dfrac{3^n}{n!}$ (b) $\sum_{n=1}^{\infty} \dfrac{1}{n^2 + \ln n}$

(c) $\sum_{n=1}^{\infty} \dfrac{1}{4n+1}$ (d) $\sum_{n=1}^{\infty} \dfrac{n}{3^n}$

3-9. 次式が収束するときの x の値を求めよ.

(a) $\sum_{n=0}^{\infty} (2x)^n$ (b) $\sum_{n=0}^{\infty} (x-1)^n$

(c) $\sum_{n=0}^{\infty} \left(\dfrac{2x-1}{3}\right)^n$ (d) $\sum_{n=0}^{\infty} e^{nx}$

3-10. $\sum_{n=1}^{\infty} \sin(n\pi/2)$ は収束するか.

3-11. $x = 0.0050, 0.0100, 0.0150, \cdots, 0.1000$ において, e^x と $1+x$ の差の百分率を計算せよ. x がより小さいとき, その結果について考察せよ.

3-12. $x = 0.0050, 0.0100, 0.0150, \cdots, 0.1000$ において, $\ln(1+x)$ と x の差の百分率を計算せよ. x がより小さいとき, その結果について述べよ.

3-13. 次式が収束するときの x の値を求めよ.

(a) $\sum_{n=1}^{\infty} \dfrac{x^n}{n(n+1)}$ (b) $\sum_{n=1}^{\infty} \dfrac{x^n}{n^n}$

(c) $\sum_{n=1}^{\infty} \dfrac{x^{2n+1}}{(2n+1)!}$ (d) $\sum_{n=1}^{\infty} \dfrac{x^n}{2n-1}$

3-14. $|x| < 1$ で
$$\frac{1}{(1-x)^3} = \frac{1}{2} \sum_{n=1}^{\infty} n(n+1) x^{n-1}$$
となることを示せ.

3-15. $|x| < 1$ で $\dfrac{1}{2} \ln \dfrac{1+x}{1-x} = \sum_{n=0}^{\infty} \dfrac{x^{2n+1}}{2n+1}$ となることを示せ.

3-16. $\sum_{n=1}^{\infty} n^2 x^n$ を $\sum$ を用いずに表せ.

3-17. 量子力学的な調和振動子のエネルギーは,
$$\varepsilon_n = \left(n + \frac{1}{2}\right) h\nu, \; n = 0, 1, 2, \cdots$$
で与えられる. ここで, h はプランク定数, ν は振動子の基準振動数である. 調和振動子の平均振動エネルギーは,
$$\varepsilon_{\text{vib}} = (1 - e^{-h\nu/k_B T}) \sum_{n=0}^{\infty} \varepsilon_n e^{-nh\nu/k_B T}$$
で与えられる. ここで, k_B はボルツマン定数, T は絶対温度である. 次式を示せ.
$$\varepsilon_{\text{vib}} = \frac{h\nu}{2} + \frac{h\nu e^{-h\nu/k_B T}}{1 - e^{-h\nu/k_B T}}$$

3-18. 式 (3.12) を用いて式 (3.13) と式 (3.14) を導け.

3-19. 式 (3.6), 式 (3.13), 式 (3.14) は $e^{ix} = \cos x + i \sin x$ の関係と一致することを示せ.

3-20. 式 (3.6) と定義 $\sinh x = (e^x - e^{-x})/2$ と $\cosh x = (e^x + e^{-x})/2$ を用いて次式を示せ.
$$\sinh x = x + \frac{x^3}{3!} + \frac{x^5}{5!} + \cdots$$
$$\cosh x = 1 + \frac{x^2}{2!} + \frac{x^4}{4!} + \cdots$$

3-21. 式 (3.13), 式 (3.14) と上の問題の結果がつぎの関係と一致することを示せ.
$$\sin ix = i \sinh x \qquad \cos ix = \cosh x$$
$$\sinh ix = i \sin x \qquad \cosh ix = \cos x$$

3-22. $x \to 0$ となるときのつぎの関数の値を求めよ.

(a) $f(x) = \dfrac{e^{-x} \sin^2 x}{x^2}$

(b) $f(x) = x \ln x$

(c) $f(x) = \dfrac{1 - \cosh x}{x^2}$

3-23. 分子と分母をマクローリン級数によって展開した結果がロピタルの定理となることを示せ．そして両方の方法で次式の極限値を求めよ．
$$\lim_{x \to 0} \frac{\ln(1+x) - x}{x^2}$$

3-24. 物理化学の最初の課程では必要ないが，より専門的に学ぼうとするときに必要になる二つの極限がある．それらは，n がどんなに大きくてもすべての n に対して $\lim_{x \to \infty} x^n e^{-x} = 0$ となることと，どんなに α が小さくても $\alpha > 0$ に対して $\lim_{x \to 0} x^\alpha \ln x = 0$ となることである．これらの極限を確認するのにロピタルの定理を用いよ．これらの極限は覚えておく価値がある．

3-25. 積分，
$$I = \int_0^a x^2 e^{-x} \cos^2 x \, dx$$
について，I を a で展開し a^5 の項まで求めよ．

3-26. マクローリン級数は点 $x = 0$ において式を展開したものである．級数，
$$f(x) = c_0 + c_1(x - x_0) + c_2(x - x_0)^2 + \cdots\cdots$$
は x_0 で展開されたものであり，テイラー級数とよばれている．最初に $c_0 = f(x_0)$ を示せ．上式の両辺を x に関して微分し，$x = x_0$ とすると $c_1 = (df/dx)_{x=x_0}$ となる．
$$c_n = \frac{1}{n!} \left(\frac{d^n f}{dx^n} \right)_{x=x_0}$$
となり，よって，
$$f(x) = f(x_0) + \left(\frac{df}{dx} \right)_{x=x_0} (x - x_0) + \frac{1}{2} \left(\frac{d^2 f}{dx^2} \right)_{x=x_0} (x - x_0)^2 + \cdots\cdots$$
となることを示せ．

3-27. $\dfrac{1}{1-x} = 1 + x + x^2 + \cdots\cdots$ に $x = 1/x$ を代入すると，
$$\frac{1}{1 - \dfrac{1}{x}} = \frac{x}{x-1} = 1 + \frac{1}{x} + \frac{1}{x^2} + \cdots\cdots$$
となる．この二つの式を足しあわせると，
$$1 = \cdots\cdots + \frac{1}{x^2} + \frac{1}{x} + 2 + x + x^2 + \cdots\cdots$$
となる．これは正しいか．何が間違っているのか．

3-28. 2.4節で積分の収束を調べるために p 検定を行った．本問題では，無限級数の収束を調べるために p 検定を行う．$\lim_{n \to \infty} n^p u_n = l$ において $p > 1$ で l が有限（0 を含む）ならば $\sum u_n$ は収束する．$p < 1$，$l \neq 0$（無限でもよい）ならば $\sum u_n$ は発散する．つぎの級数が収束するかどうかを判定せよ．

(a) $\displaystyle\sum_{n=0}^{\infty} n e^{-n^2}$ (b) $\displaystyle\sum_{n=3}^{\infty} \frac{1}{n^2 + 3}$

(c) $\displaystyle\sum_{n=1}^{\infty} \frac{1}{n^{3/2}}$ (d) $\displaystyle\sum_{n=1}^{\infty} \frac{1}{\sqrt{2n+1}}$

3-29. デバイ理論によれば結晶のモル熱容量は，
$$C_V = 9R \left(\frac{T}{\Theta_D} \right)^3 \int_0^{\Theta_D/T} \frac{x^4 e^x}{(e^x - 1)^2} dx$$
で表される．ここで，R はモル気体定数，T は絶対温度，Θ_D はデバイ温度であり，結晶の種類に依存する定数である．最初に高温で $C_V \to 3R$（デュロン-プティの法則）になることを示せ．つぎに低温で $C_V \to$ (定数) $\times T^3$ となることを示せ（これを示すのに積分する必要はない）．このさいごの結果は有名なデバイの T^3 則である．

3-30. $|b| < a$ において，べき級数を $\sinh bx$ で展開し積分することにより，$\int_0^\infty e^{-ax} \sinh bx \, dx = b/(a^2 - b^2)$ となることを示せ．この積分をほかのやり方で計算することはできるか．

3-31. $\displaystyle\int_0^1 \frac{e^{-x} - 1 + x}{x^2} dx$ は収束するか．

3-32. $\displaystyle\int_0^1 \frac{\cos x}{x} dx$ は収束するか．

3-33. マクローリン級数で e^{-1/x^2} を展開せよ．これは $x = 0$ で発散する関数が存在するが式 (3.12) が有効でない例である．

4

積 分 関 数

　2章でみたように，不定積分をもたない多くの関数がある．いい換えると，多くの不定積分は初等関数で表現することができない．初等関数とは，1章で述べた代数関数，三角関数，指数関数，対数関数のことである．これら以外に，必ずしも難しい関数ではないが，物理的な問題で広く使用される多くの関数がある．これらの多くは積分によって定義される．たとえば，本章では物理的問題を解くときによくみかける，

$$f(x) = \int_0^x e^{-u^2} du$$

と定義される x の関数を考える．この関数は，いわゆる初等関数と並んで，標準的な数学関数として広く利用されている．本章では四つのこのような関数，ガンマ関数，ベータ関数，誤差関数，ディラックのデルタ関数に関して説明する．

　各種関数に関する標準的な参考書としては，Milton Abramowitz, Irene Stegun 編集の "Handbook of Mathematical Functions with Formulas, Graphs, and Mathematical Tables"（以下 Handbook）が応用数学の世界で広く使われている．この書籍は初版が 1964 年に National Bureau of Standards（現：National Institute of Standards and Technology）から "Applied Mathematical Series 55"（AMS55）として発行された［2010 年，後継の "NIST Digital Library of Mathematics Functions" が公開された．http://dlmf.nist.gov/］．物理的な問題に数学を適用する人にとって，この書籍は宝物である．

4.1 ガンマ関数

　$n! = 1 \times 2 \times 3 \times \cdots\cdots \times n$ は，N 個の分子が n 個の分子量子状態にわたって分布している順列や組みあわせを数えあげるときに用いられる（21 章参照）．1700 年代，オイラーは n が正の整数であるとき，$n!$ の関数を導き出した．しかし n が正の整数でないときも

$n!$ を定義することができる．その関数はガンマ関数とよばれ，つぎの積分式，

$$\Gamma(x) = \int_0^\infty z^{x-1} e^{-z} dz \qquad x > 0 \tag{4.1}$$

によって定義される．この被積分関数は x と z の関数であり，得られる積分は z で積分された x の関数であることに注意しよう．x が 2 以上の正の整数であれば，$\Gamma(x)$ は部分積分によって得られる．$e^{-z}dz$ を "dv" とし，z^{x-1} を "u" として部分積分を考えると，

$$\Gamma(x) = \left[-z^{x-1} e^{-z}\right]_0^\infty + (x-1)\int_0^\infty z^{x-2} e^{-z} dz = (x-1)\int_0^\infty z^{x-2} e^{-z} dz$$

が得られる．さいごの積分を式(4.1) の $\Gamma(x)$ と比べると，$\Gamma(x-1)$ となっている．つまり，

$$\Gamma(x) = (x-1)\Gamma(x-1) \tag{4.2}$$

となる．続けて考えると $\Gamma(x-1) = (x-2)\Gamma(x-2)$ となるので，これを式(4.2) に代入すると，

$$\Gamma(x) = (x-1)(x-2)\cdots\cdots \Gamma(1) \tag{4.3}$$

となる．ここで，

$$\Gamma(1) = \int_0^\infty e^{-z} dz = 1$$

であるため，式(4.3) は，

$$\Gamma(x) = (x-1)(x-2)\cdots\cdots(1) = (x-1)! \qquad x = 2, 3, \cdots\cdots \tag{4.4}$$

となる．

現段階で，式(4.4) は x が 2 以上の整数値に制限されているが，この式はほかの x の値に対して階乗を定義するさいに用いられる．式(4.4) は $x = 1$ のとき $\Gamma(1) = 0!$ となる．しかし，式(4.1) は $x = 1$ のとき，完全な定義ができ $\Gamma(1) = 1$ となる．したがって，$0! = \Gamma(1) = 1$ であるといえる．$0! = 1$ となることはあまり気にする必要はない．一般的な関係 $n! = 1 \times 2 \times 3 \times \cdots\cdots \times n$ は，正の整数でのみ成り立つものである．

非整数に対して階乗を定義するときに式(4.4) が用いられる．この拡張（または一般化）は，実際には非常に便利であることがわかる．式(4.4) において $x = 1/2$ とすると，$\Gamma(1/2) = (-1/2)!$ となる．そこで，$\Gamma(1/2)$ を式(4.1) を用いて計算する．$z = u^2$ とすると式(4.1) は，

$$\Gamma(1/2) = \int_0^\infty z^{-1/2} \mathrm{e}^{-z} \mathrm{d}z = 2\int_0^\infty \mathrm{e}^{-u^2} \mathrm{d}u = \sqrt{\pi}$$

つまり $\Gamma(1/2) = (-1/2)! = \sqrt{\pi}$ となる（問題 4-5）．それでは，$\Gamma(3/2) = (1/2)!$ となるだろうか．式(4.2) を用いると簡単に解くことができる．

$$\Gamma(3/2) = (1/2)\Gamma(1/2) = \frac{\sqrt{\pi}}{2}$$

同様に，

$$\Gamma\left(\frac{5}{2}\right) = \frac{3}{2}\Gamma\left(\frac{3}{2}\right) = \frac{3}{2}\frac{1}{2}\Gamma\left(\frac{1}{2}\right) = \frac{3\sqrt{\pi}}{4}$$

となる．

なぜ正の整数以外の数について階乗を求めるのか不思議に思うだろう．それは，物理の問題を解くさいに使用する関数の多くは，$\Gamma(1/2)$ や $\Gamma(1/3)$ を含んでいるからである．またつぎに示す例題 4-1 や，例題 4-3，例題 4-4 もその理由である．

例題 4-1　$a > 0$ においてガンマ関数の項 $\int_0^\infty x\mathrm{e}^{-ax^4}\mathrm{d}x$ を計算せよ．

解：　$u = ax^4$ とすると，$x = (u/a)^{1/4}$, $\mathrm{d}x = u^{-3/4}\mathrm{d}u/4a^{1/4}$ となり，

$$\int_0^\infty x\mathrm{e}^{-ax^4}\mathrm{d}x = \frac{1}{4a^{1/2}}\int_0^\infty \frac{\mathrm{e}^{-u}}{u^{1/2}}\mathrm{d}u = \frac{\Gamma(1/2)}{4a^{1/2}} = \frac{1}{4}\left(\frac{\pi}{a}\right)^{1/2}$$

となる．

Handbook の 6 章ではガンマ関数の多くの性質を紹介している．

4.2　ベータ関数

本節ではオイラーによって導かれたもう一つの役立つ関数について説明する．それはベータ関数とよばれ，

$$B(x, y) = \int_0^1 z^{x-1}(1-z)^{y-1}\mathrm{d}z \qquad 0 < x,\ 0 < y \tag{4.5}$$

で定義される．$1 - z = u$ とすると，$B(x, y) = B(y, x)$ であることがわかる（問題 4-11）．いい換えると，ベータ関数は x と y に関して対称な関数である．ガンマ関数とはつぎの関係がある．

$$B(x, y) = \frac{\Gamma(x)\,\Gamma(y)}{\Gamma(x+y)} \tag{4.6}$$

この関係も $B(x, y) = B(y, x)$ であることを示している．式(4.6) の証明は問題 4-12 で行う．

式(4.5) の積分は箱のなかの粒子に対する量子力学的問題を扱うときに用いる．このとき，x と y は整数 2，3，……をとる．

例題 4-2 $\int_0^1 z^4(1-z)^4 \mathrm{d}z$ を計算せよ．

解： 式(4.5) と式(4.6) を用いる．$x = y = 5$ とすると，

$$\int_0^1 z^4(1-z)^4 \mathrm{d}z = \frac{\Gamma(5)\,\Gamma(5)}{\Gamma(10)} = \frac{(4!)^2}{9!} = \frac{4 \times 3 \times 2}{9 \times 8 \times 7 \times 6 \times 5} = \frac{1}{630}$$

となる．

例題 4-2 の積分は二項式により $(1-z)^4$ を展開することで計算できる．しかしそのやり方は簡便だが，時間がかかる．

ベータ関数の変数を変えることで，別の有用な式を導くことができる．式(4.5) で $z = \sin^2\theta$ とすると次式が得られる（問題 4-13）．

$$B(x, y) = 2\int_0^{\pi/2} (\sin\theta)^{2x-1}(\cos\theta)^{2y-1}\mathrm{d}\theta \qquad 0 < x,\ 0 < y \tag{4.7}$$

式(4.5)，式(4.6) および式(4.7) は，積分の計算に用いられる．以下の例題にその良い例を示す．

例題 4-3 $\int_0^2 u^3(4-u^2)^{3/2}\mathrm{d}u$ を計算せよ．

解： $u^2 = 4z$ とすると，$(4-u^2)^{3/2} = 8(1-z)^{3/2}$，$u^3 = 8z^{3/2}$，$\mathrm{d}u = \mathrm{d}z/z^{1/2}$ となる．$\Gamma(5/2)$ と $\Gamma(9/2)$ の計算に式(4.2) を用いれば，

$$\int_0^2 u^3(4-u^2)^{3/2}\mathrm{d}u = 64\int_0^1 z(1-z)^{3/2}\mathrm{d}z$$

$$= 64\frac{\Gamma(2)\,\Gamma(5/2)}{\Gamma(9/2)} = 64\frac{\frac{3}{2}\cdot\frac{1}{2}\,\Gamma\!\left(\frac{1}{2}\right)}{\frac{7}{2}\cdot\frac{5}{2}\cdot\frac{3}{2}\cdot\frac{1}{2}\,\Gamma\!\left(\frac{1}{2}\right)} = \frac{256}{35}$$

となる．

例題 4-4

$\int_0^\pi \cos^6\theta\, d\theta$ を計算せよ．

解： $0 < \theta < \pi/2$ においては，$x = 1/2$, $y = 7/2$ として，式(4.7) を用いることができる．しかし，$\cos^6\theta$ は $\theta = \pi/2$ に対して対称な関数（図4.1）なので，$\int_0^\pi = 2\int_0^{\pi/2}$ となる．そこで式(4.7) を用いると，

$$\int_0^\pi \cos^6\theta\, d\theta = 2\int_0^{\pi/2} \cos^6\theta\, d\theta = \frac{\Gamma(1/2)\,\Gamma(7/2)}{\Gamma(4)}$$

$$= \frac{\sqrt{\pi}\,\dfrac{5}{2}\,\dfrac{3}{2}\,\dfrac{1}{2}\sqrt{\pi}}{3 \times 2} = \frac{5\pi}{16}$$

となる．

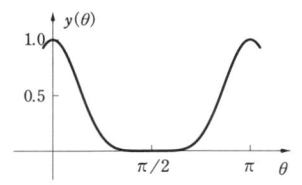

図 4.1 関数 $y(\theta) = \cos^6\theta$ は $\theta = \pi/2$ に対して対称である．

わずかな演習と経験によって，ベータ関数の積分ができるようになるだろう．Handbook の6章にはベータ関数の性質が多く紹介されている．

4.3 誤差関数

初等関数では表現できない，もっとも一般的で重要な積分の一つに $\int_0^x e^{-u^2} du$ がある．これは応用数学において標準的な関数であり，頻繁に用いられる．この積分は誤差関数（エラー関数）とよばれ，

$$\mathrm{erf}(x) = \frac{2}{\sqrt{\pi}} \int_0^x e^{-u^2} du \qquad -\infty < x < \infty \tag{4.8}$$

で定義される．$\mathrm{erf}(x)$ は単純な関数の項として表現できないにもかかわらず，完全にかつ明確に定義された x の関数であり，数値積分法によって求めることができる（23章参照）．

式(4.8) の $2/\sqrt{\pi}$ は $\mathrm{erf}(\infty) = 1$ となるように選ばれた値である．さらに，つぎのような性質がある（問題4-16）．

52   4 積 分 関 数

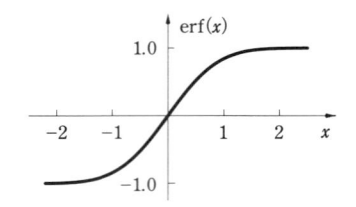

図 4.2 誤差関数 erf(x).

$$\mathrm{erf}(-x) = -\mathrm{erf}(x) \tag{4.9}$$

つまり erf($-\infty$) = -1 となる．誤差関数の一覧表は多くのウェブサイトに掲載されている（本章の最初に紹介した Handbook の 310 ページか，グーグルで "error function tables" を検索）．図 4.2 は x に対してプロットした誤差関数を示す．

例題 4-5　誤差関数は気体の運動エネルギーを研究するときにしばしば用いられる．たとえば，速度成分 (x, y, z) が v と $v + \mathrm{d}v$ の間にある分子の割合は次式で与えられる．

$$f(v)\mathrm{d}v = \left(\frac{m}{2\pi k_\mathrm{B} T}\right)^{1/2} \mathrm{e}^{-mv^2/2k_\mathrm{B}T} \mathrm{d}v$$

ここで，m は分子の質量，T は絶対温度，k_B はボルツマン定数である．$-(2k_\mathrm{B}T/m)^{1/2} \leq v \leq (2k_\mathrm{B}T/m)^{1/2}$ にある分子の割合を計算せよ．

解：　$(2k_\mathrm{B}T/m)^{1/2} = v_0$ とする．分子の割合 F は次式で表される．

$$F = \int_{-v_0}^{v_0} f(v)\mathrm{d}v = 2\int_0^{v_0} f(v)\mathrm{d}v = \frac{2}{v_0\sqrt{\pi}}\int_0^{v_0} \mathrm{e}^{-mv^2/2k_\mathrm{B}T}\mathrm{d}v$$

ここでは積分が v に対して偶関数であることを利用している．$mv^2/2k_\mathrm{B}T = v^2/v_0^2 = u^2$ とすると，

$$F = \frac{2}{\sqrt{\pi}}\int_0^1 \mathrm{e}^{-u^2}\mathrm{d}u = \mathrm{erf}(1) = 0.84270$$

となる．ゆえに，84%の分子の速度成分は $(2k_\mathrm{B}T/m)^{1/2}$ より小さく，一次元の運動エネルギー $mv_0^2/2$ は $k_\mathrm{B}T$ より小さくなる．

速度の x 成分が v_0 よりも大きい分子の割合を計算したいとき（おそらく，特別に動きの激しい分子の割合を決定したいとき）を考える．以下のように計算する（図 4.3）．

$$F = \int_{-\infty}^{-v_0} f(v)\mathrm{d}v + \int_{v_0}^{\infty} f(v)\mathrm{d}v = 2\left(\frac{m}{2\pi k_\mathrm{B}T}\right)^{1/2}\int_{|v_0|}^{\infty} \mathrm{e}^{-mv^2/2k_\mathrm{B}T}\mathrm{d}v$$

例題 4-5 と同じように積分をすると，

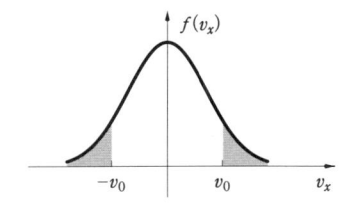

図 4.3 影をつけた部分は速度の x 成分について v_0 を超える速度をもつ気体の割合を示す.

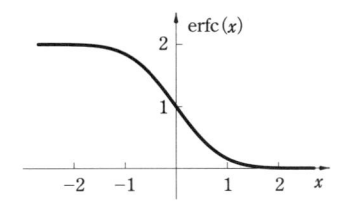

図 4.4 相補誤差関数 $\mathrm{erfc}(x)$.

$$F = \frac{2}{\sqrt{\pi}} \int_1^\infty \mathrm{e}^{-u^2} \mathrm{d}u$$

が得られる．これは，

$$F(x) = \frac{2}{\sqrt{\pi}} \int_x^\infty \mathrm{e}^{-u^2} \mathrm{d}u$$

の特別な場合にあたる．式(4.8)は $F(1) = 1 - \mathrm{erf}(1)$ を意味しており，さらに，速度成分が $(2k_\mathrm{B}T/m)^{1/2}$ を超える分子が16%存在することを意味している．もちろんこの結果は予想されたもので，例題4-5の結果を足すと1になる．

この積分 $F(x) = 1 - \mathrm{erf}(x)$ は，相補誤差関数 $\mathrm{erfc}(x)$ としてしばしば用いられる．

$$\mathrm{erfc}(x) = 1 - \mathrm{erf}(x) = \frac{2}{\sqrt{\pi}} \int_x^\infty \mathrm{e}^{-u^2} \mathrm{d}u \tag{4.10}$$

ここで，$\mathrm{erfc}(-\infty) = 2$, $\mathrm{erfc}(0) = 1$, $\mathrm{erfc}(\infty) = 0$ に注意しよう（図4.4）.

多くの定積分が，誤差関数またはその関連した関数によって表される．たとえば，有用な一般的な積分（問題4-20）は，

$$\int_0^\infty \mathrm{e}^{-(au^2 + 2bu + c)} \mathrm{d}u = \left(\frac{\pi}{4a}\right)^{1/2} \mathrm{e}^{(b^2 - ac)/a} \, \mathrm{erfc}\left(\frac{b}{\sqrt{a}}\right)$$

である．Handbookの7章には，誤差関数の多くの性質とともにこれと似た多くの積分が記載されている．

4.4 ディラックのデルタ関数

本節では厳密には積分関数ではない有名な関数を紹介する．

4 積分関数

$$\phi_a(x) = \begin{cases} 0 & x < -a \\ h & -a < x < a \\ 0 & x > a \end{cases} \tag{4.11}$$

と定義される関数を考える（図 4.5）．ここで，h と a はつぎのような関係をもつ．

$$\int_{-\infty}^{\infty} \phi_a(x)\,dx = 2ah = 1 \tag{4.12}$$

この関係を別の表現で表すと，曲線の下の面積が 1 になるということである．積分，

$$I = \int_{-\infty}^{\infty} \phi_a(x)f(x)\,dx$$

を考える．ここで，$f(x)$ は連続関数である．$\phi_a(x)$ の定義によれば，

$$I = \int_{-a}^{a} \phi_a(x)f(x)\,dx$$

となる．この積分領域を $a \to 0$ とすると非常に興味深い結果が得られる．関数 $f(x)$ が連続なら，x が $-a$ から $+a$ へ変化するさいの $f(x)$ は $f(0)$ とほとんど変わらなくなる．つまり，積分記号の外に $f(0)$ を出すことができる．ゆえに，$a \to 0$ のとき，I は，

$$\lim_{a \to 0} I = f(0) \lim_{a \to 0} \int_{-a}^{a} \phi_a(x)\,dx = f(0) \lim_{a \to 0} \int_{-a}^{a} h\,dx = f(0) \tag{4.13}$$

となる．$\phi_a(x)$ に $f(x)$ を掛けて積分し，$2ah = 1$ を保ちながら $a \to 0, h \to \infty$ にすると，$x = 0$ における $f(x)$ の値は，ずれることになる．

どんな x の値に対しても，$f(x)$ からずれる $\phi_a(x)$ を用いることができる．$f(x_0)$ を独立させるために，

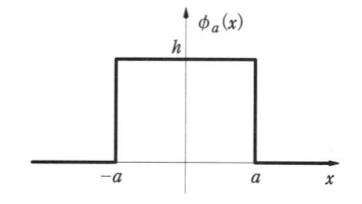

図 4.5 式(4.11) で定義された関数 $\phi_a(x)$．

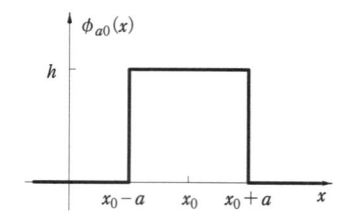

図 4.6 式(4.14) で定義された関数 $\phi_{a0}(x)$．

4.4 ディラックのデルタ関数

$$\phi_{a0}(x) = \begin{cases} 0 & x < x_0 - a \\ h & x_0 - a < x < x_0 + a \\ 0 & x_0 + a < x \end{cases} \tag{4.14}$$

とする．ここで $2ah = 1$ である（図 4.6）．式 (4.14) は $x = 0$ でなく，x_0 を中心とした関数 $\phi_a(x)$ を定義する．明らかに，

$$\lim_{a \to 0} \int_{-\infty}^{\infty} \phi_{a0}(x) f(x) \, \mathrm{d}x = f(x_0) \tag{4.15}$$

となる．

式 (4.15) の極限を求めるさい，$\phi_{a0}(x)$ は長方形 $2ah = 1$ となる範囲でますます狭く，高くなる．この制限"関数"を $\delta(x - x_0)$ とかき，つぎのように定義する．

$$\delta(x - x_0) = \begin{cases} 0 & x \neq x_0 \\ \infty & x = x_0 \end{cases} \tag{4.16}$$

式 (4.16) は $\phi_{a0}(x)$ を $2ah = 1$ のまま $a \to 0, h \to \infty$ とすることを簡略した表現であることを覚えておこう．物理的には式 (4.16) は x を時間としたときの $x = x_0$ における電圧ノイズや衝撃力を表している．$\delta(x - x_0)$ について表すと，

$$\int_{-\infty}^{\infty} \delta(x - x_0) \, \mathrm{d}x = 1 \tag{4.17}$$

$$\int_{-\infty}^{\infty} \delta(x - x_0) f(x) \, \mathrm{d}x = f(x_0) \tag{4.18}$$

となる．ここで $f(x)$ は連続関数である．式 (4.17) と式 (4.18) は 1927 年に英国の理論物理学者ポール・ディラックによって導入されたディラックのデルタ関数である．式 (4.18) はデルタ関数のふるい分けの性質を示している．

例題 4-6　$I = \int_{-\infty}^{\infty} \delta(x - x_0) \cos x \, \mathrm{d}x$ を計算せよ．

解：　関数 $\cos x$ は連続なので，$\cos x$ の x を x_0 とすると，

$$I = \cos x_0$$

となる．

56   4 積 分 関 数

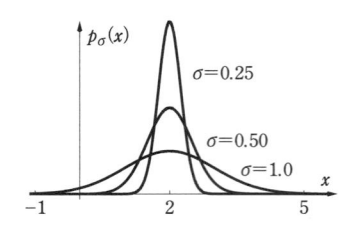

図 4.7 式(4.19) の正規分布. それぞれ $x_0 = 2$ で $\sigma = 1.0, 0.50, 0.25$ の場合を示す.

極限を求める過程において，デルタ関数とよく似た性質を示す関数がある．それは正規分布（ガウス分布）関数，

$$p_\sigma(x) = \frac{1}{(2\pi\sigma^2)^{1/2}} e^{-(x-x_0)^2/2\sigma^2} \tag{4.19}$$

である．正規分布は有名な釣鐘曲線である．図 4.7 はいくつかの σ に対する，$p_\sigma(x)$ の x 依存性を示す．関数は $x = x_0$ を中心とし，幅は σ によって決まる．σ が小さくなると，幅は狭くなり，$p_\sigma(x)$ のピークの値は大きくなる．$(2\pi\sigma^2)^{-1/2}$ は，

$$\int_{-\infty}^{\infty} p_\sigma(x)\,\mathrm{d}x = 1$$

となるように決められた規格化因子である．図 4.7 の曲線は，曲線下の面積がいつも一定（1 に等しい）なので，σ が小さくなるにつれて細く高くなる．

式(4.19) の $p_\sigma(x)$ に連続関数 $f(x)$ を掛けると，$\sigma \to 0$ において $p_\sigma(x)$ は $\delta(x - x_0)$ に近づく．

$$\lim_{\sigma \to 0} (2\pi\sigma^2)^{-1/2} \int_{-\infty}^{\infty} f(x) e^{-(x-x_0)^2/2\sigma^2}\,\mathrm{d}x = f(x_0)$$

例題 4-7

$$I(\sigma) = (2\pi\sigma^2)^{-1/2} \int_{-\infty}^{\infty} e^{-(x-x_0)^2/2\sigma^2} \cos x\,\mathrm{d}x$$

を解け．そして $\sigma \to 0$ のとき，$\lim_{\sigma \to 0} I(\sigma) = \cos x_0$ となることを示せ．

解： $z = x - x_0$ を代入すると，

$$I(\sigma) = (2\pi\sigma^2)^{-1/2} \int_{-\infty}^{\infty} e^{-z^2/2\sigma^2} \cos(z + x_0)\,\mathrm{d}z$$

となる．$\cos(z + x_0) = \cos x_0 \cos z - \sin x_0 \sin z$ の関係を用いると，

$$I(\sigma) = (2\pi\sigma^2)^{-1/2} \left[\cos x_0 \int_{-\infty}^{\infty} e^{-z^2/2\sigma^2} \cos z\,\mathrm{d}z - \sin x_0 \int_{-\infty}^{\infty} e^{-z^2/2\sigma^2} \sin z\,\mathrm{d}z\right]$$

4.4 ディラックのデルタ関数

となる．最初の積分は $2(\pi/2)^{1/2}\sigma e^{-\sigma^2/2}$ となり，2番目の積分は z の奇関数なので 0 になる（図 4.8）．ゆえに，

$$I(\sigma) = e^{-\sigma^2/2} \cos x_0$$

となり，さらに，

$$\lim_{\sigma \to 0} I(\sigma) = \cos x_0$$

となる．

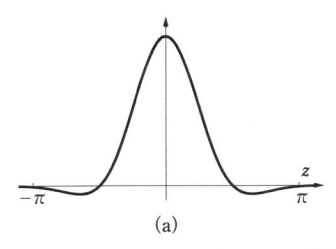

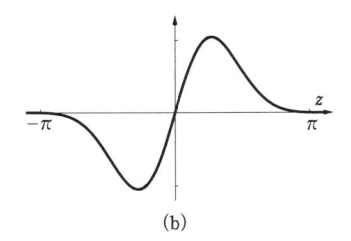

図 4.8 $\sigma = 1$ に対する $e^{-z^2/2\sigma^2}\cos z$ (a)と $e^{-z^2/2\sigma^2}\sin z$ (b)の z 依存性．$e^{-z^2/2\sigma^2}\cos z$ は偶関数で $e^{-z^2/2\sigma^2}\sin z$ は奇関数．

デルタ関数は厳密な意味での関数ではないが，それは連続関数を掛け，積分を行うときにのみ，関数の意味をもつ．たとえば，以下のようにして $x\delta(x)$ に意味を与えることができる．連続関数 $f(x)$ を掛けて積分すると，

$$\int_{-\infty}^{\infty} f(x)x\delta(x)\,dx = f(0) \times 0 \times 1 = 0 \tag{4.20}$$

となり，

$$x\delta(x) = 0 \tag{4.21}$$

となる．しかし，式(4.21)は式(4.20)を簡易的に表したものであることを忘れないでほしい．同様につぎのようにかく（問題 4-24）．

$$x\delta'(x) = -\delta(x) \tag{4.22}$$

$$\delta(ax) = \frac{1}{|a|}\delta(x) \tag{4.23}$$

ここで再び，これらの関係の意味を認識する必要がある．

問 題

4-1. $a > 0$ において $\int_0^\infty e^{-au} u^{3/2} du$ を計算せよ.

4-2. 次式を計算せよ.
(a) $3\Gamma(5/2)/2\Gamma(1/2)$
(b) $3\Gamma(5/4)/2\Gamma(1/4)$

4-3. ガンマ関数として, $a > 0$ において $\int_0^\infty x e^{-ax^2} dx$ を計算せよ.

4-4. ガンマ関数として, $n > -1$ において $\int_0^1 (\ln x)^n dx$ を計算せよ.

ヒント: $\ln x = -z$ を利用せよ.

4-5. この問題では, 14章で議論する平面極座標を用いる. $I = \int_0^\infty e^{-x^2} dx = \sqrt{\pi}/2$ を以下の方法を用いて証明せよ. 最初に I を 2 乗すると,

$$I^2 = \int_0^\infty e^{-x^2} dx \int_0^\infty e^{-y^2} dy$$
$$= \int_0^\infty \int_0^\infty e^{-(x^2+y^2)} dx dy$$

となる. つぎに平面極座標 ($x = r\cos\theta$, $y = r\sin\theta$) へと変換する. 直交座標における微分は $dx dy$ であり, 平面極座標では $r dr d\theta$ であるという事実を用いて $I^2 = \pi/4$ すなわち $I = \sqrt{\pi}/2$ であることを示せ.

4-6. 階乗記号として,
$$n!! = n(n-2)(n-4)\cdots\cdots$$
が用いられることがある. ここで積の終点は n が奇数のときは $n = 1$ であり, 偶数のときは $n = 2$ である. つぎの計算をせよ.
(a) $10!!$ (b) $7!!$

4-7. ガンマ関数として $\int_0^\infty x^m e^{-x^n} dx$ を計算せよ. ここで, m と n は正の整数である.

4-8. $a > 0$ において,
$$\int_0^\infty x^{2n} e^{-ax^2} dx = \Gamma\left(n + \frac{1}{2}\right)/2a^{n+1/2}$$
を示せ.

4-9. 水素原子に関する多くの平均値の計算は,
$$I_n = \int_0^\infty r^n e^{-\beta r} dr$$
を含んでいる. ここで, $\beta > 0$ である.
$$I_n = \frac{n!}{\beta^{n+1}}$$

を示せ.

4-10. 対数関数 $\ln x$ は積分 $\ln x = \int_1^x du/u$ で定義できる. この定義のみを用いて $\ln ab = \ln a + \ln b$ と $\ln a^b = b \ln a$ を示せ.

ヒント: 最初の問題については, $\int_1^{ab} = \int_1^a + \int_a^{ab}$ とかき, 2番目の積分に代入せよ.

4-11. $B(x, y) = B(y, x)$ を示せ.

4-12. この問題では, 14章で議論する平面極座標を用いる. 以下の方法で式(4.6) を導け. 最初に $\Gamma(m) = \int_0^\infty z^{m-1} e^{-z} dz$ において $z = x^2$ とおく. $\Gamma(n)$ に対しても同様に行う. 二重積分 $\Gamma(m)\Gamma(n)$ を平面極座標へと変換する. ここで, $x = r\cos\theta$, $y = r\sin\theta$ である. 直交座標における微分は $dx dy$ であり, 平面極座標では $r dr d\theta$ である. さいごに式(4.7) を用いる.

4-13. 式(4.5) から $z = \sin^2\theta$ を用いて式(4.7) を導け.

4-14. $\int_0^{2\pi} \cos^6\theta d\theta$ を計算せよ.

ヒント: 最初に $\cos^6\theta$ をプロットせよ.

4-15. $\int_0^2 u^2 \sqrt[3]{8 - u^3} du$ を計算せよ.

4-16. $\text{erf}(-x) = -\text{erf}(x)$ を証明せよ.

4-17. 例題 4-5 を用いて,
$$\text{Prob}\{-v_{x0} \le v_x \le v_{x0}\} = \text{erf}[(m/2k_BT)^{1/2} v_{x0}]$$
を示せ.

4-18. 気体分子の速度の x 成分が $v_{x0} > 0$ を超える確率は次式で与えられる.
$$\text{Prob}\{v_x > v_{x0}\} = \left(\frac{m}{2\pi k_BT}\right)^{1/2} 2\int_{v_{x0}}^\infty e^{-mv_x^2/2k_BT} dv_x$$

この確率が $\text{erfc}(u_0)$ で与えられることを示せ. ここで, $u_0 = +(m/2k_BT)^{1/2} v_{x0}$ である.

4-19. 気体分子の運動論は, 気体分子のスピードが c_0 を超える確率を,
$$\text{Prob}\{c \ge c_0\} = 4\pi \left(\frac{m}{2\pi k_BT}\right)^{3/2} \int_{c_0}^\infty c^2 e^{-mc^2/2k_BT} dc$$

で説明する．ここで，$c = (v_x^2 + v_y^2 + v_z^2)^{1/2} \geq 0$ は分子の速度である．
$$\text{Prob}\{c \geq c_0\} = \frac{2}{\sqrt{\pi}}\left\{\left(\frac{m}{2k_BT}\right)^{1/2}c_0 e^{-mc_0^2/2k_BT} + \frac{\sqrt{\pi}}{2}\text{erfc}\left[\left(\frac{m}{2k_BT}\right)^{1/2}c_0\right]\right\}$$
を示せ．

4-20. $a > 0$ において，$\int_0^\infty e^{-(ax^2+2bx+c)}dx = (\pi/4a)^{1/2}e^{(b^2-ac)/a}\text{erfc}(b/\sqrt{a})$ を示せ．

4-21. $a > 0$ において，
$$\int_0^\infty \frac{e^{-at}dt}{\sqrt{t+x^2}} = \left(\frac{\pi}{a}\right)^{1/2}e^{ax^2}\text{erfc}(\sqrt{a}x)$$
を示せ．

4-22. 相補誤差関数は調和振動子の量子力学的な議論にも出てくる．調和振動子はばねによって接続した二つの物体（二原子分子のモデル）の振動モデルとして用いられる．x がその平衡位置からのばねの変位であるとき，二つの物体は $x = 0$ で正弦曲線的に振動し，系のポテンシャルエネルギーは $V(x) = kx^2/2$ で与えられる．ここで，k はばね定数である．二つの物体間の最大距離は $x_{\max} = (2E/k)^{1/2}$ である．ここで，E は全エネルギーである．最大距離 $x_{\max}$ は古典的許容振幅とよばれている．量子力学における多くの奇妙な結果に，十分なエネルギーがないにもかかわらず，振動子の変位がその古典的許容振幅を超える確率が 0 でないことがある．最低エネルギー状態における量子力学的な調和振動子のとき，その確率は，
$$\text{Prob} = 2\left(\frac{\alpha}{\pi}\right)^{1/2}\int_{\alpha^{-1/2}}^\infty e^{-\alpha x^2}dx$$
で与えられる．ここで，α は振動子の特性を表す正の定数である．この確率が $\text{Prob} = \text{erfc}(1) = 1 - \text{erf}(1) = 0.15730$ であることを示せ．その結果，変位が古典的許容振幅を超える確率は 16% ほどであることがわかる．

4-23. 式 (4.21) と式 (4.22) を積分記号を用いて表せ．

4-24. 式 (4.23) を証明せよ．

4-25. $I(\sigma) = (2\pi\sigma^2)^{-1/2}\int_{-\infty}^\infty e^{-(x-x_0)^2/2\sigma^2}\sin x\, dx$
を計算せよ．続いて，$\sigma \to 0$ のとき，$\lim_{\sigma \to 0} I(\sigma) = \sin x_0$ を示せ．

4-26. 積分 $I = h\int_{-a}^a \cos(x+b)dx$ を用いて式 (4.13) を証明せよ．その後 $a \to 0$ のとき，$2ah = 1$ となることを示せ．

4-27. $a \neq b$ のとき，
$$\int_{-\infty}^\infty \delta(x-a)\delta(x-b)dx = \delta(a-b)$$
を示せ．

4-28. $\delta(f(x)) = \dfrac{1}{|f'(a)|}\delta(x-a)$
を示せ．ここで，$f'(a)$ は $f(x)$ の微分であり，$f(a) = 0$ である．
ヒント：$x \approx a$ のとき $f(x) \approx f(a)(x-a)$ となることを利用し，つぎに式 (4.23) を用いよ．

4-29. デルタ関数の別の表現は，
$$\delta(x) = \frac{1}{\pi}\lim_{\varepsilon \to 0}\frac{\varepsilon}{x^2+\varepsilon^2}$$
である．最初に $\int_{-\infty}^\infty \delta(x)dx = 1$ を示せ．つぎに，
$$\frac{1}{\pi}\lim_{\varepsilon \to 0}\int_{-\infty}^\infty \frac{\varepsilon\cos(x+b)}{x^2+\varepsilon^2}dx = \cos b$$
を示すことにより式 (4.18) を検証せよ．

4-30. $\text{erf}(x)$ をマクローリン級数によって展開せよ．
ヒント：式 (3.12) は用いず，式 (4.8) の e^{-u^2} の展開と積分を用いよ．

4-31. $(2n)!! = 2^n n!$ および $(2n+1)!! = (2n+1)!/2^n n!$ を示せ．

5

複 素 数

　複素数は $x^2 - x + 1 = 0$ のような二次方程式を解くさいに導入された．この二次方程式の根は，

$$x = \frac{1}{2} \pm \frac{\sqrt{-3}}{2} = \frac{1}{2} \pm i\frac{\sqrt{3}}{2}$$

となる．ここで，$i = \sqrt{-1}$ は虚数単位であり，$a + ib$（a，b は実数）を複素数とよぶ．$a = 0$ のとき $x = ib$ となり，この x を虚数とよぶ．虚数は二次方程式を解くために必要な数である．複素数の導入に関して最初大きな抵抗があったことは容易に想像がつく．また数学の世界で複素数が受け入れられるまでに何年もの時間を要したことは驚くことではない．まさしくその名前"虚数：想像上の数"は神秘性をも与えるように思われる．

　複素数が二次方程式でのみ現れる数であるならば，たとえば方程式 $x^2 - x + 1 = 0$ は解をもたないと断言することによって，複素数を拒絶できたかもしれない．また，$\sin x = 2$ は実数に対して解をもたないと主張するのも簡単なことである．歴史的にみると虚数は三次方程式を解くさいにもっとも不可解になった．ここで，三次方程式 $x^3 + 2x^2 - x - 2 = 0$ を考える．この方程式は三つの実根，± 1，-2 をもつ．しかし，三つの根を計算する標準的な計算過程において，負の数の平方根が生じる．最終的に得られる結果は三つの実根なので，虚数によっていずれの式も無効にならないことは明らかである．そのため最終的に数学者は，虚数を容認し，喜んで利用するようになった．

　より複雑な高次方程式（たとえば 17 次方程式など）では，複素数を"超えた"数の導入が必要ではないかと疑問に思うかもしれない．しかしその必要はないということがわかっている．代数学の基本定理によれば，すべての N 次方程式 $a_N x^N + a_{N-1} x^{N-1} + \cdots + a_1 x + a_0 = 0$ は，複素数を認めれば，N 個の根をもつ．いい換えると，複素数があればすべての高次方程式を解くことができるのである．

5.1 複素数と複素平面

本章の冒頭で述べたように，a, b を実数とし，$i^2 = -1$ のとき，$a + ib$ を複素数とよぶ．複素数を，

$$z = x + iy \tag{5.1}$$

とかく．ここで，x は z の実数部，y は虚数部とよび，

$$x = \mathrm{Re}(z) \qquad y = \mathrm{Im}(z) \tag{5.2}$$

のようにかく．

複素数の足し算と引き算は，実数部と虚数部をそれぞれべつべつに行う．たとえば，$z_1 = 2 + 3i$, $z_2 = 1 - 4i$ とすると，

$$z_1 - z_2 = (2 - 1) + [3 - (-4)]i = 1 + 7i$$

のように行う．さらに，

$$2z_1 + 3z_2 = 2(2 + 3i) + 3(1 - 4i) = 4 + 6i + 3 - 12i = 7 - 6i$$

のように計算する．

複素数の掛け算は，単純に二つを掛けあわせる．このとき $i^2 = -1$ を用いる．

$$\begin{aligned}(2 - i)(-3 + 2i) &= -6 + 3i + 4i - 2i^2 \\ &= -4 + 7i\end{aligned}$$

複素数の割り算には，z の i を $-i$ におき換えた複素共役 z^* を用いると便利である．たとえば，$z = x + iy$ とすると $z^* = x - iy$ となる．複素共役の関係にある複素数を掛けあわせた結果は実数になる．

$$zz^* = (x + iy)(x - iy) = x^2 - i^2 y^2 = x^2 + y^2 \tag{5.3}$$

zz^* の平方根は，z の大きさ，z の絶対値とよばれ，$|z|$ で表される．二つの複素数の比を考える．

$$z = \frac{2 + i}{1 + 2i}$$

分母の複素共役である $1 - 2i$ を分子と分母に掛けると $x + iy$ の形になる．

$$z = \frac{2 + i}{1 + 2i}\left(\frac{1 - 2i}{1 - 2i}\right) = \frac{4 - 3i}{5} = \frac{4}{5} - \frac{3}{5}i$$

5.1 複素数と複素平面

例題 5-1

$z = x + \mathrm{i}y$ のとき，
$$z^{-1} = \frac{x}{x^2 + y^2} - \frac{\mathrm{i}y}{x^2 + y^2}$$
となることを示せ．

解：
$$z^{-1} = \frac{1}{z} = \frac{1}{x + \mathrm{i}y} = \frac{1}{x + \mathrm{i}y}\left(\frac{x - \mathrm{i}y}{x - \mathrm{i}y}\right) = \frac{x - \mathrm{i}y}{x^2 + y^2}$$
$$= \frac{x}{x^2 + y^2} - \frac{\mathrm{i}y}{x^2 + y^2}$$

複素数は実数部と虚数部からなるので，図 5.1 に示すような横軸を実数部 x，縦軸を虚数部 y とした二次元座標系で複素数を表すことができる．このような平面を複素平面とよぶ．原点から点 $z = (x, y)$ に向かうベクトル r を描く．そのベクトルの長さ $r = (x^2 + y^2)^{1/2}$ は z の大きさまたは絶対値になる．ベクトル r と x 軸のなす角度 θ が z の偏角になる．

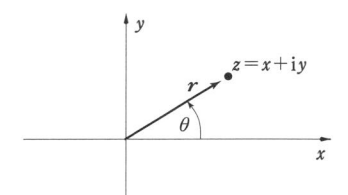

図 5.1 複素数 $z = x + \mathrm{i}y$ を二次元座標系に点として示した概略図．このグラフの平面は複素平面とよばれる．

例題 5-2

$|z - 1| = 2$ となる曲線を複素平面に描け．

解：
$$|z - 1| = |(x - 1) + \mathrm{i}y| = [(x - 1)^2 + y^2]^{1/2}$$
となり，$|z - 1| = 2$ なので，
$$(x - 1)^2 + y^2 = 4$$
となる．これは $x = 1, y = 0$ を中心とした直径 2 の円となる（図 5.2）．

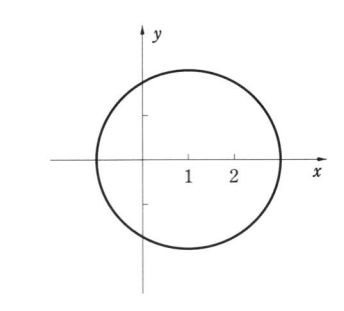

図 5.2 複素平面に描いた $|z-1|=2$ または $(x-1)^2+y^2=4$ のグラフ.

複素平面で二つの点を加えると，興味深い幾何学的解釈ができる．図 5.3 は二つの点 $z_1 = x_1 + \mathrm{i}y_1$ と $z_2 = x_2 + \mathrm{i}y_2$ とを加えた図である．$z_1 + z_2$ は z_1, z_2 を辺とする平行四辺形となる．

図 5.1 を参照しながら，複素数 z を以下の極形式で表す.

$$x = r\cos\theta \qquad y = r\sin\theta \tag{5.4}$$

$$z = r\cos\theta + \mathrm{i}r\sin\theta \tag{5.5}$$

ここで，

$$r = (x^2 + y^2)^{1/2} \tag{5.6}$$

は原点から点 (x, y) までの距離であり，

$$\tan\theta = \frac{y}{x} \tag{5.7}$$

である．上で述べたように角度 θ は z の偏角であり，r は z の大きさである．ここで，$\theta = \arg z$ であり，$r = |z|$ である．式(5.5) は z の極形式とよばれている.

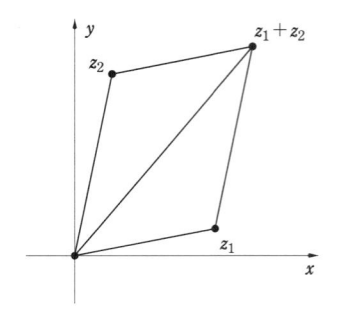

図 5.3 二つの複素数，z_1 と z_2 の足し算の幾何学的表現.

> **例題 5-3**　$z = -1 + i$ を極形式の形で表せ．

解：z の大きさは $\sqrt{2}$ であり，$\tan\theta = \dfrac{1}{-1} = -1$ である．図 5.4 に示されるように，角度 θ は第二象限にあるので，$\theta = 3\pi/4$ になる．ゆえに，
$$z = \sqrt{2}\left(\cos\frac{3\pi}{4} + i\sin\frac{3\pi}{4}\right)$$
となる．

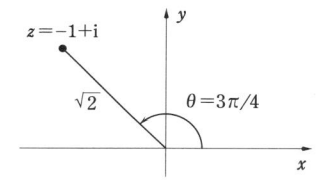

図 5.4 極座標形式で表した複素数 $z = -1 + i$．

　上記の例題は，角度 θ がどの象限に存在するかを認識しなければならないという事実を示している．電卓で $\tan^{-1}(-1)$ を計算すれば，$-\pi/4$ という結果が得られるだろう．なぜなら，$\tan^{-1}\theta$ は多価関数だからである（問題 5-3）．

5.2　オイラーの公式と複素数の極形式

$z = x + iy$ を r と θ の項で表すさいに，オイラーの公式，
$$e^{i\theta} = \cos\theta + i\sin\theta \tag{5.8}$$
を用いる方法もある．式(5.8) は問題 5-14 で導く．式(5.8) を用いると z は，
$$z = r(\cos\theta + i\sin\theta) = re^{i\theta} \tag{5.9}$$
と表すことができる．式(5.9) は z の極形式とオイラーの公式が同等であることを示している．このとき，$|z| = (zz^*)^{1/2} = (re^{i\theta}re^{-i\theta})^{1/2} = r$ であることに注意しよう．

> **例題 5-4**　$e^{-i\theta} = \cos\theta - i\sin\theta$ であることを示せ．その結果を用いて $|e^{i\theta}| = 1$ であることを示せ．
>
> **解**：$e^{-i\theta} = \cos\theta - i\sin\theta$ を証明するために，式(5.8) と $\cos\theta$ が θ の偶関数 [$\cos(-\theta) = \cos\theta$] であること，$\sin\theta$ が θ の奇関数 [$\sin(-\theta) = -\sin\theta$] であることを用いる．

$$e^{-i\theta} = \cos(-\theta) + i\sin(-\theta) = \cos\theta - i\sin\theta$$

さらに，

$$|e^{i\theta}| = [(\cos\theta + i\sin\theta)(\cos\theta - i\sin\theta)]^{1/2}$$
$$= (\cos^2\theta + \sin^2\theta)^{1/2} = 1$$

となる．

例題 5-5　$z_1 = 1 + i$ と $z_2 = -1 - i$ をオイラーの公式で表せ．

解：両方とも $r = \sqrt{2}$ である．点 $z = 1 + i$ は第一象限にあるので，$\tan^{-1}(1) = \pi/4$ である．よって，

$$z_1 = \sqrt{2}\,e^{i\pi/4}$$

となる．点 $z = -1 - i$ は第三象限にあるので，$\tan^{-1}(1) = 5\pi/4$ である．よって，

$$z_2 = \sqrt{2}\,e^{5i\pi/4}$$

となる．z_1, z_2 ともに y/x は同じ値をもつ．繰り返すが，角度 θ がどの象限にあるかを認識する必要がある．

複素数の掛け算と割り算は，極形式を用いると簡単になる．

$$z_1 z_2 = (r_1 e^{i\theta_1})(r_2 e^{i\theta_2}) = r_1 r_2 e^{i(\theta_1 + \theta_2)}$$

$$\frac{z_1}{z_2} = \frac{r_1}{r_2} e^{i(\theta_1 - \theta_2)}$$

たとえば，例題 5-5 の z_1 と z_2 の掛け算は $z_1 z_2 = 2e^{6i\pi/4} = 2e^{3i\pi/2} = -2i$ となり，その比は $z_1/z_2 = e^{-i\pi} = -1$ である．

多くの三角恒等式を導出するのに複素数の極形式を用いる．たとえば，

$$e^{i\alpha} e^{i\beta} = e^{i(\alpha + \beta)}$$

はつぎのようにかける．

$$(\cos\alpha + i\sin\alpha)(\cos\beta + i\sin\beta) = \cos(\alpha + \beta) + i\sin(\alpha + \beta)$$

左辺を展開し，実数部と虚数部で等式をつくると，

$$\cos\alpha\cos\beta - \sin\alpha\sin\beta = \cos(\alpha + \beta)$$

$$\sin\alpha\cos\beta + \cos\alpha\sin\beta = \sin(\alpha + \beta)$$

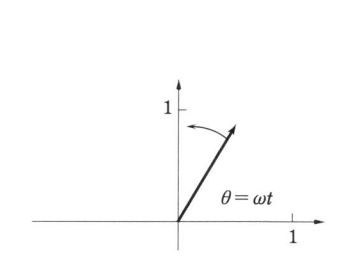

図 5.5 $e^{i\omega t}$ は，物理化学的には原点を中心に角速度 ω (radian s^{-1}) で反時計回りに回転している単位ベクトルを意味する．

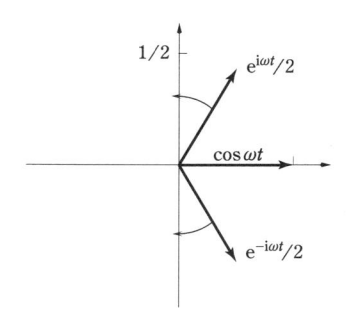

図 5.6 $\cos \omega t = (e^{i\omega t} + e^{-i\omega t})/2$ の幾何学的表現．

となる．

$e^{i\omega t}$ は物理化学の問題にしばしば登場する．$e^{i\omega t} = \cos \omega t + i \sin \omega t$ とかけるので，$e^{i\omega t}$ は物理的には，角速度 ω で複素平面を原点を中心に反時計回りに回転する単位ベクトル（長さが 1 であるベクトル）を表している（図5.5）．同じように，$e^{-i\omega t}$ は時計回りに回転する単位ベクトルを表している．

同じくオイラーの公式を用いて次式を導くことができる（問題5-10）．

$$\sin \theta = \frac{e^{i\theta} - e^{-i\theta}}{2i} \quad \text{および} \quad \cos \theta = \frac{e^{i\theta} + e^{-i\theta}}{2} \tag{5.10}$$

これらの二つの式には素晴らしい幾何学的な解釈がある．$\cos \omega t = (e^{i\omega t} + e^{-i\omega t})/2$ を考える．上で述べたように，$e^{i\omega t}/2$ は複素平面を反時計回りに回転するベクトルであり，$e^{-i\omega t}/2$ は時計回りに回転するベクトルである（図5.6）．$t = 0$ において，二つのベクトルの和は正の実数軸に沿った単位長さとなる．t が進むにつれて，二つのベクトルはその垂直成分が打ち消しあうように，反対方向に回転する．二つのベクトルを足した水平成分は，$\cos \omega t$ で表せるように，振動数 ω/s^{-1} で $+1$ と -1 の間を行ったり来たりする．

三角恒等式の導出に，式(5.10)を用いることができる．たとえば，つぎのような場合である．

$$\begin{aligned}\sin \alpha \cos \beta &= \frac{(e^{i\alpha} - e^{-i\alpha})}{2i} \frac{(e^{i\beta} + e^{-i\beta})}{2} \\ &= \frac{e^{i(\alpha+\beta)} - e^{-i(\alpha+\beta)}}{4i} + \frac{e^{i(\alpha-\beta)} - e^{-i(\alpha-\beta)}}{4i} \\ &= \frac{1}{2} \sin(\alpha + \beta) + \frac{1}{2} \sin(\alpha - \beta)\end{aligned}$$

また，$\sin x$ や $\cos x$ を含んだ積分には式(5.10) を用いることができる．

例題 5-6 式(5.10) を用いて次式を計算せよ．
$$I = \int_0^\infty e^{-\alpha t} \sin t \, dt \qquad (\alpha > 0)$$

解：
$$I = \frac{1}{2i}\int_0^\infty e^{-(\alpha-i)t} dt - \frac{1}{2i}\int_0^\infty e^{-(\alpha+i)t} dt$$
$$= \frac{1}{2i}\left(\frac{1}{\alpha-i} - \frac{1}{\alpha+i}\right) = \frac{2i}{2i(\alpha^2+1)} = \frac{1}{\alpha^2+1}$$

例題 5-6 は異なる方法でも解くことができる．$e^{it} = \cos t + i \sin t$ を用いれば，

$$I = \int_0^\infty e^{-\alpha t} \sin t \, dt = \text{Im} \int_0^\infty e^{-(\alpha-i)t} dt$$
$$= \text{Im}\left(\frac{1}{\alpha-i}\right) = \frac{1}{\alpha^2+1}$$

となる．この方法を用いると，

$$\int_0^\infty e^{-\alpha t} \cos t \, dt = \text{Re} \int_0^\infty e^{-(\alpha-i)t} dt = \text{Re}\left(\frac{1}{\alpha-i}\right) = \frac{\alpha}{\alpha^2+1}$$

が得られる．

例題 5-7 群論，結晶学，光学で用いられる
$$S(\theta) = \sum_{n=0}^{N} \cos n\theta$$
を計算しなさい．

解： 式(5.10) と式(3.3) を用いれば，

$$S(\theta) = \frac{1}{2}\sum_{n=0}^{N} e^{in\theta} + \frac{1}{2}\sum_{n=0}^{N} e^{-in\theta}$$
$$= \frac{1}{2}\left[\frac{1-e^{i(N+1)\theta}}{1-e^{i\theta}}\right] + \frac{1}{2}\left[\frac{1-e^{-i(N+1)\theta}}{1-e^{-i\theta}}\right]$$
$$= \frac{1 - \cos\theta + \cos N\theta - \cos(N+1)\theta}{2(1-\cos\theta)}$$

となる．さいごの式を得るためには 2 項を結合し，式(5.10) を何回か用いる（問題 5-24）．

問題

5-1. つぎの関数の実数部と虚数部を求めよ．
(a) $(2-i)^3$ (b) $e^{i\pi/2}$ (c) $e^{-2+i\pi/2}$
(d) $(\sqrt{2}+2i)e^{-i\pi/2}$

5-2. $z = x + 2iy$ のとき，つぎを計算せよ．
(a) $\text{Re}(z^*)$ (b) $\text{Re}(z^2)$ (c) $\text{Im}(z^2)$
(d) $\text{Re}(zz^*)$ (e) $\text{Im}(zz^*)$

5-3. つぎの複素数に対して，$\tan^{-1}\theta$ を求めよ．
(a) $-1-i$ (b) $-1+i$ (c) $1-i$
(d) $-i$

5-4. つぎの数を $re^{i\theta}$ の形で表せ．
(a) $6i$ (b) $4-\sqrt{2}i$ (c) $-1-2i$
(d) $1+i$

5-5. つぎの数を $x + iy$ の形で表せ．
(a) $e^{-i\pi/4}$ (b) $6e^{2i\pi/3}$
(c) $e^{-(\pi/4)i + \ln 2}$ (d) $e^{-2i\pi} + e^{4i\pi}$

5-6. 複素数に i を掛けることは，幾何学的には複素平面において反時計回りに $90°$ 回転させるという意味をもつということに関して論ぜよ．

5-7. $e^{i\pi} = -1$ を証明せよ．この関係をもつ数式の性質についても論ぜよ．

5-8. $\text{Re}(z) = (z + z^*)/2$ と $\text{Im}(z) = (z - z^*)/2i$ を示せ．

5-9. 領域 $1 \leq |z + i| \leq 3$ を複素平面上に描け．

5-10. $\cos\theta = (e^{i\theta} + e^{-i\theta})/2$ と $\sin\theta = (e^{i\theta} - e^{-i\theta})/2i$ を示せ．

5-11. 式(5.8)を用いて，ド・モアブルの公式，
$\cos n\theta + i \sin n\theta = (\cos\theta + i \sin\theta)^n$
を導け．ド・モアブルの公式を用いてつぎの三角恒等式を導け．
$\cos 2\theta = \cos^2\theta - \sin^2\theta$
$\sin 2\theta = 2\sin\theta\cos\theta$
$\cos 3\theta = \cos^3\theta - 3\cos\theta\sin^2\theta$
$\quad = 4\cos^3\theta - 3\cos\theta$
$\sin 3\theta = 3\cos^2\theta\sin\theta - \sin^3\theta$
$\quad = 3\sin\theta - 4\sin^3\theta$

5-12. つぎの計算をせよ．
(a) $(1+i)^{10}$ (b) $(1-i)^{12}$

5-13. 関数，
$$\Phi_m(\phi) = \frac{1}{\sqrt{2\pi}} e^{im\phi} \quad \begin{matrix} m = 0, \pm 1, \pm 2, \cdots\cdots \\ 0 \leq \phi \leq 2\pi \end{matrix}$$
を考える．最初に，
$$\int_0^{2\pi} \Phi_m(\phi) d\phi = \begin{cases} 0 & m \neq 0 \\ \sqrt{2\pi} & m = 0 \end{cases}$$
を示し，つぎに，
$$\int_0^{2\pi} \Phi_m^*(\phi) \Phi_n(\phi) d\phi = \begin{cases} 0 & m \neq n \\ 1 & m = n \end{cases}$$
を示せ．

5-14. この問題ではオイラーの公式を導く．
$\quad f(\theta) = \ln(\cos\theta + i\sin\theta) \quad (1)$
式(1)から式(2)が得られることを示せ．
$$\frac{df}{d\theta} = i \quad (2)$$
式(2)の両辺を積分すると式(3)が得られる．
$\quad f(\theta) = \ln(\cos\theta + i\sin\theta) = i\theta + c \quad (3)$
ここで，c は積分定数である．$c = 0$ であることを示し，それから式(3)から指数関数をつくりオイラーの公式を導け．

5-15. 多くの積分を求めるのに，オイラーの公式とド・モアブルの公式（問題5-11）を用いることができる．最初に，
$$\int_0^\pi e^{i2n\theta} d\theta = 0 \quad n = \pm 1, \pm 2, \cdots\cdots$$
を示せ．この結果を用いて，
$$\int_0^\pi \sin^2\theta \, d\theta = \frac{\pi}{2} \quad \text{および} \quad \int_0^\pi \cos^2\theta \, d\theta = \frac{\pi}{2}$$
を示せ．同じ方法を用いて，
$$\int_0^\pi \cos^4\theta \, d\theta = \int_0^\pi \sin^4\theta \, d\theta = \frac{3\pi}{8}$$
を示せ（問題5-16も参照）．

5-16. この問題では，
$$\int_0^\pi \cos^{2n}\theta \, d\theta \quad \text{および} \quad \int_0^\pi \sin^{2n}\theta \, d\theta$$
を別の方法で求める（問題5-15）．最初に $\cos\theta$ は，
$$\cos\theta = \frac{e^{i\theta} + e^{-i\theta}}{2}$$
となる．二項定理，
$$(x+y)^{2n} = \sum_{m=0}^{2n} \frac{(2n)!}{m!(2n-m)!} x^m y^{2n-m}$$
を用いる．ここで，$x = e^{i\theta}$，$y = e^{-i\theta}$ とし，
$$\int_0^\pi \cos^{2n}\theta \, d\theta = \pi \frac{(2n)!}{2^{2n}(n!)^2} \quad n = 0, 1, 2, \cdots\cdots$$
を示せ．同じ方法で，

$$\int_0^\pi \sin^{2n}\theta\, d\theta = \pi \frac{(2n)!}{2^{2n}(n!)^2} \quad n = 0, 1, 2, \cdots$$
を示せ.

5-17. オイラーの公式を用いて，
$$\cos ix = \cosh x \quad \text{および} \quad \sin ix = i\sinh x$$
を示せ. また，
$$\sinh ix = i\sin x \quad \text{および} \quad \cosh ix = \cos x$$
を示せ.

5-18. オイラーの公式を用いて，
$$\cos\alpha\cos\beta = \frac{1}{2}\cos(\alpha+\beta) + \frac{1}{2}\cos(\alpha-\beta)$$
$$\sin\alpha\sin\beta = \frac{1}{2}\cos(\alpha-\beta) - \frac{1}{2}\cos(\alpha+\beta)$$
を示せ.

5-19. i^i を計算せよ.

5-20. 方程式 $x^2 = 1$ は異なる二つの根 $x = \pm 1$ をもつ. $x^N = 1$ は N 乗根とよばれる N 個の異なった根をもつ. この問題は，N 乗根を求める方法について説明する. N 乗根のうちいくつかは複素数になることがわかるだろう. そこで，$z^N = 1$ とする. $z = e^{i\theta}$ とすると，$e^{iN\theta} = 1$, すなわち，
$$\cos N\theta + i\sin N\theta = 1$$
となる. $N\theta = 2\pi n$（n は N 個の異なった値，$0, 1, 2, \cdots, N-1$ をとる）となること，または N 乗根が，
$$z = e^{2i\pi n/N} \quad n = 0, 1, 2, \cdots, N-1$$
となることについて論ぜよ. $N = 1$ と 2 に対してはそれぞれ $z = 1$, $z = \pm 1$ となることを示せ. 続いて $N = 3$ のとき，
$$z = 1,\ -\frac{1}{2} + i\frac{\sqrt{3}}{2},\ -\frac{1}{2} - i\frac{\sqrt{3}}{2}$$
となることを示し，これら三つの根を複素平面に描け. $N = 4$ のとき $z = 1, i, -1, -i$ になり，$N = 6$ のとき，
$$z = 1,\ -1,\ \frac{1}{2} \pm i\frac{\sqrt{3}}{2},\ -\frac{1}{2} \pm i\frac{\sqrt{3}}{2}$$
となることを示し，これら $N=4$ と 6 のときの根を複素平面に描け. そして $N = 3, 4, 6$ のプロットを比較せよ. このプロットに何かパターンがあるか述べよ.

5-21. 上記の問題を参考に $z^3 = 8$ の三つの累乗根を答えよ.

5-22. シュワルツの不等式によると，$z_1 = x_1 + iy_1$ かつ $z_2 = x_2 + iy_2$ のとき，$x_1x_2 + y_1y_2 \leq |z_1|\cdot|z_2|$ となる.
$$(x_1x_2 + y_1y_2)^2 \leq |z_1|^2|z_2|^2$$
$$= (x_1^2 + y_1^2)(x_2^2 + y_2^2)$$
の式を参考に不等式を証明せよ. 不等式の証明には $(x_1y_2 - x_2y_1)^2 \geq 0$ を用いよ.

5-23. $\int_0^\infty e^{-a^2x^2}dx = \sqrt{\pi}/2a$ をもとに，$a = (1-i)/\sqrt{2}$ を用いて，結果を実数部と虚数部に分けることにより，次式を示せ.
$$\int_0^\infty \cos x^2\, dx = \int_0^\infty \sin x^2\, dx = \frac{1}{2}\left(\frac{\pi}{2}\right)^{1/2}$$

5-24.
$$\sum_{n=0}^{N} \sin n\theta = \frac{\sin\theta - \sin(N+1)\theta + \sin N\theta}{2(1-\cos\theta)}$$
を示せ.

6

常微分方程式

　自然科学で用いられる多くの法則は微分方程式で表せる．実際，微分方程式は科学法則を数式化するのにもっとも一般的でもっとも有用な手段である．微分方程式は，一つ以上の変数を含む導関数（微分）をもつ関数である．未知の関数が一つだけの独立変数に依存するときには，その微分方程式は常微分方程式とよばれる．常微分方程式は必ず常微分を含む．以下は常微分方程式の例である．

$$\text{(a)} \quad \frac{dy}{dx} = 2y^2 \qquad \text{(b)} \quad x^2\frac{d^2y}{dx^2} + x\frac{dy}{dx} + y = e^x \qquad \text{(c)} \quad (x^2+y^2)\frac{dy}{dx} = xy$$

それぞれにおいて，一つの独立変数 x と一つの従属変数 y がある．未知の関数が二つ以上の独立変数に依存するのであれば，その微分方程式は偏微分方程式とよばれる．偏微分方程式は必ず偏微分を含む．以下がその例である．

$$\frac{\partial^2 u}{\partial x^2} + \frac{\partial^2 u}{\partial y^2} = 0 \quad \text{および} \quad \frac{\partial u}{\partial t} = \frac{\partial^2 u}{\partial x^2}$$

偏微分方程式に関しては，15章と16章で説明する．

　微分方程式を議論するときに頻繁に用いられるいくつかの用語がある．一般的な微分方程式で右辺の x から得られる左辺 $y(x)$ の値は常微分方程式の解とよばれる．微分方程式の階数は，式中の導関数のもっとも大きな階数で決まる．上記の式(a)および式(c)は一階微分方程式であり，(b)は二階微分方程式である．

　本章では線形微分方程式についてのみ説明する．未知関数 $y(x)$ とその導関数がすべて一次式で表され，交差項を含まないのであれば，微分方程式は線形であるという．上記の式(a)〜(c)のうち，式(b)のみが線形微分方程式である．式(a)は y^2 の項があるため，非線形であり，式(c)は $y^2 dy/dx$ の項があるため，非線形である．

　線形微分方程式は非線形微分方程式よりも簡単に解ける．幸いなことに，多くの自然法

則は線形微分方程式で高精度に表せる．その結果，物理化学では線形微分方程式を用いる問題がよく登場する．

6.1 一階線形微分方程式

一階線形微分方程式の一般的な式をつぎに示す．

$$\frac{dy}{dx} + p(x)y = q(x) \tag{6.1}$$

ここで，$p(x)$ と $q(x)$ は既知の関数である．たとえば，以下の微分方程式はこの形でかかれている．

$$\frac{dy}{dx} + \frac{1}{x}y = x^2$$

式(6.1) の右辺に $q(x)$ の項がないとき，式(6.2) のように式変形できるため，解くのが簡単になる．

$$\frac{dy}{y} = -p(x)dx \tag{6.2}$$

両辺を積分すれば，

$$y(x) = e^{-\int p(x)dx}$$

となる．ここでは積分定数を無視している．式(6.1) を解くために，次式の解を試す．

$$y(x) = u(x)e^{-\int p(x)dx} \tag{6.3}$$

ここで，$u(x)$ を求める必要がある．

式(6.1) に式(6.3) を代入すると，

$$\frac{du}{dx}e^{-\int p(x)dx} - p(x)u(x)e^{-\int p(x)dx} + p(x)u(x)e^{-\int p(x)dx} = q(x)$$

が得られる．これを計算すると，

$$\frac{du}{dx}e^{-\int p(x)dx} = q(x)$$

となる．この式は，変数を分離して $u(x)$ について解くことで簡単になる．

$$du = q(x)e^{\int p(x)dx}dx$$

両辺を積分すると，

$$u(x) = \int q(x) e^{\int p(x) dx} dx + \beta \tag{6.4}$$

となる．ここで，β は積分定数である．式(6.3) に式(6.4) を代入すると次式が得られる．

$$y(x) = e^{-\int p(x) dx} \left[\int q(x) e^{\int p(x) dx} dx + \beta \right] \tag{6.5}$$

これが式(6.1) の解である．式(6.5) に積分定数が含まれていることに注意しよう．一階微分方程式を解くことは，一つの積分定数が生じるような積分を1回行うことと同じである．

先に進む前に，式(6.1) の解がどのように得られたのかについて説明する．$y(x)$ やその導関数を含まない項（$q(x)$）を 0 とし，単純化した方程式の解を簡単に見出したうえで，もとの方程式の解は未知の関数と単純化した方程式の解の積であると仮定した．つぎに，もとの方程式に戻って，積を代入することによって，未知の関数を決定できた．この方法は非常に特異にみえるだろうし，実際そうである．初心者には，微分方程式の多くは解を見つけるためにさまざまな秘技や神業を用いているようにみえるだろう．しかし，慣れてくれば特異なものではなくなる．

式(6.5) を用いて，次式を解いてみよう．

$$x \frac{dy}{dx} + 2y = x^3$$

最初に両辺を x で割り，式(6.1) の形にする．

$$\frac{dy}{dx} + \frac{2}{x} y = x^2$$

よって，$\int p(x) dx = \int 2 dx/x = 2 \ln x = \ln x^2$，$e^{\int p dx} = e^{\ln x^2} = x^2$ となり，式(6.5) は次式を与える．

$$y(x) = \frac{1}{x^2} \left[\int x^4 dx + \beta \right] = \frac{1}{x^2} \left[\frac{x^5}{5} + \beta \right] = \frac{x^3}{5} + \frac{\beta}{x^2}$$

直接代入すれば正しいことがわかる．

例題 6-1

$$x\frac{dy}{dx} - y = x$$

を解け．ここで，$y(1) = 3$ である．

解： 両辺を x で割り，式(6.1) の形にする．

$$\frac{dy}{dx} - \frac{1}{x}y = 1$$

ここで，$\int p\,dx = -\ln x$ なので，$e^{\int p\,dx} = e^{-\ln x} = 1/x$ となる．ゆえに，式(6.5) は次式を与える．

$$y(x) = x\left[\int \frac{dx}{x} + \beta\right] = x[\ln x + \beta] = x\ln x + \beta x$$

$y(1) = 3$ なので，$3 = \beta$ となり，ゆえに，

$$y(x) = x\ln x + 3x$$

となる．

別の例として，2段階で進行する過程を考える．

$$A \xrightarrow{k_1} B \xrightarrow{k_2} C$$

この過程は，放射性物質の壊変過程や化学反応過程においてみられる．このスキームを記述する微分方程式は式(6.6) になる．

$$\begin{aligned}
\frac{dA}{dt} &= -k_1 A \\
\frac{dB}{dt} &= k_1 A - k_2 B \\
\frac{dC}{dt} &= k_2 B
\end{aligned} \qquad (6.6)$$

始状態 $A(0) = A_0$，$B(0) = C(0) = 0$ について解こう．$A(t)$ に関する最初の式は以下のようにして解ける．

$$\frac{dA}{A} = -k_1 dt$$

と変形して両辺を積分すると，

$$\ln A(t) = -k_1 t + c$$

となる．ここで c は積分定数である．$A(0) = A_0$ を代入すると $\ln A(t) = -k_1 t + \ln A_0$ となり，

$$A(t) = A_0 e^{-k_1 t}$$

となる．ここで A_0 は A の始状態における値である．この結果を $B(t)$ の式に代入すると，

$$\frac{dB}{dt} + k_2 B = k_1 A_0 e^{-k_1 t}$$

が得られる．この式は式(6.1)と同じ形になる．このとき式(6.5)は，"$e^{\int p(x)dx}$" $= e^{k_2 t}$ なので，

$$B(t) = e^{-k_2 t}\left[k_1 A_0 \int e^{(k_2 - k_1)t} dt + \beta \right] = \frac{k_1 A_0 e^{-k_1 t}}{k_2 - k_1} + \beta e^{-k_2 t}$$

となる．始状態において $B(0) = 0$ となるように β を決定する．すると $\beta = -k_1 A_0/(k_2 - k_1)$ と次式が得られる．

$$B(t) = \frac{k_1 A_0}{k_2 - k_1}(e^{-k_1 t} - e^{-k_2 t}) \tag{6.7}$$

物質収支条件 $A(t) + B(t) + C(t) = A(0) + B(0) + C(0) = A_0$ から $C(t)$ を決定することができる．図6.1は式(6.6)の解を $A_0 = 1$, $k_1 = 2$, $k_2 = 1$ に対してプロットした図である．時間に対して $A(t)$ は単調に減少し，$B(t)$ は最初増加した後に減少し，$C(t)$ は単調に増加する．時間が独立変数であり，$t = 0$ において各種の値が与えられるような問題は初期値問題とよばれている．

一階線形微分方程式は，希釈問題を解くためにも用いられる．たとえば，100 L の容器に最初 50 L の $3.0\,\text{mol L}^{-1}$ の NaCl 水溶液が入っている．この容器に $1.00\,\text{mol L}^{-1}$ の NaCl 水溶液が $8\,\text{L min}^{-1}$ の速度で流入し，$6\,\text{L min}^{-1}$ で流出するとする（このとき水溶液の濃度は均一であるとする）．その結果，容器がいっぱいになったときの水溶液濃度を計算しよう．最初に，容器がいっぱいになる前までの，時間 t/min における容器内の水溶

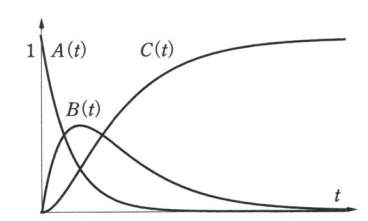

図 6.1 式(6.6) の $A_0 = 1$, $k_1 = 2$, $k_2 = 1$ の解．

液量は,

$$V(t) = 50\,\text{L} + (8\,\text{L min}^{-1} - 6\,\text{L min}^{-1})t$$
$$= 50\,\text{L} + (2\,\text{L min}^{-1})t$$

となる.容器は 25 min でいっぱい（100 L）になる.時間 t における塩のモル数を $n(t)$ とすると,水溶液の濃度は $n(t)/V(t) = n(t)/[50\,\text{L} + (2\,\text{L min}^{-1})t]$ となる.時間 t と $t + \Delta t$ の間に変化する NaCl のモル数は流入と流出の差を用いて,

$$\Delta n(t) = (8\,\text{L min}^{-1})(1.00\,\text{mol L}^{-1})\Delta t - (6\,\text{L min}^{-1})\frac{n(t)}{50\,\text{L} + (2\,\text{L min}^{-1})t}\Delta t$$

と表すことができる.対応する微分方程式（単位は省略）は,上式を Δt で割り,$\Delta t \to 0$ の極限をとることで,

$$\frac{dn}{dt} + \frac{6n}{50 + 2t} = 8$$

と得られる.このとき,"$\int p(x)dx$" $= 6\int dt/(50 + 2t) = 3\ln(50 + 2t)$ なので,"$e^{\int p dx}$" $= (50 + 2t)^3$ となる.その結果,式(6.5)は,

$$n(t) = \frac{1}{(50 + 2t)^3}\left[8\int (50 + 2t)^3 dt + \beta\right] = \frac{1}{(50 + 2t)^3}\left[64\int (25 + t)^3 dt + \beta\right]$$

となる.積分を計算し,$u = 25 + t$ とすると,

$$n(t) = \frac{1}{(50 + 2t)^3}\left[64\int u^3 du + \beta\right]$$
$$= \frac{1}{(50 + 2t)^3}[16u^4 + \beta]$$
$$= \frac{1}{(50 + 2t)^3}[16(25 + t)^4 + \beta]$$
$$= \frac{(50 + 2t)^4 + \beta}{(50 + 2t)^3} \tag{6.8}$$

となる.$n(0) = (50\,\text{L})(3.00\,\text{mol L}^{-1}) = 150\,\text{mol}$ を用いると,$\beta + (50)^4 = 150(50)^3$ となり,よって $\beta = 2(50)^4$ となる.時間に依存する濃度は $c(t) = n(t)/V(t)$ なので,

$$c(t) = \frac{(50 + 2t)^4 + 2(50)^4}{(50 + 2t)^4}$$

となる.容器は 25 min 後にいっぱいになり,そのときの水溶液濃度は $c(25) = 9/8$ とな

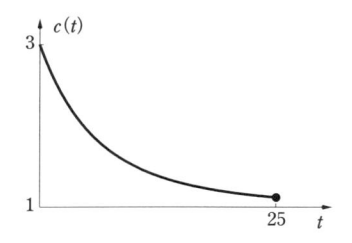

図 6.2 $c(t)$ の時間依存性.

る．図 6.2 は $c(t)$ の時間依存性を示す．

6.2 定数係数をもつ斉次線形微分方程式

前節では，一階線形微分方程式の一般解を見つけたが，この方法では，一般的な高階型の線形微分方程式の解を導くことはできない．そこで本節では，係数が定数である高階型の線形微分方程式を解く．幸いなことに，物理的な応用で現れる微分方程式の多くは線形であり定数係数をもつ．そこでまず，一般的な高階型の線形微分方程式のいくつかの性質を述べた後，定数係数をもつそれらの方程式について説明する．

一般的な n 階の線形微分方程式は，

$$a_n(x)\frac{d^n y}{dx^n} + a_{n-1}(x)\frac{d^{n-1} y}{dx^{n-1}} + \cdots\cdots + a_1(x)\frac{dy}{dx} + a_0(x)y = f(x) \tag{6.9}$$

とかける．すべての項が y とその導関数を含み，交差項は含まないことに注意しよう．$f(x) = 0$ であれば，式 (6.9) は斉次といい，そうでないときは非斉次という．式 (6.9) は，

$$\mathcal{L}y(x) = f(x) \tag{6.10}$$

と，省略して記述することもある．ここで，$\mathcal{L}$ は線形微分演算子で，

$$\mathcal{L} = a_n(x)\frac{d^n}{dx^n} + a_{n-1}(x)\frac{d^{n-1}}{dx^{n-1}} + \cdots\cdots + a_1(x)\frac{d}{dx} + a_0(x) \tag{6.11}$$

である．いい換えると，$\mathcal{L}$ を $y(x)$ に作用させると式 (6.9) の左辺が得られる．斉次線形微分方程式 $\mathcal{L}y(x) = 0$ の重要な性質は，$y(x)$ が方程式の解であれば $cy(x)$ も解となることである（c は定数）．さらに，$y_1(x)$ と $y_2(x)$ が $\mathcal{L}y(x) = 0$ の解であれば，$\mathcal{L}y_1(x) = 0$ および $\mathcal{L}y_2(x) = 0$ なので，$c_1 y_1(x) + c_2 y_2(x)$ も解であり，

$$\mathcal{L}[c_1 y_1(x) + c_2 y_2(x)] = c_1 \mathcal{L}y_1(x) + c_2 \mathcal{L}y_2(x) = 0 \tag{6.12}$$

となる．これを拡張し，$y_1(x)$, $y_2(x)$, ……, $y_n(x)$ が斉次方程式の解であれば，それは線形結合 $c_1 y_1(x) + c_2 y_2(x) + …… + c_n y_n(x)$ となる．

つぎに定数係数をもつ斉次線形微分方程式について例題を用いて説明する．

$$y''(x) + y'(x) - 6y(x) = 0 \tag{6.13}$$

の式の解は，導関数が自身の倍数になる関数である．関数 $e^{\alpha x}$（ここで α は定数）はそのような関数である．そこで，$y = e^{\alpha x}$ を式(6.13)に代入する．

$$(\alpha^2 + \alpha - 6)e^{\alpha x} = 0$$

$e^{\alpha x} \neq 0$ なので，

$$\alpha^2 + \alpha - 6 = 0 \tag{6.14}$$

となり，α は 2 と -3 になる．式(6.14)は式(6.13)の補助方程式とよばれている．式(6.13)の二つの解，e^{2x}, e^{-3x} と式(6.12)より，

$$y(x) = c_1 e^{2x} + c_2 e^{-3x} \tag{6.15}$$

となる．二階微分方程式である式(6.13)の解は任意の二つの定数が含まれていることに注意しよう．式(6.13)は二階式なので，解を得るために2回積分する必要があり，二つの積分定数を含む．

$y(x)$ が解であれば，$y(x)$ の倍数も解になるので，二つの解が，それぞれが倍数なのか，それとも異なった二つの解なのかを区別する必要がある．方程式，

$$c_1 y_1(x) + c_2 y_2(x) = 0 \tag{6.16}$$

が $c_1 = c_2 = 0$ のときのみに成り立つとき，二つの関数 $y_1(x)$ と $y_2(x)$ は線形独立であるという．それ以外の場合は $y_1(x)$ と $y_2(x)$ は線形依存であるという．たとえば，$y_1(x) = e^x$ と $y_2(x) = 2e^x$ の場合を考える．これらは明らかに一方が他方の倍数なので線形依存である．式(6.16)において，$c_1 = 1$ と $c_2 = -1/2$ はこの式を満たす．式(6.15)を満たす c_1 と c_2 は 0 以外の値が存在しないため，式(6.15)の二つの関数 $y_1(x) = e^{2x}$ と $y_2(x) = e^{-3x}$ は線形独立である．二つの関数に対して，線形独立は互いが倍数でないことを意味している．二階線形微分方程式では，二つの線形独立な解のみが得られる．$y(x) = c_1 y_1(x) + c_2 y_2(x)$（ここで $y_1(x)$ と $y_2(x)$ は線形独立）で表す二階線形微分方程式の解は**一般解**とよばれる．式(6.15)は式(6.13)の一般解である．n 階線形微分方程式に対して，n 個の線形独立な解がある．関数の線形独立に関しては 20 章で詳細に説明する．

6.2 定数係数をもつ斉次線形微分方程式

例題 6-2

$$y'' + y' - 2y = 0$$

の解を計算せよ．ここで，$y(0) = 0$, $y'(0) = 6$ である．

解： 補助方程式 $\alpha^2 + \alpha - 2 = 0$ を用いると，この解は $\alpha = 1$ と -2 になる．一般解は，

$$y(x) = c_1 e^x + c_2 e^{-2x}$$

なので，$y(0) = 0$, $y'(0) = 6$ を適用すれば，$c_1 + c_2 = 0$, $c_1 - 2c_2 = 6$ となり，$c_1 = 2$, $c_2 = -2$ となる．よって特殊解は，

$$y(x) = 2e^x - 2e^{-2x}$$

となる．

次式を解いてみる．

$$y''(x) - 2y'(x) + y(x) = 0 \tag{6.17}$$

補助方程式 $\alpha^2 - 2\alpha + 1 = 0$ から $\alpha = 1$ が得られる．ゆえに $y(x) = e^x$ が一つの解となる．しかし一般解を得るためにはほかの解を見つける必要がある．一つの解を見つけてから，ほかの解を探すことは珍しいことではない．これは階数低下とよばれる方法で行うことができる．その結果，$y(x) = ce^x$ が得られる．二つ目の解を見つけるために次式を仮定する．

$$y(x) = u(x)e^x \tag{6.18}$$

ここで，$u(x)$ が決定される．式 (6.18) を式 (6.17) に代入すると，

$$u''(x)e^x + 2u'(x)e^x + u(x)e^x - 2[u'(x)e^x + u(x)e^x] + u(x)e^x = 0$$

すなわち，

$$u''(x)e^x = 0$$

が得られる．$e^x \neq 0$ なので $u''(x) = 0$ である．この結果，$u(x) = c_1 x + c_2$ となり，これを式 (6.18) に代入すると，

$$y(x) = (c_1 x + c_2)e^x = c_1 x e^x + c_2 e^x \tag{6.19}$$

が得られる．e^x と xe^x は線形独立なので，式 (6.19) は式 (6.17) の一般解となる．ここでは，ある特定の問題を用いて，階数を下げる方法を紹介したが，この方法は一般的なものである（問題 6-7 (b) と問題 6-8 (b)）．

6.3 振 動 解

これまでのところ，補助方程式で得られた根は実数だった．方程式,

$$x''(t) + \omega^2 x(t) = 0 \tag{6.20}$$

を考えてみよう．ここで，ω は定数である．補助方程式は $\alpha^2 + \omega^2 = 0$ なので，$\alpha = \pm i\omega$ となる．このとき一般解は，

$$x(t) = c_1 e^{i\omega t} + c_2 e^{-i\omega t} \tag{6.21}$$

となる．オイラーの公式，$e^{i\theta} = \cos\theta + i\sin\theta$ を用いると式(6.21) は，

$$x(t) = c_3 \cos\omega t + c_4 \sin\omega t \tag{6.22}$$

となる．ここで，$c_3 = c_1 + c_2$ であり，$c_4 = i(c_1 - c_2)$ である．式(6.21) と式(6.22) は等しく，両式とも式(6.20) の一般解である．問題6-18は式(6.22) が，

$$x(t) = A\cos(\omega t + \phi) \tag{6.23}$$

と，より明快な形でかけることを示している．ここで，$A = (c_3{}^2 + c_4{}^2)^{1/2}$, $\phi = \tan^{-1}(-c_4/c_3)$ である．

例題 6-3

$$x(t) = A\cos(\omega t + \phi)$$

が，式(6.20) の一般解であることを示せ．

解： $x(t)$ の二階導関数は，

$$x''(t) = -\omega^2 A\cos(\omega t + \phi)$$

であり，$x''(t) + \omega^2 x(t) = 0$ となる．ここでA とϕ は定数なので，これが一般解である．これら定数の値は $x(t)$ と $x'(t)$ の始状態の値で決定される．

図6.3 は式(6.23) により与えられる $x(t)$ を ωt に対してプロットした図である．ここで，$x(t)$ は振動数 $\nu = \omega/2\pi$ で振動する．そしてA は振幅で，$x(t)$ の最大値となる．角度ϕ は $x(t)$ の初期値を表し，位相角とよばれる．

式(6.20) は古典的な調和振動子の運動方程式である．これは非常に重要な式である．図6.4 に示すように，ばねについた質量 m の物体を考えてみよう．物体に重力は作用せず，ばね由来の力のみが作用すると仮定する．ばねが伸び縮みしていない最初の自然な長

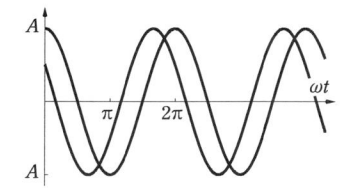

図 6.3 周期関数 $x(t) = A\cos(\omega t + \phi)$ の ωt 依存性．二つの ϕ に対してプロットしている．調和振動の振動数は $\nu = \omega/2\pi$ であり，振幅は A である．

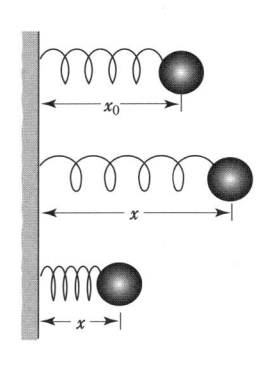

図 6.4 質量 m の物体がばねで壁とつながっている状態を表す模式図．

さを x_0 とする．フックの法則によると，質量 m の物体に作用する力は $f = -k(x - x_0)$ で表される．ここで，k はばねに固有の定数であり，ばね定数とよぶ．負の符号は力の方向を示している．$x > x_0$（伸張）のとき力は図 6.4 の左方向へはたらき，$x < x_0$（圧縮）のときは右方向へ力がはたらく．物体の運動量は $p = m\mathrm{d}x/\mathrm{d}t$ である．ニュートンの第二法則によれば，運動量の変化する速さが力になる．この場合，力は $-k(x - x_0)$ であり，運動量の変化する速さは $\mathrm{d}p/\mathrm{d}t = m\mathrm{d}^2x/\mathrm{d}t^2$ である．その結果，運動方程式は，

$$m\frac{\mathrm{d}^2 x}{\mathrm{d}t^2} = -k(x - x_0)$$

で与えられる．$\xi = x - x_0$ とおくと，上式は，

$$m\frac{\mathrm{d}^2 \xi}{\mathrm{d}t^2} + k\xi = 0$$

となる．両辺を m で割り $\omega^2 = k/m$ を代入すれば，式(6.20)が得られる．ゆえに，調和振動子の角振動数は $\omega = (k/m)^{1/2}$ であることがわかる．式(6.23)は振動運動を表している．

式(6.20)は調和振動子の運動だけでなく，小さな角度で揺れる振り子，インダクタンスやキャパシタンスを含む回路に流れる電流，箱のなかで量子力学的運動をする粒子の運

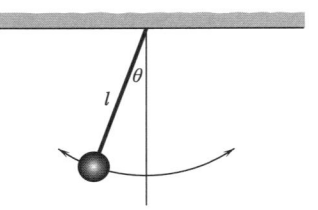

図 6.5 単一平面で振動する振り子．振り子の質量は m で，固く質量のないひもでつり下げられている．

動などを表している．具体的な例として，固定された平面で揺れる振り子の場合を考えよう．弧の長さ $s(t) = l\theta(t)$ についての運動方程式を考える．ここで，θ は天井に垂直な線と振り子のなす角度である（図 6.5）．

質量 m の物体の運動量は $m\,\mathrm{d}s/\mathrm{d}t$ で与えられるので，ニュートンの運動方程式は，

$$m\frac{\mathrm{d}^2 s}{\mathrm{d}t^2} = f \tag{6.24}$$

となる．ここで，f は物体に作用する力である．$s(t) = l\theta(t)$ なので，これを代入すると，

$$ml\frac{\mathrm{d}^2 \theta}{\mathrm{d}t^2} = f(\theta) \tag{6.25}$$

となる．力は mgh で与えられるポテンシャルエネルギー（h は最低位置からの物体の高さ）から決まる．図 6.5 を参考にすると，

$$V(\theta) = mg(l - l\cos\theta) \tag{6.26}$$

が得られる．力は，

$$f(\theta) = -\frac{\partial V}{\partial s} = -\frac{1}{l}\frac{\partial V}{\partial \theta} = -mg\sin\theta \tag{6.27}$$

で与えられる．θ が小さいとき，$\sin\theta \approx \theta$ と近似できるので（式 (3.13) 参照），力は $f = mg\theta$ となる．ゆえに，式 (6.25) は，

$$ml\frac{\mathrm{d}^2 \theta}{\mathrm{d}t^2} = -mg\theta$$

または，

$$\frac{\mathrm{d}^2 \theta}{\mathrm{d}t^2} + \omega_0^2 \theta = 0 \tag{6.28}$$

となる．ここで $\omega_0 = (g/l)^{1/2}$ は振り子の固有角振動数である．$t = 0$ の始状態においては，$\theta(0) = \theta_0$，$d\theta/dt = 0$ なので，式(6.28)の解は $\theta(t) = \theta_0 \cos \omega_0 t$ となる．物理的に，この解は角振動数 $\omega_0 = (g/l)^{1/2}$ をもつ振り子の往復運動を表している．

例題 6-4

式(6.20)と同様の式は，すべての物理化学の教科書で扱われている一次元の箱のなかの粒子の量子力学的な問題で利用される．物理的には，この系は距離 0 から a の間に閉じ込められている粒子を表している．この系のシュレーディンガー方程式は，

$$\frac{d^2\psi}{dx^2} + \frac{2mE}{\hbar^2}\psi(x) = 0 \qquad 0 \leq x \leq a \qquad (1)$$

となる．ここで，$\psi(x)$ は粒子の波動関数であり，m は粒子の質量，$\hbar$ はプランク定数を 2π で割った値，E は粒子のエネルギーである．波動関数は境界条件 $\psi(0) = \psi(a) = 0$ を満たす必要がある．境界条件が与えられている微分方程式を解くことは**境界値問題**とよばれている．上の境界値問題を解け．

解： いつものように，$\psi(x)$ は $e^{\alpha x}$ の形をしていると仮定し，補助方程式，

$$\alpha^2 + \frac{2mE}{\hbar^2} = 0$$

すなわち，$\alpha = \pm i(2mE/\hbar^2)^{1/2}$ を得る．一般解は，

$$\psi(x) = A \cos kx + B \sin kx$$

で与えられる．ここで，$k = (2mE/\hbar^2)^{1/2}$ である．$x = 0$ の境界条件から $A = 0$ であり，$x = a$ の境界条件から $B \sin ka = 0$ となる．$B = 0$ のとき，この条件は満たされるが，区間 $(0, a)$ のすべての x で，$\psi(x) = 0$ となってしまう．これは自明な解とよばれる．$\sin ka = 0$ のときも境界条件を満たす．このとき $ka = n\pi$（$n = 1, 2, 3, \cdots\cdots$）である（$n = 0$ は自明な解となるので除外する）．ゆえに，エネルギーは，

$$E = \frac{n^2 \pi^2 \hbar^2}{2ma^2} = \frac{n^2 h^2}{8ma^2} \qquad n = 1, 2, 3, \cdots\cdots$$

で与えられることがわかる．これらの値は，一次元の箱のなかの粒子の許容エネルギーの値になる．

波動関数は次式で与えられる．

$$\psi_n(x) = B \sin \frac{n\pi x}{a} \qquad 0 \leq x \leq a$$

$\psi_n(x)$ を規格化することにより B を決定することができる．

$$\int_0^a \psi_n^2(x) dx = 1 = B^2 \int_0^a \sin^2 \frac{n\pi x}{a} dx = \frac{a}{2}B^2$$

ゆえに（規格化）波動関数はつぎのようになる．

$$\psi_n(x) = \left(\frac{2}{a}\right)^{1/2} \sin\frac{n\pi x}{a} \qquad 0 \leq x \leq a$$

補助方程式の根が複素共役対になっている，

$$x''(t) + 2x'(t) + 10x(t) = 0 \tag{6.29}$$

を考えてみよう．補助方程式は $\alpha^2 + 2\alpha + 10 = 0$ であり，$\alpha = -1 \pm 3\mathrm{i}$ である．一般解は，

$$\begin{aligned} x(t) &= c_1 \mathrm{e}^{-t}\mathrm{e}^{3\mathrm{i}t} + c_2 \mathrm{e}^{-t}\mathrm{e}^{-3\mathrm{i}t} \\ &= \mathrm{e}^{-t}(c_3 \cos 3t + c_4 \sin 3t) \end{aligned}$$

となる．ここで $c_3 = c_1 + c_2$，$c_4 = \mathrm{i}(c_1 - c_2)$ である．この式は，

$$x(t) = A\mathrm{e}^{-t}\cos(3t + \phi) \tag{6.30}$$

と等価になる（問題6–18）．ここで，$A = (c_3^2 + c_4^2)^{1/2}$，$\phi = \tan^{-1}(-c_4/c_3)$ である．ゆえに，この場合の解は減衰調和を示し，変位は時間とともに，振動が止まるまで減少する（図6.6）．

たとえば，粘性媒体中を動く図6.5の振り子を考えてみる．粘性媒体は振り子の運動に抵抗を加える役割をする．粘性力は運動に対し反比例するので，$\mathrm{d}s/\mathrm{d}t = l\mathrm{d}\theta/\mathrm{d}t$ のように簡単に抵抗を取り入れることができる．そのため式(6.28)は，

$$\frac{\mathrm{d}^2\theta}{\mathrm{d}t^2} + \gamma\frac{\mathrm{d}\theta}{\mathrm{d}t} + \omega_0^2\theta = 0 \tag{6.31}$$

となる．ここで，γ は摩擦係数である．初期条件 $\theta(0) = \theta_0$，$\mathrm{d}\theta/\mathrm{d}t = 0$ のもとで，式(6.31)を解いてみよう．補助方程式は $\alpha^2 + \gamma\alpha + \omega_0^2 = 0$ となるので，

$$\alpha = -\frac{\gamma}{2} \pm \frac{1}{2}(\gamma^2 - 4\omega_0^2)^{1/2} \tag{6.32}$$

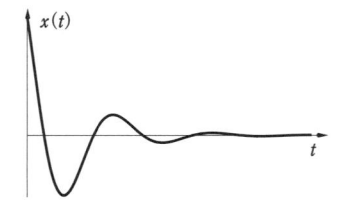

図 6.6 式(6.30)で与えられる関数 $x(t)$ の $\phi = 1/2$ のときの時間依存性．減衰振動が観測される．

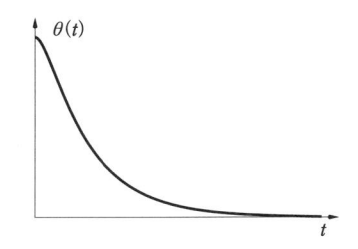

図 6.7 式(6.33)の時間依存性．このとき，運動に対する抵抗が大きく，振り子は振動することなく，その垂直位置まで落ちていく．

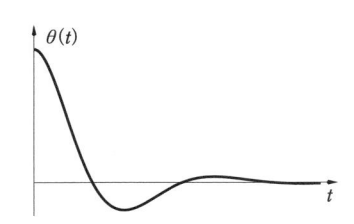

図 6.8 式(6.35)の時間依存性．このとき，振り子はその垂直位置で静止するまでに，数回振動する．

が得られる．振り子の運動は γ^2 と $4\omega_0^2$ に依存することがわかるだろう．

$\gamma^2 > 4\omega_0^2$ のとき，式(6.32)で与えられる α は実数であり，振動はしない．粘性の高い媒体のなかで，振り子は単調に垂直の位置に落ちていき，静止する．具体的に，$\gamma = 3$, $\omega_0^2 = 5/4$ のとき，$\alpha = -\frac{3}{2} \pm 1 = -5/2$ と $-1/2$ となる．初期条件は $\theta(0) = \theta_0$, $\theta'(0) = 0$ なので，次式のようになる（問題6-15）．

$$\theta(t) = \frac{\theta_0}{4}(5\mathrm{e}^{-t/2} - \mathrm{e}^{-5t/2}) \tag{6.33}$$

図6.7は式(6.33)を時間に対してプロットしたグラフである．振り子は振動することなく，垂直位置まで落ちていく．

$4\omega_0^2 > \gamma^2$ のときは，α は複素共役対となり，式(6.13)の解は，

$$\theta(t) = \mathrm{e}^{-\gamma t/2}(c_1 \cos \omega t + c_2 \sin \omega t)$$

となる．ここで，$\omega = (4\omega_0^2 - \gamma^2)^{1/2}/2$ である．具体的に $\omega = 1$ のとき $\gamma = 1$, $\omega_0^2 = 5/4$ となる．初期条件 $\theta(0) = \theta_0$, $\mathrm{d}\theta/\mathrm{d}t = 0$ を適用すると次式が得られる（問題6-16）．

$$\theta(t) = \theta_0 \mathrm{e}^{-t/2}\left(\cos t + \frac{1}{2}\sin t\right) \tag{6.34}$$

問題6-18の結果を用いて，式(6.34)はつぎのようにかける（問題6-19）．

$$\theta(t) = \frac{\sqrt{5}\theta_0}{2}\mathrm{e}^{-t/2}\cos(t - 0.4636) \tag{6.35}$$

図6.8は式(6.35)を時間 t に対してプロットしたグラフである．振り子は振動しながら位置が変化し，その後静止する．

6.4 公式集と数式処理システム

微分方程式を解くための貴重な公式集は George M. Murphy の著書,"Ordinary Differential Equations and Their Solutions"(『常微分方程式とその解法』,巻末の参考文献を参照)である.この書籍の前半では微分方程式の多くの解法がまとめられており,後半では 200 ページ以上にわたって,微分方程式とその解がリストアップされている.このリストの大きな特徴は,多くの微分方程式のなかから必要なものを簡単に見つけられるように編集されていることである.表には斉次および非斉次方程式が含まれている.1960 年に出版されたこの書籍は一時絶版になっていたが,2011 年に再版された.図書館で有無を調べたほうがよいほど大いに価値がある書籍である.

公式集のほかに利用すべきものは Mathematica, Maple, Mathcad などの数式処理システム (CAS) である.これらのプログラムは,微分方程式を解析的に(しばしば記号的に)解くことができる.たとえば,1 行のコマンド,

```
DSolve[y"[x]+3y'[x]+2y[x]==12xExp[2x],y[x],x]
```

を Mathematica に打ち込めば,解,

$$y(x) = e^{2x}\left(-\frac{7}{12}+x\right) + c_1 e^{-2x} + c_2 e^{-x} \tag{6.36}$$

が得られる.これは非斉次微分方程式,

$$\frac{dy^2}{dx^2} + 3\frac{dy}{dx} + 2y = 12xe^{2x} \tag{6.37}$$

の解である.

これらのプログラムはまた,方程式を解析的に解くことができる.たとえば,Mathematica のコマンド,

```
DSolve[{x'[t]==4x[t]-y[t]+Exp[-t],y'[t]==5x[t]
-2y[t]+2Exp[-t],x[0]==0,y[0]==0},{x[t],y[t]},t]
```

を打ち込むと,解,

$$\begin{aligned}x(t) &= -\frac{3}{16}e^{-t} + \frac{3}{16}e^{3t} + \frac{1}{4}te^{-t} \\ y(t) &= -\frac{3}{16}e^{-t} + \frac{3}{16}e^{3t} + \frac{5}{4}te^{-t}\end{aligned} \tag{6.38}$$

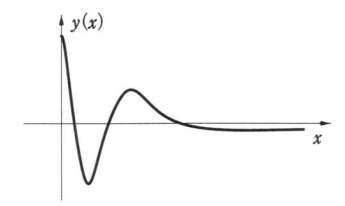

図 6.9 式(6.40) の数値解．初期条件は $y(0) = 1$, $y'(0) = 0$ である．

が得られる．これらは二元連立微分方程式，

$$\frac{\mathrm{d}x}{\mathrm{d}t} = 4x - y + \mathrm{e}^{-t}$$
$$\frac{\mathrm{d}y}{\mathrm{d}t} = 5x - 2y + 2\mathrm{e}^{-t}$$
(6.39)

を $x(0) = 0$ と $y(0) = 0$ で解いた結果である．

これらの CAS によって微分方程式を記号的に解くことには限界があるが，CAS は微分方程式を数値的に解くこともできる．本書では微分方程式を解くための数値計算法を扱わないが，それらの方法についてはほかに参考になる書籍がある（巻末の参考文献にある Edwards and Penney, "Elementary Differential Equations"）．たとえば，Mathematica は非線形方程式，

$$2y''(x) + y'(x) + 8y^3 = 0 \tag{6.40}$$

の解析解を与えることはできない．しかし，コマンド，

```
NDSolve[{2y"[x]+y'[x]+8y[x]^3==0,y[0]==1,
y'[0]==0},y[x],{x,0,20}]
```

を打ち込むと，区間 $0 \leq x \leq 20$ において，初期条件 $y(0) = 1$, $y'(0) = 0$ の数値解を得ることができ，その結果を図 6.9 に示す．

これらの情報源はいずれも，微分方程式の解がどのように得られるかを理解するためのものではないが，貴重な助けとなる．

問題

6-1. 一般解を求めよ．
  (a) $\dfrac{dy}{dx} = x^2 - 3x^2 y$ (b) $\dfrac{dy}{dx} + \dfrac{2}{x} y = x^2 + 2$
  (c) $t\dfrac{ds}{dt} = (3t+1)s + t^3 e^{3t}$
  (d) $(x + y^2)\dfrac{dy}{dx} = 1$

6-2. $y = 2$, $x = 2$ のとき，$x\dfrac{dy}{dx} + y = 2x$ の解を求めよ．

6-3. 微分方程式，
$$\dfrac{dm}{dt} + \dfrac{4m}{20 + t} = 2$$
を解け．このとき初期条件は $m(0) = 20$ とせよ．

6-4. 化学反応速度やほかの速度過程において，AとBが相互に変換するようなスキーム
$$A \underset{k_2}{\overset{k_1}{\rightleftharpoons}} B$$
がしばしばみられる．この相互変換の速度式は $dA/dt = -k_1 A + k_2 B$ とかかれ，k_1 と k_2 は速度定数とよばれる．質量保存則によれば $A(t) + B(t) = A_0 + B_0$ となる．ここで，$A_0 = A(0)$, $B_0 = B(0)$ である．$A(t)$ と $B(t)$ に対する上式を解け．そして $B_{eq}/A_{eq} = k_1/k_2 = K_{eq}$ を示せ．

6-5. 1 L 当たり 20 g の NaCl を含む水溶液 100 L の入った大型容器がある．NaCl 濃度 2 g L^{-1} の水溶液を容器に 10 L min^{-1} の速度で加えて，5 L min^{-1} の速度で容器から排出する．このとき，容器内の NaCl の最小量と，最小になる時間を計算せよ．容器内の水溶液の濃度は均一になるようにかくはんされていると仮定する．

6-6. 2.00 mol L^{-1} の水溶液 100 L が入った大きな容器がある．純水を容器に 2.00 L s^{-1} の速度で注入し，1.00 L s^{-1} の速度で排出する．このとき水溶液は均一であると仮定する．容器内の水溶液濃度が 0.10 mol L^{-1} 以下になるまでの時間を計算せよ．

6-7. 一般解を求めよ．
  (a) $y''(x) - y'(x) - 2y(x) = 0$
  (b) $y''(x) - 6y'(x) + 9y(x) = 0$
  (c) $y''(x) + 4y'(x) + y(x) = 0$

6-8. 解を求めよ．ここで，$y(0) = 1$, $y'(0) = 1$ である．
  (a) $y''(x) - 4y(x) = 0$
  (b) $y''(x) + 2y'(x) + 4y(x) = 0$
  (c) $y''(x) + 9y(x) = 0$

6-9. 解を求めよ．ここで，$y(0) = 0$, $y'(0) = 1$ である．
  (a) $y''(x) + 6y'(x) = 0$
  (b) $y''(x) - 4y'(x) + 3y(x) = 0$
  (c) $y''(x) + 4y(x) = 0$

6-10. つぎの(a)〜(c)を計算せよ．
  (a) $y(0) = 2$, $y'(0) = 4$ のときの
      $y''(x) - 4y(x) = 0$
  (b) $y(0) = -1$, $y'(0) = 0$ のときの
      $y''(x) - 5y'(x) + 6y(x) = 0$
  (c) $y(0) = 2$ のときの $y'(x) - 2y(x) = 0$

6-11. $y = x^2$ は $x^2 y''(x) + xy'(x) - 4y(x) = 0$ を満たす．もう一つの解を求めよ．

6-12. $y = x$ は $x^2 y''(x) - xy'(x) + y(x) = 0$ を満たす．もう一つの解を求めよ．

6-13. 振動数 $\nu = \omega/2\pi$ で振動するとき，速度は $x(t) = \cos \omega t$ となることを証明せよ．また，$x(t) = A\cos\omega t + B\sin\omega t$ が同じ振動数 $\omega/2\pi$ で振動することを証明せよ．

6-14. つぎの初期値をもつ問題を解け．
  (a) $\dfrac{d^2 x}{dt^2} + \omega^2 x(t) = 0$ $x(0) = 0$; $x'(0) = v_0$
  (b) $\dfrac{d^2 x}{dt^2} + \omega^2 x(t) = 0$ $x(0) = x_0$; $x'(0) = v_0$
  (a), (b) ともに $x(t)$ は振動数 $\omega/2\pi$ で振動することを示せ．

6-15. 式(6.33) を証明せよ．

6-16. 式(6.34) を証明せよ．

6-17. $A\cos t + B\sin t$ は $C\sin(t + \phi)$ とかけることを示せ．ここで，$C = (A^2 + B^2)^{1/2}$ であり，$\phi = \tan^{-1}(A/B)$ である．
ヒント：三角恒等式によれば，
$$\sin(\alpha + \beta) = \sin\alpha\cos\beta + \cos\alpha\sin\beta$$
である．

6-18. $A\cos t + B\sin t$ は $C\cos(t + \psi)$ とかけることを示せ．ここで，$C = (A^2 + B^2)^{1/2}$ であり，$\psi = \tan^{-1}(-B/A)$ である．
ヒント：三角恒等式によれば，

$$\cos(\alpha+\beta) = \cos\alpha\cos\beta - \sin\alpha\sin\beta$$
である．

6-19. 問題 6-18 の結果を用いて，式 (6.34) から式 (6.35) を導け．

6-20. 高さ h から落ちる物体を考える．そのとき速度に比例した抵抗を受けると仮定する．この系におけるニュートンの運動方程式は次式で表される（図 6.10）．
$$m\frac{d^2x}{dt^2} = -\gamma\frac{dx}{dt} + mg \quad \text{すなわち}$$
$$\frac{dv}{dt} + \frac{\gamma}{m}v = g$$
ここで，γ は摩擦係数である．$t=0$ における速度を 0 とし，$v(t)$ に対する式を解け．また極限速度 $v_{\text{lim}} = mg/\gamma$ に到達することを示せ．極限速度は終端速度とよばれる．

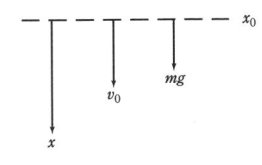

図 6.10 問題 6-20 の概略図．

6-21. 問題 6-20 を，抵抗が速度の 2 乗に比例するとして解け．
$$v(t) = \left(\frac{mg}{\gamma}\right)^{1/2} \tanh\left(\frac{g\gamma}{m}\right)^{1/2} t$$
を示し，速度が極限速度 $(mg/\gamma)^{1/2}$ に到達することを示せ．

6-22. 調和振動方程式の解法には，複素数を用いた別の方法がある．この二階式は二つの一階式としてかけることを示せ．
$$\frac{dp}{dt} = -kx \quad \text{および} \quad \frac{dx}{dt} = \frac{p}{m}$$
$\eta = k^{1/2}x + ip/m^{1/2}$ とし，二つの式が，
$$\frac{d\eta}{dt} = -i\omega\eta$$
と等しくなることを示せ．ここで，$\omega^2 = k/m$ である．この式から，
$$\eta = (k^{1/2}x_0 + im^{1/2}v_0)e^{-i\omega t}$$
を導け．実数部と虚数部はつぎのようになる．
$$x(t) = x_0 \cos\omega t + \frac{v_0}{\omega}\sin\omega t$$
$$p(t) = p_0 \cos\omega t - m\omega x_0 \sin\omega t$$

6-23. 式 (6.36) は式 (6.37) の解であることを証明せよ．

6-24. 式 (6.38) は式 (6.39) の解であることを証明せよ．

7

微分方程式の級数解

　前章で，定数をもった線形微分方程式の解き方を学んだ．一般的には，少なくとも有限のステップでは，つぎのような微分方程式の解を解析的に見出す方法はない．

$$a_2(x)\frac{\mathrm{d}^2 y}{\mathrm{d}x^2} + a_1(x)\frac{\mathrm{d}y}{\mathrm{d}x} + a_3(x)y(x) = 0$$

ここで，たとえ a_j がよく振る舞う x の関数だとしても，この微分方程式の係数は定数ではない．しかしながら，上記の方程式を x の級数を用いて解く方法がある．もっとも単純な適用例としては，$y(x)$ を，

$$y(x) = \sum_{n=0}^{\infty} a_n x^n$$

と仮定し，微分方程式に代入して，級数のすべての係数 $\{a_n\}$ を決定する．これによって，単純な解析解と同じようにこの級数解を用いたり操作できるようになる．

　級数解に頼るのは，とくに便利なやり方ではないと思うかもしれない．しかし，物理化学のもっとも重要な微分方程式は，多くが無限級数でのみ解ける．それらの方程式は，不定係数をもった二階微分方程式であることが多く，その方程式を導入して重要な問題に適用した数学者の名前がついている．たとえば，ルジャンドル多項式を解にもつルジャンドル方程式，ベッセル関数を解にもつベッセル方程式など多数ある．それらの"名前のついた"関数は，級数でしか定義できない場合もあるが，その性質や関数同士の関係の多くは推論できる．たとえば，$\sin x$ や $\cos x$ を方程式，

$$y''(x) + y(x) = 0$$

のそれぞれ奇数項だけで表せる級数解，偶数項だけで表せる級数解として定義できれば，それらの級数が三角関数と同じような特徴，性質を無数にもつことに気づくだろう．慣れてくると，"名前のついた"無限級数にも三角関数と同じくらいの便利さを感じるように

なる．

7.1 級数法

はじめに，非常に単純な例を用いて級数によって微分方程式の解を求める方法を示そう．つぎの方程式を考える．

$$y''(x) + y(x) = 0 \tag{7.1}$$

この方程式は，前章で何度か解いていて，解が $y(x) = a\cos x + b\sin x$ となることがわかっている．しかしながら，ここでは前章で解いた方法では解けないと仮定しよう．いま，$y(x)$ がつぎのような x の級数であると仮定する．

$$y(x) = \sum_{n=0}^{\infty} a_n x^n \tag{7.2}$$

このとき，式(7.2) が式(7.1) の解となるように式(7.2) の係数 a_n を決める必要がある．式(7.2) を式(7.1) に代入すると，

$$\sum_{n=0}^{\infty} n(n-1)a_n x^{n-2} + \sum_{n=0}^{\infty} a_n x^n = 0 \tag{7.3}$$

を得る．ここで，左辺第1項の和は，$n=0$，$n=1$ のとき 0 となることに注意すると，式(7.3) は，

$$\sum_{n=2}^{\infty} n(n-1)a_n x^{n-2} + \sum_{n=0}^{\infty} a_n x^n = 0 \tag{7.4}$$

とかける．式(7.4) の左辺第1項を具体的にかくと，

$$2a_2 + 3 \times 2a_3 x + 4 \times 3a_4 x^2 + \cdots\cdots$$

となる．この式を目印として，式(7.4) の左辺第1項の下限が 0 で始まるように，総和（Σ）の添字を n から $m = n-2$ におき換える．そうすると，式(7.4) は，

$$\sum_{m=0}^{\infty} (m+2)(m+1)a_{m+2} x^m + \sum_{n=0}^{\infty} a_n x^n = 0$$

となる．n や m は名目上の総和の添字なので，この結果は次式，

$$\sum_{n=0}^{\infty} (n+2)(n+1)a_{n+2} x^n + \sum_{n=0}^{\infty} a_n x^n = 0$$

すなわち，

$$\sum_{n=0}^{\infty} [(n+2)(n+1)a_{n+2} + a_n]x^n = 0 \tag{7.5}$$

と等価である（総和の添字を変換するのは少し練習を必要とするので，問題 7-1 にそのような問題をいくつか与えた）．

つぎに，ある級数がある区間で 0 になるのであれば，その級数の対応する係数は 0 でなければならないという事実を用いる．これによって，式(7.5) は，

$$a_{n+2} = -\frac{a_n}{(n+2)(n+1)} \qquad n = 0, 1, 2, \cdots\cdots \tag{7.6}$$

となる．式(7.6) を，a_n 項で表した a_{n+2} についての漸化式という．式(7.6) で $n = 0$, 1, 2, …… と変化させることによって，a_0 から添字が偶数の a_n を得ることができる．また，a_1 から添字が奇数の a_n を得ることができる．つまりこの場合，二つの分離した係数の組を得ることになる．$n = 0$ から始めると，n が偶数のときの係数は以下のように得られる．

$$a_2 = -\frac{a_0}{2 \times 1} \qquad a_4 = -\frac{a_2}{4 \times 3} = \frac{a_0}{4 \times 3 \times 2 \times 1} = \frac{a_0}{4!}$$

$$a_6 = -\frac{a_4}{6 \times 5} = -\frac{a_0}{6!}$$

この一般的な結果は，

$$a_{2n} = \frac{(-1)^n}{(2n)!} a_0 \qquad n = 0, 1, 2, \cdots\cdots \tag{7.7}$$

となる．添字が偶数の係数（すべては a_0 の項を含む）だけを決定したことに注意しよう．添字が奇数の係数を決定するために，$n = 1$ から始めて，式(7.6) の n に奇数を用いると，

$$a_3 = -\frac{a_1}{3 \times 2} \qquad a_5 = -\frac{a_3}{5 \times 4} = \frac{a_1}{5 \times 4 \times 3 \times 2} = \frac{a_1}{5!}$$

$$a_7 = -\frac{a_5}{7 \times 6} = -\frac{a_1}{7!}$$

となる．つまり，

$$a_{2n+1} = \frac{(-1)^n}{(2n+1)!} a_1 \qquad n = 0, 1, 2, \cdots\cdots \tag{7.8}$$

である．式(7.7) と式(7.8) を式(7.2) に代入すると，

$$y(x) = a_0 \sum_{n=0}^{\infty} \frac{(-1)^n}{(2n)!} x^{2n} + a_1 \sum_{n=0}^{\infty} \frac{(-1)^n}{(2n+1)!} x^{2n+1} \tag{7.9}$$

を得る．式(7.1) の一般解で期待するように，式(7.9) の解は二つの任意の定数をもつことに注意しよう．じつは式(7.9) の二つの級数はそれぞれ $\cos x$ と $\sin x$ のマクローリン級数（式(3.13) と式(3.14)）である．ゆえに，式(7.9) は，

$$y(x) = a_0 \cos x + a_1 \sin x \tag{7.10}$$

となる．この式は，式(7.1) の係数が定数なので簡単に得ることもできたが，手続きを示すためにあえて級数の方法を用いて求めた．通常は，結果の級数解が既知の関数と同じになることはないので，このような方法で級数を扱わなければならなくなる．

いま，式(7.9) の解が，三角関数としてなじみのある正弦関数や余弦関数であるとわかっていないと仮定し，以下のように二つの関数を定義してみよう．

$$s(x) = \sum_{n=0}^{\infty} \frac{(-1)^n x^{2n+1}}{(2n+1)!} \quad \text{および} \quad c(x) = \sum_{n=0}^{\infty} \frac{(-1)^n x^{2n}}{(2n)!}$$

まず，x の関数としてそれらの級数の数値を求めて，グラフにする（この作業は，特殊関数の多くが研究されはじめた時代に比べて，いまやかなり簡単にできる）．そうすると，$s'(x) = c(x)$ や，$c'(x) = -s(x)$ であることに気づくだろう．少し粘り強くやっていくと，

$$c(x) \pm \mathrm{i}s(x) = \mathrm{e}^{\pm \mathrm{i}x} = \sum_{n=0}^{\infty} \frac{(\pm \mathrm{i}x)^n}{n!}$$

に気づく．$s(x)$ と $c(x)$ が別の問題で多く出てくるなら，いつかは名前がついて数学の教科書の一節となるであろう．

例題 7-1

つぎの方程式を級数法で解け．
$$y''(x) + 3xy'(x) + 3y(x) = 0$$

解： 式(7.2) を上の方程式に代入すると，

$$\sum_{n=0}^{\infty} n(n-1)a_n x^{n-2} + 3x \sum_{n=0}^{\infty} n a_n x^{n-1} + 3 \sum_{n=0}^{\infty} a_n x^n = 0$$

を得る．第1項の和を $\sum_{n=0}^{\infty}(n+2)(n+1)a_{n+2}x^n$ にかき直して，三つの項をまとめると，

$$\sum_{n=0}^{\infty} \{(n+2)(n+1)a_{n+2} + 3(n+1)a_n\}x^n = 0$$

となる．x^n の係数を0とおくと，下の漸化式が得られる．

$$a_{n+2} = -\frac{3}{n+2}a_n \qquad n = 0, 1, 2, \ldots\ldots$$

$n = 0$ から始めると，添字が偶数の a_n は，

$$a_2 = -\frac{3}{2}a_0 \qquad a_4 = -\frac{3}{4}a_2 = \frac{3^2}{4\times 2}a_0$$

$$a_6 = -\frac{3}{6}a_4 = -\frac{3^3}{6\times 4\times 2}a_0 = -\frac{3^3}{2^3 3!}a_0$$

となる．これを続けて a_{2n} まで決めると，一般項は，

$$a_{2n} = \frac{(-1)^n 3^n}{2^n n!}a_0$$

となる．添字が奇数の a_n は，

$$a_3 = -a_1 \qquad a_5 = -\frac{3}{5}a_3 = \frac{3}{5}a_1$$

$$a_7 = -\frac{3}{7}a_5 = -\frac{3^2}{7\times 5}a_1 = -\frac{3^3}{7\times 5\times 3}a_1$$

となり，一般項は，

$$a_{2n+1} = \frac{(-1)^n 3^n}{(2n+1)\times \cdots\cdots \times 5\times 3\times 1}a_1$$

となる．a_n についてのこれらの結果を級数に代入すると，

$$y(x) = a_0 \sum_{n=0}^{\infty}\frac{(-1)^n 3^n}{2^n n!}x^{2n} + a_1\sum_{n=0}^{\infty}\frac{(-1)^n 3^n}{(2n+1)!!}x^{2n+1}$$

を得る．ここで，標準的な表記 $(2n+1)!! = (2n+1)\times \cdots\cdots \times 5\times 3\times 1$ を導入した．問題7-8はそれぞれの級数が x のすべての値に収束することを示す問題である．ここで，最初の級数が $e^{-3x^2/2}$ であることを確認できるだろうか．

7.2 ルジャンドル方程式の級数解

つぎの方程式を考えてみよう．

$$(1-x^2)y''(x) - 2xy'(x) + \alpha(\alpha+1)y(x) = 0 \tag{7.11}$$

ここで，$\alpha(\alpha+1)$ は定数であり，先を見越してこのような形にかいた．式(7.11)はルジャンドル方程式とよばれていて，科学と工学の分野においてもっとも有名で重要な微分方程式の一つである．16章で学ぶように，式(7.11)は球座標（ここで $x = \cos\theta$）を含む問題に出てくるが，ほかのさまざまな場合にも出てくる．

次式,

$$y(x) = \sum_{n=0}^{\infty} a_n x^n \tag{7.2}$$

を式(7.11) に代入すれば,

$$a_{n+2} = -\frac{(\alpha-n)(\alpha+n+1)}{(n+1)(n+2)} a_n \qquad n \geq 0 \tag{7.12}$$

であることがわかる（問題 7-11）. $n=0$ から始めて, 偶数の n を用いれば,

$$\begin{aligned}
a_2 &= \frac{\alpha(\alpha+1)}{1 \times 2} a_0 \\
a_4 &= -\frac{(\alpha-2)(\alpha+3)}{3 \times 4} a_2 = \frac{\alpha(\alpha-2)(\alpha+1)(\alpha+3)}{4!} a_0 \\
a_6 &= -\frac{(\alpha-4)(\alpha+5)}{5 \times 6} a_4 = -\frac{\alpha(\alpha-2)(\alpha-4)(\alpha+1)(\alpha+3)(\alpha+5)}{6!} a_0
\end{aligned} \tag{7.13}$$

であり, 一般的に表すと,

$$\begin{aligned}
a_{2n} &= (-1)^n \frac{\alpha(\alpha-2)\cdots\cdots(\alpha-2n+2)(\alpha+1)(\alpha+3)\cdots\cdots(\alpha+2n-1)}{(2n)!} a_0 \\
& n \geq 1
\end{aligned} \tag{7.14}$$

となる. 同様にして n が奇数の a_n については,

$$\begin{aligned}
a_3 &= -\frac{(\alpha-1)(\alpha+2)}{3!} a_1 \\
a_5 &= \frac{(\alpha-1)(\alpha-3)(\alpha+2)(\alpha+4)}{5!} a_1
\end{aligned} \tag{7.15}$$

となり, 一般的に表すと,

$$\begin{aligned}
a_{2n+1} &= (-1)^n \frac{(\alpha-1)(\alpha-3)\cdots\cdots(\alpha-2n+1)(\alpha+2)(\alpha+4)\cdots\cdots(\alpha+2n)}{(2n+1)!} a_1 \\
& n \geq 1
\end{aligned} \tag{7.16}$$

となる.

すなわち, 式(7.11) の二つの線形独立な解は,

$$y_1(x) = \sum_{n=0}^{\infty} a_{2n} x^{2n} \quad \text{および} \quad y_2(x) = \sum_{n=0}^{\infty} a_{2n+1} x^{2n+1} \tag{7.17}$$

になる．

　任意の α について，式(7.17)の二つの級数は $x = \pm 1$ に収束する．多くの場合，$x = \cos\theta$ となる（ここで，θ は球座標の極角である（14章参照））．すると，$x = \pm 1$（$\theta = 0$ と $\theta = \pi$ に対応する）で有限であるような解を得る．これは実際には簡単であることがわかる．α を 0 または正の整数とすれば，式(7.17)の二つの級数のうちの一つは打ち切られることになり，結果として多項式となる．また，もう一つの（発散する）級数はその係数を 0 とおくことによって消去する．こうして，私たちはつねに α の整数値について式(7.11)の多項式の解をもつことになる．

　このようになることを理解するために，最初 $\alpha = 0$ としよう．すると，式(7.14)により $a_2 = a_4 = \cdots\cdots = 0$，すなわち $n \geq 1$ で $a_{2n} = 0$ となる．よって，$y_1(x) = a_0$ となり，これは明らかに収束する．式(7.17)の $y_2(x)$ は，$\alpha = 0$ のときは収束しないが，式(7.16)で $a_1 = 0$ とおくことでうまく消去することができる．つまり，添字が奇数のすべての係数は 0 となるので，その結果 $y_2(x)$ も 0 になる．したがって，$\alpha = 0$ のときの完全解は $y(x) = a_0$ である．

　$\alpha = 1$ のとき，式(7.16)で $a_3 = a_5 = \cdots\cdots = 0$，すなわち $n \geq 1$ で $a_{2n+1} = 0$ となる．よって，$y_2(x) = a_1 x$ となり，これは明らかに収束する．式(7.17)の $y_1(x)$ は，$\alpha = 1$ のときは収束しないが，$a_0 = 0$ とおくと，添字が偶数のすべての係数は 0 となるので，$y_1(x) = 0$ となる．したがって，$\alpha = 1$ のときの完全解は $y(x) = a_1 x$ である．

　$\alpha = 2$ のとき，式(7.14)より $a_4 = a_6 = \cdots\cdots = 0$，すなわち $n \geq 2$ で $a_{2n} = 0$ となる．これにより，式(7.13)から $a_2 = -\alpha(\alpha+1)a_0/2 = -3a_0$ なので，$y_1(x) = a_0 + a_2 x^2 = a_0(1 - 3x^2)$ となる．$a_1 = 0$ とおくと，添字が奇数のすべての係数は 0 となるので，$y_2(x) = 0$ となる．したがって，$\alpha = 2$ のときの完全解は $y(x) = a_0(1 - 3x^2)$ である．

　このように続けていくと，$\alpha = 0, 1, 2, \cdots\cdots$ について式(7.11)の多項式の解が得られる（問題7-12）．n を α の値としたときにそれらの解を $f_n(x)$ で示すならば，任意の定数である a_0 と a_1 を 1 とおいて，

$$
\begin{aligned}
&f_0(x) = 1 \qquad f_1(x) = x \\
&f_2(x) = 1 - 3x^2 \qquad f_3(x) = x - \frac{5x^3}{3}
\end{aligned}
\tag{7.18}
$$

などとなる．それらの多項式はそれぞれ，$x = 1$ で有限な式(7.11)の解である．

例題 7-2

$f_3(x) = x - 5x^3/3$ は式 (7.11)（$\alpha = 3$ のとき）の解であることを示せ．

解： $f_3'(x) = 1 - 5x^2 \qquad f_3''(x) = -10x$

である．これらと $f_3(x)$ を，$\alpha = 3$ をとる式 (7.11) に代入すると，

$$(1-x^2)f_3''(x) - 2xf_3'(x) + 12f_3(x) = -10x + 10x^3 - 2x + 10x^3 + 12x - 20x^3 = 0$$

となるので，解であることがわかる．

式 (7.18) で与えられる多項式の任意の定数倍も式 (7.11) の解なので，任意の積の定数が選べる．慣習的に $x = 1$ のとき $P_n(x) = c_n f_n(x) = 1$ となるように定数を選ぶ．よって，

$$P_0(x) = 1 \qquad P_1(x) = x \qquad P_2(x) = \frac{1}{2}(3x^2 - 1) \qquad P_3(x) = \frac{1}{2}(5x^3 - 3x) \tag{7.19}$$

と定義する．式 (7.19) で定義される多項式をルジャンドル多項式という．$P_n(x)$ が偶関数か奇関数かは，n の値によることに注意しよう．最初のいくつかのルジャンドル多項式を図 7.1 のグラフに示す．

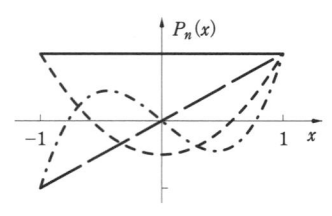

図 7.1 最初のいくつかのルジャンドル多項式を x の変化に対してグラフにした図．$P_0(x)$：実線，$P_1(x)$：長い破線，$P_2(x)$：短い破線，$P_3(x)$：長短破線．$P_n(x)$ は -1 と 1 の間で n 回 0 となることに注意．

例題 7-3

$$\int_a^b \phi_n(x)\phi_m(x)\,\mathrm{d}x = 0 \qquad n \neq m$$

を満たすような関数の組 $\{\phi_n(x)\}$ は，区間 (a, b) で直交するという．最初のいくつかのルジャンドル多項式が区間 $(-1, 1)$ で直交することを示せ．

解: 上記の直交性の定義を用いて，$P_n(x)$ の偶奇性（偶関数と奇関数の性質）により，

$$\int_{-1}^{1} P_0(x)P_1(x)\,dx = \int_{-1}^{1} P_0(x)P_3(x)\,dx = \int_{-1}^{1} P_1(x)P_2(x)\,dx = 0$$

となる．さらに，

$$\int_{-1}^{1} P_0(x)P_2(x)\,dx = \frac{1}{2}\int_{0}^{1} (3x^2 - 1)\,dx = 0$$

$$\int_{-1}^{1} P_1(x)P_3(x)\,dx = \frac{1}{2}\int_{0}^{1} (5x^4 - 3x^2)\,dx = 0$$

となる．

式(7.13)から式(7.16)で $\alpha = 0, 1, 2, \cdots\cdots$ のとき，式(7.14)または式(7.16)のどちらかから多項式を得ることができ，それに加えてもう一方の式からは $x = \pm 1$ で発散する無限級数を得られることを覚えておくべきである．たとえば，$\alpha = 0$ であれば，式(7.14)によって $P_0(x) = 1$ となり，一方，式(7.16)から，

$$y_2(x) = a_1\left(x + \frac{x^3}{3} + \frac{x^5}{5} + \frac{x^7}{7} + \cdots\cdots\right) \tag{7.20}$$

となる．この無限級数は，$(1/2)\ln[(1+x)/(1-x)]$ に等しい（問題7-16）．慣習的にこの2番目の解を $Q_0(x)$ で示す．すると，

$$Q_0(x) = \frac{1}{2}\ln\frac{1+x}{1-x} = x + \frac{x^3}{3} + \frac{x^5}{5} + \cdots\cdots \tag{7.21}$$

とかける．つまり，$\alpha = 0$ のときの式(7.11)の完全解は，$P_0(x)$ と $Q_0(x)$ の線形結合，

$$y(x) = c_1 P_0(x) + c_2 Q_0(x) \tag{7.22}$$

となる．

α が0または正の整数をとる場合のルジャンドル方程式の一般解は，

$$y(x) = c_1 P_n(x) + c_2 Q_n(x) \qquad n = 0, 1, 2, \cdots\cdots \tag{7.23}$$

となる（図7.2）．ここで $P_n(x)$ は x のすべての値について有限な n 次の多項式であり，$Q_n(x)$ は $x = \pm 1$ で発散する対数関数である．$y(x)$ は有限であってほしいときが圧倒的に多いので，$c_2 = 0$ を選びルジャンドル多項式を用いる．こうすることが多いため忘れやすいが，n が整数のときでさえルジャンドル方程式は多項式でない解をもつ．

本章を終える前に，つぎの方程式を考えよう．

7 微分方程式の級数解

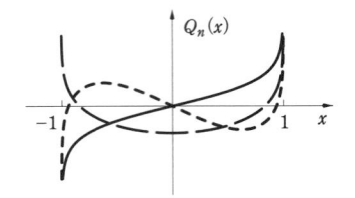

図 7.2 ルジャンドル方程式の解．式(7.23) の右辺第 2 項の最初のいくつか，$Q_0(x)$：実線，$Q_1(x)$：長い破線，$Q_2(x)$：短い破線の x に対するグラフ．それらはすべて $x = \pm 1$ で発散することに注意．

$$4x^2 y''(x) + (3x + 1) y(x) = 0 \tag{7.24}$$

式 (7.2) をこの式に代入すると，すべての a_n が 0 となることがわかる（問題 7-21）．式 (7.24) には級数解がない．式 (7.1) と式 (7.11) は二つの級数解をもたらし，式 (7.24) は級数解がない．それらの方程式の唯一の違いは，$y(x)$ とその微分の項の係数だけである．それらの係数には，級数解をとることができるかできないかを決める性質がある．実際，それらの係数で表される微分方程式の解の性質を記述する美しい理論がある．式 (7.2) のような単純な級数に代わって，多くの微分方程式は，

$$y(x) = x^r \sum_{n=0}^{\infty} a_n x^n$$

の形式の解をもつ．ここで，r は整数でなくともよい．この理論は，一般的に微分方程式の書籍にフロビニウスの方法と掲載されている．本章では微分方程式の級数解を手短に紹介することが目的なので，ここではこの方法は議論しない（問題 7-22）．

問題

7-1. 以下の和の式を，$n = 0$ で最初に 0 でない項がくるようにかき直せ．

(a) $\sum_{n=1}^{\infty} n a_n x^{n-1}$ (b) $\sum_{n=2}^{\infty} n(n-1) a_n x^{n-2}$

(c) $\sum_{n=2}^{\infty} (n-2) c_{n-2} x^n$

7-2. つぎの漸化式の a_n についての一般表現を a_0 を用いて表せ．

(a) $a_{n+1} = -\dfrac{2a_n}{n+1}$

(b) $a_{n+1} = \dfrac{n+2}{2(n+1)} a_n$

(c) $a_{n+1} = -\dfrac{a_n}{(n+1)^2}$

それぞれについて $n \geq 0$ とせよ．

7-3. $a_{n+2} = -a_n / (n+1)(n+2)$ について，a_0 を用いて a_{2n} の一般項を，a_1 を用いて a_{2n+1} の一般項を決定せよ．

7-4. 式(7.2)で表した級数を用いて，$y'(x) + y(x) = 0$ を解け．

7-5. 式(7.2)で表した級数を用いて，$(1-x^2)y''(x) - 2xy'(x) + 2y(x) = 0$ を解け．

7-6. 式(7.2)で表した級数を用いて，$(1-x^2)y''(x) - 6xy'(x) - 4y(x) = 0$ を解け．

7-7. 問題 7-6 の解となる級数は，以下の式になることを示せ．

$$y(x) = \frac{a_0}{(1-x^2)^2} + \frac{a_1(3x-x^3)}{3(1-x^2)^2}$$

7-8. 例題 7-1 の解であるそれぞれの級数は，x のすべての値で収束することを示せ．

7-9. 以下のそれぞれの級数が収束する x の値を求めよ．

(a) $\sum_{n=1}^{\infty} \dfrac{(-1)^{n+1} x^n}{n}$ (b) $\sum_{n=0}^{\infty} \dfrac{(-1)^n x^{2n}}{(2n)!}$

(c) $\sum_{n=0}^{\infty} \dfrac{x^n}{2^n}$

7-10. 方程式 $y''(x) + y(x) = 0$ の解は，$\sin x$（奇関数）と $\cos x$（偶関数）である．この結果を与える微分方程式は，ある特徴をもつ．$y_1(x)$ がこの方程式の解であれば，$y_1(-x)$ も解であり，$y_1(-x)$ が $y_1(x)$ の定数倍であるような関数 $y_1(x)$ を選べることを示せ．また，この定数は ± 1 であること，つまり $y_1(x)$ は x の偶関数か奇関数のどちらかであることを示せ．

7-11. 式(7.12)を導け．

7-12. 式(7.18)で与えられる多項式の解を $f_5(x)$ まで展開せよ．

7-13. 問題 7-12 で導いた多項式 $f_4(x)$ と $f_5(x)$ がルジャンドル方程式を満たしていることを示せ．

7-14. 問題 7-12 で導いた多項式 $f_4(x)$ と $f_5(x)$ を用いて，$P_4(x)$ と $P_5(x)$ の式を求めよ．

7-15. $\ln[(1+x)/(1-x)]/2$ のマクローリン級数は，式(7.20)で与えられることを示せ．

7-16. $\ln[(1+x)/(1-x)]$ が，$\alpha = 0$ のときのルジャンドル方程式の解であることを示せ．

7-17. ルジャンドル方程式は，
$$[(1-x^2)y'(x)]' + \alpha(\alpha+1)y(x) = 0$$
とかけることを示せ．

7-18. この問題では，一般的にルジャンドル多項式が区間 $(-1, 1)$ で直交していることを示す．問題 7-17 で $\alpha = n$ と $\alpha = m$ のときのルジャンドル方程式から始める．$\alpha = n$ の式に $P_m(x)$ を掛け，$\alpha = m$ の式に $P_n(x)$ を掛けて，両方の式を -1 から $+1$ まで部分積分する．これらの結果の方程式を表して，直交条件を示せ．

7-19. ルジャンドル方程式の解として，x の偶関数でも奇関数でも選ぶことができるのか検討せよ（問題 7-10）．

7-20. 物理の問題では式(7.11)の x を $\cos\theta$ とすることがよくある．ここで θ は，球座標の極角である $(0 \leq \theta \leq \pi)$．式(7.11)を θ の項で表せ．

7-21. 式(7.2)を式(7.24)に代入したとき，すべて $a_n = 0$ となることを示せ．

7-22. この問題では，微分方程式の級数解の背後にある理論を少し展開する．つぎの線形微分方程式を考えよう．

$$A(x)y''(x) + P(x)y'(x) + Q(x)y(x) = 0 \quad (1)$$

ここで，$A(x)$，$P(x)$，$Q(x)$ は共通因子を含まない多項式である．点 x_0 を含むある区間で式(1)を解くとしよう．$A(x_0) \neq 0$ であれば，点 x_0 を通常点という．このとき，式(1)を $A(x)$ で割ることにより，

を得る．ここで，$p(x) = P(x)/A(x)$, $q(x) = Q(x)/A(x)$ である．式（2）の関数 $p(x)$ と $q(x)$ は，$A(x)$, $P(x)$, $Q(x)$ が多項式であれば，一般には多項式の比となる．このとき，二つの関数は x_0 のまわりでテイラー級数に展開できる．これで，通常点に関する重要な定理を述べる準備ができた．

x_0 が，
$$y''(x) + p(x)y'(x) + q(x)y(x) = 0 \quad (3)$$
の通常点であれば，そのとき式（3）の一般解は，つぎのような二つの線形独立な級数からなる．
$$y(x) = c_1 \sum_{n=0}^{\infty} a_n (x - x_0)^n + c_2 \sum_{n=0}^{\infty} b_n (x - x_0)^n$$

ここで，c_1 と c_2 は任意の定数であり，a_n と b_n は 7.1 節で述べたように決められる．さらに，その二つの級数は $x = x_0$ で収束するテイラー級数をもち，それぞれの級数が収束する区間は，少なくとも $p(x)$ や $q(x)$ の級数展開が収束する区間よりも狭い領域となる．

点 $x = 0$ の近傍における次式の解を考えよう．
$$(1 - x^2)y''(x) - 6xy'(x) - 4y(x) = 0 \quad (4)$$

$x = 0$ で $1 - x^2 \neq 0$ なので，この点（$x = 0$）は通常点である．
$$p(x) = -6 \sum_{n=0}^{\infty} x^{2n+1}$$
および，
$$q(x) = -4 \sum_{n=0}^{\infty} x^{2n}$$
を示せ．それらの級数のそれぞれの収束区間は，$-1 \leq \theta \leq 1$ であることを示せ．式（4）の級数解は，
$$y(x) = a_0 \sum_{n=0}^{\infty} (n+1) x^{2n} + a_1 \sum_{n=0}^{\infty} \frac{2n+3}{3} x^{2n+1} \quad (5)$$
である（問題 7-6）．比判定法を用いて，式（5）の二つの級数が $|x| < 1$ で収束することを示せ．

7-23. 問題 7-22 の方法を用いて，
$$(1 + 4x^2)y''(x) - 8y(x) = 0$$
の点 $x = 0$ 近傍の級数解について，その収束区間を予想せよ．

7-24. $y(x) = e^{-3x^2/2}$ は，例題 7-1 の微分方程式の一つの解として与えられる．階数低下（6.2 節参照）によって別の解を求めよ．得られた結果を不定積分の形にせよ．数式処理システム（CAS）を用いて，得られた級数が，例題 7-1 の級数と同じであることを示せ．

8

直交多項式

　7章でルジャンドル多項式のようなある特別な関数は，微分方程式の解として定義できることを学んだ．それらの関数は，多様な物理的問題で出くわすので，一般的な関数となっている．ルジャンドルの微分方程式とその解は，球面対称をもった問題で生じ，多くの適用例もある．

　ほかにも応用数学の一分野をなしているいくつかの特別な関数があるが，それらの関数の多くは，直交多項式の組をつくる．8.1節では，ルジャンドル多項式を再び取り上げ，その関数の性質について学ぶことによって，ルジャンドル多項式がその微分方程式（ルジャンドル方程式）の解法がいくつかあることに加え，いくつかの方法で定義されることがわかる．ルジャンドル多項式のもっとも重要な性質の一つは，$-1 \leq x \leq 1$ で任意の関数を展開するのにかなり使えることである．

　8.2節では，特別な場合としてルジャンドル多項式を含むような直交多項式の一般的な理論を発展させる．これによって，ラゲール多項式，エルミート多項式，チェビシェフ多項式などを導く．それらすべての多項式の似た性質は，結局それらを定義する微分方程式に起因する．

8.1　ルジャンドル多項式

　7章でみたように，ルジャンドル多項式は微分方程式，

$$(1-x^2)y''(x) - 2xy'(x) + n(n+1)y(x) = 0 \tag{8.1}$$

の解である．ここで，n は整数である．最初のいくつかのルジャンドル多項式は，

8 直交多項式

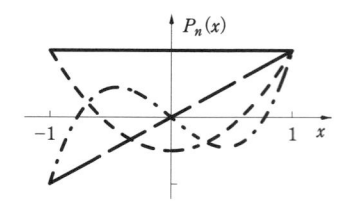

図 8.1 ルジャンドル多項式. $P_0(x)$：実線, $P_1(x)$：長い破線, $P_2(x)$：短い破線, $P_3(x)$：長短破線.

$$P_0(x) = 1 \qquad P_1(x) = x \qquad P_2(x) = \frac{1}{2}(3x^2 - 1)$$
$$P_3(x) = \frac{1}{2}(5x^3 - 3x) \qquad P_4(x) = \frac{1}{8}(35x^4 - 30x^2 + 3) \tag{8.2}$$

であり，これらを図 8.1 に示した．$P_n(x)$ は，$-1 \leq x \leq 1$ で明確に n 個の 0 をとることに注意せよ．また，$P_n(x)$ は，n が偶数なら偶関数，奇数なら奇関数であることにも注意せよ．

この時点では明らかでないかもしれないが，ルジャンドル多項式は区間 $(-1, 1)$ で，直交関数の組を形成する（問題 7-18 参照）．たとえば，

$$\int_{-1}^{1} P_1(x) P_3(x) \, dx = \frac{1}{2} \int_{-1}^{1} x(5x^3 - 3x) \, dx = 0$$

となる．一般的には，

$$\int_{-1}^{1} P_n(x) P_m(x) \, dx = 0 \qquad n \neq m \tag{8.3}$$

となる．ルジャンドル多項式が直交化している性質は，それを定義している微分方程式の結果として生じる．式(8.1) に戻ろう．最初に式(8.1) をつぎのような形にかくと（問題 8-1），

$$-[(1 - x^2) P_n'(x)]' = n(n + 1) P_n(x) \tag{8.4}$$

となる．$P_m(x)$ について同じ式をかくと，

$$-[(1 - x^2) P_m'(x)]' = m(m + 1) P_m(x) \tag{8.5}$$

となり，式(8.4) に $P_m(x)$ を掛けて -1 から 1 まで積分すると，

$$-\int_{-1}^{1} [(1 - x^2) P_n'(x)]' P_m(x) \, dx = n(n + 1) \int_{-1}^{1} P_n(x) P_m(x) \, dx$$

となる．左辺を部分積分すると，

$$-\left[(1 - x^2) P_n'(x) P_m(x)\right]_{-1}^{1} + \int_{-1}^{1} (1 - x^2) P_n'(x) P_m'(x) \, dx =$$

8.1 ルジャンドル多項式

$$\int_{-1}^{1}(1-x^2)P_n'(x)P_m'(x)\,\mathrm{d}x = n(n+1)\int_{-1}^{1}P_n(x)P_m(x)\,\mathrm{d}x \tag{8.6}$$

を得る．つぎに，式(8.5) に $P_n(x)$ を掛けて -1 から 1 まで両辺を積分し，それから左辺を部分積分すると，

$$\int_{-1}^{1}(1-x^2)P_n'(x)P_m'(x)\,\mathrm{d}x = m(m+1)\int_{-1}^{1}P_n(x)P_m(x)\,\mathrm{d}x \tag{8.7}$$

を得る．式(8.6) から式(8.7) を引くと，

$$[n(n+1)-m(m+1)]\int_{-1}^{1}P_n(x)P_m(x)\,\mathrm{d}x = 0$$

を得る．$n \neq m$ であれば，式(8.3) を得ることができ，ルジャンドル多項式の直交条件となる．

ルジャンドル多項式は，一つのルジャンドル多項式をほかのルジャンドル多項式で表すために用いられる回帰式を満足する．たとえば，

$$(n+1)P_{n+1}(x)-(2n+1)xP_n(x)+nP_{n-1}(x) = 0 \tag{8.8}$$

はその式の例である．

例題 8-1 式(8.8) を用いて，$P_0(x)=1$ と $P_1(x)=x$ から，$P_2(x)$ と $P_3(x)$ を表す式を導け．

解： $n=1$ を式(8.8) に代入すると，
$$2P_2(x) = 3xP_1(x) - P_0(x)$$
つまり，
$$P_2(x) = \frac{1}{2}(3x^2-1)$$
となる．つぎに，$n=2$ を式(8.8) に代入すると，
$$3P_3(x) = 5xP_2(x) - 2P_1(x)$$
つまり，
$$P_3(x) = \frac{1}{2}(5x^3-3x)$$
となる．

関数

$$G(x,t) = \frac{1}{(1 - 2xt + t^2)^{1/2}} \tag{8.9}$$

は，ルジャンドル多項式の生成関数とよばれる．これは，$G(x,t)$ が，

$$G(x,t) = \sum_{n=0}^{\infty} P_n(x) t^n \qquad |t| < 1 \tag{8.10}$$

で表されることを意味する．t^n の係数は n 次のルジャンドル多項式である．つまり，$G(x,t)$ は，t でマクローリン級数に展開することによりルジャンドル多項式を生成するのである．

例題 8-2 式(8.9)を用いて，最初の三つのルジャンドル多項式を求めよ．

解： つぎの展開式を用いて，

$$(1 - z)^{-1/2} = 1 + \frac{z}{2} + \frac{3}{8} z^2 + \frac{5}{16} z^3 + \cdots\cdots$$

$z = 2xt - t^2$ をあてはめると，

$$G(x,t) = 1 + xt - \frac{t^2}{2} + \frac{3}{8}[4x^2 t^2 - 4xt^3 + O(t^4)] + \frac{5}{16}[8x^3 t^3 + O(t^4)]$$

$$= 1 + xt + \frac{3x^2 - 1}{2} t^2 + \frac{5x^3 - 3x}{2} t^3 + O(t^4)$$

$$= P_0(x) + P_1(x) t + P_2(x) t^2 + P_3(x) t^3 + O(t^4)$$

となる．ここで $O(t^4)$ は，t の四次以上のすべての項を含む式を表す（3.4節参照）．

例題8-2でわかるように，式(8.9)はルジャンドル多項式を生成するには用いにくいが，ルジャンドル多項式の一般的な性質を発展させていくには有用である．たとえば，問題8-5と問題8-6では式(8.9)を用いることによって，

$$\int_{-1}^{1} P_n^2(x) \, dx = \frac{2}{2n+1} \tag{8.11}$$

であることを示す．この結果を式(8.3) と組みあわせることによって，

$$\int_{-1}^{1} P_n(x) P_m(x) \, dx = \frac{2}{2n+1} \delta_{nm} \tag{8.12}$$

を得る．ここで，δ_{nm} はつぎの意味をもつ特別な記号である．

$$\delta_{nm} = \begin{cases} 0 & n \neq m \\ 1 & n = m \end{cases} \tag{8.13}$$

この記号はクロネッカーのデルタとよばれ，応用数学によく出てくる．私たちもクロネッカーのデルタをよく用いるし，問題 8-8 にそれが含まれる練習問題を与える．

例題 8-3 最初のいくつかのルジャンドル多項式が，式 (8.11) にしたがうことを示せ．

解：
$$\int_{-1}^{1} P_0{}^2(x)\,\mathrm{d}x = \int_{-1}^{1} 1^2\,\mathrm{d}x = 2 \qquad \int_{-1}^{1} P_1{}^2(x)\,\mathrm{d}x = \int_{-1}^{1} x^2\,\mathrm{d}x = \frac{2}{3}$$
$$\int_{-1}^{1} P_2{}^2(x)\,\mathrm{d}x = \frac{1}{4}\int_{-1}^{1} (3x^2 - 1)^2\,\mathrm{d}x = \frac{2}{5}$$

ルジャンドル多項式の有用性は，8.2 節に示す別の直交多項式と同様に，適切に振る舞う関数 $f(x)$ をルジャンドル多項式の無限級数，

$$f(x) = \sum_{n=0}^{\infty} a_n P_n(x) \tag{8.14}$$

として展開できることである．このような展開式をフーリエ–ルジャンドル級数という．式 (8.14) の両辺に $P_m(x)$ を掛け，x について積分し，式 (8.12) を用いることによって a_n を決めることができる（問題 8-8）．得られる式は以下のようになる．

$$\int_{-1}^{1} f(x) P_m(x)\,\mathrm{d}x = \sum_{n=0}^{\infty} a_n \int_{-1}^{1} P_n(x) P_m(x)\,\mathrm{d}x = \sum_{n=0}^{\infty} \frac{2a_n}{2n+1} \delta_{nm}$$
$$= \frac{2a_m}{2m+1}$$

つまり，a_n は，

$$a_n = \frac{2n+1}{2} \int_{-1}^{1} f(x) P_n(x)\,\mathrm{d}x \tag{8.15}$$

となる．ここで，式変形の 1 行目から 2 行目に移るさいに $\sum_m c_m \delta_{nm} = c_n$ を用いた（問題 8-8）．

例題 8-4

つぎの関数（図8.2）をルジャンドル多項式の項で展開せよ．
$$f(x) = \begin{cases} 1+x & -1 \leq x < 0 \\ 1-x & 0 \leq x \leq 1 \end{cases}$$

解：
$$f(x) = \sum_{n=0}^{\infty} a_n P_n(x)$$

と表せる．ここで，

$$a_n = \frac{2n+1}{2} \int_{-1}^{1} f(x) P_n(x) \, dx$$

である．したがって，

$$a_0 = \frac{1}{2} \left[\int_{-1}^{0} (1+x) \, dx + \int_{0}^{1} (1-x) \, dx \right] = \frac{1}{2}$$

となる．$f(x)$ は x についての偶関数なので，

$$a_1 = \frac{3}{2} \left[\int_{-1}^{0} x(1+x) \, dx + \int_{0}^{1} x(1-x) \, dx \right] = 0 = a_3 = a_5 = \cdots\cdots$$

$$a_2 = \frac{5}{2} \left[\int_{-1}^{0} (1+x) P_2(x) \, dx + \int_{0}^{1} (1-x) P_2(x) \, dx \right]$$

$$= 5 \int_{0}^{1} (1-x) P_2(x) \, dx = -\frac{5}{8}$$

$$a_4 = 9 \int_{0}^{1} (1-x) P_4(x) \, dx = -\frac{9}{48}$$

となる．数式処理システム（CAS）を使っても，a_n の値を計算することができる．図 8.3 は，級数の部分和のいくつかを $f(x)$ と比較した図である．

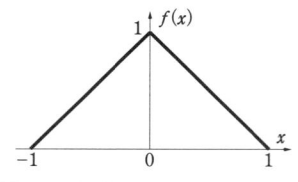

図 8.2 例題 8-4 で用いる関数
$$f(x) = \begin{cases} 1+x & -1 \leq x < 0 \\ 1-x & 0 \leq x \leq 1 \end{cases}$$
の x に対するグラフ．

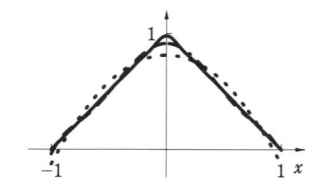

図 8.3 例題 8-4 で表される級数の部分和．以下の 0 とならない項の数を足した．点線：第 2 項までの部分和，破線：第 4 項までの部分和，実線：第 16 項までの部分和（$f(x)$ のグラフは図 8.2）．

式(8.14)のような式をかくとき，いくつかの考えるべき疑問が浮かんでくる．つまり，この級数は収束するのだろうか．もし収束するなら，x のどのような値に対して収束する

のであろうか．右辺が収束したとしても，それは $f(x)$ と等しいのだろうか．これらの疑問に答える定理は以下のとおりである．

> $f(x)$ とその一階微分が区間 $-1<x<1$ で区分的に連続であれば，a_n が式 (8.15) で与えられる式 (8.14) は，区間 $-1<x<1$ にあるすべての x について $[f(x+)+f(x-)]/2$ に収束する．

$[f(x+)+f(x-)]/2$ は，$f(x)$ がある x でジャンプした不連続な値をとるとき，その不連続点での $f(x)$ の平均値である．$f(x)$ が x で連続なとき，$[f(x+)+f(x-)]/2$ はちょうど $f(x)$ に等しい．

この定理によって，式 (8.14) は $f(x)$ が不連続であっても有効であることがわかる．注目してほしいのは，連続関数の級数であるフーリエ–ルジャンドル級数が，不連続な関数を表せることである．たとえば，マクローリン級数は $f(x)$ が連続であるばかりでなく，その関数のすべての導関数が連続である必要がある．9 章で，フーリエ級数もまた不連続な関数を表せることがわかるだろう．例として，ヘビサイドの階段関数，

$$H(x) = \begin{cases} 0 & -1 \leq x < 0 \\ 1 & 0 \leq x \leq 1 \end{cases} \tag{8.16}$$

を考えよう．$H(x)$ は $x=0$ でジャンプ不連続をもつことに注意しよう．つまり，$H(x-)=0$, $H(x+)=1$, $[H(x+)+H(x-)]/2=1/2$ となる（図 8.4）．$H(x)$ をフーリエ–ルジャンドル級数に展開したときの係数 a_n は，

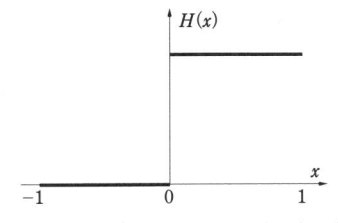

図 8.4 式 (8.16) で与えられる区分的に連続なヘビサイドの階段関数．

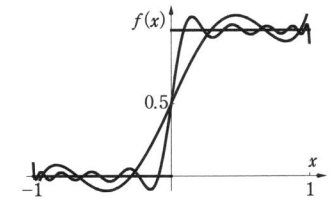

図 8.5 式 (8.16) のヘビサイドの階段関数とそのフーリエ–ルジャンドル級数への展開の第 5 項までと第 20 項までの部分和．三つの関数すべてが $x=0$ で $f(x)=[H(x+)+H(x-)]/2=1/2$ を通ることに注目．

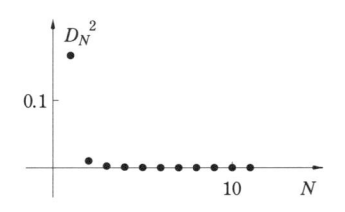

図 8.6 例題 8-4 に与えられている展開式の項の数 N に対して D_N^2 の値をグラフに表した図.

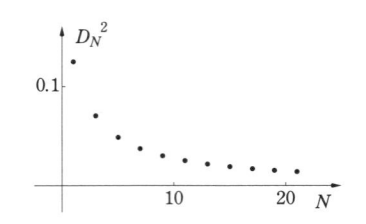

図 8.7 式(8.16) で定義されるヘビサイドの階段関数の展開式の項の数 N に対して D_N^2 の値をグラフに表した図.

$$a_n = \frac{2n+1}{2}\int_{-1}^{1} H(x)P_n(x)\,\mathrm{d}x = \frac{2n+1}{2}\int_{0}^{1} P_n(x)\,\mathrm{d}x$$

で与えられる．CAS を用いると，a_n を求めることができ，展開した級数の部分和をグラフにできる．図 8.5 に第 5 項までと第 20 項までの部分和を示した．級数展開によって，$a_0 = 1/2$ で $n \geq 1$ のすべての a_{2n} は 0 となることがわかる．なぜ係数がそのようになるのか（問題 8-26）．図 8.5 ですべての曲線が $x = 0$ で $f(x) = [H(x+) + H(x-)]/2 = 1/2$ を通ることに注目しよう．

さいごに，ある関数を式(8.14) の有限な項で近似してみよう．このとき近似の正確さをどのように評価できるだろうか．つぎの積分を考えよう．

$$D_N^2 = \int_{-1}^{1} \left[f(x) - \sum_{n=0}^{N} \alpha_n P_n(x) \right]^2 \mathrm{d}x \tag{8.17}$$

D_N^2 を式(8.14) の第 N 項までの和と $f(x)$ の間の**平均二乗誤差**という．平均二乗誤差の大きさは，$f(x)$ を N 項のルジャンドル多項式の和で近似して表したときの正確さの尺度である．α_n が式(8.15) で与えられる a_n に等しいとき，D_N^2 は α_n に対して最小値をとる（問題 8-11）．この結果によって以下のことがわかる．つまり，ルジャンドル多項式の有限和で表される $f(x)$ の "最善の近似" を $f(x)$ と有限和の平均二乗誤差が最小値になるものと定義すれば，"最善の近似" は，

$$f(x) \approx \sum_{n=0}^{N} a_n P_n(x)$$

で表される．ここで a_n は式(8.15) で与えられる．図 8.6 と図 8.7 は，D_N^2 を展開式の項の数 N に対してグラフにしたものである．図 8.6 は例題 8-4 の展開式に，図 8.7 は式(8.16) の $f(x)$ の展開式に対応する．注目点は，例題 8-4 の連続関数のほうが，式(8.16) の不連続関数よりもかなり速く収束するということである．

8.2 直交多項式

前節で示したように，ルジャンドル多項式は応用数学に現れるいくつかの"名前つき"多項式の一つである．本節では，それら"名前つき"多項式を特別な場合として含む直交多項式について，一般的な理論を示す．

ある関数の組 $\phi_0(x)$, $\phi_1(x)$, …… を考えよう．これらの関数が，

$$\int_a^b r(x)\phi_i(x)\phi_j(x)\,\mathrm{d}x = 0 \qquad i \neq j \tag{8.18}$$

を満たしていれば，この関数の組は，区間 $a \leq x \leq b$ で重み関数 $r(x) \geq 0$ をもって直交している．重み関数 $r(x)$ があることに注意しよう．これは，ルジャンドル多項式についての重み関数と等しい．式(8.18)に加えて，

$$\int_a^b r(x)\phi_i^2(x)\,\mathrm{d}x = 1 \tag{8.19}$$

を満たせば，関数の組 $\{\phi_n(x)\}$ は区間 $a \leq x \leq b$ にわたって重み関数 $r(x)$ に対して規格（正規）直交化されているという．式(8.18)と式(8.19)を組みあわせて一つの式にでき，

$$\int_a^b r(x)\phi_i(x)\phi_j(x)\,\mathrm{d}x = \delta_{ij} \tag{8.20}$$

となる．式(8.20)は，関数の組 $\{\phi_n(x)\}$ が規格直交化されているための条件である．

区間と重み関数によって多項式が決まる．これは，構成することで確認できる．まず，$\phi_0(x) = 1$ である．$\phi_1(x) = c_1 x + c_2$ とし，この関数が，

$$\int_a^b r(x)\phi_0(x)\phi_1(x)\,\mathrm{d}x = 0 = c_1\int_a^b r(x)x\,\mathrm{d}x + c_2\int_a^b r(x)\,\mathrm{d}x \tag{8.21}$$

を満たすことを用いると，c_1 は c_2 で与えられることがわかる．つまり $\phi_1(x)$ の係数（c_1 と c_2）が与えられる．この係数は，ルジャンドル多項式のときと同じく，$\phi_1(1) = 1$ となるように決めることができる．あるいは，$\phi_1(x)$ が規格化されるように決めることもできるし，そのほかの便利な慣例的なやり方でも決めることができる．$\phi_2(x)$ を見つけるためには，まず $\phi_2(x)$ を $c_3 x^2 + c_4 x + c_5$ と等しいとおき，この関数が $\phi_0(x)$ と $\phi_1(x)$ それぞれに対して直交しているという条件を用いる．これにより，$\phi_2(x)$ の係数が決まる．というように手続きを続けていくと，直交多項式の組をつくることができる．この一連の手続きをグラム–シュミットの直交化という．

例題 8-5 グラム–シュミットの直交化法を用いて,重み関数が e^{-x} で,区間 $0 \leq x < \infty$ の範囲で直交している多項式を最初の項からいくつかつくれ.

解: $\phi_0(x) = 1$, $\phi_1(x) = c_1 x + c_2$ とすると,式(8.21) は,

$$c_1 \int_0^\infty e^{-x} x\, dx + c_2 \int_0^\infty e^{-x}\, dx = c_1 + c_2 = 0$$

となる.$\phi_1(x) = c_1(1-x)$ となるので,$\phi_1(x) = 1-x$ である.$\phi_2(x) = c_3 x^2 + c_4 x + c_5$ は,$\phi_0(x) = 1$ にも,$\phi_1(x) = 1-x$ にも直交しているので,

$$c_3 \int_0^\infty e^{-x} x^2\, dx + c_4 \int_0^\infty e^{-x} x\, dx + c_5 \int_0^\infty e^{-x}\, dx = 0$$

および,

$$c_3 \int_0^\infty e^{-x}(1-x) x^2\, dx + c_4 \int_0^\infty e^{-x}(1-x) x\, dx + c_5 \int_0^\infty e^{-x}(1-x)\, dx = 0$$

である.それら二つの式によって $2c_3 + c_4 + c_5 = 0$,$-4c_3 - c_4 = 0$ が与えられるので,$\phi_2(x) = c_3(x^2 - 4x + 2)$ となる.$\phi_2(0) = 2!$ の条件によって $c_3 = 1$ であることがわかり,$\phi_2(x) = x^2 - 4x + 2$ である.このような操作を続けて,

$$\phi_3(x) = -x^3 + 9x^2 - 18x + 6$$

であることがわかる.これらの多項式をラゲール多項式 $L_n(x)$ という.ラゲール多項式は,水素原子を量子力学で取り扱うときに出てくる.

そのほかのよく出てくる直交多項式の定義区間と重み関数を表 8.1 に示す.8.1 節はすべてルジャンドル多項式の記述に割いた.ラゲール陪多項式は $\alpha = 0$ のときにラゲール多項式(例題 8-5)となり,水素原子を量子力学的に扱うときに出てくる.エルミート多項式 $H_n(x)$ は,調和振動子を量子力学的に扱うときに出てくる.そして,チェビシェフ多項式は数値解析で用いられる.エルミート多項式 $H_n(x)$ の最初のいくつかの項は,

$$\begin{aligned} H_0(x) &= 1 \qquad H_1(x) = 2x \qquad H_2(x) = 4x^2 - 2 \\ H_3(x) &= 8x^3 - 12x \qquad H_4(x) = 16x^4 - 48x^2 + 12 \end{aligned} \tag{8.22}$$

表 8.1 よく出てくる直交多項式

名称	記号	区間	重み関数
ルジャンドル	$P_n(x)$	$-1 \leq x \leq 1$	1
チェビシェフ	$T_n(x)$	$-1 \leq x \leq 1$	$(1-x^2)^{-1/2}$
ラゲール	$L_n(x)$	$0 \leq x < \infty$	e^{-x}
陪ラゲール	$L_n^\alpha(x)$	$0 \leq x < \infty$	$x^\alpha e^{-x}$
エルミート	$H_n(x)$	$-\infty < x < \infty$	e^{-x^2}

となる(問題 8-14).$H_n(-x) = (-1)^n H_n(x)$ であること,x^n の係数は 2^n(慣例による)であることに注意せよ.

例題 8-6 区間 $(-\infty, \infty)$ で重み関数が e^{-x^2} のとき,$H_0(x)$ は $H_1(x)$ と $H_2(x)$ それぞれに対して直交していることを示せ.

解: $H_0(x)$ と $H_1(x)$ について,
$$\int_{-\infty}^{\infty} e^{-x^2} H_0(x) H_1(x) dx = 2\int_{-\infty}^{\infty} x e^{-x^2} dx = 0$$

である.これは,被積分関数は x に対して奇関数だからである.また,$H_0(x)$ と $H_2(x)$ については,
$$\begin{aligned}\int_{-\infty}^{\infty} e^{-x^2} H_0(x) H_2(x) dx &= \int_{-\infty}^{\infty} (4x^2 - 2) e^{-x^2} dx \\ &= 8\int_{0}^{\infty} x^2 e^{-x^2} dx - 4\int_{0}^{\infty} e^{-x^2} dx \\ &= 8\frac{\sqrt{\pi}}{4} - 4\frac{\sqrt{\pi}}{2} = 0\end{aligned}$$

となる.

すべての直交多項式は,式(8.8)のような回帰式を満たす.表 8.2 には,表 8.1 に示した直交多項式の回帰式をリストにした.

表 8.2 表 8.1 に示した直交多項式の回帰式

	回 帰 式	
$P_n(x)$	$(n+1)P_{n+1}(x) - (2n+1)xP_n(x) + nP_{n-1}(x) = 0$	$n \geq 1$
$T_n(x)$	$T_{n+1}(x) - 2xT_n(x) + T_{n-1}(x) = 0$	$n \geq 1$
$L_n(x)$	$L_{n+1}(x) + (x - 1 - 2n)L_n(x) + n^2 L_{n-1}(x) = 0$	$n \geq 1$
$L_n^\alpha(x)$	$(n+1-\alpha)L_{n+1}^\alpha + (n+1)(x + \alpha - 2n - 1)L_n^\alpha(x) + (n+1)n^2 L_{n-1}^\alpha(x) = 0$	$n \geq \alpha + 1$
$H_n(x)$	$H_{n+1}(x) - 2xH_n(x) + 2nH_{n-1}(x) = 0$	$n \geq 1$

例題 8-7 表 8.2 の回帰式と $T_0(x) = 1$,$T_1(x) = x$,$T_2(x) = 2x^2 - 1$ という事実を用いて,$T_3(x)$ を求めよ.

解: 表 8.2 から $n = 2$ のとき,
$$\begin{aligned}T_3(x) &= 2xT_2(x) - T_1(x) = 2x(2x^2 - 1) - x \\ &= 4x^3 - 3x\end{aligned}$$

表 8.3 表 8.1 に示した直交多項式の生成関数

	生成関数	
$P_n(x)$	$(1-2xt+t^2)^{-1/2} = \sum_{n=0}^{\infty} P_n(x) t^n$	$\|t\| < 1$
$T_n(x)$	$\dfrac{1-xt}{1-2xt+t^2} = \sum_{n=0}^{\infty} T_n(x) t^n$	$\|t\| < 1$
$L_n(x)$	$\dfrac{e^{-xt/(1-t)}}{1-t} = \sum_{n=0}^{\infty} \dfrac{L_n(x)}{n!} t^n$	$\|t\| < 1$
$L_n^{\alpha}(x)$	$(-t)^{\alpha} \dfrac{e^{-xt/(1-t)}}{(1-t)^{\alpha+1}} = \sum_{n=\alpha}^{\infty} \dfrac{L_n^{\alpha}(x)}{n!} t^n$	$\|t\| < 1$
$H_n(x)$	$e^{2xt-t^2} = \sum_{n=0}^{\infty} \dfrac{H_n(x)}{n!} t^n$	

回帰式が与えられると,生成関数を導くことができる.表 8.3 は表 8.2 の回帰式に関連した生成関数をリストにしている.

例題 8-8 表 8.3 の生成関数を用いて,エルミート多項式の最初から三つを求めよ.

解:
$$e^{2xt-t^2} = 1 + (2xt - t^2) + \dfrac{(2xt - t^2)^2}{2!} + O(t^3)$$
$$= 1 + (2x)t + (2x^2 - 1)t^2 + O(t^3)$$
$$= H_0(x) + H_1(x)t + \dfrac{H_2(x)}{2!}t^2 + O(t^3)$$

同じ t のべき乗の式により,$H_0(x) = 1$,$H_1(x) = 2x$,$H_2(x) = 4x^2 - 2$ が与えられ,式(8.22) と一致する.

生成関数を用いて手計算で直交多項式を求めるのは,n が増えるにしたがって非常に骨の折れる作業になるが,CAS で簡単に求めることができる.前節で指摘したように,生成関数はつぎのような積分条件の値を求めるのに用いることができる.

$$\int_a^b r(x) \phi_n(x) \phi_m(x) \, dx = h_n \delta_{nm} \tag{8.23}$$

問題 8-16 でエルミート多項式について計算する.表 8.4 に表 8.1 の直交多項式の積分条件(式(8.23)に基づく)をまとめた.

直交多項式を満足する微分方程式もまた,生成関数を用いることで導くことができる.表 8.5 にそれぞれの多項式の組と関連した微分方程式をまとめた.

さいごに,直交多項式の和をとることによる関数の近似について説明する.前節のルジャンドル多項式で述べたように,係数 α_n を,

8.2 直交多項式

表 8.4 表 8.1 に示した直交多項式の積分条件 (式(8.23))

	積分条件
$P_n(x)$	$\int_{-1}^{1} P_n(x) P_m(x) \, dx = \dfrac{2}{2n+1} \delta_{nm}$
$L_n{}^\alpha(x)$	$\int_0^\infty e^{-x} x^\alpha L_n{}^\alpha(x) L_m{}^\alpha(x) \, dx = \dfrac{(n!)^3}{(n-\alpha)!} \delta_{nm}$
$T_n(x)$	$\int_{-1}^{1} \dfrac{T_n(x) T_m(x)}{(1-x^2)^{1/2}} \, dx = \begin{cases} \dfrac{\pi}{2} \delta_{nm} & n \neq 0 \\ \pi \delta_{nm} & n = 0 \end{cases}$
$H_n(x)$	$\int_0^\infty e^{-x^2} H_n(x) H_m(x) \, dx = 2^n \sqrt{\pi}\, n!\, \delta_{nm}$

$$D_N{}^2 = \int_a^b r(x) \left[f(x) - \sum_{n=0}^{N} \alpha_n \phi_n(x) \right]^2 dx \tag{8.24}$$

が最小値となるように求める．$D_N{}^2$ を α_n について微分して，その結果を 0 に等しいとすると，α_n はつぎのようになることがわかる（問題 8-23）．

$$\alpha_n = a_n = \frac{\int_a^b r(x) f(x) \phi_n(x) \, dx}{\int_a^b r(x) \phi_n{}^2(x) \, dx} \tag{8.25}$$

さらに，$D_N{}^2$ の積分が区間 $a \leq x \leq b$ で有限値をとるとすると，

$$\lim_{N \to \infty} D_N{}^2 = \lim_{N \to \infty} \int_a^b r(x) \left[f(x) - \sum_{n=0}^{N} a_n \phi_n(x) \right]^2 dx = 0 \tag{8.26}$$

となる．この種の収束を平均収束という．

さいごに一言．本章で議論したいろいろな直交多項式の定義は，唯一のものではない．さまざまな著者がさまざまな定義を用いている．たとえば，何人かのとくに統計学が専門の著者は，エルミート多項式を定義するさいに用いる重み関数として e^{-x^2} の代わりに $e^{-x^2/2}$ を用いる．また，ラゲール多項式とラゲール陪多項式にもいくつかの定義がある．それらの定義の違いは，生成関数（表 8.3）の定義で $n!$ を含むか否かであったり，$L_n(0)$ が 1 と等しいとおくか $n!$ と等しいとおくかである．本書では，ポーリングとウィルソン

表 8.5 表 8.1 に示した直交多項式の微分方程式

	微分方程式
$P_n(x)$	$(1-x^2) y''(x) - 2x y'(x) + n(n+1) y(x) = 0$
$T_n(x)$	$(1-x^2) y''(x) - x y'(x) + n^2 y(x) = 0$
$L_n{}^\alpha(x)$	$x y''(x) + (\alpha + 1 - x) y'(x) + (n - \alpha) y(x) = 0$
$H_n(x)$	$y''(x) - 2x y'(x) + 2n y(x) = 0$

の 1935 年の書籍に遡る多くの量子化学の書籍（巻末の参考文献を参照）にみられる定義を用いている．それらの定義のすべては，たんにその分野での慣例にしたがっているだけであり，物理的な結果にはまったく影響しない．しかし，ある情報源から別の情報源に移るさいには注意が必要である．

問 題

8-1． 式(8.1) と式(8.4) は等価であることを示せ．

8-2． $P_1(x)$ は $P_2(x)$ や $P_4(x)$ に直交していることを示せ．

8-3． 式(8.8) を用いて，$P_2(x)$ と $P_3(x)$ から $P_4(x)$ を表す式を求めよ．

8-4． 二つの和 $S_1 = \sum_{n=1}^{3} a_n$ と $S_2 = \sum_{n=1}^{2} b_n$ を考えよう．二つの和 S_1 と S_2 の積をかくさいに，二つの異なる文字を用いて，

$$S_1 S_2 = \sum_{n=1}^{3} \sum_{m=1}^{2} a_n b_m$$

のように積を表す必要がある．この二重の和を展開し，それが

$$S_1 S_2 = (a_1 + a_2 + a_3)(b_1 + b_2)$$

に等しいことを示せ．また，

$$S_1 S_2 \neq \sum_{n=1}^{3} \sum_{n=1}^{2} a_n b_n$$

を示せ．そもそもこの表記は正しいか．

8-5． この問題とつぎの問題で，ルジャンドル多項式（式(8.9)）の生成関数を用いてそれらの多項式が直交していることを示す．関数

$$G(x,t)D(x,u)$$
$$= \sum_{n=0}^{\infty} \sum_{m=0}^{\infty} P_n(x) P_m(x) t^n u^m$$
$$= (1 - 2xt + t^2)^{-1/2}(1 - 2xu + u^2)^{-1/2}$$

から始めよ．ここで，積 $G(x,t)G(x,u)$ は添字の異なる二重の和であることに注意せよ．$G(x,t)G(x,u)$ を $\sum_{n=0}^{\infty}\sum_{n=0}^{\infty}$ の形としてかくと誤るだろう（問題 8-4）．$\int_{-1}^{1} G(x,t)G(x,u)dx$ が t と u それぞれの関数ではなく，t と u の積の関数であれば，ルジャンドル多項式は直交していることに関して考察せよ．

8-6． 問題 8-5 の積分を行って，結果が tu のみの関数であることを明解に示せ．この結果を用いて式(8.11) を確かめよ．この計算はやや複雑だが，結果は $\frac{1}{z}\ln\frac{1+z}{1-z}$, $z = (ut)^{1/2}$ である．

8-7． 式(8.9) の生成関数を用いて，$P_n(1) = 1$ であり，$P_n(-1) = (-1)^n$ であることを示せ．

8-8．
$$\sum_{n=1}^{\infty} c_n \delta_{nm} = c_m \qquad (1)$$

および，

$$\sum_n \sum_m a_n b_m \delta_{nm} = \sum_n a_n b_n = \sum_m a_m b_m \quad (2)$$

を示せ．式(1) は，クロネッカーのデルタがディラックのデルタ関数（4.4 節参照）の不連続バージョンであることを示している．

8-9． 積分 $I = \int_{-1}^{1} x P_n(x) P_m(x) dx$ は原子スペクトルを扱うときに出てくる．

$$I = \frac{2(n+1)}{(2n+1)(2n+3)} \delta_{m,n+1} + \frac{2n}{(2n+1)(2n-1)} \delta_{m,n-1}$$

を示せ．

8-10． $x = 0, y = 0, z = 1$ にある点電荷によって生じる空間の任意の点における静電ポテンシャルは，$1/R$ で与えられる．ここで，R は電荷から任意の点までの距離である．

$$\frac{1}{R} = \frac{1}{(1 - 2r\cos\theta + r^2)^{1/2}}$$

を示せ．ここで，r と θ は図 8.8 に示してある．また，$r > 1$ であれば，

$$\frac{1}{R} = \sum_{n=0}^{\infty} \frac{P_n(\cos\theta)}{r^{n+1}}$$

であることを示せ．この結果は，静電気学にとっては重要である．

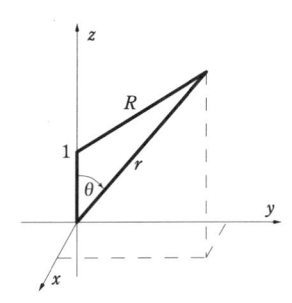

図 8.8 問題8-10の結果の導出に用いる R, r, θ の配置.

8-11. 式(8.17)の α_n が式(8.15)に与えられている a_n と等しければ,式(8.17)の D_N^2 は α_n に対して最小値をとることを示せ.

8-12. $f(x) = \sin \pi x$ をルジャンドル多項式の級数に展開せよ.最初のいくつかの部分和をグラフに表せ.この問題については CAS を用いるとよい.

8-13. 式(8.17)から始めて,
$$\int_{-1}^{1} f^2(x) dx \geq \sum_{n=0}^{N} \frac{2}{2n+1} \alpha_n^2$$
を示せ.この不等式を,ルジャンドル多項式のベッセル不等式という.

8-14. グラム-シュミットの直交化法を用いて,区間 $(-\infty, \infty)$ で重み関数が e^{-x^2} であるような規格直交化された最初のいくつかの多項式を生成せよ.慣例により x^n の係数は 2^n である.

8-15. 表8.2の回帰式を用いて $H_2(x)$ と $H_3(x)$ から $H_4(x)$ を導け.

8-16. この問題では,表8.3に与えられているエルミート多項式についての生成関数を用いて,表8.4に与えられている積分条件を決定する.はじめに $G(x,t)$ と $G(x,u)$ に e^{-x^2} を掛けてその積を書き出して, x について $-\infty$ から ∞ まで積分すると,
$$\int_{-\infty}^{\infty} e^{-x^2} e^{2xt-t^2} e^{2xu-u^2} dx$$
$$= \sum_{n=0}^{\infty} \sum_{m=0}^{\infty} \frac{t^n}{n!} \frac{t^m}{m!} \int_{-\infty}^{\infty} e^{-x^2} H_n(x) H_m(x) dx \quad (1)$$
を得る.ここで,積 $G(x,t)G(x,u)$ は添字の異なる二重の和であることに注意せよ.

$G(x,t)G(x,u)$ を $\sum_{n=0}^{\infty} \sum_{n=0}^{\infty}$ の形にすると誤るだろう(問題8-4).式(1)の左辺の積分は e の肩を 2 乗の形にすることによって計算できる.
$$\int_{-\infty}^{\infty} e^{-x^2} e^{2xt-t^2} e^{2xu-u^2} dx$$
$$= e^{-2ut} \int_{-\infty}^{\infty} e^{-[x-(t+u)]^2} dx$$
$$= e^{-2ut} \int_{-\infty}^{\infty} e^{-z^2} dz = \sqrt{\pi} e^{-2ut}$$
を示せ.つまり,式(1)の左辺は積 ut のみの関数である.これは式(1)の右辺の積分について何を示しているのか.また,式(8.23)の表し方を用いると,式(1)は,
$$\sum_{n=0}^{\infty} \frac{(ut)^n}{(n!)^2} h_n = \sqrt{\pi} e^{-2ut}$$
とかける.左の関数をマクローリン級数に展開し,さいごに,
$$h_n = \int_{-\infty}^{\infty} e^{-x^2} H_n^2(x) dx = \sqrt{\pi} 2^n n!$$
が表8.4と一致することを示せ.

8-17. 積分 $I = \int_{-\infty}^{\infty} e^{-x^2} H_n(x) x H_m(x) dx$ は調和振動を仮定した二原子分子の振動スペクトルを議論するさいに出てくる.この積分は $m = n \pm 1$ でなければ 0 となることを示せ.

8-18. 量子力学的な調和振動子の平均ポテンシャルエネルギーは積分,
$$I = \int_{-\infty}^{\infty} e^{-x^2} H_n(x) x^2 H_n(x) dx$$
に比例する. $I = \left(n + \frac{1}{2}\right) \sqrt{\pi} 2^n n!$ を示せ.

8-19. ラゲール多項式を表す回帰式を用いて,例題8-5に示す $L_3(x)$ の式を確かめよ.

8-20. 表8.3のラゲール多項式を表す生成関数を用いて,
$$\int_0^{\infty} e^{-x} L_n(x) L_m(x) dx = (n!)^2 \delta_{nm}$$
を示せ(問題8-5,問題8-6,問題8-16).

8-21. ラゲール陪多項式は次式を用いて表すことができる.
$$L_n^{\alpha}(x) = \frac{d^{\alpha}}{dx^{\alpha}} L_n(x)$$
この式を用いて,例題8-5の $L_1(x)$, $L_2(x)$, $L_3(x)$ から $L_1^1(x)$, $L_2^1(x)$, $L_3^1(x)$, $L_2^2(x)$, $L_3^2(x)$, $L_3^3(x)$ を求めよ.

8-22. 問題8-21で生成したラゲール陪多項式を用いて,表8.4の積分条件を確かめよ.

8-23. 式(8.25)を導け．

8-24. 本章に出てくるすべての直交多項式は，ロドリーグの公式とよばれる微分公式で生成することができる．たとえば，エルミート多項式のロドリーグの公式は，

$$H_n(x) = (-1)^n e^{x^2} \frac{d^n}{dx^n} e^{-x^2}$$

である．この式を用いて，エルミート多項式の最初のいくつかの項を生成せよ．

8-25. ラゲール多項式のロドリーグの公式（問題8-24）は，

$$L_n(x) = e^x \frac{d^n}{dx^n}(x^n e^{-x})$$

である．この式を用いて，例題8-5の四つのラゲール多項式を生成せよ．

8-26. 式(8.16)で定義されている関数のルジャンドル展開において，関数がxの奇関数であるというわけではないにもかかわらず，$a_0 = 1/2$であり，$n \geq 1$であれば a_{2n} を満たすすべての係数は0となることがわかっている．なぜそうなるのか説明せよ．

ヒント：関数 $f(x) - a_0$ を考えよ．

8-27. CASを用いて，図8.3と図8.6を再現せよ．

8-28. CASを用いて，図8.5と図8.7を再現せよ．

9

フーリエ級数

本章はフーリエ級数の話題に絞って説明する．フーリエ級数は，応用数学においてもっとも有効で重要な道具の一つである．19世紀へと変わる頃，フランスの数学者であり物理学者でもあるジョセフ・フーリエは，固体中の熱の流れとエネルギーの分布を解析していた．この仕事の途中で，フーリエはつぎのような形の正弦関数（sin）と余弦関数（cos）の無限級数で温度分布を表す必要があることを見出した．

$$f(x) = \frac{a_0}{2} + \sum_{n=1}^{\infty}\left(a_n \cos\frac{n\pi x}{l} + b_n \sin\frac{n\pi x}{l}\right)$$

ここで，a_n と b_n は $f(x)$ に依存する定数で，$f(x)$ は区間 $(-l, l)$ で定義されている関数である．この種の級数は，現在フーリエ級数とよばれている．関数 $f(x)$ が $-l < x < l$ の間で連続であれば，フーリエ級数は $f(x)$ に収束すると期待してもよいだろう．しかし，驚くべきことにフーリエ級数が収束するために，$f(x)$ が連続でなければならないわけではない．本章で明らかになるように，熱い固体を冷たい液体で急冷するさいに最初に境界領域で生じるような不連続が $f(x)$ にあっても，フーリエ級数は $f(x)$ に収束する．その場合，連続関数で表される級数が不連続な関数に収束し得るのは信じられないことなので，フーリエの仕事は厳しく批判された．それにもかかわらず，フーリエの仕事はほぼ2世紀にわたる数学的な吟味に生き残っているばかりでなく，現代数学の研究におけるいくつもの領域を育んでいる．

9.1 直交関数の展開としてのフーリエ級数

本章の導入で述べたように，フーリエはつぎの形の展開式を大いに活用した．

$$f(x) = \frac{a_0}{2} + \sum_{n=1}^{\infty}\left(a_n \cos\frac{n\pi x}{l} + b_n \sin\frac{n\pi x}{l}\right) \tag{9.1}$$

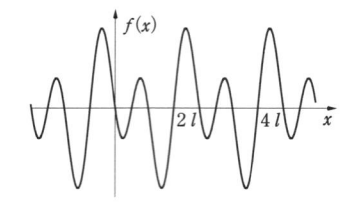

図 9.1 周期 $2l$ の周期関数.

式(9.1)のすべての項は,周期 $2l$ の周期関数である(図 9.1;周期 $2l$ の関数とは,x のすべての値について $f(x+2l)=f(x)$ が成立するものである).したがって式(9.1)の級数は,周期 $2l$ の関数を展開するのにとくによく合っている.実際に,$f(x)$ が区間 $(-l, l)$ で定義されていて,周期が $2l$ であるとき,係数が式(9.2),式(9.3)のように与えられていれば,式(9.1)の級数は $f(x)$ のフーリエ級数とよばれる.

$$a_n = \frac{1}{l}\int_{-l}^{l} f(x) \cos \frac{n\pi x}{l} dx \qquad n = 0, 1, 2, \cdots\cdots \tag{9.2}$$

$$b_n = \frac{1}{l}\int_{-l}^{l} f(x) \sin \frac{n\pi x}{l} dx \qquad n = 1, 2, \cdots\cdots \tag{9.3}$$

これらの係数をフーリエ係数といい,8章で詳しく説明した直交条件を用いて求めることができる.

$$\begin{aligned}\int_{-l}^{l} \sin \frac{n\pi x}{l} \sin \frac{m\pi x}{l} dx &= \int_{-l}^{l} \cos \frac{n\pi x}{l} \cos \frac{m\pi x}{l} dx = l\delta_{nm} \\ \int_{-l}^{l} \sin \frac{n\pi x}{l} \cos \frac{m\pi x}{l} dx &= 0\end{aligned} \tag{9.4}$$

式(9.1) の a_0 の項の分母に "2" が含まれることによって,式(9.2) を用いて a_0 が計算できる."2" がないと,a_0 についての積分を分けて表記する必要が出てくる.

例題 9-1 区間 $(-l, l)$ で $f(x) = l^2 - x^2$,区間外で $f(x) = f(x+2l)$ と定義される関数のフーリエ級数を求めよ(図 9.2).

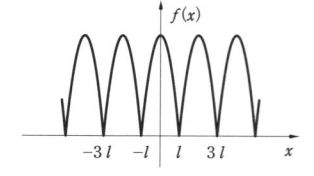

図 9.2 区間 $(-l, l)$ で $f(x) = l^2 - x^2$,区間外で $f(x) = f(x+2l)$ と定義される周期関数.

解:
$$a_n = \frac{1}{l}\int_{-l}^{l}(l^2-x^2)\cos\frac{n\pi x}{l}dx$$
$$= \frac{1}{n^3\pi^3}\left[-2ln\pi x\cos\frac{n\pi x}{l} + (2l^2+l^2n^2\pi^2-n^2\pi^2x^2)\sin\frac{n\pi x}{l}\right]_{-l}^{l}$$
$$= \frac{4l^2}{\pi^2}\frac{(-1)^{n+1}}{n^2} \qquad n\neq 0$$

$$a_0 = \frac{1}{l}\int_{-l}^{l}(l^2-x^2)dx = \frac{4l^2}{3}$$

b_n は 0 である. 理由は $(l^2-x^2)\sin(n\pi x/l)$ は x の奇関数だからである. したがって,

$$f(x) = \frac{2l^2}{3} + \frac{4l^2}{\pi^2}\sum_{n=1}^{\infty}\frac{(-1)^{n+1}}{n^2}\cos\frac{n\pi x}{l}$$

となる.

図 9.3 に, $f(x) = l^2 - x^2$ と区間 $(-l, l)$ で $f(x)$ を表すフーリエ級数の第 2 項まで, および第 5 項まで部分和をとった関数を図示した. フーリエ級数は, 区間 $(-l, l)$ の $f(x)$ を表しているだけでなく, 区間外の周期性も表していることを認識しておいてほしい (図 9.4).

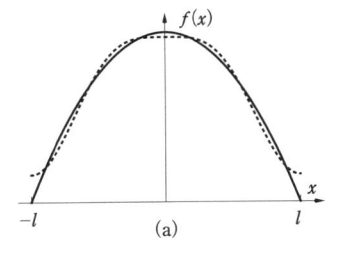

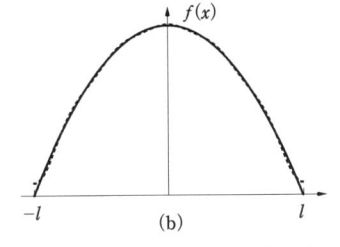

図 9.3 区間 $(-l, l)$ の $f(x) = l^2 - x^2$ (実線) を, (a)では例題 9-1 のフーリエ級数で第 2 項までの部分和（点線）と, (b)では第 5 項までの部分和（点線）と一緒に表した図.

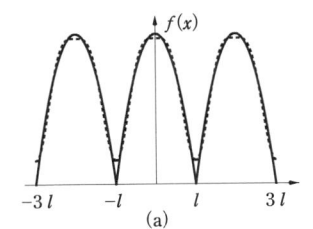

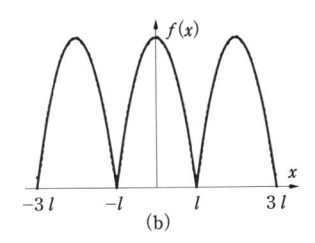

図 9.4 図 9.3 の区間 $(-l, l)$, つまり 1 周期の外の関数のようす.

例題 9-2 区間 $(-l, l)$ で $f(x) = x$, 区間外で $f(x + 2l) = f(x)$ と定義される関数のフーリエ級数を求めよ（図 9.5）.

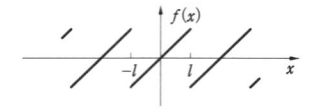

図 9.5 区間 $(-l, l)$ で $f(x) = x$, 区間外で $f(x) = f(x + 2l)$ で定義される周期関数.

解: フーリエ係数は,

$$a_n = \frac{1}{l}\int_{-l}^{l} f(x) \cos\frac{n\pi x}{l} dx = \frac{1}{l}\int_{-l}^{l} x \cos\frac{n\pi x}{l} dx = 0$$

$$b_n = \frac{1}{l}\int_{-l}^{l} x \sin\frac{n\pi x}{l} dx = \frac{2}{l}\left[\frac{\sin(n\pi x/l)}{n^2\pi^2/l^2} - \frac{x\cos(n\pi x/l)}{n\pi/l}\right]_0^l$$

$$= \frac{(-1)^{n+1} 2l}{n\pi}$$

となる. $a_n = 0$ となるのは，その積分の対象となる関数が区間 $(-l, l)$ で x の奇関数だからである. $f(x)$ のフーリエ級数は,

$$f(x) = \frac{2l}{\pi}\sum_{n=1}^{\infty}\frac{(-1)^{n+1}}{n}\sin\frac{n\pi x}{l}$$

となる．図 9.6 に区間 $(-l, l)$ で $f(x)$ と $f(x)$ を表すフーリエ級数の部分和をとる項の数が違う二つの関数を図示した．繰り返すが，フーリエ級数は，区間 $(-l, l)$ の $f(x)$ を表しているだけでなく，区間より外の周期性も表していることを認識しておいてほしい（図 9.7）.

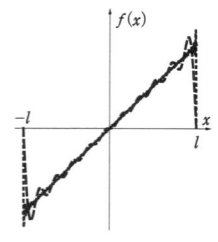

図 9.6 区間 $(-l, l)$ の関数 $f(x) = x$（実線）を，例題 9-2 のフーリエ級数で第 10 項までの部分和（鎖線），および第 100 項までの部分和（点線）と一緒に表した図．

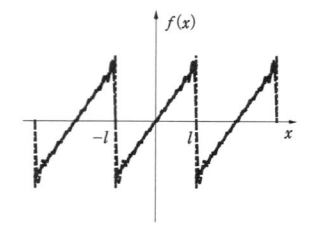

図 9.7 図 9.6 の区間 $(-l, l)$，つまり 1 周期の外の関数のようす．

例題 9-2 の収束の速さは例題 9-1 の場合に比べて遅いことに気をつけてほしい．例題 9-1 の係数は，$1/n^2$ にしたがって本来の値に近づいていくのに対して，例題 9-2 の係数は，$1/n$ にしたがって本来の値に近づいていく．この理由は，$f(x)$ が例題 9-2 では不連続な関数で，例題 9-1 では連続的な関数だからである．つまり，連続な関数 $\sin n\pi x/l$ と $\cos n\pi x/l$ は，不連続な関数よりも連続な関数をより容易に再現する．実際のところ，フーリエ級数が不連続な部分をもった関数を表せることは特筆すべきことである．たとえば，マクローリン級数は $f(x)$ が連続であることを必要とするばかりでなく，その関数のすべての導関数も連続であることを必要とする．

例題 9-1 のフーリエ級数は，余弦関数（cos）だけからなり，例題 9-2 のそれは正弦関数（sin）だけからなる．その理由は，区間 $(-l, l)$ で例題 9-1 の $f(x)$ は x の偶関数であり，例題 9-2 の $f(x)$ は x の奇関数だからである（問題 9-9）．一般的には，フーリエ級数はつぎの例に示すように余弦関数と正弦関数の両方からなる．

例題 9-3

つぎの関数
$$f(x) = \begin{cases} 0 & -l \leq x < 0 \\ x & 0 \leq x < l \end{cases}$$
のフーリエ級数を求めよ（図 9.8）．

解： フーリエ係数は以下のように与えられる．

$$a_n = \frac{1}{l} \int_0^l x \cos \frac{n\pi x}{l} dx = \frac{l}{n^2 \pi^2}[(-1)^n - 1] \qquad n \neq 0$$

$$= \begin{cases} 0 & n \text{ が偶数} \quad n \neq 0 \\ -\dfrac{2l}{n^2 \pi^2} & n \text{ が奇数} \end{cases}$$

$$a_0 = \frac{l}{2} \qquad n = 0$$

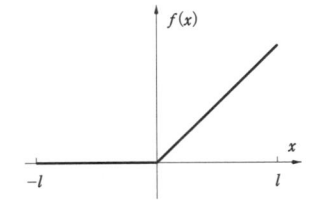

図 9.8 例題 9-3 で表されている関数 $f(x)$．

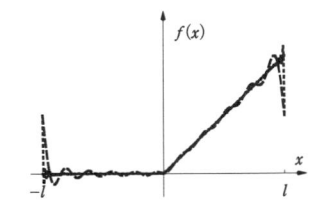

図 9.9 例題 9-3 で与えられる関数 $f(x)$ を実線で表し，例題 9-3 のフーリエ級数の第 10 項までの部分和（破線）と第 100 項までの部分和（点線）をともに区間 $(-l, l)$ の範囲で示した．

$$b_n = \frac{1}{l}\int_0^l x \sin\frac{n\pi x}{l} dx = \frac{(-1)^{n+1} l}{n\pi}$$

フーリエ級数は,

$$f(x) = \frac{l}{4} - \frac{2l}{\pi^2}\sum_{n=1}^{\infty}\frac{1}{(2n-1)^2}\cos\frac{(2n-1)\pi x}{l} + \frac{1}{\pi}\sum_{n=1}^{\infty}\frac{(-1)^{n+1}}{n}\sin\frac{n\pi x}{l}$$

となる.区間 $(-l, l)$ で $f(x)$ の第10項までの部分和と,第100項までの部分和を図9.9に示した.フーリエ係数は,$1/n$ にしたがって本来の値に近づいていくことに注意しよう.理由は,この関数は周期境界部分,$x = \pm nl$(n は奇数の整数)で不連続となるからである.

物理化学の問題では,独立変数が時間となり,フーリエ級数で展開される関数が周期的なシグナルになることがよくある.$\sin t$ は,t が0から 2π まで(または任意の点 t_0 から $t_0 + 2\pi$ まで)変化したときに1サイクルの変化をすることを思い出そう.$\sin 2\pi t$ は,t が0から1まで変わったときに1サイクル(1周期)変化し,$\sin 2\pi\nu t$ は,t が0から1まで変わったときに ν サイクル(ν 周期)変化する.関数 $\sin 2\pi\nu t$ は,毎秒 ν サイクル(つまり ν/Hz(ヘルツ))の頻度で生じる正弦的なシグナルを表す.もしある一つのシグナルが毎秒 ν サイクルの頻度をもつならば,ある最大値(または最小値)からつぎの最大値(または最小値)になるまでにかかる時間は,1サイクル当たり $1/\nu$ である.これは,シグナルの間隔 τ は $\tau = 1/\nu$ または $\tau = 2\pi/\omega$ であることを表している.

図9.10に示されるような方形波を考えてみよう.方形波の関数 $f(t)$ は数学的には,

$$f(t) = \begin{cases} -1 & -t_0 \leq t < 0 \\ 1 & 0 \leq t < t_0 \end{cases}$$

と表すことができ,$f(t) = f(t+\tau)$ である.$f(t)$ の周期は $\tau = 2t_0$ であり,(角)振動数は $\omega = 2\pi/\tau = \pi/t_0$ である.$f(t)$ を,

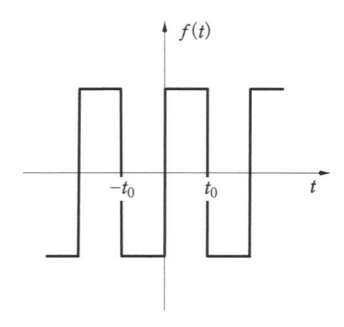

図 9.10 周期 $2t_0$ の方形波.

9.1 直交関数の展開としてのフーリエ級数

とかくと、

$$f(t) = \frac{a_0}{2} + \sum_{n=1}^{\infty} \left(a_n \cos \frac{n\pi t}{t_0} + b_n \sin \frac{n\pi t}{t_0} \right)$$

とかくと，

$$a_n = \frac{1}{t_0} \int_{-t_0}^{t_0} dt f(t) \cos \frac{n\pi t}{t_0} = 0$$

となる．なぜなら，この被積分関数は t について奇関数だからである．そして b_n は，

$$b_n = \frac{1}{t_0} \int_{-t_0}^{t_0} dt f(t) \sin \frac{n\pi t}{t_0} = \frac{2}{n\pi} [1 - (-1)^n]$$

となる．つまり，

$$f(t) = \frac{2}{\pi} \sum_{n=1}^{\infty} \frac{[1-(-1)^n]}{n} \sin \frac{n\pi t}{t_0} = \frac{4}{\pi} \sum_{n=1}^{\infty} \frac{1}{2n-1} \sin(2n-1)\omega t$$

となる．ここで，$\omega = \pi/t_0$ である．図9.11は，この級数の第10項までの部分和を示す．分母が n^2 でなく n であるため，収束が緩やかであることに注目しよう．図9.12は500項までの部分和を示している．この図は，十分な数の項をとればフーリエ級数で方形波を表せることを示している（ちなみに，このような部分和の操作は，数式処理システム（CAS）でも計算できる）．

いままで出てきたすべての例は，対称的な区間 $(-l, l)$ における関数であった．今度は，区間 $(0, 2l)$ で $f(x) = x^2$，かつ $f(x+2l) = f(x)$ を満たす関数を展開してみよう（図9.13）．問題9–14で $f(x)$ は周期 $2l$ の周期関数であることが示されるので，フーリエ係数の積分は（式(9.2)および式(9.3)より），

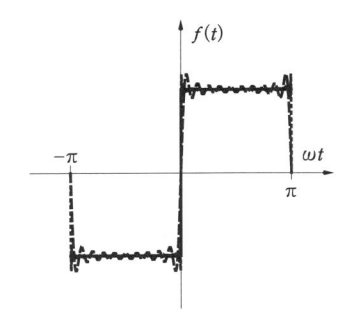

図 9.11 図9.10の方形波とフーリエ級数の第10項までの部分和の ωt に対するグラフ．

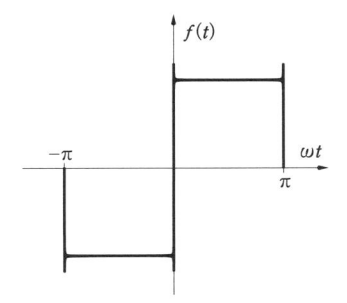

図 9.12 図9.10の方形波のフーリエ級数を第500項までの部分和の ωt に対するグラフ．

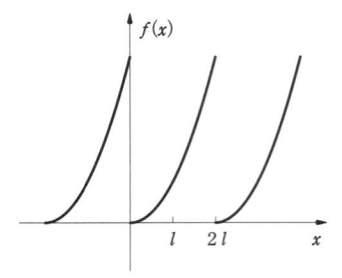

図 9.13 区間 $(0, 2l)$ で $f(x) = x^2$, かつ $f(x+2l) = f(x)$ で定義される関数.

$$a_n = \frac{1}{l}\int_{-l}^{l} f(x) \cos\frac{n\pi x}{l} dx = \frac{1}{l}\int_{-l+c}^{l+c} f(x) \cos\frac{n\pi x}{l} dx \tag{9.5}$$

および,

$$b_n = \frac{1}{l}\int_{-l}^{l} f(x) \sin\frac{n\pi x}{l} dx = \frac{1}{l}\int_{-l+c}^{l+c} f(x) \sin\frac{n\pi x}{l} dx \tag{9.6}$$

とかける. ここで, c は任意の定数である.

したがって, 区間 $(0, 2l)$ で $f(x) = x^2$ かつ $f(x+2l) = f(x)$ を満たす関数を展開したフーリエ係数は, $c = 2l$ のときの式(9.5) と式(9.6) で与えられる. つまり,

$$a_n = \frac{1}{l}\int_0^{2l} f(x) \cos\frac{n\pi x}{l} dx = \frac{1}{l}\int_0^{2l} x^2 \cos\frac{n\pi x}{l} dx = \frac{4l^2}{n^2\pi^2} \qquad n \neq 0$$

$$a_0 = \frac{1}{l}\int_0^{2l} x^2 dx = \frac{8l^2}{3}$$

であり,

$$b_n = \frac{1}{l}\int_0^{2l} dx\, x^2 \sin\frac{n\pi x}{l} = \frac{4l^2}{n\pi}$$

である. つまり $f(x)$ は,

$$f(x) = \frac{4l^2}{3} + \frac{4l^2}{\pi}\sum_{n=1}^{\infty}\left(\frac{1}{n^2\pi}\cos\frac{n\pi x}{l} - \frac{1}{n}\sin\frac{n\pi x}{l}\right)$$

となる. $f(x)$ の第 5 項までと第 50 項までの部分和を区間 $(0, 2l)$ について図 9.14 に示し, 図 9.15 には $f(x)$ の周期的なようすがわかるようにした. $f(x)$ をフーリエ級数で表した式の $1/n$ の項は, $f(x)$ を周期的に展開したときに $x = \pm 2nl\ (n = 0, 1, 2, \cdots\cdots)$ で生じる不連続にともなう項である.

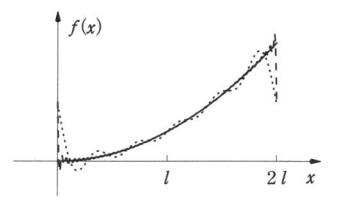

9.1 直交関数の展開としてのフーリエ級数

図 9.14 区間 $(0, 2l)$ における，$f(x) = x^2$ で定義される関数（実線），および，$f(x)$ のフーリエ級数の第 5 項までの部分和（点線）と第 50 項までの部分和（破線）．

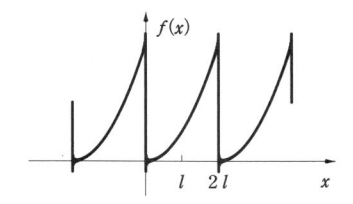

図 9.15 図 9.14 で定義した $f(x)$ のフーリエ級数を第 50 項までの部分和．周期 $2l$ の周期関数となる．

例題 9-4

$f(x) = f(x+2)$ であるつぎの関数を展開せよ（図 9.16）．

$$f(x) = \begin{cases} 1 & -1/2 \leq x < 1/2 \\ 0 & 1/2 \leq x < 3/2 \end{cases}$$

解： $l = 1$, $c = 1/2$ として式(9.5)と式(9.6)を用いて，

$$a_n = \int_{-1/2}^{3/2} f(x) \cos n\pi x \, dx = \int_{-1/2}^{1/2} \cos n\pi x \, dx = \frac{2}{n\pi} \sin \frac{n\pi}{2}$$

$$= \begin{cases} 0 & n \text{ が偶数} \quad n \neq 0 \\ \dfrac{2(-1)^{n+1}}{n\pi} & n \text{ が奇数} \end{cases}$$

$a_0 = 1$

$$b_0 = \int_{-1/2}^{1/2} \sin n\pi x \, dx = 0$$

となる．つまり $f(x)$ は，

$$f(x) = \frac{1}{2} + \frac{2}{\pi} \sum_{n=1}^{\infty} \frac{(-1)^{n+1}}{2n-1} \cos(2n-1)\pi x$$

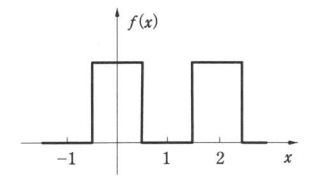

図 9.16 例題 9-4 を表す関数．

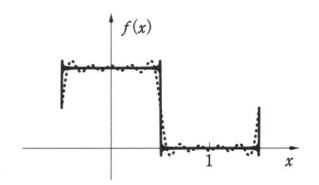

図 9.17 例題 9-4 で与えられる $f(x)$ のフーリエ級数の部分和．点線が第 5 項までの部分和，実線が第 50 項までの部分和を表す．

となる．$f(x)$ の第 5 項と第 50 項までの部分和を区間 $(-1/2, 3/2)$ について図 9.17 に示した．

単純にするためだけに，本章で説明するフーリエ級数の多くは対称的な区間 $(l, -l)$ で定義される関数である．しかし，上の例でわかるように，$f(x)$ は必ずしも対称的な区間で定義しなければならないわけではない．

9.2 複素フーリエ級数

フーリエ級数のもう一つの形式として，以下の式で表される複素フーリエ級数がある．

$$f(t) = \sum_{n=-\infty}^{\infty} c_n e^{in\omega_0 t} \tag{9.7}$$

$-\infty$ から ∞ までの和をとっていることに注意しよう．関数 $e^{in\omega_0 t}$ の組が区間 $(-\tau/2, \tau/2)$ で直交化した関数の組であることより，式(9.7) の c_n を決めることができる．ここで，$\omega_0 \tau = 2\pi$ である（問題 9-15）．式(9.7) に $e^{-ik\omega_0 t}$ を掛けて $-\tau/2$ から $\tau/2$ まで積分することによって，

$$\int_{-\tau/2}^{\tau/2} f(t) e^{-ik\omega_0 t} dt = \sum_{n=-\infty}^{\infty} c_n \int_{-\tau/2}^{\tau/2} e^{i(n-k)\omega_0 t} dt = \sum_{n=-\infty}^{\infty} c_n \tau \delta_{nk} = c_k \tau$$

を得る．つまり，

$$c_k = \frac{1}{\tau} \int_{-\tau/2}^{\tau/2} f(t) e^{-ik\omega_0 t} dt \tag{9.8}$$

である．

区間 $(-\tau/2, \tau/2)$ で $f(t+\tau) = f(t)$ を満たす $f(t) = t$ の複素フーリエ級数の表現を決定してみよう．このとき，

$$c_k = \frac{1}{\tau} \int_{-\tau/2}^{\tau/2} t e^{-ik\omega_0 t} dt = \frac{1}{\tau} \left[\frac{e^{-ik\omega_0 t}}{-k^2 \omega_0^2} (-ik\omega_0 t - 1) \right]_{-\tau/2}^{\tau/2}$$

$$= \frac{i}{k\omega_0} \cos k\pi = \frac{(-1)^k i}{k\omega_0} \qquad k \neq 0$$

$$c_0 = \frac{1}{\tau} \int_{-\tau/2}^{\tau/2} t \, dt = 0$$

となるので，

$$f(t) = \frac{i}{\omega_0} \sum_{\substack{n=-\infty \\ (n \neq 0)}}^{\infty} \frac{(-1)^n}{n} e^{in\omega_0 t} \tag{9.9}$$

となる（問題 9-16）.

9.3 フーリエ級数の収束

どのような条件でフーリエ級数が $f(x)$ に収束するかは，前章で示したフーリエ–ルジャンドル級数の収束条件と似ている．収束条件として，以下の定理が成りたつ．

> $f(x)$ とその一階微分が区間 $(-l, l)$ で区分的に連続で，周期 $2l$ をもつのであれば，$f(x)$ のフーリエ級数は，それが連続なすべての点で $f(x)$ に収束し，不連続な点では $[f(x+) + f(x-)]/2$ に収束する．

この条件は，十分条件であり必要条件ではないことがわかっている．

関数が連続な点では $f(x) = [f(x+) + f(x-)]/2$ なので，上記の定理は数学的にはつぎのようにかける．$f(x)$ が上記の条件を満たしていれば，

$$\frac{1}{2}[f(x+) + f(x-)] = \frac{a_0}{2} + \sum_{n=1}^{\infty} \left(a_n \cos \frac{n\pi x}{l} + b_n \sin \frac{n\pi x}{l} \right) \tag{9.10}$$

となる．ここで，

$$a_n = \frac{1}{l} \int_{-l}^{l} f(x) \cos \frac{n\pi x}{l} dx \qquad b_n = \frac{1}{l} \int_{-l}^{l} f(x) \sin \frac{n\pi x}{l} dx \tag{9.11}$$

である．確かに物理化学の問題に出てくるほぼすべての関数は，この収束条件を満たしているだろう．

例題 9-5 例題 9-2 のフーリエ級数を用いて，

$$\frac{\pi}{4} = 1 - \frac{1}{3} + \frac{1}{5} - \frac{1}{7} + \frac{1}{9} - \cdots\cdots$$

を導け．

解： 例題 9-2 のフーリエ級数で，$x = l/2$ とおくことによって，

$$\frac{l}{2} = \frac{2l}{\pi} \sum_{n=1}^{\infty} \frac{(-1)^{n+1}}{n} \sin \frac{n\pi}{2}$$

$$= \frac{2l}{\pi}\left(1 - \frac{1}{3} + \frac{1}{5} - \frac{1}{7} + \frac{1}{9} - \cdots\cdots\right)$$

となる．つまり，

$$\frac{\pi}{4} = 1 - \frac{1}{3} + \frac{1}{5} - \frac{1}{7} + \frac{1}{9} - \cdots\cdots$$

これは，いままで発見された級数のなかで π を含む最初の級数である．この級数は非常にゆっくりと収束するので，π の値を計算するのに有用ではないが，最初に発見されたときには驚くほど不思議な結果であった．

いままで何度かフーリエ係数が本来の値に近づいていく速さが，$f(x)$ の周期境界が連続であるか否かに依存することをみてきた．$f(x)$ の周期境界が不連続であれば，そのフーリエ係数は $1/n$ にしたがって本来の値に近づいていく．$f(x)$ の周期境界が連続であれば，そのフーリエ係数は少なくとも $1/n^2$ の速さで本来の値に近づいていく．それらの観察結果はつぎの定理で表すことができる．

> $f(x)$ とその k 階微分が区間 $(-l, l)$ で区分的に連続で周期 $2l$ をもち，さらに $f(x)$, $f'(x)$, ……, $f^{(k-1)}(x)$ の周期境界がすべて区分的に連続であれば，$f(x)$ のフーリエ係数は，少なくとも $1/n^{k+1}$ の速さで本来の値に近づいていく．

例題 9-6 区間 $(-l, l)$ での $f(x) = x^2$ のフーリエ係数の次数を決定せよ．

解： 図 9.18 は，区間 $(-l, l)$ での $f(x) = x^2$ とその周期境界を示している．関数 $f(x)$ は連続である．しかし，その一階微分は $\pm l$ に奇数を掛けたときは不連続である．したがって，上述の定理では $k = 1$ となるので，$f(x)$ のフーリエ級数の係数は少なくとも $1/n^2$ の速さで本来の値に近づいていくと期待できる（問題 9-22）．

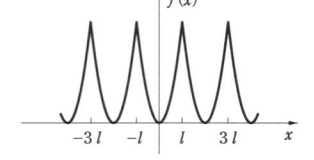

図 9.18 $f(x) = x^2$, $-l \leq x < l$, 周期 $f(x + 2l) = f(x)$ で定義される関数のグラフ．$f(x)$ はすべての x の値に対して連続であるが，その一階微分は $x = \pm l, \pm 3l, \cdots\cdots$ で不連続であることに注意しよう．

問 題

最初の八つの問題は，本章でよく出てくる積分計算の復習である．

9-1. オイラーの公式 $e^{ix} = \cos x + i \sin x$ を用いて，
$$\sin ax \sin bx = \frac{1}{2}\cos(a-b)x - \frac{1}{2}\cos(a+b)x$$
および，
$$\cos ax \cos bx = \frac{1}{2}\cos(a-b)x + \frac{1}{2}\cos(a+b)x$$
を示せ．

9-2. オイラーの公式 $e^{ix} = \cos x + i \sin x$ を用いて，
$$\sin^2 x = \frac{1}{2}(1 - \cos 2x)$$
および，
$$\cos^2 x = \frac{1}{2}(1 + \cos 2x)$$
を示せ．

9-3. 問題 9-1 の関係を用いて，
$$\int \sin ax \sin bx \, dx = \frac{\sin(a-b)x}{2(a-b)} - \frac{\sin(a+b)x}{2(a+b)} + c$$
および，
$$\int \cos ax \cos bx \, dx = \frac{\sin(a-b)x}{2(a-b)} + \frac{\sin(a+b)x}{2(a+b)} + c$$
を示せ．

9-4. 問題 9-2 の関係を用いて，
$$\int \sin^2 ax \, dx = \frac{x}{2} - \frac{1}{4a}\sin 2ax + c$$
および，
$$\int \cos^2 ax \, dx = \frac{x}{2} + \frac{1}{4a}\sin 2ax + c$$
を示せ．

9-5. オイラーの公式 $e^{ix} = \cos x + i \sin x$ を用いて，
$$\cos ax \sin bx = \frac{1}{2}\sin(a+b)x + \frac{1}{2}\sin(a-b)x$$
を示し，さらに，
$$\int \sin ax \cos ax \, dx = \frac{1}{2a}\sin^2 ax + c_1$$
$$= -\frac{\cos^2 ax}{2a} + c_2$$
を示せ．ここで，$c_2 = \frac{1}{2a} + c_1$ である．さらに，
$$\int \sin ax \cos bx \, dx = -\frac{\cos(a-b)x}{2(a-b)} - \frac{\cos(a+b)x}{2(a+b)} + c$$
であることを示せ．

9-6. 問題 9-1 から問題 9-5 までの結果を用いて，
$$\int_{-\pi}^{\pi} \sin nx \sin mx \, dx =$$
$$\int_{-\pi}^{\pi} \cos nx \cos mx \, dx =$$
$$\int_{-\pi}^{\pi} \sin nx \cos mx \, dx = 0$$
を示せ．ここで，n と m は整数で $n \neq m$ である．また，$n = m$ のとき，
$$\int_{-\pi}^{\pi} \sin^2 nx \, dx = \int_{-\pi}^{\pi} \cos^2 nx \, dx = \pi$$
であることを示せ．

9-7. 問題 9-6 の結果を式 (9.4) のように一般化せよ．

9-8. 部分積分の公式を用いて，
$$\int u \cos au \, du = \frac{u \sin au}{a} - \frac{\cos au}{a^2} + c$$
および，
$$\int u \sin au \, du = \frac{\sin au}{a^2} - \frac{u \cos au}{a} + c$$
を示せ．

9-9. $f(x)$ が奇関数であれば，式 (9.2) で $a_n = 0$ であることを示せ．また，$f(x)$ が偶関数であれば，式 (9.3) で $b_n = 0$ であることを示せ．

9-10.
$$f(x) = \begin{cases} 0 & -\pi \leq x < 0 \\ 1 & 0 \leq x < \pi \end{cases}$$
のフーリエ級数を求めよ．

9-11. $-\pi \leq x < \pi$ で $f(x) = x^2$ のフーリエ級数を求めよ．

9-12.
$$f(x) = \begin{cases} \dfrac{x}{l} & 0 \le x < l \\ \dfrac{2l-x}{l} & l \le x < 2l \end{cases}$$
のフーリエ級数を求めよ．

9-13.
$$f(x) = \begin{cases} 0 & -2 \le x < 0 \\ 2 & 0 \le x < 2 \end{cases}$$
のフーリエ級数を求めよ．

9-14. 式(9.5)と式(9.6)を確認せよ．

9-15. 関数 $e^{in\omega_0 t}$ の組が区間 $(-\tau/2, \tau/2)$ で直交化した関数の組であることを示せ．ここで，$\omega_0 \tau = 2\pi$ であり，n は $-\infty$ から ∞ までの整数である．

9-16. 式(9.9)を確認せよ．

9-17. CASを用いて，問題9-10で表されるフーリエ級数の部分和をプロットせよ．

9-18. CASを用いて，問題9-11で表されるフーリエ級数の部分和をプロットせよ．

9-19. CASを用いて，問題9-12で表されるフーリエ級数の部分和をプロットせよ．

9-20. 例題9-1の $x=0$ と $x=l$ での級数を求めよ．それらの答えは，理にかなっているか．

ヒント：$\sum\limits_{n=1}^{\infty} 1/n^2 = \pi^2/6$ と $\sum\limits_{n=1}^{\infty} (-1)^{n+1}/n^2 = \pi^2/12$ という事実を用いるとよい．

9-21. 区間 $(0, 2\pi)$ で $f(x+2\pi) = f(x)$ を満たす $f(x) = x^2$ のフーリエ級数は，
$$f(x) = \frac{4\pi^2}{3} + \sum_{n=1}^{\infty} \left(\frac{4}{n^2} \cos nx - \frac{4\pi}{n} \sin nx \right)$$
である．$f(2\pi)$ はいくらになるか．この値は理にかなっているか．また，$f(0)$ はいくらになるか．この値は理にかなっているか．

ヒント：$\sum\limits_{n=1}^{\infty} 1/n^2 = \pi^2/6$ を用いる必要がある．

9-22. 区間 $(-l, l)$ の $f(x) = x^2$ のフーリエ係数は，$1/n^2$ にしたがって本来の値に近づいていくことを確かめよ．

9-23. 以下の関数のフーリエ係数の n に対する依存性はどのようになると予想できるか．

(a) $|\cos x|$ $-\pi \le x < \pi$

(b) $f(x) = \begin{cases} -1 & -l \le x < 0 \\ 1 & 0 \le x < l \end{cases}$

(c) $x^3 - x$ $-1 \le x < 1$

(d) $(x-1)^2$ $-1 \le x < 1$

9-24. 区間 $(0, 1)$ でそのフーリエ係数が少なくとも $1/n^4$ の速さで本来の値に近づいていく多項式を求めよ．

10

フーリエ変換

　ナポレオン風にいえば，1970年代まで大多数の化学者の辞書にフーリエ変換という文字はなかった．しかし，フーリエ変換分光の登場とともに，フーリエ変換は，少数の理論家や物理化学者だけでなく，いまやすべての化学者に用いられている．本章では，フーリエ変換とは何か，フーリエ変換はなぜそんなに多数の化学者に浸透していったのかをみていこう．

10.1 フーリエの積分定理

　フーリエ変換は，展開する関数の周期を無限大にしたときのフーリエ級数の性質を調べるなかで自然に生じてきた．つまり，展開する関数が周期的でなければ，そのフーリエ級数はどのような形をとるのだろうか．この問いに取り組むために，フーリエ級数の複素表現（式(9.7) 参照）から始めよう．

$$f(t) = \sum_{n=-\infty}^{\infty} c_n e^{in\omega_0 t} \tag{10.1}$$

ここで，$f(t)$ は周期 $\tau = 2\pi/\omega_0$ の周期関数であり，式(9.8) より，

$$c_n = \frac{1}{\tau} \int_{-\tau/2}^{\tau/2} f(t) e^{-in\omega_0 t} dt \tag{10.2}$$

である．ここで，積の因子 $1/\tau$ を $\omega_0/2\pi$ におき換えて，式(10.2)を式(10.1)に代入すると，

$$f(t) = \sum_{n=-\infty}^{\infty} \left[\frac{\omega_0}{2\pi} \int_{-\tau/2}^{\tau/2} f(u) e^{-in\omega_0 u} du \right] e^{in\omega_0 t} \tag{10.3}$$

を得る．ここで，式(10.1) の t と混同しないように，u を c_n の式における積分変数とし

て用いた．τ を非常に大きくとると，ω_0 は非常に小さな値となる．ω_0 を $\Delta\omega$ で表すと，式(10.3) は，

$$f(t) = \frac{1}{2\pi} \sum_{n=-\infty}^{\infty} F(n\Delta\omega)\Delta\omega \tag{10.4}$$

とかける．ここで $F(n\Delta\omega)$ は，

$$F(n\Delta\omega) = \int_{-\tau/2}^{\tau/2} f(u) e^{in\Delta\omega(t-u)} du \tag{10.5}$$

である．

式(10.4) の $\Delta\omega$ が 0 に近づくときの極限は，式(2.1) のリーマン和による積分の定義とほとんど同じである．$n\Delta\omega$ を ω で表し，$\Delta\omega$ が 0 に近づくときの（τ が無限大に近づくときの）式(10.4) と式(10.5) の極限は，

$$f(t) = \frac{1}{2\pi} \int_{-\infty}^{\infty} \int_{-\infty}^{\infty} f(u) e^{i\omega(t-u)} du\, d\omega \tag{10.6}$$

となる．式(10.6) は，フーリエ変換の中心となる式で，フーリエの積分定理とよばれる．また，ここからフーリエ変換対が直接得られる．

$$\frac{1}{(2\pi)^{1/2}} \int_{-\infty}^{\infty} f(u) e^{-i\omega u} du = \widehat{F}(\omega) \tag{10.7}$$

とおくと，式(10.6) は，

$$f(t) = \frac{1}{(2\pi)^{1/2}} \int_{-\infty}^{\infty} \widehat{F}(\omega) e^{i\omega t} d\omega \tag{10.8}$$

となる．式(10.7) と式(10.8) はフーリエ変換対（ペア）の関係を表している．これを"$\widehat{F}(\omega)$ は $f(t)$ のフーリエ変換である"という．

10.2 いくつかのフーリエ変換対

たとえば，

$$f(t) = e^{-\alpha|t|} \qquad -\infty < t < \infty \tag{10.9}$$

ならば，

$$\widehat{F}(\omega) = \frac{1}{(2\pi)^{1/2}} \int_{-\infty}^{\infty} e^{-\alpha|t|} e^{-i\omega t} dt$$

$$= \frac{1}{(2\pi)^{1/2}} \left\{ \int_{-\infty}^{\infty} \mathrm{e}^{-\alpha|t|} \cos\omega t \, \mathrm{d}t - \mathrm{i} \int_{-\infty}^{\infty} \mathrm{e}^{-\alpha|t|} \sin\omega t \, \mathrm{d}t \right\}$$

となる．$\mathrm{e}^{-\alpha|t|}$ は変数 t についての偶関数なので第 1 項だけが残り，$\widehat{F}(\omega)$ として，

$$\widehat{F}(\omega) = \frac{2}{(2\pi)^{1/2}} \int_{-\infty}^{\infty} \mathrm{e}^{-\alpha t} \cos\omega t \, \mathrm{d}t = \left(\frac{2}{\pi}\right)^{1/2} \frac{\alpha}{\omega^2 + \alpha^2} \tag{10.10}$$

を得る．式 (10.10) は，余弦変換とよばれる．式 (10.8) を用いることによって，$\widehat{F}(\omega)$ からもとの $f(t)$ を求めることができる．

$$f(t) = \frac{1}{(2\pi)^{1/2}} \int_{-\infty}^{\infty} \left(\frac{2}{\pi}\right)^{1/2} \frac{\alpha}{\omega^2 + \alpha^2} \mathrm{e}^{\mathrm{i}\omega t} \mathrm{d}\omega$$
$$= \frac{2\alpha}{\pi} \int_{0}^{\infty} \frac{\cos\omega t}{\omega^2 + \alpha^2} \mathrm{d}\omega = \mathrm{e}^{-\alpha|t|}$$

ここで，$\alpha/(\omega^2 + \alpha^2)$ が ω の偶関数であることを用いた．以上から，$\mathrm{e}^{-\alpha|t|}$ と $(2/\pi)^{1/2} \alpha/(\omega^2 + \alpha^2)$ はフーリエ変換対であることがわかる．式 (10.9) と式 (10.10) を α のさまざまな値に対してグラフに表せば，式 (10.9) と式 (10.10) の曲線の幅に逆の関係があることがわかるだろう．つまり，式 (10.9) の曲線の幅が広くなればなるほど（狭くなればなるほど），式 (10.10) の曲線の幅は狭くなる（広くなる）．図 10.1 に，この逆相関の性質を示した．図には，$f(t) = \mathrm{e}^{-\alpha|t|}$ と $\widehat{F}(\omega) = \alpha(2/\pi)^{1/2}/(\omega^2 + \alpha^2)$ の曲線が表されていて，図 10.1(a) は $\alpha = 2$，図 10.1(b) は $\alpha = 1/2$ の場合である．表 10.1 に，いくつかのフーリエ変換対を示す．

$\widehat{F}(\omega)$ を定義するさいには，式 (10.6) から始めて，積分の前の定数を式 (10.7) のような $1/(2\pi)^{1/2}$ ではなく，$1/2\pi$ とすることも可能である．そのとき，式 (10.8) は積分の前の定数がなくなる．しかし，ここでは式 (10.7) と式 (10.8) をより対称的にするために，式 (10.6) に掛けている定数 $1/2\pi$ を，式 (10.7) の $f(t)$ と式 (10.8) の $\widehat{F}(\omega)$ で分割

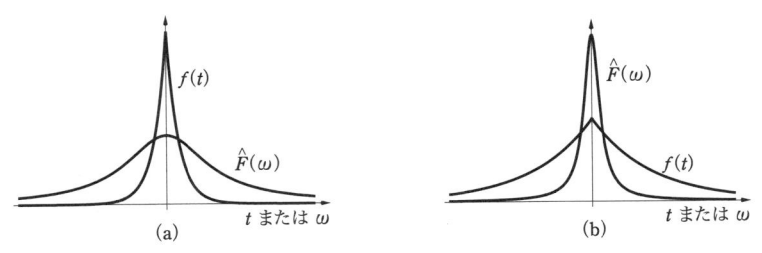

図 10.1 フーリエ変換対 $f(t) = \mathrm{e}^{-\alpha|t|}$ と $\widehat{F}(\omega) = \alpha(2/\pi)^{1/2}/(\omega^2 + \alpha^2)$ の $\alpha = 2$ (a)，$\alpha = 1/2$ (b) におけるグラフ．$f(t) = \mathrm{e}^{-\alpha|t|}$ と $\widehat{F}(\omega) = \alpha(2/\pi)^{1/2}/(\omega^2 + \alpha^2)$ のグラフの幅が逆相関の関係にあることに注目してほしい．

表 10.1 フーリエ変換対の例

$f(t)$	$\widehat{F}(\omega)$	$f(t)$	$\widehat{F}(\omega)$
$e^{i\omega_0 t}$	$(2\pi)^{1/2}\delta(\omega-\omega_0)$	$e^{-\alpha^2 t^2}$	$\dfrac{1}{(2\alpha^2)^{1/2}}e^{-\omega^2/4\alpha^2}$
$e^{-\alpha|t|}$	$\left(\dfrac{2}{\pi}\right)^{1/2}\dfrac{\alpha}{\omega^2+\alpha^2}$	$\dfrac{1}{t^2+\alpha^2}$	$\left(\dfrac{\pi}{2\alpha^2}\right)^{1/2}e^{-\alpha|\omega|}$

すべての場合で $\alpha>0$

して，同じ定数 $1/(2\pi)^{1/2}$ を掛けて表すことにした．フーリエ変換対の式 $f(t)$ と $\widehat{F}(\omega)$ を対称的でない形で定義している書籍もあるので，フーリエ変換のもとの式をたどる前に，$\widehat{F}(\omega)$ がどのような式で定義されているかをつねに意識する必要がある．

例題 10-1

正規分布（式(4.19) 参照），
$$f(t)=\frac{1}{(2\pi\sigma^2)^{1/2}}e^{-t^2/2\sigma^2}$$
をフーリエ変換した式を求め，その結果が正しいかどうかを確認せよ．

解： ω を変換変数として用いると，$\widehat{F}(\omega)$ として，

$$\widehat{F}(\omega)=\frac{1}{2\pi\sigma}\int_{-\infty}^{\infty}e^{-i\omega t}e^{-t^2/2\sigma^2}dt$$

$$=\frac{1}{2\pi\sigma}\int_{-\infty}^{\infty}(e^{-t^2/2\sigma^2}\cos\omega t+ie^{-t^2/2\sigma^2}\sin\omega t)dt$$

を得る．ここで第2項は，被積分関数が t の奇関数なので0となる．第1項の被積分関数が t の偶関数なので，$\widehat{F}(\omega)$ は，

$$\widehat{F}(\omega)=\frac{1}{\pi\sigma}\int_{0}^{\infty}e^{-t^2/2\sigma^2}\cos\omega t\,dt=\frac{1}{(2\pi)^{1/2}}e^{-\sigma^2\omega^2/2}$$

となる．$\widehat{F}(\omega)$ のフーリエ変換対 $f(t)$ は，

$$f(t)=\frac{1}{(2\pi)^{1/2}}\int_{-\infty}^{\infty}e^{i\omega t}\widehat{F}(\omega)d\omega$$

$$=\frac{1}{2\pi}\int_{-\infty}^{\infty}(e^{-\sigma^2\omega^2/2}\cos\omega t+ie^{-\sigma^2\omega^2/2}\sin\omega t)d\omega$$

で与えられる．ここで再び，第2項は被積分関数が ω の奇関数なので0となる．第1項の被積分関数が ω の偶関数なので，$f(t)$ として，

$$f(t)=\frac{1}{\pi}\int_{0}^{\infty}e^{-\sigma^2\omega^2/2}\cos\omega t\,d\omega$$

$$=\frac{1}{(2\pi\sigma^2)^{1/2}}e^{-t^2/2\sigma^2}$$

を得る．

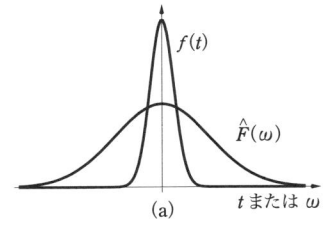

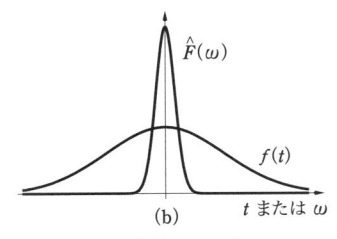

10.2 いくつかのフーリエ変換対　137

図 10.2 フーリエ変換対 $f(t) = e^{-t^2/2\sigma^2}/(2\pi\sigma^2)^{1/2}$ と $\hat{F}(\omega) = e^{-\sigma^2\omega^2/2}/(2\pi)^{1/2}$ の $\sigma = 2$ (a), $\sigma = 1/2$ (b)におけるグラフ. $f(t) = e^{-t^2/2\sigma^2}/(2\pi\sigma^2)^{1/2}$ と $\hat{F}(\omega) = e^{-\sigma^2\omega^2/2}/(2\pi)^{1/2}$ のグラフの幅が逆相関の関係にあることに注目してほしい.

例題 10-1 でわかることは，正規分布関数のフーリエ変換は，別の正規分布関数になるということである．さらに，それら二つの正規分布関数の曲線の幅には，逆相関の関係がある．図 10.2 は，この逆相関の関係を示しており，$f(t) = e^{-t^2/2\sigma^2}/(2\pi\sigma^2)^{1/2}$ と $\hat{F}(\omega) = e^{-\sigma^2\omega^2/2}/(2\pi)^{1/2}$ の曲線が描かれている．図 10.2(a)と図 10.2(b)は，それぞれ $\sigma = 2$ と $\sigma = 1/2$ のときの $f(t)$ と $\hat{F}(\omega)$ の曲線である．

つぎに示す例は，フーリエ変換対の関係にある二つの関数の曲線の幅についての逆相関の別の例である．

例題 10-2

つぎに示す連続で有限な波のフーリエ変換を求めよ（図 10.3）．

$$f(t) = \begin{cases} \cos\omega_0 t & -\dfrac{N\pi}{\omega_0} < t < \dfrac{N\pi}{\omega_0} \\ 0 & それ以外 \end{cases}$$

この $f(t)$ で表される短いパルス波は，実際 FT-NMR（フーリエ変換核磁気共鳴）で用いられており，試料中の目的の原子核を励起させるために用いられる振動数バンド（帯）がこのような短いパルス波である．$f(t)$ の幅とそのフーリエ変換である $\hat{F}(\omega)$ について考察せよ．

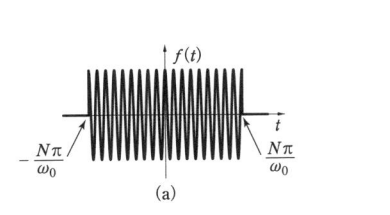

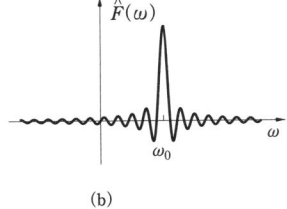

図 10.3 例題 10-2 に与えられたフーリエ変換対の関数 $f(t)$ (a)と $\hat{F}(\omega)$ (b).

解： この連続した波は，時間 t に対して偶関数なので，

$$\widehat{F}(\omega) = \left(\frac{2}{\pi}\right)^{1/2} \int_0^{N\pi/\omega_0} \cos\omega_0 t \cos\omega t\, dt$$

$$= \frac{1}{(2\pi)^{1/2}} \left[\frac{\sin(\omega-\omega_0)N\pi/\omega_0}{\omega-\omega_0} + \frac{\sin(\omega+\omega_0)N\pi/\omega_0}{\omega+\omega_0} \right]$$

となる.考察するのは ω の正の値に限ることにしよう.ω_0 の大きな値については,第1項だけが重要(問題10-21)なので,図10.3には第1項の曲線だけを示す.$\widehat{F}(\omega)$ が0になるのは,$n = \pm 1, \pm 2, \cdots\cdots$ に対して $(\omega - \omega_0)N\pi/\omega_0 = n\pi$ のときである.つまり,

$$\frac{\omega}{\omega_0} = 1 \pm \frac{1}{N},\ 1 \pm \frac{2}{N},\ \cdots\cdots$$

を満たすときには0になる.$\widehat{F}(\omega)$ の中心付近($\omega \sim \omega_0$)のピーク以外での ω の領域の $\widehat{F}(\omega)$ 値は小さいので(図10.3),$\widehat{F}(\omega)$ の幅の尺度を $\Delta\omega = 2\omega_0/N$ としてもよいだろう.もとの連続した波 $f(t)$ の幅は,$\Delta t = 2\pi/\omega_0$ なので,このフーリエ変換対の逆相関の関係として,

$$\Delta\omega \Delta t = 4\pi$$

を得る.この結果は,エネルギーと時間についてのハイゼンベルクの不確定性原理と密接な関係がある.量子力学において,エネルギーは角振動数と $E = \hbar\omega$ の関係がある.ここで,$\hbar$ はプランク定数を 2π で割った値である.つまり,$\Delta\omega\Delta t = 4\pi$ は $\Delta E\Delta t = 4\pi\hbar$ とかける.ハイゼンベルクの不確定性原理によると,$\Delta E\Delta t \geq \hbar/2$ なので,この例で示した有限な波は,まさに不確定性原理を満たしていることがわかる.

これまで $f(t)$ と $\widehat{F}(\omega)$ という表記を用いてきた.これは,時間のシグナルとそれに対応する振動数を意識するためである.時間領域と振動数領域はフーリエ変換を通して関係づけられている.量子力学における粒子の位置と運動量の間にも同様な関係がある.$\psi(x)$ がある粒子の波動関数だとすると,つまり,$\psi^*(x)\psi(x)dx$ が x と $x + dx$ の間にその粒子を見出す確率だとすると,$\psi(x)$ のフーリエ変換は,

$$\phi(p) = \frac{1}{(2\pi\hbar)^{1/2}} \int_{-\infty}^{\infty} \psi(x) e^{-ipx/\hbar} dx \tag{10.11}$$

となり,$\phi^*(p)\phi(p)dp$ は粒子の運動量が p と $p + dp$ の間の値をとる確率であるという物理的な意味をもつ(確率については21章で説明する).式(10.11)の逆変換は,

$$\psi(x) = \frac{1}{(2\pi\hbar)^{1/2}} \int_{-\infty}^{\infty} \phi(p) e^{ipx/\hbar} dp \tag{10.12}$$

となる.

ある粒子の任意の位置における波動関数が,具体的に,

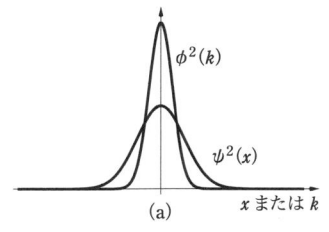

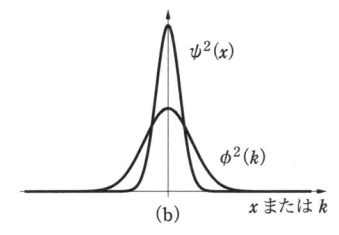

10.2 いくつかのフーリエ変換対   139

図 10.4 フーリエ変換対 $\psi^2(x) = (1/\pi a^2)^{1/2} e^{-x^2/a^2}$ と $\phi^2(p) = (a^2/2\pi\hbar^2)^{1/2} e^{-a^2 p^2/2\hbar}$ の $a = 2$ (a), $a = 1$ (b)におけるグラフ. 二つの関数の幅が逆相関の関係にあることに注目してほしい. ここでは簡単にするために, $\hbar = 1$ とおいた.

$$\psi(x) = \left(\frac{1}{\pi a^2}\right)^{1/4} e^{-x^2/2a^2} \qquad -\infty < x < \infty \tag{10.13}$$

とする. この関数は規格化されている. つまり $\int_{-\infty}^{\infty} \psi^2(x) dx = 1$ である. この関数が与えられた座標の全領域で規格化されていることは, その粒子が座標空間のどこかに必ず存在しなければならないことを意味する. これに対応する運動量空間での波動関数は, 式 (10.13) を式 (10.11) に代入して計算すると与えられて,

$$\phi(p) = \frac{1}{(2\pi\hbar)^{1/2}} \int_{-\infty}^{\infty} \psi(x) e^{-ipx/\hbar} dx = \left(\frac{a^2}{\pi\hbar^2}\right)^{1/4} e^{-a^2 p^2/2\hbar^2}$$
$$-\infty < x < \infty \tag{10.14}$$

となる. $\phi(p)$ が規格化されていることを示すのは簡単である (問題 10-17). 規格化されているということは, $\int_{-\infty}^{\infty} \phi^2(p) dp = 1$ である. 例題 10-1 と例題 10-2 でそれぞれ逆相関の関係をみてきたが, 式 (10.13) と式 (10.14) の間にもまた逆相関の関係がある (図 10.4). 式 (10.13) で与えられる $\psi^2(x)$ と式 (10.14) で与えられる $\phi^2(p)$ が, それらの曲線の幅に逆相関の関係があることを, 図 10.4 で示している. この関係の定量的な例をつぎに示そう.

例題 10-3

21 章で学ぶが, 図 10.4 に示されているような曲線の幅の定量的な尺度は, つぎの積分で表すことができる (曲線の幅はつぎのような積分で定量的に表される).

$$(\Delta x)^2 = \int_{-\infty}^{\infty} x^2 \psi^2(x) dx \quad \text{および} \quad (\Delta p)^2 = \int_{-\infty}^{\infty} p^2 \phi^2(p) dp$$

ここで, Δx と Δp はそれぞれの曲線の幅を示す尺度である (Δx と Δp はそれぞれの曲線の幅である). $\Delta x \Delta p = \hbar/2$ であることを示せ.

解:
$$(\Delta x)^2 = \left(\frac{1}{\pi a^2}\right)^{1/2}\int_{-\infty}^{\infty}x^2 e^{-x^2/a^2}dx = 2\left(\frac{1}{\pi a^2}\right)^{1/2}\int_{0}^{\infty}x^2 e^{-x^2/a^2}dx = \frac{a^2}{2}$$

であり,

$$(\Delta p)^2 = \left(\frac{a^2}{\pi \hbar^2}\right)^{1/2}\int_{-\infty}^{\infty}p^2 e^{-a^2p^2/\hbar^2}dp = 2\left(\frac{a^2}{\pi \hbar^2}\right)^{1/2}\int_{0}^{\infty}p^2 e^{-a^2p^2/\hbar^2}dp = \frac{\hbar^2}{2a^2}$$

であるため,その積は $\Delta x\Delta p = \hbar/2$ となる.この関係は,粒子の位置と運動量についてのハイゼンベルクの不確定性原理を記述したものである.このように,ハイゼンベルクの不確定性原理とフーリエ変換は互いに本質的な結びつきのあることがわかる.

式(10.7)と式(10.8)を用いると,ディラックのデルタ関数(4.4節参照)についての有益な式を導くことができる.式(10.7)において $f(u) = \delta(u-u_0)$ とすると $\widehat{F}(\omega)$ として,

$$\widehat{F}(\omega) = \frac{1}{(2\pi)^{1/2}}\int_{-\infty}^{\infty}\delta(u-u_0)e^{-i\omega u}du = \frac{e^{-i\omega u_0}}{(2\pi)^{1/2}}$$

を得る.この結果を式(10.8)に代入すると,

$$\delta(u-u_0) = \frac{1}{(2\pi)^{1/2}}\int_{-\infty}^{\infty}\widehat{F}(\omega)e^{i\omega u}d\omega = \frac{1}{2\pi}\int_{-\infty}^{\infty}e^{i\omega(u-u_0)}d\omega \tag{10.15}$$

となる.この結果は,10.4節で用いる.

10.3 フーリエ変換と分光学

赤外スペクトルやNMRスペクトルのフーリエ変換(FT-IR(フーリエ変換赤外分光)やFT-NMR)は,測定する系の時間変化を観測し,その余弦変換を行うことによって得られる.ある条件のもとで,その時間変化は,

$$f(t) = e^{-\alpha t}\cos\omega_0 t \qquad t \geq 0 \tag{10.16}$$

で与えられる.ここで ω_0 は,たとえばプロトンのスピンフリップ共鳴振動数のような"固有な"振動数である.$f(t)$ の余弦変換(問題10-10)は,

$$\widehat{F}(\omega) = \left(\frac{2}{\pi}\right)^{1/2}\frac{\alpha}{\alpha^2 + (\omega-\omega_0)^2} + \left(\frac{2}{\pi}\right)^{1/2}\frac{\alpha}{\alpha^2 + (\omega+\omega_0)^2} \tag{10.17}$$

である.ω の変化に対してこの関数をグラフにするとつぎの二つのことがわかる.まず,

10.3 フーリエ変換と分光学

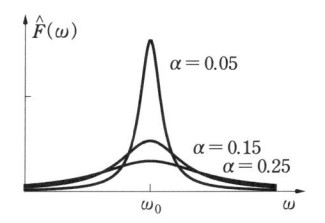

図 10.5 式(10.18)のローレンツ関数の ω に対するグラフ。ここで、$\omega_0 = 2$ とし、α の値をいろいろと変化させた。α の値が小さくなるにつれて、曲線の幅が狭くなり、ピークの値が大きくなることに着目してほしい。

式(10.17)の第1項は $\omega = \omega_0$ で最大値となる。つぎに、式(10.17)の第2項は、ω_0 と ω という分光学的に重要な値では、本質的にはつねに無視できる（問題10-22）。このように、第1項だけに注意を向ければよく、

$$\widehat{F}(\omega) \approx \left(\frac{2}{\pi}\right)^{1/2} \frac{\alpha}{\alpha^2 + (\omega - \omega_0)^2} \tag{10.18}$$

であるとして、以降の議論を行う。図10.5にグラフにした式(10.18)は、ローレンツ関数とよばれる。図10.5は、関数 $\widehat{F}(\omega)$ の幅が α の値によってコントロールされていることを示している。α の値が小さくなればなるほど、$\widehat{F}(\omega)$ の幅は狭くなる。つまり、事実上 α は、スペクトル線の幅を示す尺度となっている（問題10-11）。実験で得られたスペクトルの形は、ローレンツ関数によってうまく表せる。

時間変化に対する測定シグナルから振動数変化に対する情報を取り出すさいに、どのようにフーリエ変換を用いることができるのかを示していこう。これは、化学におけるフーリエ変換のもっとも重要な利用法の一つである。図10.6(a)は、$\alpha = 0.075$ で $\omega_0 = 1$ のときの $e^{-\alpha t} \cos \omega_0 t$ を時間変化に対してグラフにしたものである。図から明らかなことは、グラフに示した関数はただ一つの振動数（ω_0）からなるということである。図10.6 (b)はその関数の余弦変換をグラフに示したもので、このグラフからも（ピークが一つしかないので）変換した関数は、まさに一つの振動数（ω_0）しか含んでいないことを明らかに

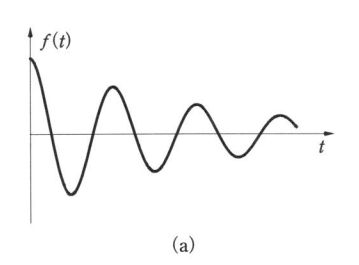

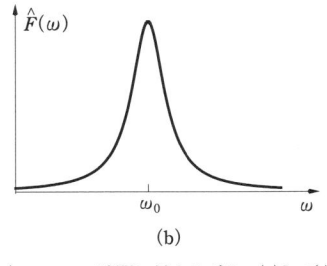

図 10.6 $\alpha = 0.075$、$\omega_0 = 1$ のときの関数 $f(t) = e^{-\alpha t} \cos \omega_0 t$ の時間に対するグラフ(a)と $f(t)$ の余弦変換 $F(\omega) = (2/\pi)^{1/2} \alpha / [\alpha^2 + (\omega - \omega_0)^2]$ の ω に対するグラフ(b)。

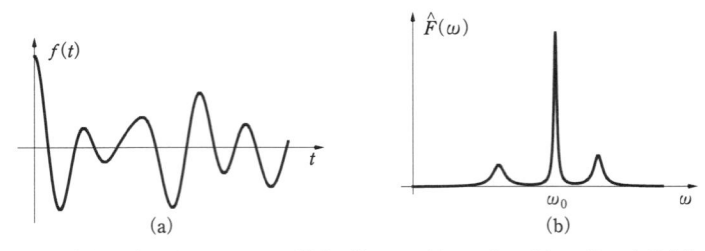

図 10.7 式(10.19) に与えられている関数 $f(t)$ の t に対するグラフ(a)と $f(t)$ を余弦変換した式(10.20) の ω に対するグラフ(b).

示している．では，図10.7(a)のグラフに示したような式(10.19) のような関数はどうだろうか．

$$f(t) = 0.70 e^{-0.010t}\cos(1.2t) + 1.25 e^{-0.025t}\cos(2.0t) + 0.75 e^{-0.075t}\cos(2.6t) \tag{10.19}$$

図10.7(a)をみただけでは，どのような振動数の波が，いくつ含まれているのかを決めることはとてもできないだろう．しかし，図10.7(a)に示した関数を余弦変換すると，

$$\hat{F}(\omega) = \left(\frac{2}{\pi}\right)^{1/2}\left[0.70\frac{0.010}{(0.010)^2 + (\omega-1.2)^2} + 1.25\frac{0.025}{(0.025)^2 + (\omega-2.0)^2} + 0.75\frac{0.075}{(0.075)^2 + (\omega-2.6)^2}\right] \tag{10.20}$$

が得られ，この関数を図10.7(b)のグラフに示した．このグラフは，明らかにピークが三つあるので，時間変化の測定では三つの振動数をもつスペクトルを測定していたことがわかる．つまり，余弦変換は，ある系の時間変化の測定から系に含まれている（固有）振動数を取り出す．実験では，時間変化に対するシグナルは，関数でなく数値で得られる．それに対して，フーリエ変換を数値的に行ううえで非常に有効な高速フーリエ変換（FFT）とよばれる数値計算法が存在する．FFTが発展する以前は，数値的にフーリエ変換を行うのは，かなりやっかいな問題であった．FFTが使える準備が整ったことが，フーリエ変換分光が広く用いられるようになった理由の一つである．

10.4 パーシバルの定理

さいごに，フーリエ変換についてのパーシバルの定理として知られている結果を導こう．まず，

$$\int_{-\infty}^{\infty} |f(t)|^2 dt = \int_{-\infty}^{\infty} f^*(t)f(t) dt$$

から始める．ここで，$f(t)$ は一般に複素数であり得ることを考慮している．最初に，$f(t)$ について式(10.8) を用いて $|f(t)|^2$ を二重積分で表すと，

$$|f(t)|^2 = \frac{1}{(2\pi)^{1/2}} \int_{-\infty}^{\infty} \widehat{F}^*(\omega) e^{-i\omega t} d\omega \times \frac{1}{(2\pi)^{1/2}} \int_{-\infty}^{\infty} \widehat{F}(\omega') e^{i\omega' t} d\omega$$

$$= \frac{1}{2\pi} \int_{-\infty}^{\infty} \int_{-\infty}^{\infty} \widehat{F}^*(\omega) e^{-i\omega t} \widehat{F}(\omega') e^{i\omega' t} d\omega d\omega'$$

となる．ここで，異なる二つの積分変数 (ω, ω') を用いていることに気をつけてほしい．両方の積分のさいに変数として ω を用いると最終結果は意味をなさない．つぎに，$|f(t)|^2$ を時間 t について積分すると，

$$\int_{-\infty}^{\infty} |f(t)|^2 dt = \frac{1}{2\pi} \int_{-\infty}^{\infty} \int_{-\infty}^{\infty} \int_{-\infty}^{\infty} \widehat{F}^*(\omega) \widehat{F}(\omega') e^{i(\omega'-\omega)t} d\omega d\omega' dt$$

となる．時間 t についての積分の式(10.15) を用いると，

$$\int_{-\infty}^{\infty} |f(t)|^2 dt = \int_{-\infty}^{\infty} \int_{-\infty}^{\infty} \widehat{F}^*(\omega) \widehat{F}(\omega') \delta(\omega' - \omega) d\omega d\omega'$$

を得る．さいごに ω' について積分すると，

$$\int_{-\infty}^{\infty} |f(t)|^2 dt = \int_{-\infty}^{\infty} |\widehat{F}(\omega)|^2 d\omega \tag{10.21}$$

となる．式(10.21) がフーリエ変換についてのパーシバルの定理として知られている式である．この定理の導出は，式変形をするうえでデルタ関数が有効に使われている良い例である．

パーシバルの定理は，量子力学における波動関数が規格化されている（式(10.13)）ならば，その波動関数のフーリエ変換も規格化されている（式(10.14)）ことを保証している．つまり，フーリエ変換は量子力学における波動関数の規格化状態を維持する．

例題 10-4

ある輻射波によって生じる電場が以下のように表されるとしよう．

$$E(t) = \begin{cases} 0 & t < 0 \\ e^{-t/\tau} \sin \omega_0 t & t > 0 \end{cases}$$

パーシバルの定理を用いて，区間 $(\omega, \omega + d\omega)$ における振動数領域での輻射による仕事率（単位時間当たりのエネルギー）を求めよ．

解: $E(t)$ のフーリエ変換は,

$$\widehat{E}(\omega) = \frac{1}{(2\pi)^{1/2}} \int_0^\infty e^{-t/\tau} e^{-i\omega t} \sin\omega_0 t \, dt$$

で表される. $\sin\omega_0 t$ をオイラーの定理より $(e^{i\omega_0 t} - e^{-i\omega_0 t})/2i$ とかき換えることによってこの積分を計算すると,

$$\widehat{E}(\omega) = \frac{1}{2(2\pi)^{1/2}} \left(\frac{1}{\omega - \omega_0 - \frac{i}{\tau}} - \frac{1}{\omega + \omega_0 - \frac{i}{\tau}} \right)$$

となる.

輻射による全仕事率は,

$$\int_{-\infty}^\infty |E(t)|^2 dt = \int_{-\infty}^\infty |\widehat{E}(\omega)|^2 d\omega$$

で与えられる. $\omega > 0$ では $|\widehat{E}(\omega)|$ の式で第1項が圧倒的に大きな値をとるという事実を用いると, ω と $\omega + d\omega$ の間の振動数領域での輻射による仕事率は,

$$|\widehat{E}(\omega)|^2 d\omega \approx \frac{1}{8\pi} \frac{d\omega}{(\omega - \omega_0)^2 + \frac{1}{\tau^2}}$$

で与えられる. この振動数スペクトルを図 10.8 に示した. この関数は, 式(10.18)のようなローレンツ関数である. 図に示しているように, $\omega = \omega_0 \pm 1/\tau$ のとき, スペクトルの高さは最大値の半分となる. つまり, 最大値の半分の値をとるときの幅 (半値幅) は, $2/\tau$ となる (問題 10-11). この場合も, 例題 10-2 で議論した有限連続波についての結果と同様に, 振動スペクトルの幅はシグナルの持続時間に対して逆相関の関係で変化する.

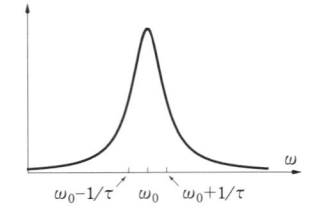

図 10.8 例題 10-4 で述べた輻射波が $\omega_0 = 25$, $\tau = 1/4$ の値をとるときの振動数スペクトル.

問題

10-1. $f(t) = 1/(t^2 + a^2)$ のフーリエ変換を求めよ．

10-2.
$$f(t) = \begin{cases} 1 & -a \leq t < a \\ 0 & \text{それ以外} \end{cases}$$
のフーリエ変換を求めよ．また，$f(t)$ と $\widehat{F}(\omega)$ の間の逆相関の関係について考察せよ．

10-3. $e^{-|t|/\tau}\cos\omega_0 t$ のフーリエ変換を求めよ．

10-4. 式(10.9) と式(10.10) をさまざまな α の値に対してグラフに描き，グラフにした曲線の幅に逆相関の関係があることを示せ．

10-5. $f(t)$ が実数であれば，$\widehat{F}(-\omega) = \widehat{F}^*(\omega)$ であることを示せ．

10-6. 式(10.15) を用いて，式(10.6) の右辺と式(10.8) の右辺が等しいことを示せ．

10-7. $f(u)$ が変数 u の偶関数であるとすれば，式(10.6) のフーリエ積分定理は式(1) のように変形できることを示せ．
$$f(t) = \frac{2}{\pi}\int_0^\infty\int_0^\infty f(u)\cos\omega t\cos\omega u\,du\,d\omega \tag{1}$$
また，$\widehat{F}_C(\omega)$ を，
$$\widehat{F}_C(\omega) = \left(\frac{2}{\pi}\right)^{1/2}\int_0^\infty f(u)\cos\omega u\,du$$
$$= \left(\frac{2}{\pi}\right)^{1/2}\int_0^\infty f(t)\cos\omega t\,dt \tag{2}$$
とおけば，式(1) から，
$$f(t) = \left(\frac{2}{\pi}\right)^{1/2}\int_0^\infty \widehat{F}_C(\omega)\cos\omega t\,d\omega \tag{3}$$
となることを示せ．式(2) と式(3) は余弦変換の対である．

10-8. $e^{-\alpha t}$, $\alpha \geq 0$ の余弦変換（問題 10-7）は，
$$\widehat{F}_C(\omega) = \left(\frac{2}{\pi}\right)^{1/2}\frac{\alpha}{\alpha^2 + \omega^2}$$
であることを示せ．また，この結果を用いて，
$$\int_0^\infty \frac{\cos ax}{x^2 + b^2}\,dx = \frac{\pi}{2b}e^{-ab}$$
を示せ．

10-9. 問題 10-8 の結果を用いて，
$$\int_0^\infty \frac{x\sin ax}{x^2 + b^2}\,dx = \frac{\pi}{2}e^{-ab}$$
を示せ．

10-10. 式(10.16) の余弦変換は，式(10.17) で与えられることを示せ．

10-11. 式(10.18) で与えられるローレンツ関数は，$\omega = \omega_0$ で最大値をとり，最大値の半分の値となる位置での ω は，$\omega - \omega_0 = \pm\alpha$ となる．つまり半値幅は 2α となることを示せ．この 2α が，ローレンツ関数の幅を表す標準的な尺度となる．

10-12. 問題 10-2 の結果を用いて，
$$\int_{-\infty}^\infty \frac{\sin az \cos xz}{z}\,dz = \begin{cases} \pi & |x| > a \\ 0 & |x| < a \end{cases}$$
を示せ．

10-13. 問題 10-12 の結果を用いて，
$$\int_0^\infty \frac{\sin x}{x}\,dx = \frac{\pi}{2}$$
を示せ．

10-14. $\alpha = 0.10$, $\omega_0 = 2$ のとき，$e^{-\alpha t}\cos\omega_0 t$ とその余弦変換の関数のグラフを描け．また，そのグラフの結果を図 10.6 と比較せよ．

10-15. $f(t) = e^{-0.050t}\cos t + 2e^{-0.025t}\cos 2t$ とその余弦変換のグラフを描け．$f(t)$ のグラフから二つの振動数がわかるか．また，
$$g(t) = e^{-0.010t}\cos 1.2t +$$
$$1.75e^{-0.025t}\cos 2t +$$
$$0.50e^{-0.075t}\cos 2.6t$$
についてはどうだろうか．$g(t)$ とその余弦変換のグラフを描け．

10-16. 式(10.13) で与えられる波動関数 $\psi(x)$ が規格化されていることを示せ（$\psi(x)$ を 2 乗することを忘れないように）．

10-17. 式(10.14) で与えられる波動関数 $\phi(p)$ が規格化されていることを示せ（$\phi(p)$ を 2 乗することを忘れないように）．

10-18. $f(x) = e^{-|x|}$, $-\infty < x < \infty$ とパーシバルの定理を用いて $\int_0^\infty \frac{du}{(1+u^2)^2} = \frac{\pi}{4}$ を示せ．

10-19. 問題 10-18 の結果を用いて，積分 $\int_0^\infty \frac{du}{(a^2+u^2)^2}$ を計算せよ．

10-20. この問題で，箱のなかにある粒子の運動量分布を決定しよう．（位置についての）波動関数は，

$$\psi_n(x) = \begin{cases} \left(\dfrac{2}{a}\right)^{1/2} \sin\dfrac{n\pi x}{a} & 0 \le x \le a \\ 0 & \text{それ以外} \end{cases}$$

である．ここで，$n = 1, 2, \cdots\cdots$ である．式 (10.14) を用いて，

$$\phi_n(p) = \left(\dfrac{\pi\hbar^3}{a^3}\right)^{1/2} \dfrac{n}{\left(\dfrac{n\pi\hbar}{a}\right)^2 - p^2} [1 - (-1)^n e^{-ipa/\hbar}]$$

つまり，

$$\phi_n(p) = \begin{cases} i\left(\dfrac{4\pi\hbar^3}{a^3}\right)^{1/2} \dfrac{n e^{-ipa/2\hbar} \sin\dfrac{pa}{2\hbar}}{\left(\dfrac{n\pi\hbar}{a}\right)^2 - p^2} & n \text{ が偶数} \\ \left(\dfrac{4\pi\hbar^3}{a^3}\right)^{1/2} \dfrac{n e^{-ipa/2\hbar} \cos\dfrac{pa}{2\hbar}}{\left(\dfrac{n\pi\hbar}{a}\right)^2 - p^2} & n \text{ が奇数} \end{cases}$$

を示せ．ここで，$-\infty < p < \infty$ である．n が 1 から 4 のときの $\phi_n^*(p)\phi_n(p)$ をそれぞれグラフに描け．また，その結果について考えてみよ．グラフにするには，数式処理システム (CAS) を用いるとよい．CAS を用いて，$\phi_n(p)$ が規格化していることを示せ．

10-21. CAS を用いて，例題 10-2 に与えられている関数 $\bar{F}(\omega)$ にある ω_0 のいろいろな値について（たとえば，$\omega_0 = 1/2, 1, 2$）第 1 項だけをグラフに描け．つぎに第 2 項も含んだ $\bar{F}(\omega)$ をグラフに描き，両方の結果を比較せよ．

10-22. CAS を用いて，式 (10.17) に与えられている関数 $\bar{F}(\omega)$ 中のさまざまな ω_0 と α の値について，第 1 項だけをグラフに描け．つぎに第 2 項も含んだ $\bar{F}(\omega)$ をグラフに描き，両方の結果を比較せよ．

10-23. CAS を用いて，問題 10-15 と同じような問題をつくれ．

11

演 算 子

　演算子の概念は，量子力学で中心的な役割を果たしている．運動量，運動エネルギー，位置，そして角運動量のような物理量は，量子力学において演算子で表される．量子力学においてもっとも有名な演算子は，エネルギーに対応するハミルトン演算子である．実際，シュレーディンガー方程式は，つぎの形の演算子方程式で表せる．

$$\hat{H}\psi = E\psi$$

ここで，$\hat{H}$ はハミルトン演算子，E はエネルギー，そして ψ は波動関数である．本章では，演算子のいくつかの重要で一般的な性質を議論し，さらにエルミート演算子についてとくに議論する．

11.1 線形演算子

　演算子というのは，その表記のあとの式に操作をするための記号である．たとえば，dy/dx を考えたとき，d/dx が演算子であり，この演算子は関数 $y(x)$ に演算をするように（つまり，$y(x)$ を x で微分するように）要請する．$\hat{D} = d/dx$ とおいて，$dy/dx = \hat{D}y(x)$ とかくことによって，この概念を形式的な演算表記で表すことができる．たとえば，$\hat{D}x^4 = 4x^3$ である．ほかのいくつかの演算子の例は，SQR（そのつぎにくる式を 2 乗する (square)），$\int_0^1 dx\,\square$（そのつぎにくる式（□）を 0 から 1 まで積分する），3（3 を掛ける）などである．演算子は一般的にアルファベットの大文字の上にハットをつけて表す（例：$\hat{A}$）．つまり，

$$\hat{A}f(x) = g(x)$$

のようにかいたとき，これは，演算子 $\hat{A}$ を $f(x)$ に作用させると，新しい関数 $g(x)$ を与えることを示している．

例題 11-1　つぎの演算子による計算をせよ．

(a) $\hat{A}x^2,\qquad \hat{A}=\int_0^2 dx\,\square$

(b) $\hat{A}x^2,\qquad \hat{A}=\dfrac{d^2}{dx^2}+2\dfrac{d}{dx}+3$

(c) $\hat{A}\sin ax,\qquad \hat{A}=-\dfrac{d^2}{dx^2}$

解：

(a) $\hat{A}x^2=\int_0^2 dx\,x^2=\dfrac{8}{3}$

(b) $\hat{A}x^2=\dfrac{d^2}{dx^2}x^2+2\dfrac{d}{dx}x^2+3x^2=2+4x+3x^2$

(c) $\hat{A}\sin ax=-\dfrac{d^2}{dx^2}\sin ax=a^2\sin ax$

量子力学では，線形演算子のみを取り扱う．ある演算子が線形であるということは，

$$\hat{A}[c_1 f_1(x)+c_2 f_2(x)]=c_1\hat{A}f_1(x)+c_2\hat{A}f_2(x) \tag{11.1}$$

の関係が成立することをいう．ここで，c_1 と c_2 は定数（複素数でもよい）である．明らかに，"微分" および "積分" の演算子は線形である．理由は，

$$\dfrac{d}{dx}[c_1 f_1(x)+c_2 f_2(x)]=c_1\dfrac{df_1}{dx}+c_2\dfrac{df_2}{dx}$$

であり，

$$\int dx[c_1 f_1(x)+c_2 f_2(x)]=c_1\int dx\,f_1(x)+c_2\int dx\,f_2(x)$$

であるからである．

一方，"2乗" 演算子（SQR）は線形でない（非線形である）．理由は，

$$\mathrm{SQR}[c_1 f_1(x)+c_2 f_2(x)]=c_1^2 f_1^2(x)+c_2^2 f_2^2(x)+2c_1 c_2 f_1(x)f_2(x)$$
$$\neq c_1 f_1^2(x)+c_2 f_2^2(x)$$

となり，式(11.1) で与えられている定義を満足しないからである．

例題 11-2

つぎの演算子が線形であるか非線形であるか決定せよ.

(a) $\widehat{A}f(x) = \text{SQRT} f(x)$ （平方根 (square root) をとる）
(b) $\widehat{A}f(x) = x^2 f(x)$ （x^2 を掛ける）

解:

(a) $\widehat{A}[c_1 f_1(x) + c_2 f_2(x)] = \text{SQRT}[c_1 f_1(x) + c_2 f_2(x)]$
$= [c_1 f_1(x) + c_2 f_2(x)]^{1/2} \neq c_1 f_1^{1/2}(x) + c_2 f_2^{1/2}(x)$

よって, SQRT は非線形演算子である.

(b) $\widehat{A}[c_1 f_1(x) + c_2 f_2(x)] = x^2 [c_1 f_1(x) + c_2 f_2(x)]$
$= c_1 x^2 f_1(x) + c_2 x^2 f_2(x) = c_1 \widehat{A} f_1(x) + c_1 \widehat{A} f_1(x)$

よって, x^2 は線形演算子である.

物理化学でよく出くわす問題に, つぎのようなものがある. ある演算子 $\widehat{A}$ が与えられたとき, 式(11.2)を満たすような関数 $\psi(x)$ と定数 a を求めよ.

$$\widehat{A}\psi(x) = a\psi(x) \tag{11.2}$$

注目してほしいのは, 関数 $\psi(x)$ を演算子 $\widehat{A}$ で作用させた結果が, たんにある定数 a を掛けただけで, 単純にもとの関数 $\psi(x)$ に戻っているところである. 明らかに演算子と関数は, 互いに特別な関係にある. このように式(11.2)を満たす関数 $\psi(x)$ は演算子 $\widehat{A}$ の固有関数とよばれ, a は固有値とよばれる. また, 式(11.2)を永年方程式（固有方程式, 特性方程式）という. 与えられた演算子 $\widehat{A}$ に対して $\psi(x)$ と a を求める問題は, 固有値問題といわれる.

一般的な場合, ある演算子 $\widehat{A}$ には, 複数の固有関数とそれに対応する固有値の一群が存在する. このような場合, 式(11.2)は,

$$\widehat{A}\psi_n(x) = a_n \psi_n(x) \qquad n = 1, 2, 3, \cdots\cdots \tag{11.3}$$

とかける. たとえば, 演算子 $\widehat{A} = -d^2/dx^2$ は, 固有関数の一群 $\psi_n(x) = \sin n\pi x$ （ここで, $n = 1, 2, \cdots\cdots$）をもち, 式(11.3)が具体的に,

$$\widehat{A}\psi_n(x) = -\frac{d^2}{dx^2} \sin n\pi x = n^2 \pi^2 \sin n\pi x \qquad n = 1, 2, \cdots\cdots$$

とかける. ここで, $\widehat{A}$ の固有値は, $a_n = n^2 \pi^2$ であることがわかる（これらの方程式は, 箱のなかにある量子力学的な粒子を簡単な形で表現した式であることに気づくだろう）.

演算子は虚数または複素数でもよいので, たとえば, 線形運動量の x 成分を量子力学における演算子で表すと,

$$\widehat{P}_x = -i\hbar \frac{d}{dx} \tag{11.4}$$

となる．

例題 11-3　e^{ikx} は，$\widehat{P}_x$ の固有関数であることを示せ．また，固有値を求めよ．

解： $\widehat{P}_x$ を e^{ikx} に適用すると，

$$\widehat{P}_x e^{ikx} = -i\hbar \frac{d}{dx} e^{ikx} = \hbar k e^{ikx}$$

となる．つまり，e^{ikx} が $\widehat{P}_x$ の固有関数であり，$\hbar k$ が $\widehat{P}_x$ の固有値であることがわかる．この問題で k の値は，実際に制限されていないので，この固有値問題における固有関数と固有値は，連続して存在する．

線形演算子は，つぎに説明するような重要な性質をもっている．まず，以下の二つの永年方程式を考えよう．

$$\widehat{A}\psi_1 = a\psi_1 \quad \text{および} \quad \widehat{A}\psi_2 = a\psi_2$$

ψ_1 と ψ_2 は，同じ固有値 a をもっている．このとき，$\widehat{A}$ の固有値は二重に縮退（縮重）しているという．このとき，ψ_1 と ψ_2 の任意の線形結合，つまり $c_1\psi_1 + c_2\psi_2$ もまた，固有値 a をもつ $\widehat{A}$ の固有関数である．証明は，$\widehat{A}$ が線形性をもつことを用いることにより，

$$\widehat{A}(c_1\psi_1 + c_2\psi_2) = c_1\widehat{A}\psi_1 + c_2\widehat{A}\psi_2 = c_1 a\psi_1 + c_2 a\psi_2 = a(c_1\psi_1 + c_2\psi_2)$$

とできる．

例題 11-4　つぎのような永年方程式を考える．

$$\frac{d^2\Phi(\phi)}{d\phi^2} = -m^2 \Phi(\phi)$$

ここで，m は実数である（虚数や複素数ではない）．$\widehat{A} = d^2/d\phi^2$ の二つの固有関数は，

$$\Phi_m(\phi) = e^{im\phi} \quad \text{および} \quad \Phi_{-m}(\phi) = e^{-im\phi}$$

である．それらの固有関数がそれぞれ，$-m^2$ を固有値としてもつことは簡単に示すことができる．$\Phi_m(\phi)$ と $\Phi_{-m}(\phi)$ の任意の線形結合もまた $\widehat{A} = d^2/d\phi^2$ の固有関数であることを示せ．

$$\frac{d^2}{d\phi^2}(c_1 e^{im\phi} + c_2 e^{-im\phi}) = c_1 \frac{d^2 e^{im\phi}}{d\phi^2} + c_2 \frac{d^2 e^{-im\phi}}{d\phi^2}$$
$$= -c_1 m^2 e^{im\phi} - c_2 m^2 e^{-im\phi}$$
$$= -m^2(c_1 e^{im\phi} + c_2 e^{-im\phi})$$

例題 11-4 は，この結果が $\widehat{A}$ の線形性によることを示している．ここでは二重に縮退している場合を考えているだけなのだが，この結果は一般的である．

11.2 演算子の交換子

運動エネルギーを T で，運動量を p で表すと，運動エネルギーと運動量の間には，$T = p^2/2m$ の関係がある．この結果は，

$$\widehat{T}_x = \frac{1}{2m}\widehat{P}_x^2 \tag{11.5}$$

とかくことによって，x 方向についての演算子で表すことができる．演算子 $\widehat{P}_x^2$ は，二つの演算子を連続的に作用させる操作，つまり $\widehat{A}\widehat{B}f(x)$ と考える．このような場合に，それぞれの演算子を適用する順番は，右から左である．つまり，

$$\widehat{A}\widehat{B}f(x) = \widehat{A}[\widehat{B}f(x)] = \widehat{A}h(x)$$

となる．ここで，$h(x) = \widehat{B}f(x)$ である．$\widehat{A} = \widehat{B}$ であれば，$\widehat{A}\widehat{A}f(x)$ となり，これを $\widehat{A}^2 f(x)$ と表記する．気をつけてほしいのは，任意の関数 $f(x)$ に対して $\widehat{A}^2 f(x) \neq [\widehat{A}f(x)]^2$ ということである．

$\widehat{P}_x^2$ は $\widehat{P}_x$ を2回連続して適用することだという事実より，運動エネルギー演算子をつぎのようにかくことができる．

$$\widehat{T}_x f(x) = \frac{1}{2m}\widehat{P}_x^2 f(x) = \frac{1}{2m}\left(-i\hbar\frac{d}{dx}\right)\left(-i\hbar\frac{d}{dx}\right)f(x)$$
$$= -\frac{\hbar^2}{2m}\frac{d^2}{dx^2}f(x) \tag{11.6}$$

ここで，$f(x)$ は x の関数としてふつうに変化する任意の関数である．演算子を計算するさいは，ここで行ったようにある関数 $f(x)$ を演算子に作用させるとよい．関数 $f(x)$ を含めなければ，間違った結果を得てしまう可能性があることが，あとにあげる例題 11-6 でわかる．

例題 11-5 $\widehat{A} = d/dx$ および $\widehat{B} = x^2$ (x^2 を掛ける操作) とするとき，任意の $f(x)$ について (a) $\widehat{A}^2 f(x) \neq [\widehat{A} f(x)]^2$ であること，(b) $\widehat{A}\widehat{B} f(x) \neq \widehat{B}\widehat{A} f(x)$ であることを示せ．

解： (a) 任意の $f(x)$ について，

$$\widehat{A}^2 f(x) = \frac{d}{dx}\left(\frac{df}{dx}\right) = \frac{d^2 f}{dx^2}$$

$$[\widehat{A} f(x)]^2 = \left(\frac{df}{dx}\right)^2 \neq \frac{d^2 f}{dx^2}$$

(b) 任意の $f(x)$ について，

$$\widehat{A}\widehat{B} f(x) = \frac{d}{dx}[x^2 f(x)] = 2x f(x) + x^2 \frac{df}{dx}$$

$$\widehat{B}\widehat{A} f(x) = x^2 \frac{df}{dx} \neq \widehat{A}\widehat{B} f(x)$$

このように，演算子を適用する順番は，決められている必要があることがわかる．$\widehat{A}$ と $\widehat{B}$ が任意の $f(x)$ について，

$$\widehat{A}\widehat{B} f(x) = \widehat{B}\widehat{A} f(x)$$

であれば，この二つの演算子は交換可能であるという．例題 11-5 の二つの演算子は交換可能ではない．

例題 11-5 でみたように，演算子とふつうに代数で用いる演算の間にある重要な違いは，演算子は交換可能である必要がないことである．任意の $f(x)$ について，

$$\widehat{A}\widehat{B} f(x) = \widehat{B}\widehat{A} f(x) \qquad (\text{交換可能}) \tag{11.7}$$

であれば，$\widehat{A}$ と $\widehat{B}$ は交換可能であるという．任意の $f(x)$ について，

$$\widehat{A}\widehat{B} f(x) \neq \widehat{B}\widehat{A} f(x) \qquad (\text{交換不可能}) \tag{11.8}$$

であれば，$\widehat{A}$ と $\widehat{B}$ は交換不可能であるという．たとえば，$\widehat{A} = d/dx$ および $\widehat{B} = x$ (x を掛ける操作) であれば，

$$\widehat{A}\widehat{B} f(x) = \frac{d}{dx}[x f(x)] = f(x) + x \frac{df}{dx}$$

であり，

$$\widehat{B}\widehat{A} f(x) = x \frac{d}{dx} f(x) = x \frac{df}{dx}$$

であるので，$\hat{A}\hat{B}f(x) \neq \hat{B}\hat{A}f(x)$ となり，$\hat{A}$ と $\hat{B}$ は交換不可能である．ただし，いまの $\hat{A}$ と $\hat{B}$ の場合，

$$\hat{A}\hat{B}f(x) - \hat{B}\hat{A}f(x) = f(x)$$

つまり，

$$(\hat{A}\hat{B} - \hat{B}\hat{A})f(x) = \hat{I}f(x) \tag{11.9}$$

である．ここで，恒等演算子 $\hat{I}$ を導入した．恒等演算子は，たんにもとの関数 $f(x)$ に 1 を掛ける操作をするだけの演算子である．$f(x)$ は任意の関数なので，式(11.9)の両辺を $f(x)$ で割ることによって，式(11.9)を演算子方程式のようにかくことができて，

$$\hat{A}\hat{B} - \hat{B}\hat{A} = \hat{I} \tag{11.10}$$

を与える．認識しておいてほしいことは，このような演算子の等価性が成立するのは，ふつうに変化するすべての関数 $f(x)$ について成立する場合だけであるということである．式(11.10)で表される $\hat{A}$ と $\hat{B}$ の組みあわせは，よく現れ，$\hat{A}$ と $\hat{B}$ の交換子（表記は $[\hat{A}, \hat{B}]$）とよばれている．

$$[\hat{A}, \hat{B}] = \hat{A}\hat{B} - \hat{B}\hat{A} \tag{11.11}$$

交換子が作用する（ふつうに変化する）すべての関数 $f(x)$ について $[\hat{A}, \hat{B}]f(x) = 0$ であれば，$[\hat{A}, \hat{B}] = 0$ と記述し，$\hat{A}$ と $\hat{B}$ は交換可能であるという．

例題 11-6　$\hat{A} = \mathrm{d}/\mathrm{d}x$ および $\hat{B} = x^2$ とおくとき，交換子 $[\hat{A}, \hat{B}]$ を計算せよ．

解： $\hat{A}$ と $\hat{B}$ を任意の関数 $f(x)$ に作用させると，

$$\hat{A}\hat{B}f(x) = \frac{\mathrm{d}}{\mathrm{d}x}[x^2 f(x)] = 2x f(x) + x^2 \frac{\mathrm{d}f}{\mathrm{d}x}$$

$$\hat{B}\hat{A}f(x) = x^2 \frac{\mathrm{d}}{\mathrm{d}x} f(x) = x^2 \frac{\mathrm{d}f}{\mathrm{d}x}$$

となる．これらの結果を引き算して，

$$(\hat{A}\hat{B} - \hat{B}\hat{A})f(x) = 2x f(x)$$

を得る．$f(x)$ は任意の関数なので，そして任意の関数という理由だけで，

$$[\hat{A}, \hat{B}] = 2x\hat{I}$$

である．先に述べたように，交換子を計算するさいには，いままで行ってきたようにある関数 $f(x)$ を含めて計算することが本質的である．そうでなければ，間違った結果を得てしまうことがある．たとえば，

$$[\hat{A}, \hat{B}] = \hat{A}\hat{B} - \hat{B}\hat{A} = \frac{\mathrm{d}}{\mathrm{d}x}x^2 - x^2\frac{\mathrm{d}}{\mathrm{d}x}$$

$$\neq 2x - x^2\frac{\mathrm{d}}{\mathrm{d}x}$$

となり，関数 $f(x)$ を含むことを忘れて得られた結果は，間違いとなってしまう．このような間違いは，最初から任意の関数 $f(x)$ を含めて計算していれば起こらない．

例題 11-7 量子力学における位置の演算子は，$\hat{X} = x$（x を掛ける操作）で与えられる．また，運動量演算子の x 成分は，$\hat{P}_x = -i\hbar \mathrm{d}/\mathrm{d}x$ で与えられる．$[\hat{P}_x, \hat{X}]$ を計算せよ．

解： $[\hat{P}_x, \hat{X}]$ を任意の関数 $f(x)$ に作用させると，

$$[\hat{P}_x, \hat{X}]f(x) = \hat{P}_x\hat{X}f(x) - \hat{X}\hat{P}_xf(x)$$

$$= -i\hbar\frac{\mathrm{d}}{\mathrm{d}x}[xf(x)] + xi\hbar\frac{\mathrm{d}}{\mathrm{d}x}f(x)$$

$$= -i\hbar f(x) - i\hbar x\frac{\mathrm{d}f}{\mathrm{d}x} + i\hbar x\frac{\mathrm{d}f}{\mathrm{d}x}$$

$$= -i\hbar f(x)$$

は任意の関数なのでこの結果を，

$$[\hat{P}_x, \hat{X}] = -i\hbar \hat{I}$$

とかくことができる．ここで，$\hat{I}$ は恒等変換演算子（関数に 1 を掛ける演算子）である．

11.3　エルミート演算子

　量子力学で用いる演算子は，線形でなければならないことが明らかになっているが，じつはさらに微妙な要求も満たさなければならない．量子力学の教義の一つに，与えられた演算子 $\hat{A}$ に対応する物理量の測定を行うならば，観測される物理量の値は，$\hat{A}$ の固有値に限られるというものがある．演算子は複素数をとり得ることをみた（式(11.4)）が，固有値が測定結果に対応するというのであれば，固有値は実数でなければならない．演算子を用いた方程式は一般に，

$$\hat{A}\psi = a\psi \tag{11.12}$$

とかくことができる．ここで，$\hat{A}$ や ψ でさえも複素数であってよいが，a は実数でなければならない．ここで強調しておきたいのは，量子力学の演算子が実数の固有値だけをもつ

11.3 エルミート演算子

ためには，明らかに演算子 $\hat{A}$ にある制約が必要ということである．

この制約が何であるかを知るために，まず式(11.12)の左側から ψ の複素共役である ψ^* を掛けて，積分し，

$$\int \psi^* \hat{A} \psi \, dx = a \int \psi^* \psi \, dx \tag{11.13}$$

を得る．つぎに，式(11.12)の複素共役をとると，

$$(\hat{A}\psi)^* = a^* \psi^* = a \psi^* \tag{11.14}$$

となる．ここで，a は実数なので，$a^* = a$ である．式(11.14)の左側から ψ を掛けて，積分すると，

$$\int \psi (\hat{A}\psi)^* \, dx = a \int \psi \psi^* \, dx = a \int \psi^* \psi \, dx \tag{11.15}$$

以上より，式(11.13)と式(11.15)の左辺が等しいことがわかるので，

$$\int \psi^* \hat{A} \psi \, dx = \int \psi (\hat{A}\psi)^* \, dx \tag{11.16}$$

が成立する．

演算子 $\hat{A}$ の固有値が実数であることを保証するためには，演算子 $\hat{A}$ は式(11.16)を満たさなければならない．任意のふつうに変化する関数に対して式(11.16)を満たす演算子は，エルミート演算子とよばれる．よって，エルミート演算子であることの定義は，

$$\int_{-\infty}^{\infty} f^* \hat{A} f \, dx = \int_{-\infty}^{\infty} f(\hat{A}f)^* \, dx \quad \text{（エルミート演算子）} \tag{11.17}$$

の関係を満足する演算子ということができる．ここで，$f(x)$ は任意のふつうに変化する関数である．エルミート演算子は実数の固有値をもつ．物理的に観測できる量に対応する量子力学の演算子はエルミート演算子である．

ある演算子がエルミート演算子であるかどうかは，どのようにして決めるのだろうか．演算子 $\hat{A} = d/dx$ を考えてみよう．$\hat{A}$ は式(11.17)を満たすだろうか．$\hat{A} = d/dx$ を式(11.17)に代入して，部分積分をしてみると，

$$\int_{-\infty}^{\infty} f^* \frac{d}{dx} f \, dx = \int_{-\infty}^{\infty} f^* \frac{df}{dx} \, dx = \left[f^* f \right]_{-\infty}^{\infty} - \int_{-\infty}^{\infty} f \frac{df^*}{dx} \, dx$$

量子力学において波動関数として用いることのできる関数は，無限大で 0 にならなければならないので，上式における右辺の第 1 項は 0 となる．よって，上式は，

$$\int_{-\infty}^{\infty} f^* \frac{d}{dx} f \, dx = -\int_{-\infty}^{\infty} f \frac{d}{dx} f^* \, dx$$

となる．任意の関数 $f(x)$ において，d/dx は式(11.17)を満たさないので，エルミート演算子ではない．

つぎに，運動量演算子 $\hat{P}_x = -i\hbar d/dx$ の x 成分を考えてみよう．$\hat{P}_x$ を式(11.17)の右辺に代入すると，

$$\int_{-\infty}^{\infty} f(\hat{P}_x f)^* dx = \int_{-\infty}^{\infty} f\left(-i\hbar \frac{df}{dx}\right)^* dx = i\hbar \int_{-\infty}^{\infty} f\frac{df^*}{dx} dx$$

となる．同様に $\hat{P}_x$ を式(11.17)の左辺に代入して，部分積分を行うと，

$$\int_{-\infty}^{\infty} f^* \hat{P}_x f dx = \int_{-\infty}^{\infty} f^*\left(-i\hbar \frac{d}{dx}\right) f dx = -i\hbar \int_{-\infty}^{\infty} f^* \frac{df}{dx} dx$$

$$= -i\hbar \left[f^* f\right]_{-\infty}^{\infty} + i\hbar \int_{-\infty}^{\infty} f \frac{df^*}{dx} dx = i\hbar \int_{-\infty}^{\infty} f \frac{df^*}{dx} dx$$

となる．ここで，これまでと同様に，f は無限大で 0 になると仮定している．このように $\hat{P}_x$ の場合は，実際に式(11.17)を満たすことがわかる．つまり，運動量演算子はエルミート演算子である．

例題 11-8　一次元の運動エネルギー演算子

$$\hat{T} = -\frac{\hbar^2}{2m}\frac{d^2}{dx^2}$$

はエルミート演算子であることを証明せよ．

解： 部分積分を 2 回行うことにより，次式を得る．

$$\int_{-\infty}^{\infty} f^* \hat{T} f dx = -\frac{\hbar}{2m}\int_{-\infty}^{\infty} f^* \frac{d^2 f}{dx^2} dx = -\frac{\hbar}{2m}\left[f^* \frac{df}{dx}\right]_{-\infty}^{\infty} + \frac{\hbar}{2m}\int_{-\infty}^{\infty} \frac{df^*}{dx}\frac{df}{dx} dx$$

$$= \frac{\hbar^2}{2m}\left[\frac{df^*}{dx} f\right]_{-\infty}^{\infty} - \frac{\hbar^2}{2m}\int_{-\infty}^{\infty} \frac{d^2 f^*}{dx^2} f dx = -\frac{\hbar^2}{2m}\int_{-\infty}^{\infty} f \frac{d^2 f^*}{dx^2} dx$$

ここで，いつものように f は無限大で 0 になると仮定している．計算をさらに続けると，

$$\int_{-\infty}^{\infty} f^* \hat{T} f dx = \int_{-\infty}^{\infty} f\left(-\frac{\hbar}{2m}\frac{d^2}{dx^2}\right) f^* dx$$

$$= \int_{-\infty}^{\infty} f\left(-\frac{\hbar}{2m}\frac{d^2 f}{dx^2}\right)^* dx = \int_{-\infty}^{\infty} f(\hat{T} f)^* dx$$

となる．これは，式(11.17)を満たしているので，運動エネルギー演算子はエルミート演算子である．

11.3 エルミート演算子

式(11.17)で与えられているエルミート演算子の定義は，もっとも一般的な定義ではない．エルミート演算子のもっとも一般的な定義は，

$$\int_{-\infty}^{\infty} f^*(x)\widehat{A}g(x)\,\mathrm{d}x = \int_{-\infty}^{\infty} g(x)[\widehat{A}f(x)]^*\,\mathrm{d}x \quad (\text{エルミート演算子}) \quad (11.18)$$

で与えられる．ここで，$f(x)$ と $g(x)$ は任意のふつうに変化する関数である．式(11.18)が式(11.17)から導かれることは証明できるので，式(11.17)で与えられる定義を知っていれば十分である．問題 11-13 に，式(11.17)から式(11.18)を証明する問題を与えてある．

量子力学の演算子は固有値が実数である必要があることから，自然とエルミート演算子の定義を導き，また利用してきた．さらに，エルミート演算子の固有値が実数であるばかりでなく，その固有関数はかなり特殊な条件を満たすということをつぎに示す．まず，二つの永年方程式を考えよう．

$$\widehat{A}\psi_n = a_n\psi_n \qquad \widehat{A}\psi_m = a_m\psi_m \tag{11.19}$$

式(11.19)の最初の式に，ψ_m^* を掛けて，積分を行うと，

$$\int_{-\infty}^{\infty} \psi_m^*\widehat{A}\psi_n\,\mathrm{d}x = a_n\int_{-\infty}^{\infty} \psi_m^*\psi_n\,\mathrm{d}x \tag{11.20}$$

を得る．つぎに，式(11.19)の2番目の式の複素共役をとり，さらに ψ_n を掛けて，積分を行うと，

$$\int_{-\infty}^{\infty} \psi_n(\widehat{A}\psi_m)^*\,\mathrm{d}x = a_m^*\int_{-\infty}^{\infty} \psi_n\psi_m^*\,\mathrm{d}x = a_m^*\int_{-\infty}^{\infty} \psi_m^*\psi_n\,\mathrm{d}x \tag{11.21}$$

を得る．式(11.20)から式(11.21)を引くと，

$$\int_{-\infty}^{\infty} \psi_m^*\widehat{A}\psi_n\,\mathrm{d}x - \int_{-\infty}^{\infty} \psi_n(\widehat{A}\psi_m)^*\,\mathrm{d}x = (a_n - a_m^*)\int_{-\infty}^{\infty} \psi_m^*\psi_n\,\mathrm{d}x \tag{11.22}$$

を得る．$\widehat{A}$ はエルミート演算子なので，式(11.18)の関係を式(11.22)で用いた表記でかき直すと，

$$\int_{-\infty}^{\infty} \psi_m^*\widehat{A}\psi_n\,\mathrm{d}x = \int_{-\infty}^{\infty} \psi_n(\widehat{A}\psi_m)^*\,\mathrm{d}x$$

となるので，式(11.22)の左辺は 0 となる．したがって，

$$(a_n - a_m^*)\int_{-\infty}^{\infty} \psi_m^*\psi_n\,\mathrm{d}x = 0 \tag{11.23}$$

となる．式(11.23)を考えるにあたっては，二つの可能性，つまり $n = m$ の場合と

$n \neq m$ の場合がある．$n = m$ のとき，$\psi_n^*(x)\psi_n(x) \geq 0$ なのですべての x の値に対して積分が可能で，

$$a_n = a_n^* \tag{11.24}$$

となる．これは，固有値が実数であることのまさに別の形での証明である．

$n \neq m$ のとき，

$$(a_n - a_m)\int_{-\infty}^{\infty} \psi_m^* \psi_n \mathrm{d}x = 0 \qquad n \neq m \tag{11.25}$$

となり，系が縮退していなければ，$a_n \neq a_m$ なので，

$$\int_{-\infty}^{\infty} \psi_m^* \psi_n \mathrm{d}x = 0 \qquad n \neq m \tag{11.26}$$

となる．つまり，$\psi_n(x)$ は直交していることがわかる．このように，少なくとも縮退していない系では，エルミート演算子の固有関数が直交していることが証明できた．箱のなかに粒子が一つある量子力学的な系は，縮退していない系なので，その波動関数は，

$$\psi_n(x) = \begin{cases} \left(\dfrac{2}{a}\right)^{1/2} \sin \dfrac{n\pi x}{a} & 0 < x < a \\ 0 & \text{それ以外} \end{cases} \tag{11.27}$$

となる（例題 6-4 参照）．ここで，$n = 1, 2, 3, \cdots\cdots$ である．$(2/a)^{1/2}$ の因子によって，$\psi_n(x)$ は以下のように規格化されている．

$$\int_0^a \psi_n^2(x) \mathrm{d}x = \frac{2}{a}\int_0^a \sin^2 \frac{n\pi x}{a} \mathrm{d}x = 1$$

規格化されており，しかも互いに直交している関数の組は，規格直交関数とよばれている．規格直交条件は，以下のようにかくことができる．

$$\int_{-\infty}^{\infty} \psi_m^* \psi_n \mathrm{d}x = \delta_{nm} \tag{11.28}$$

ここで，

$$\delta_{nm} = \begin{cases} 1 & n = m \\ 0 & n \neq m \end{cases} \tag{11.29}$$

であり，この δ_{nm} はクロネッカーのデルタである（式(8.13) および問題 8-8 参照）．

11.3 エルミート演算子

例題 11-9

次式で表される関数の組は，区間 $(0, 2\pi)$ で規格直交化されていることを示せ．

$$\psi_m(\theta) = (2\pi)^{-1/2} e^{im\theta} \qquad m = 0, \pm 1, \pm 2, \cdots\cdots$$

解： ある関数の組が規格直交化されていることを証明するためには，それらの関数の組が式(11.28)を満たしていることを示さなければならない．それをみるために，以下の計算を行う．

$$\int_0^{2\pi} \psi_m{}^*(\theta) \psi_n(\theta) d\theta = \frac{1}{2\pi} \int_0^{2\pi} e^{-im\theta} e^{in\theta} d\theta$$

$$= \frac{1}{2\pi} \int_0^{2\pi} e^{i(n-m)\theta} d\theta$$

$$= \frac{1}{2\pi} \int_0^{2\pi} \cos(n-m)\theta d\theta + \frac{i}{2\pi} \int_0^{2\pi} \sin(n-m)\theta d\theta$$

$n \neq m$ のとき，積分範囲が正弦（sin）および余弦（cos）の1周期の範囲にあるため，さいごの二つの積分は0になる．$n = m$ のとき，最初の項の積分は，$\cos 0 = 1$ なので，2π となり，第2項（さいごの項）の積分は $\sin 0 = 0$ なので，0になる．つまり，

$$\int_0^{2\pi} \psi_m{}^*(\theta) \psi_n(\theta) d\theta = \delta_{nm}$$

となり，$\psi_m(\theta)$ は規格直交関数の組である．

エルミート演算子の固有関数は規格直交関数であることを証明したさい，系が縮退していない系であると仮定した．すなわち，式(11.25)において $n \neq m$ であれば，$a_n - a_m \neq 0$ である．しかしながら，系が縮退した系であっても，8.2節で述べたグラム–シュミットの直交化を用いることにより，縮退した関数の組の線形結合をとって一組の直交した固有関数の組をつくることができる．つまり，エルミート演算子の固有関数は，直交しているか，直交化することができる．

問題

11-1. $g = \hat{A}f$ を計算せよ．ここで，$\hat{A}$ と f は以下のように与えられるとする．

	$\hat{A}$	f
(a)	SQRT	x^4
(b)	$\dfrac{d^3}{dx^3} + x^3$	e^{-ax}
(c)	$\displaystyle\int_0^1 dx\,\square$	$x^2 - 2x + 3$
(d)	$\dfrac{\partial^2}{\partial x^2} + \dfrac{\partial^2}{\partial y^2} + \dfrac{\partial^2}{\partial z^2}$	$x^3 y^2 z^4$

11-2. つぎの演算子が，線形演算子であるか非線形演算子であるかを決定せよ．
(a) $\hat{A}f(x) = \text{SQR}f(x)$ 　[$f(x)$ の 2 乗]
(b) $\hat{A}f(x) = f^*(x)$ 　[$f(x)$ の複素共役]
(c) $\hat{A}f(x) = [f(x)]^{-1}$ 　[$f(x)$ の逆関数]
(d) $\hat{A}f(x) = \ln f(x)$ 　[$f(x)$ の自然対数]

11-3. 各問題について，f が与えられた演算子の固有関数であることを示し，さらに固有値を求めよ．

	$\hat{A}$	f
(a)	$\dfrac{d^2}{dx^2}$	$\cos \omega x$
(b)	$\dfrac{d}{dt}$	$e^{i\omega t}$
(c)	$\dfrac{d^2}{dx^2} + 2\dfrac{d}{dx} + 3$	$e^{\alpha x}$
(d)	$\dfrac{\partial}{\partial y}$	$x^2 e^{6y}$

11-4. $(\cos ax)(\cos by)(\cos cz)$ が，つぎの演算子の固有関数であることを示せ．
$$\nabla^2 = \frac{\partial^2}{\partial x^2} + \frac{\partial^2}{\partial y^2} + \frac{\partial^2}{\partial z^2}$$
この演算子は，ラプラス演算子（ラプラシアン）とよばれている．また，その固有値も求めよ．

11-5. $\hat{A}$ が以下で与えられるときの，演算子 $\hat{A}^2$ を求めよ．
(a) $\dfrac{d^2}{dx^2}$ 　(b) $\dfrac{d}{dx} + x$
(c) $\dfrac{d^2}{dx^2} - 2x\dfrac{d}{dx} + 1$

ヒント：$f(x)$ を代入して演算することを忘れないように．

11-6. つぎの演算子の対が交換可能であるか否かを判断せよ．

	$\hat{A}$	$\hat{B}$		$\hat{A}$	$\hat{B}$
(a)	$\dfrac{d}{dx}$	$\dfrac{d^2}{dx^2} + 2\dfrac{d}{dx}$	(c)	SQR	SQRT
(b)	x	$\dfrac{d}{dx}$	(d)	$\dfrac{\partial}{\partial x}$	$\dfrac{\partial}{\partial y}$

11-7. 代数の計算では，$(P+Q)(P-Q) = P^2 - Q^2$ である．$(\hat{P}+\hat{Q})(\hat{P}-\hat{Q})$ を展開せよ．また，どのような条件であれば，代数の計算と同じ展開結果となるか．

11-8. n が整数のとき，次式が成立することを示せ．
$$\int_0^a e^{\pm i2n\pi x/a}\,dx = 0 \qquad n \neq 0$$

11-9. $\psi_n(x) = (2a)^{-1/2} e^{in\pi x/a}$ で表される関数の組 ($n = 0, \pm 1, \pm 2, \cdots\cdots$) が，$-a \leq x \leq a$ の範囲で直交することを示せ．

11-10. $\hat{A}$ と $\hat{B}$ が以下のように与えられるとき，交換子 $[\hat{A}, \hat{B}]$ を計算せよ．

	$\hat{A}$	$\hat{B}$		$\hat{A}$	$\hat{B}$
(a)	$\dfrac{d^2}{dx^2}$	x	(c)	$\displaystyle\int_0^x du\,\square$	$\dfrac{d}{dx}$
(b)	$\dfrac{d}{dx} - x$	$\dfrac{d}{dx} + x$	(d)	$\dfrac{d^2}{dx^2} - x$	$\dfrac{d}{dx} + x^2$

11-11. つぎの演算子のなかで，エルミート演算子はどれか．d/dx, id/dx, d^2/dx^2, id^2/dx^2, xd/dx, x．ただし，それらの演算子を作用させる関数は，無限大でふつうの変化をすると仮定する．

11-12. $\hat{A}$ がエルミート演算子なら，$\hat{A} - a$ もエルミート演算子であることを示せ．ここで，a は定数である．また，この二つのエルミート演算子を足しあわせた演算子もエルミート演算子であることを示せ．

11-13. 式 (11.18) が式 (11.17) から得られることを証明したい．まず初めに，式 (11.17) を f と g で表すと，

$$\int f^* \widehat{A} f \, dx = \int f (\widehat{A} f)^* \, dx$$

および，

$$\int g^* \widehat{A} g \, dx = \int f (\widehat{A} g)^* \, dx$$

となる．つぎに，c_1 と c_2 を任意の複素数の定数とすると，式(11.17)はつぎのように表せる．

$$\int (c_1 f + c_2 g)^* \widehat{A} (c_1 f + c_2 g) \, dx =$$
$$\int (c_1 f + c_2 g) [\widehat{A} (c_1 f + c_2 g)]^* \, dx$$

両辺を展開して，最初の二つの式を用いると，次式になる．

$$c_1^* c_2 \int f^* \widehat{A} g \, dx + c_2^* c_1 \int g^* \widehat{A} f \, dx =$$
$$c_1 c_2^* \int f (\widehat{A} g)^* \, dx + c_1^* c_2 \int g (\widehat{A} f)^* \, dx$$

これをつぎのようにおき換える．

$$c_1^* c_2 \int [f^* \widehat{A} g - g (\widehat{A} f)^*] \, dx =$$
$$c_1 c_2^* \int [f (\widehat{A} g)^* - g^* \widehat{A} f] \, dx$$

この式の両辺は互いに複素共役であることに気づいてほしい．$z = x + iy$ かつ $z = z^*$ であれば，z が実数であることを示せ．このため，この式の両辺は実数である．しかし，c_1 と c_2 が任意の複素数の定数なので，両辺が実数であるための唯一の解は，両辺の積分値が 0 であることになる．このことが式(11.18)を意味することを示せ．

11-14. $\widehat{A}$ と $\widehat{B}$ がエルミート演算子であれば，次式が成立することを示せ．

$$\int \psi_n (\widehat{B} \widehat{A} \psi_m)^* \, dx = \int \psi_m^* \widehat{A} \widehat{B} \psi_n \, dx$$

ヒント：式(11.18)を用いること．

11-15. 問題 11-14 の結果を用いて，$\widehat{A}$ と $\widehat{B}$ がエルミート演算子であれば，$\widehat{A} \widehat{B}$ もエルミート演算子であるのは，$\widehat{A}$ と $\widehat{B}$ が交換可能であるときだけであることを示せ．

11-16. $f(\widehat{A})$ は以下に示すような，$\widehat{A}$ の多項式であるとする．

$$f(\widehat{A}) = a_0 + a_1 \widehat{A} + a_2 \widehat{A}^2 + \cdots + a_N \widehat{A}^N$$

ψ が固有値 β をもつ $\widehat{A}$ の固有関数とすると，

$$f(\widehat{A}) \psi = f(\beta) \psi$$

であることを示せ．

11-17. $f(\widehat{A})$ と $g(\widehat{A})$ が $\widehat{A}$ の二つの多項式であるとすると（多項式の定義については問題 11-16），$f(\widehat{A})$ と $g(\widehat{A})$ は交換可能であることを示せ．

11-18. $\exp(\widehat{A})$ はマクローリン級数によって，

$$e^{\widehat{A}} = \widehat{I} + \widehat{A} + \frac{1}{2!} \widehat{A}^2 + \frac{1}{3!} \widehat{A}^3 + \cdots$$

と表すことができる．$e^{\widehat{A} + \widehat{B}} = e^{\widehat{A}} e^{\widehat{B}}$ が成立する条件を求めよ．

11-19. $[\widehat{A}, \widehat{B} \widehat{C}] = [\widehat{A}, \widehat{B}] \widehat{C} + \widehat{B} [\widehat{A}, \widehat{C}]$ を示せ．

11-20. 以下の関数は区間 $(-\infty, \infty)$ で直交していることを示せ．

$$\psi_0(x) = (1/\pi)^{1/4} e^{-x^2/2}$$
$$\psi_1(x) = (4/\pi)^{1/4} x e^{-x^2/2}$$
$$\psi_2(x) = (1/4\pi)^{1/4} (2x^2 - 1) e^{-x^2/2}$$

11-21. 関数の集合 $\{(2/a)^{1/2} \cos(n\pi x/a)\}$，$n = 0, 1, 2, \cdots$ が，区間 $(0, a)$ で直交していることを示せ．

12

多 変 数 関 数

　1章と2章で，変数が一つの関数（一変数関数）の微積分について，本質的な特徴をみてきた．本章では，タイトルにあるように，二つ以上の変数をもった関数について説明する．多くの物理量は，二つ以上の変数に対して変化する．たとえば，気体の状態を決める量としての圧力は，温度と体積に依存して変化する．熱力学の書籍をちらっとみるだけでも，熱力学の公式が偏微分で満たされているのに気づくだろう．一変数関数と二変数以上の関数の重要な違いは，多変数関数では偏微分があることである．これによって，変数がまざった高階の偏微分が定義できたり，さまざまな連鎖法則が成立したりする．

　偏微分や全微分について議論した後，つぎに二変数関数の極大，極小について説明する．この話題は，一変数関数の場合よりやや多くの内容を含む．臨界点（一階偏微分が0となる点）は，二階偏微分（$\partial^2 f/\partial x^2$, $\partial^2 f/\partial y^2$, $\partial^2 f/\partial x \partial y$）が負，0，正の値をとることにより，極大，極小または鞍点(あんてん)を生じ得る．最終節では多重積分について議論する．

12.1　偏　微　分

　複数の変数からなる関数の偏微分の計算は，一変数関数の微分の計算と似ている．ある関数 $f(x, y)$ を仮定しよう．そのとき，$f(x, y)$ の x についての偏微分は，

$$\frac{\partial f}{\partial x} = \lim_{\Delta x \to 0} \frac{f(x + \Delta x, y) - f(x, y)}{\Delta x} \tag{12.1}$$

と定義される．y についての偏微分 $\partial f/\partial y$ も同様な式で定義される．

　式(12.1)によってわかることは，偏微分は，その関数を一つの変数について微分し，ほかの変数は定数のように扱うことによって決定できることである．たとえば，$f(x, y) = e^x \sin xy$ のときは，

$$f_x = \frac{\partial f}{\partial x} = e^x \sin xy + y e^x \cos xy$$

であり,

$$f_y = \frac{\partial f}{\partial y} = x e^x \cos xy$$

である．ここで，$\partial f/\partial x$ について f_x, $\partial f/\partial y$ について f_y のような一般的な表記を導入した．この表記は便利なことが多いが，ベクトルの成分という意味での f_x や f_y と混同しないように注意しなければならない．しばしば，f を x に関して微分するときに，y が一定であることを強調するために $(\partial f/\partial x)_y$ とかくことがある．しかし，通常はそのときの状況からどの変数を定数として扱うかは明らかである．

例題 12-1

ファンデルワールス方程式は，気体の圧力を温度と体積の関数として表す近似方程式である．気体 1 mol のファンデルワールス方程式は，

$$P = \frac{RT}{V-b} - \frac{a}{V^2} \tag{12.2}$$

となる．ここで，R は 1 mol 当たりの気体定数であり，a と b はそれぞれその気体の特徴を示す定数である．$\partial P/\partial T$ と $\partial P/\partial V$ を求めよ．

解：

$$\left(\frac{\partial P}{\partial T}\right)_V = \frac{R}{V-b}$$

であり，

$$\left(\frac{\partial P}{\partial V}\right)_T = -\frac{RT}{(V-b)^2} + \frac{2a}{V^3}$$

である．これらの方程式によって物理的に決まるのは，体積一定で温度を変化させると圧力はどのように変化するのかということと，温度一定で体積を変化させると圧力はどのように変化するのかということである．

偏微分は，図形を用いることによってうまく理解することができる．図 12.1 は，式 (12.2) に対応する表面を示している．ここで，一定の温度 T_0 を選んでみよう．T_0 が一定という条件は，PV 面に平行な面として表すことができ，T 軸と T_0 で交わっている．このとき，偏微分 $(\partial P/\partial V)_{T_0}$ は，図 12.1 の圧力面と T_0 を通る PV 面に平行な面が交わってできる曲線の傾きである．図 12.2 に圧力面と T_0 面の交線によってできた曲線を示す．曲線の傾きが，$(\partial P/\partial V)_{T_0}$ である．同じようにして，$(\partial P/\partial T)_V$ の偏微分は，圧力面と，

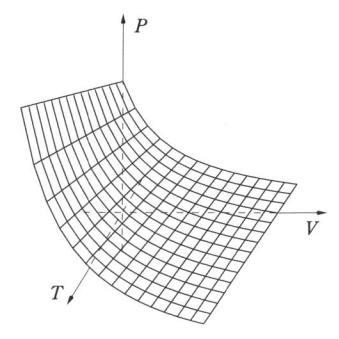

図 12.1 ファンデルワールス方程式の圧力面. 気体の圧力は, TV面 ($P = 0$) から, 圧力面までの高さに等しい.

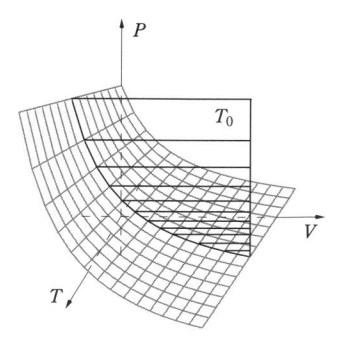

図 12.2 図 12.1 に示した圧力面と T_0 面の交線. この曲線の傾きが, $(\partial P/\partial V)_{T_0}$ である.

PT面に平行な面, いい換えると $V = V_0$ (一定) となる面の交線によってできる曲線の傾きである.

f_x と f_y はそれ自身が x と y の関数であり得ることを, はっきりと理解しておくべきである. たとえば, $f(x, y) = y^2 e^x$ であれば, $f_x(x, y) = y^2 e^x$ であり, $f_y(x, y) = 2y e^x$ である. したがって, $f(x, y)$ に対して行ったのと同じように, $f_x(x, y)$ や $f_y(x, y)$ の偏微分を構成することができる. $f(x, y)$ の二階偏微分は,

$$\frac{\partial}{\partial x}\left(\frac{\partial f}{\partial x}\right) = \frac{\partial f_x}{\partial x} = \frac{\partial^2 f}{\partial x^2} = f_{xx}$$

$$\frac{\partial}{\partial y}\left(\frac{\partial f}{\partial y}\right) = \frac{\partial f_y}{\partial y} = \frac{\partial^2 f}{\partial y^2} = f_{yy}$$

(12.3)

となる.

例題 12-2　$V(x, y, z) = (x^2 + y^2 + z^2)^{-1/2}$ は, この関数が発散する原点 $(0, 0, 0)$ を除いてはどこでも, つぎの方程式

$$\frac{\partial^2 V}{\partial x^2} + \frac{\partial^2 V}{\partial y^2} + \frac{\partial^2 V}{\partial z^2} = 0$$

を満たすことを示せ. この方程式はラプラス方程式とよばれている. ラプラス方程式は, たとえば電荷のない領域における静電ポテンシャル $V(x, y, z)$ を決定する. $V(x, y, z) = (x^2 + y^2 + z^2)^{-1/2} = 1/r$ であり, 原点においた電荷によって生じるクーロンポテンシャル (定数を掛ける必要があるかもしれないが) であることを確認せよ.

解:

$$V_x = \frac{x}{(x^2+y^2+z^2)^{3/2}}$$

$$V_{xx} = \frac{2x^2 - y^2 - z^2}{(x^2+y^2+z^2)^{5/2}}$$

である. $V(x, y, z)$ は, x, y, z に対して対称であるから, V_{yy} は, V_{xx} の x と y を入れ替えることによって, V_{zz} は, V_{xx} の x と z を入れ替えることによって得ることができる. したがって,

$$V_{xx} + V_{yy} + V_{zz} = \frac{(2x^2 - y^2 - z^2) + (2y^2 - x^2 - z^2) + (2z^2 - x^2 - y^2)}{(x^2+y^2+z^2)^{5/2}}$$

$$= 0$$

式(12.3) に出てくるタイプの微分は, 一変数関数の二階微分に似ている. しかし, 二変数以上の関数では, つぎのような変数混合の二階偏微分となる.

$$\frac{\partial}{\partial x}\left(\frac{\partial f}{\partial y}\right) = \frac{\partial^2 f}{\partial x \partial y} = f_{yx}$$

$$\frac{\partial}{\partial y}\left(\frac{\partial f}{\partial x}\right) = \frac{\partial^2 f}{\partial y \partial x} = f_{xy}$$

(12.4)

たとえば, $f(x, y) = xy^2 e^{x^2 y}$ であれば,

$$f_x = y^2 + 2xy e^{x^2 y} \qquad f_y = 2xy + x^2 e^{x^2 y}$$

$$f_{xy} = 2y + 2x(1 + x^2 y) e^{x^2 y} \qquad f_{yx} = 2y + 2x(1 + x^2 y) e^{x^2 y}$$

となる. $f_{xy} = f_{yx}$ に注意しよう. これは, f_{xy} と f_{yx} が連続な関数であればつねに成立する. 連続であるという条件は, 物理的な応用で扱うほぼすべての関数の場合に成立している. 問題 12-3 は, ファンデルワールス方程式で $\partial^2 P / \partial V \partial T = \partial^2 P / \partial T \partial V$ であることを示す問題である.

微分する順番の違う変数混合の二階偏微分が等しいという性質は, 熱力学によく出てくる. たとえば, 熱力学において物質のエントロピー S と圧力 P は, 次式のように体積と温度の関数であるヘルムホルツエネルギー $A = A(V, T)$ の偏微分として,

$$S = -\left(\frac{\partial A}{\partial T}\right)_V \quad \text{および} \quad P = -\left(\frac{\partial A}{\partial V}\right)_T$$

と表せる. また,

$$\frac{\partial^2 A}{\partial V \partial T} = \left[\frac{\partial}{\partial V}\left(\frac{\partial A}{\partial T}\right)_V\right]_T = \left[\frac{\partial}{\partial T}\left(\frac{\partial A}{\partial V}\right)_T\right]_V$$
$$= \frac{\partial^2 A}{\partial T \partial V}$$

の関係より，

$$\left(\frac{\partial S}{\partial V}\right)_T = \left(\frac{\partial P}{\partial T}\right)_V \tag{12.5}$$

となることがわかる．

式(12.5)は，熱力学におけるマクスウェルの関係式として知られている．式(12.5)の偏微分は，典型的な熱力学の操作である．式(12.5)は，重要で有益な関係式である．というのは，この関係式によって簡単に測定できる物質の圧力と体積および温度（P-V-T）の関係を知ることによって，直接測定できない物質のエントロピーを計算できるからである．

12.2 全微分

例題 12-1 に与えられている偏微分は，ほかの変数を固定したうえで一つの独立した変数を変化させるときに，P がどのように変化していくのかを示している．知りたいことは，二つまたはそれ以上の独立変数が変化するときに，関数がどのように変化するのかということである．1 mol の $P = P(T, V)$ を例にとると圧力変化は，

$$\Delta P = P(T + \Delta T, V + \Delta V) - P(T, V)$$

とかける．この方程式に，$P(T, V + \Delta V)$ を一つ足して，一つ引くと，

$$\Delta P = [P(T + \Delta T, V + \Delta V) - P(T, V + \Delta V)] + [P(T, V + \Delta V) - P(T, V)]$$

となる．括弧で囲んだ最初の二つの項に $\Delta T / \Delta T$ を掛けて，そのつぎの二つの項に $\Delta V / \Delta V$ を掛けると，

$$\Delta P = \left[\frac{P(T + \Delta T, V + \Delta V) - P(T, V + \Delta V)}{\Delta T}\right]\Delta T + \left[\frac{P(T, V + \Delta V) - P(T, V)}{\Delta V}\right]\Delta V$$

を得る．いま，$\Delta T \to 0$, $\Delta V \to 0$ とすると，

$$dP = \lim_{\Delta T \to 0} \left[\frac{P(T + \Delta T, V) - P(T, V)}{\Delta T} \right] \Delta T +$$
$$\lim_{\Delta V \to 0} \left[\frac{P(T, V + \Delta V) - P(T, V)}{\Delta V} \right] \Delta V \tag{12.6}$$

となる.最初の極限は定義より $(\partial P/\partial T)_V$ となり,二つ目の極限は $(\partial P/\partial V)_T$ となるので,式(12.6)は要望どおり,

$$dP = \left(\frac{\partial P}{\partial T}\right)_V dT + \left(\frac{\partial P}{\partial V}\right)_T dV \tag{12.7}$$

となる.

式(12.7)は P の全微分という.単純にいえば,P の変化量は,V を一定にして T を変化させたときの P の変化量に T の微小な変化を掛けあわせた量に,T を一定にして V を変化させたときの P の変化量に V の微小な変化を掛けあわせた量を足しあわせることによって与えられる.

例題 12-3 式(12.7)を用いると,温度と体積が少し変化したときの圧力の変化を計算できる.ある変化 ΔT と ΔV について,式(12.7)は,

$$\Delta P \approx \left(\frac{\partial P}{\partial T}\right)_V \Delta T + \left(\frac{\partial P}{\partial V}\right)_T \Delta V$$

とかける.この方程式を用いて,温度が 273.15 K から 274.00 K まで変化し,体積が 10.00 L から 9.90 L まで変化したときの理想気体 1 mol の圧力変化を求めよ.

解: 最初に,以下の偏微分の値が必要である.

$$\left(\frac{\partial P}{\partial T}\right)_V = \left[\frac{\partial}{\partial T}\left(\frac{RT}{V}\right)\right]_V = \frac{R}{V}$$

および,

$$\left(\frac{\partial P}{\partial V}\right)_T = \left[\frac{\partial}{\partial V}\left(\frac{RT}{V}\right)\right]_V = \frac{RT}{V^2}$$

したがって,与えられた式は,

$$\Delta P \approx \frac{R}{V}\Delta T - \frac{RT}{V^2}\Delta V$$

$$= \frac{(8.314 \text{ J K}^{-1} \text{ mol}^{-1})}{(10.00 \text{ L mol}^{-1})}(0.85 \text{ K}) -$$

$$\frac{(8.314 \text{ J K}^{-1} \text{ mol}^{-1})(273.15)}{(10.00 \text{ L mol}^{-1})^2}(-0.10 \text{ L mol}^{-1})$$

$$= 3.0\,\text{J L}^{-1} = 3.0 \times 10^3\,\text{J m}^3 = 3.0 \times 10^3\,\text{Pa} = 0.030\,\text{bar}$$

となる．偶然にもこの特別に単純な場合には，圧力の変化を（理想気体の状態方程式を用いた）次式から厳密に計算することができて，答えは同じとなる．

$$\Delta P = \frac{RT_2}{V_2} - \frac{RT_1}{V_1}$$
$$= (8.314\,\text{J K}^{-1}\,\text{mol}^{-1})\left(\frac{274.00\,\text{K}}{9.90\,\text{L mol}^{-1}} - \frac{273.15\,\text{K}}{10.00\,\text{L mol}^{-1}}\right)$$
$$= 3.0\,\text{J L}^{-1} = 0.030\,\text{bar}$$

例題 12-1 において，圧力 P は，ファンデルワールス気体 1 mol についての温度 T と体積 V の関数，つまり $P = P(T, V)$ として与えられる．よって，P の全微分を式(12.2)の右辺を T と V で微分することによって得ることができる．つまり，

$$dP = \frac{R}{V-b}dT - \frac{RT}{(V-b)^2}dV + \frac{2a}{V^3}dV$$
$$= \frac{R}{V-b}dT + \left[-\frac{RT}{(V-b)^2} + \frac{2a}{V^3}\right]dV \tag{12.8}$$

となる．

例題 12-1 からわかるように，式(12.8)はまさに式(12.7)をファンデルワールスの状態方程式について具体的に表したものである．いま，かりに dP についての任意の式，

$$dP = \frac{RT}{V-b}dT + \left[\frac{RT}{(V-b)^2} + \frac{a}{TV^2}\right]dV \tag{12.9}$$

が与えられ，式(12.9)となるような状態方程式 $P = P(T, V)$ を決定することが問われているとしよう．より単純な質問にすると，ある関数 $P(T, V)$ の全微分が，式(12.9)で与えられるような形となる関数があるかという問いとなる．どのように答えればよいだろうか．そのような関数 $P(T, V)$ が存在すると仮定すると，そのときその関数の全微分は式(12.7)で表され，

$$dP = \left(\frac{\partial P}{\partial T}\right)_V dT + \left(\frac{\partial P}{\partial V}\right)_T dV$$

となる．そのような状態方程式が存在すれば，その交差微分，

$$\left(\frac{\partial^2 P}{\partial V \partial T}\right) = \left[\frac{\partial}{\partial V}\left(\frac{\partial P}{\partial T}\right)_V\right]_T \quad \text{および} \quad \left(\frac{\partial^2 P}{\partial T \partial V}\right) = \left[\frac{\partial}{\partial T}\left(\frac{\partial P}{\partial V}\right)_T\right]_V$$

の値は等しくなければならない．この条件を式(12.9)に適用すると，

$$\frac{\partial}{\partial T}\left[\frac{RT}{(V-b)^2} - \frac{a}{TV^2}\right] = \frac{R}{(V-b)^2} + \frac{a}{T^2V^2}$$

および，

$$\frac{\partial}{\partial V}\left(\frac{RT}{V-b}\right) = -\frac{RT}{(V-b)^2}$$

である．つまり，交差微分が等しくならないことがわかる．したがって，式(12.9)で与えられる式は，いかなる関数 $P(T, V)$ の全微分にもならない．

ある関数 $f(x, y)$ の微分 df を完全微分という．式(12.8)は完全微分の例である．これは，ファンデルワールス方程式における $P(T, V)$ の全微分をとることによって得られた．問題12-3では，この交差微分が等しくなることを示す．完全微分についてはこれがつねに成り立つ．df についての式が，ある関数の微分でないことがわかれば，そのときこの df は不完全微分であるという．式(12.9)は不完全微分の例である．不完全微分における交差微分は等しくならない．

完全微分と不完全微分は，物理化学において重要な役割を果たす．dy が完全微分のときは，

$$\int_1^2 dy = y_2 - y_1 \quad (完全微分)$$

となり，積分の値は端の点（1 と 2）だけで決まり，1から2への経路にはよらない．しかし，この記述は不完全微分の場合は正しくない．つまり，

$$\int_1^2 dy \neq y_2 - y_1 \quad (不完全微分)$$

である．このときの積分の値は，両端の点だけでなく1から2への経路に依存する．

最初（完全微分）の場合における変数 y を，状態関数という．なぜなら，このとき，積分の値は，1と2で示されている系の最初の状態とさいごの状態だけに依存し，ある状態から別の状態へどのようにして移っていったかには依存しないからである．2番目（不完全微分）の場合，y は状態関数ではないので，積分の値は系が最初の状態からさいごの状態までどのようにして変化していったかに依存する．

12.3 偏微分の連鎖法則

関数 $u = f(x, y)$ を仮定しよう．ここで，x と y は一変数 t の関数であるとする．このとき，複合関数 $f(x(t), y(t)) = u(t)$ は一変数 t の関数であり，

$$\frac{du}{dt} = \frac{\partial u}{\partial x}\frac{dx}{dt} + \frac{\partial u}{\partial y}\frac{dy}{dt} \qquad (12.10)$$

である．偏微分 $\partial u/\partial x$ と $\partial u/\partial y$ は連続であると仮定する．式(12.10)を偏微分の連鎖法則という．式(12.10)は，容易に二つ以上の独立な変数をもつ関数に拡張できる．

例題 12-4 式(12.10)を用いて，$u(x, y) = x^2y + xy^2$ で $x(t) = te^{-t}$, $y(t) = e^{-t}$ の場合の du/dt を求めよ．

解：

$$\frac{\partial u}{\partial x} = 2xy + y^2 \qquad \frac{\partial u}{\partial y} = x^2 + 2xy$$

$$\frac{dx}{dt} = (1-t)e^{-t} \qquad \frac{dy}{dt} = -e^{-t}$$

となるので，

$$\begin{aligned}\frac{du}{dt} &= (2xy + y^2)(1-t)e^{-t} + (x^2 + 2xy)(-e^{-t}) \\ &= [(1+2t)(1-t) - t(t+2)]e^{-3t} \\ &= (1 - t - 3t^2)e^{-3t}\end{aligned}$$

となる．もちろん，$x(t)$ と $y(t)$ を $u(x, y)$ に代入して，t について微分しても同じ結果が得られる．

今度は，$x = x(s, t)$, $y = y(s, t)$ であるような関数 $u = u(x, y)$ を仮定しよう．このとき，u もまた s と t の関数である．式(12.10)を拡張して，

$$\frac{\partial u}{\partial s} = \frac{\partial u}{\partial x}\frac{\partial x}{\partial s} + \frac{\partial u}{\partial y}\frac{\partial y}{\partial s} \qquad (12.11a)$$

$$\frac{\partial u}{\partial t} = \frac{\partial u}{\partial x}\frac{\partial x}{\partial t} + \frac{\partial u}{\partial y}\frac{\partial y}{\partial t} \qquad (12.11b)$$

とかける．u が s と t の関数であり，その u を s または t について微分するとき，微分しないほうの変数は，偏微分する間，一定に保たれる．u が x と y の関数であり，その u を x または y について微分するとき，微分しないほうの変数は，偏微分する間，一定に保たれる．

例題 12-5　$u(x, y) = ye^{-x} + xy$ で、$x(s, t) = s^2 t$, $y(s, t) = e^{-s} + t$ のとき $\partial u/\partial s$ と $\partial u/\partial t$ を求めよ。

解：
$$\frac{\partial u}{\partial s} = \frac{\partial u}{\partial x}\frac{\partial x}{\partial s} + \frac{\partial u}{\partial y}\frac{\partial y}{\partial s}$$
$$= (-ye^{-x} + y)(2st) + (e^{-x} + x)(-e^{-s})$$
$$= 2st[-(e^{-s} + t)e^{-s^2 t} + e^{-s} + t] - (e^{-s^2 t} + s^2 t)e^{-s}$$
$$= 2st(e^{-s} + t)(1 - e^{-s^2 t}) - (e^{-s^2 t} + s^2 t)e^{-s}$$

$$\frac{\partial u}{\partial t} = \frac{\partial u}{\partial x}\frac{\partial x}{\partial t} + \frac{\partial u}{\partial y}\frac{\partial y}{\partial t}$$
$$= (-ye^{-x} + y)s^2 + (e^{-x} + x)$$
$$= (e^{-s^2 t} + s^2 t) + s^2(e^{-s} + t)(1 - e^{-s^2 t})$$

問題 12-14 に、$x = s^2 t$ と $y = e^{-s} + t$ を $u(x, y)$ に代入して、$\partial u/\partial s$ と $\partial u/\partial t$ を計算することにより同じ結果になることを確かめる問題をあげた。

熱力学を考えるさいに非常に便利な連鎖法則の別の表し方がある。$u = u(x, y)$, $y = y(x, z)$ ならば、

$$\left(\frac{\partial u}{\partial x}\right)_z = \left(\frac{\partial u}{\partial x}\right)_y + \left(\frac{\partial u}{\partial y}\right)_x \left(\frac{\partial y}{\partial x}\right)_z \tag{12.12}$$

と表せる。物理化学でこの式を直接用いることはそう多くはないが、よく用いられる形式的な手続きを正当化するのに役立つ（数学的な手続きで形式的とは、記号が数学的な厳密にかかわらず、うまく処理されていることをいう）。式(12.12) は、つぎに示す u についての全微分の式、

$$du = \left(\frac{\partial u}{\partial x}\right)_y dx + \left(\frac{\partial u}{\partial y}\right)_x dy$$

から始めることによって導出される。この式から、z を一定値に保ったまま両辺を dx で割ることによって、

$$\left(\frac{\partial u}{\partial x}\right)_z = \left(\frac{\partial u}{\partial x}\right)_y + \left(\frac{\partial u}{\partial y}\right)_x \left(\frac{\partial y}{\partial x}\right)_z$$

を得る。これは、式(12.12) と同じ結果となり、形式的な手続きを正当化することに役立っている。

この手続きが熱力学でどのように用いられているのかをみていこう。熱力学方程式、

$$dU = TdS - PdV \tag{12.13}$$

を考えよう．これは，まさに熱力学第一法則を述べている式である（数学的に厳密ではないが）．一般的に"一定の T において式(12.13) を dV で割る"と表現し，

$$\left(\frac{\partial U}{\partial V}\right)_T = T\left(\frac{\partial S}{\partial V}\right)_T - P \tag{12.14}$$

とかく．式(12.5) を用いることによって，式(12.14) は，

$$\left(\frac{\partial U}{\partial V}\right)_T = T\left(\frac{\partial P}{\partial T}\right)_V - P \tag{12.15}$$

となる．これは，熱力学の標準的な方程式である．理想気体の場合，$(\partial U/\partial V)_T = 0$ であることが容易にわかる．これは，理想気体の熱力学的なエネルギー（内部エネルギー）が等温膨張において変化しないことを意味している．問題12-28 から問題12-32 までは，熱力学で現れるほかのいくつかの方程式を導出する問題が含まれている．

12.4 オイラーの定理

熱力学およびほかのいくつかの分野で便利なオイラーの定理とよばれる定理がある．これを説明するために，最初に次数 p の斉次関数を定義しよう．この関数はつぎのような性質をもっている．

$$f(\lambda x_1, \lambda x_2, \cdots, \lambda x_n) = \lambda^p f(x_1, x_2, \cdots, x_n) \tag{12.16}$$

ここで，λ は変数である．たとえば，$f(x, y, z) = x^2 z + yz^2 + xyz$ は次数3 の斉次関数である．というのは，

$$\begin{aligned} f(\lambda x, \lambda y, \lambda z) &= (\lambda x)^2(\lambda z) + (\lambda y)^2(\lambda z) + (\lambda x)(\lambda y)(\lambda z) \\ &= \lambda^3(x^2 z + yz^2 + xyz) = \lambda^3 f(x, y, z) \end{aligned}$$

だからである．すべての独立な変数が式(12.16) で表されなくてもよい．

$$f(x, y, z, w) = xy \sin z + \frac{x^3}{y} e^{-w^2}$$

で与えられる関数 $f(x, y, z, w)$ は，独立変数 x と y における次数2 の斉次関数である．理由は，

$$f(\lambda x, \lambda y) = \lambda^2 f(x, y) \tag{12.17}$$

だからである．独立変数 z と w は，式(12.17) ではたんに隠されている．

オイラーの定理は以下のとおりである．

$$f(\lambda x, \lambda y) = \lambda^p f(x, y) \text{ であれば,}$$
$$pf(x, y) = x\frac{\partial f}{\partial x} + y\frac{\partial f}{\partial y} \tag{12.18}$$

オイラーの定理の証明は，つぎのように行う．まず，

$$f(\lambda x, \lambda y) = \lambda^p f(x, y)$$

から始めよう．ここで $u = \lambda x$, $v = \lambda y$ とおく．

$$f(\lambda x, \lambda y) = \lambda^p f(x, y)$$

の両辺を λ に対して微分すると，

$$\frac{\partial f}{\partial u}\frac{\partial u}{\partial \lambda} + \frac{\partial f}{\partial v}\frac{\partial v}{\partial \lambda} = p\lambda^{p-1} f(x, y)$$

を得る．しかし，$\partial u/\partial \lambda = x$, $\partial v/\partial \lambda = y$ なので，

$$p\lambda^{p-1} f(x, y) = x\frac{\partial f}{\partial u} + y\frac{\partial f}{\partial v}$$

この方程式は λ のあらゆる値に対して正しいので，$\lambda = 1$ についても正しい．そのとき $u = x$, $v = y$ なので，

$$pf(x, y) = x\frac{\partial f}{\partial x} + y\frac{\partial f}{\partial y}$$

となる．熱力学においてオイラーの定理が役に立つのは，変数 x と y が示量性の熱力学変数ならば，$f(\lambda x, \lambda y) = \lambda f(x, y)$ であるという事実から生じる．つぎに，この結果の明確な例を与える．

例題 12-6　系の内部エネルギー U が，エントロピー S と体積 V そして物質量 (mol) n で表されるとする．オイラーの定理を用いて，

$$U = S\left(\frac{\partial U}{\partial S}\right)_{V,n} + V\left(\frac{\partial U}{\partial V}\right)_{S,n} + n\left(\frac{\partial U}{\partial n}\right)_{S,V}$$

を導け．結果の方程式に覚えがあるだろうか．

解：　エントロピー，体積，物質量は，すべて示量性の熱力学量なので，
$$U(\lambda S, \lambda V, \lambda n) = \lambda U(S, V, n)$$

が成立する．よって，式(12.18) より，

$$U = S\left(\frac{\partial U}{\partial S}\right)_{V,n} + V\left(\frac{\partial U}{\partial V}\right)_{S,n} + n\left(\frac{\partial U}{\partial n}\right)_{S,V}$$

となる．この結果は $(\partial U/\partial S)_{V,n} = T$, $(\partial U/\partial V)_{S,n} = -P$, $(\partial U/\partial n)_{S,V} = \mu$（化学ポテンシャル）を覚えていれば，$G = \mu n = U - TS + PV = H - TS$ の式と等価である．問題 12-17 と問題 12-18 に，熱力学にオイラーの定理を適用するほかの問題を与えてある．

12.5 極大と極小

ある関数 $f(x, y)$ において，$f(a, b)$ が周りの点における $f(x, y)$ の値より大きいとき，$f(x, y)$ は点 (a, b) で極大値をとる．そして，$f(a, b)$ が隣接した点における $f(x, y)$ の値より小さいとき，$f(x, y)$ は点 (a, b) で極小値をとる．これはつぎに述べる幾何学的な説明からもわかる．式 $z = f(x, y)$ が三次元空間の滑らかな表面を表しているとする．$f(x, y)$ が点 (a, b) で極大値をとり，この極大値を $c = f(a, b)$ で表すとすると，面 $z = c = f(a, b)$ は，表面 $z = f(x, y)$ 上の点 $x = a, y = b, z = c$ に対して水平に接した面であり，この点に近接した表面 $z = f(x, y)$ 上のすべての点はこの面 $z = c = f(a, b)$ より下にある（図 12.3）．同様にして，$f(x, y)$ が点 (a, b) で極小値をとるならば，点 (a, b) に近接した表面 $z = f(x, y)$ 上のすべての点は水平に接した面（水平接面）$z = c = f(a, b)$ より上にある（図 12.4）．

$f(x, y)$ が点 (a, b) で極大値をもつことを数学的に表すには，微小な値 h と k について $f(a \pm h, b \pm k) < f(a, b)$ であることを示すとよい．いま，$k = 0$ とすれば，この定義によると，$f(a \pm h, b) < f(a, b)$ であれば $f(x, y)$ は点 (a, b) で極値をもつといえそ

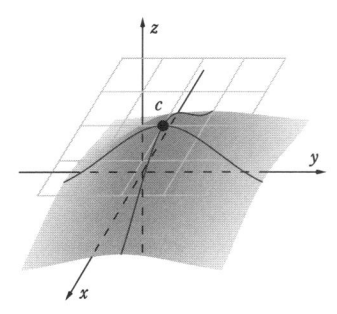

図 12.3 $z = f(x, y)$ の点 (a, b) における極大値 c 近傍のグラフと面 $z = c = f(a, b)$ のグラフ．

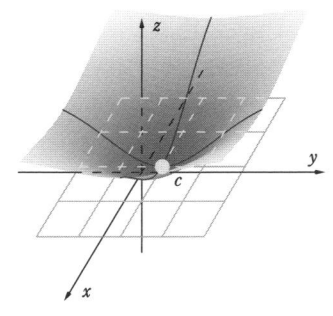

図 12.4 $z = f(x, y)$ の点 (a, b) における極小値 c 近傍のグラフと面 $z = c = f(a, b)$ のグラフ．

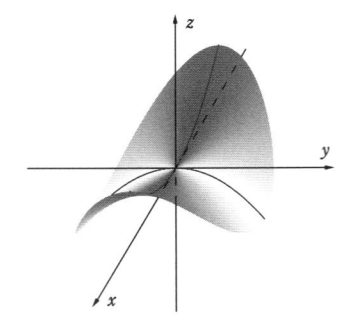

図 12.5 点 $(0, 0)$ における $z = x^2 - y^2$ の鞍点.

うである．しかし，これではたんに $f(x, b)$ が $x = a$ で極大値をもっていると述べているだけである．このとき，$f(x, y)$ は y を $y = b$ で保った状態での x の関数と考えられる．実際，一変数関数が $x = a$ で極大値となる条件，つまり，$x = a$ で $f'(x) = 0$ では，

$$\frac{\partial f}{\partial x} = 0 \tag{12.19}$$
$$x = a, \ y = b \quad \text{または} \quad f_x(a, b) = 0 \quad \text{のとき}$$

となる．同じ議論が $k = 0$ の代わりに $h = 0$ のときも成り立ち，

$$\frac{\partial f}{\partial y} = 0 \tag{12.20}$$
$$x = a, \ y = b \quad \text{または} \quad f_y(a, b) = 0 \quad \text{のとき}$$

となる．さらに，同じ議論が点 (a, b) で極小値をもつときにも適用でき，式(12.19) と式(12.20) は $f(x, y)$ が点 (a, b) で極値をもつときには成立しなければならない．点 (a, b) を $f(x, y)$ の臨界点という．

しかしながら，一変数関数の場合のように，式(12.19)，式(12.20) はまさに $f(x, y)$ が点 (a, b) で極値をもつための必要条件であり，十分条件ではない．それを示す良い例が，$f(x, y) = x^2 - y^2$ である．この関数は，$f_x = 2x$，$f_y = -2y$ となるので両偏微分は，点 $(0, 0)$ で 0 となる．つまり，式(12.19) と式(12.20) は満足する．しかし，y を $y = 0$ で一定とした x の関数と考えると，点 $(0, 0)$ で $f_{xx} = 2 > 0$ となるので $f(x, 0)$ は点 $(0, 0)$ で極小となる．一方，x を $x = 0$ で一定とした y の関数と考えると，点 $(0, 0)$ で $f_{yy} = -2 < 0$ となるので $f(0, y)$ は点 $(0, 0)$ で極大となる．つまり，表面 $z(x, y)$ は，図12.5に示すように yz 平面で極大となり，xz 平面で極小となる．この場合の臨界点は，みた目の形から鞍点とよばれる．

12.5 極大と極小

例題 12-7

$$f(x, y) = x^3 + y^3 - x - 6y + 10$$

の特異点を求めよ.

解： 臨界点の式は,

$$\frac{\partial f}{\partial x} = 3x^2 - 1 = 0 \quad \text{および} \quad \frac{\partial f}{\partial y} = 3y^2 - 6 = 0$$

なので，臨界点として $x = \pm 1/\sqrt{3}$ と $y = \pm\sqrt{2}$ が得られる．臨界点は，

$$\left(\frac{1}{\sqrt{3}}, \sqrt{2}\right), \ \left(-\frac{1}{\sqrt{3}}, \sqrt{2}\right), \ \left(\frac{1}{\sqrt{3}}, -\sqrt{2}\right), \ \text{および} \ \left(-\frac{1}{\sqrt{3}}, -\sqrt{2}\right)$$

となる.

一変数関数で $f'(a) = 0$ であり $f''(a) \neq 0$ ならば, $f''(a)$ の正負で $f(a)$ が極大値か極小値かが決まる．同じようにして，$f_x(a, b) = f_y(a, b) = 0$ のとき $f(x, y)$ の二階偏微分の正負は，$f(a, b)$ が極大点か極小点か鞍点かを決定する．まず,

$$D(a, b) = f_{xx}(a, b)f_{yy}(a, b) - f_{xy}^2(a, b)$$

の量を定義する必要がある．ここで,

$$f_x(a, b) = 0 \quad \text{かつ} \quad f_y(a, b) = 0$$

ならば, $f(a, b)$ は,

1. $f_{xx}(a, b) < 0$ で $D(a, b) > 0$ なら極大値,
2. $f_{xx}(a, b) > 0$ で $D(a, b) > 0$ なら極小値,
3. $D(a, b) < 0$ なら鞍点,

となる．$D(a, b) = 0$ ならより高階の偏微分を考えなければならない．

例題 12-7 の四つの臨界点をみてみよう．最初に,

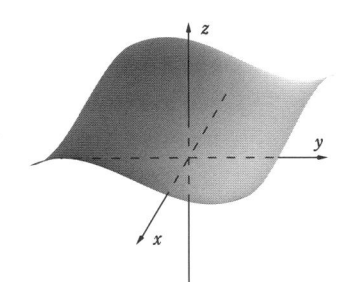

図 12.6 臨界点 $\left(\pm\dfrac{1}{\sqrt{3}}, \pm\sqrt{2}\right)$ 近傍の関数 $z(x, y) = x^3 + y^3 - x - 6y + 10$ のグラフ．それぞれの臨界点はどのような点だろうか．

$f_{xx} = 6x, \quad f_{yy} = 6y, \quad f_{xy} = 0 \quad \text{および} \quad D = 36xy$

であることがわかる．つまり，

$\left(\dfrac{1}{\sqrt{3}},\sqrt{2}\right)$： $D > 0$, $f_{xx} > 0$ なので極小点

$\left(-\dfrac{1}{\sqrt{3}},\sqrt{2}\right)$： $D < 0$ なので鞍点

$\left(\dfrac{1}{\sqrt{3}},-\sqrt{2}\right)$： $D < 0$ なので鞍点

$\left(-\dfrac{1}{\sqrt{3}},-\sqrt{2}\right)$： $D > 0$, $f_{xx} < 0$ なので極大点

それぞれの臨界点を図 12.6 でみることができる．

例題 12-8

$f(x, y) = \ln(x^2 + y^2 + 2)$

の臨界点を調べよ．

解： 臨界点の式は，

$$f_x = \dfrac{2x}{x^2 + y^2 + 2} = 0 \qquad f_y = \dfrac{2y}{x^2 + y^2 + 2} = 0$$

なので，点 $(0, 0)$ で臨界点となることがわかる．その臨界点での二階偏微分は $f_{xx}(0, 0) = 1$, $f_{yy}(0, 0) = 1$, $f_{xy}(0, 0) = 0$ である．したがって，$D(0, 0) = 1 > 0$, $f_{xx}(0, 0) = 1 > 0$ なので，臨界点は極小点である（図 12.7）．

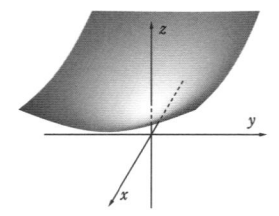

図 12.7 関数 $z(x, y) = \ln(x^2 + y^2 + 2)$ のようす．臨界点 $(0, 0)$ で極小となることを示している．

例題 12-9

$f(x, y) = \dfrac{1}{2}x^2 - xy$

の臨界点を調べよ．

解： 臨界点の式は，

$f_x = x - y = 0 \qquad f_y = -x = 0$

なので，点 $(0, 0)$ で臨界点となることがわかる．その臨界点での二階偏微分は $f_{xx}(0, 0) = 1 > 0$, $f_{yy}(0, 0) = 0$, $f_{xy}(0, 0) = -1$ である．したがって，$D(0, 0) = -1 < 0$ なので，臨界点は鞍点である（図 12.8）．

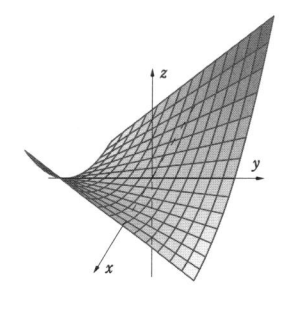

図 12.8 臨界点 $(0, 0)$ 近傍の関数 $z = \frac{1}{2}x^2 - xy$ のようす．臨界点 $(0, 0)$ で鞍点となることを示している．

12.6 多重積分

最初に扱う多重積分として，積分，

$$I = \int_0^\infty \int_0^\infty \int_0^\infty e^{-\alpha x^2} e^{-\beta y^2} e^{-\gamma z^2} dx dy dz \tag{12.21}$$

を考えよう．この式は，気体分子の運動論や統計熱力学で用いられる．ここで気づいてほしいのは，式(12.21)は三重積分でかかれているが，実際は三つの単積分の積，

$$I = \int_0^\infty e^{-\alpha x^2} dx \int_0^\infty e^{-\beta y^2} dy \int_0^\infty e^{-\gamma z^2} dz$$
$$= \left(\frac{\pi}{4\alpha}\right)^{1/2} \left(\frac{\pi}{4\beta}\right)^{1/2} \left(\frac{\pi}{4\gamma}\right)^{1/2}$$

であることである．その理由は，被積分関数が x の関数と y の関数と z の関数の積であり，定積分の端点に x, y または z を含まないからである．

つぎに，単積分の積に分割できない多重積分を考えよう．xy 平面のある領域 R にわたる $f(x, y)$ の二重積分は，

$$I = \iint_R f(x, y) dA \tag{12.22}$$

で表される．ここで，dA は xy 平面の面積素片である．単積分 $\int_a^b f(x) dx$ は区間 (a, b) で $f(x)$ と x 軸に囲まれた領域の面積と等しいという幾何学的な説明ができるように，二重積分も領域 R 内の表面 $f(x, y)$ と xy 平面で囲まれた部分の体積であるという幾何学

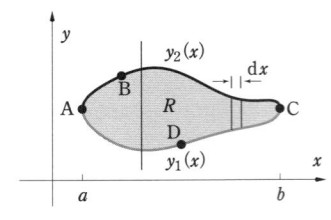

図 12.9 二次元領域 R の例．y 軸に平行な任意の線は，R の境界と多くとも 2 点で交わる．

な意味がある．

図 12.9 で示される領域を考えよう．ここで，y 軸に平行な線は，領域 R の境界と多くとも 2 点で交わる．R の上側の境界（図中の ABC を通る線）は $y_2(x)$ で，下側の境界（図中の ADC を通る線）は $y_1(x)$ で表せるとする．$y_1(x)$ と $y_2(x)$ は，$a \leq x \leq b$ の間で連続である．このような場合，式(12.22)の積分は，$dA = dxdy$ とおき，x と y について順番に積分することで計算できる．図 12.9 に示すような垂直に切って分けた幅 dx の短冊を考えよう．曲線 ABC と曲線 ADC の間にあるこの断片の積分 I への寄与は，

$$d\sigma(x) = dx \int_{y_1(x)}^{y_2(x)} dy f(x, y)$$

で与えられる．ここで，$d\sigma$ は x の関数である．図 12.9 の領域 R にわたる積分 I は，$x = a$ と $x = b$ の間のすべての短冊からの寄与を足しあわせることによって得られる．これは，$d\sigma(x)$ の積分を x が a から b までの範囲で行うことになり，式で表すと，

$$I = \int_a^b \left\{ \int_{y_1(x)}^{y_2(x)} f(x, y) dy \right\} dx \tag{12.23}$$

となる．式(12.23)を反復積分という．つまり，波括弧のなかの y についての積分は x の関数を与え，それからこの関数を $a \leq x \leq b$ の範囲で積分する．

例題 12-10 式(12.23)を用いて，図 12.10 の影で表された領域の面積を求めよ．

解： この場合，式(12.22)は $f(x, y) = 1$ となる．影で表された領域は，上側が $y = x$ 下側が $y = x^2$ で囲まれている．式(12.23)は，

$$I = \int_0^1 \left\{ \int_{x^2}^x dy \right\} dx = \int_0^1 (x - x^2) dx = \frac{1}{6}$$

を与える．

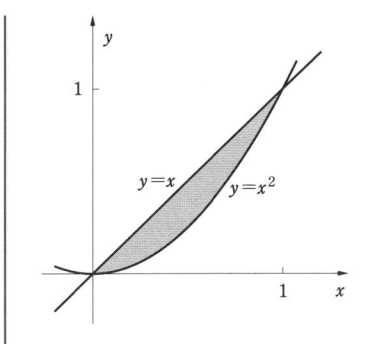

図 12.10 例題 12-10 で面積を求める領域（影）．この領域は $x=0$ と $x=1$ の間の上側が $y=x$ で下側が $y=x^2$ で囲まれた部分である．

例題 12-11　式(12.23) を用いて，$x^2+y^2+z^2=a^2$ かつ $z>0$ で表される半球の体積を求めよ．

解： 関数 $f(x,y)$ は，xy 面より上にある高さ $z=f(x,y)=(a^2-x^2-y^2)^{1/2}$ の半球ドームを表す（図12.11）．積分変数 x と y は，$z=0$ 面での単位円 $x^2+y^2=a^2$ 内で変化する．x と y の両方が正の値だけをとる領域に限って，半球の 1/4 の体積を計算する．面 $z=0$ での半球の境界は，$x^2+y^2=a^2$ で与えられる円なので，式(12.23) の y は 0 から $(a^2-x^2)^{1/2}$ まで変化し，x は 0 から a まで変化する．よって，

$$\frac{V}{4} = \int_0^a \left\{ \int_0^{(a^2-x^2)^{1/2}} (a^2-x^2-y^2)^{1/2} dy \right\} dx$$

$$= \int_0^a \left\{ \frac{1}{2}\left[y(a^2-x^2-y^2)^{1/2} + (a^2-x^2)\sin^{-1}\frac{y}{(a^2-x^2)^{1/2}} \right]_0^{(a^2-x^2)^{1/2}} \right\} dx$$

$$= \int_0^a \left\{ \frac{(a^2-x^2)}{2} \frac{\pi}{2} \right\} dx = \frac{\pi}{4} \frac{2a^3}{3} = \frac{\pi a^3}{6}$$

となる．この結果を 4 倍して，$2\pi a^3/3$ が半径 a の半球の体積である．

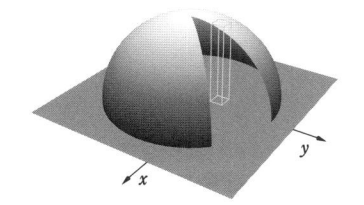

図 12.11 例題 12-11 で半球の体積を求めるさいに用いられる積分領域．

式(12.23) では y について積分してから x について積分したが，積分の順番を逆にして，x について積分してから y について積分することもできる．式にすると，

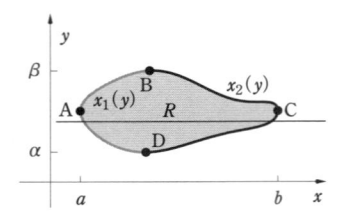

図 12.12 図 12.9 に示されている領域. x 軸に平行な任意の線は, R の境界と多くとも 2 点で交わる.

$$I = \int_\alpha^\beta \left\{ \int_{x_1(y)}^{x_2(y)} f(x, y) \, dx \right\} dy \tag{12.24}$$

となる. ここで, $x_1(y)$ と $x_2(y)$ は図 12.9 にある領域の境界を水平方向に分けている (図 12.12). x の積分は y の関数をもたらし, その y の関数は図 12.12 における y が α と β の間で積分されることに気をつけよう. 式 (12.24) を用いて,

$$I = \iint_R x \, dx \, dy$$

を計算しよう. ここで, R は第一象限にある曲線 $y = x^2$ と $y = x$ が境界となる領域である (図 12.13(a)). このとき, x の積分範囲は $x = y$ から $x = y^{1/2}$ までで, y の積分範囲は 0 から 1 までである. したがって,

$$I = \int_0^1 \left\{ \int_y^{y^{1/2}} x \, dx \right\} dy = \int_0^1 \left[\frac{y}{2} - \frac{y^2}{2} \right] dy = \frac{1}{12}$$

となる.

この積分値 I を計算するために式 (12.23) を用いることもできる. このとき, y の積分

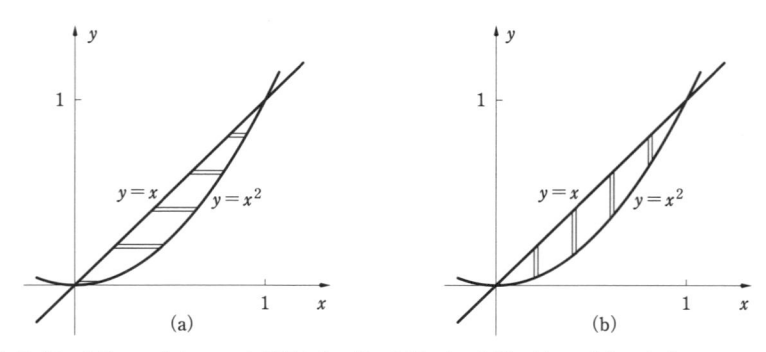

図 12.13 曲線 $y = x^2$ と $y = x$ が境界となる第一象限にある領域. (a)では積分はまず x について (y から $y^{1/2}$ まで) 行われ, つぎに y について (0から1まで) 行われる. (b)では積分はまず y について (x^2 から x まで) 行われ, つぎに x について (0から1まで) 行われる.

範囲は x^2 から x までで，x の積分範囲は 0 から 1 までである（図 12.13(b)）．よって，

$$I = \int_0^1 \left\{ x \int_{x^2}^x dy \right\} dx = \int_0^1 x(x - x^2) dx = \frac{1}{12}$$

となる．最初の場合は，水平方向の短冊からの寄与を計算した後，垂直方向に加えていった（図 12.13(a)）．2 番目の場合は，垂直方向に刻んだ短冊からの寄与を計算した後，水平方向に加えていった（図 12.13(b)）．

式 (12.23) や式 (12.24) では，どの変数を最初に積分するかを強調するために波括弧を用いたが，これは一般的な表記ではない．式 (12.23) は，内側の積分を最初に行うことを理解することによって，

$$I = \int_a^b \int_{y_1(x)}^{y_2(x)} f(x, y) dy dx \tag{12.25}$$

とかかれる．しかし，式 (12.23) のより良い表記は，

$$I = \int_a^b dx \int_{y_1(x)}^{y_2(x)} dy f(x, y) \tag{12.26}$$

である．ここで，y の積分は $f(x, y)$ に作用する演算子として考えられていて，引き続き演算として x で積分するさいの x の関数をもたらす．二つの演算の順番は，ふつうは右から左である．たとえば，式 (12.26) において $f(x, y) = xy$ で，$y_2(x) = 2x$, $y_1(x) = x$ とすると，

$$I = \int_a^b dx \, x \int_x^{2x} dy \, y$$
$$= \int_b^a dx \, x \left(\frac{4x^2 - x^2}{2} \right) = \frac{3}{2} \int_a^b dx \, x^3 = \frac{3}{8}(b^4 - a^4)$$

となる．ここでの要点は，右から左へ順番に積分することを認識することである．つまり，x について積分する前に y の積分がもたらす結果を待つ．この表記は非常に便利で，おおいに用いる価値がある．

二重積分では積分の順番を入れ替えると有益になることがよくある．たとえば，

$$I = \int_0^x du \int_0^u dt \, v(t) \tag{12.27}$$

のような二重積分は，流体の統計力学で現れる．積分の順番を入れ替えて，u の積分を最初に行おう．積分領域を図に描くとわかりやすい．図 12.14(a) は式 (12.27) の積分領域を示している．まず，任意の u について 0 から $t = u$ の線まで t で積分する（図 12.14(a) の水平に引いた短冊）．それから，u について 0 から x まで積分する（水平に引いた短冊を

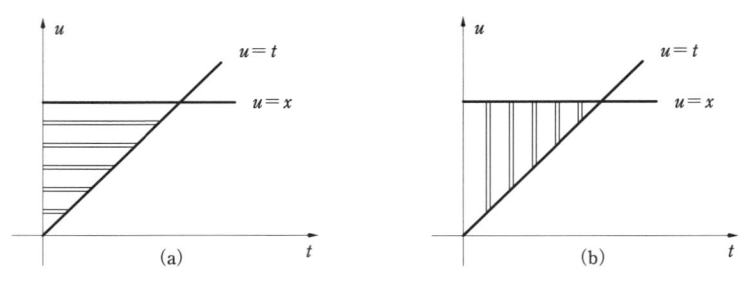

図 12.14 式(12.27)における積分計算を理解するための図．最初に t について積分する場合(a)と最初に u について積分する場合(b)．

足しあわせる）．図 12.14 (b)は，同じ領域を先ほどとは逆の順番で積分することを示す図である．このとき，まず u について t から x まで積分し（図 12.14 (b)の垂直に引いた短冊），それから t について 0 から x まで積分する（垂直に引いた短冊を足しあわせる）．どちらの場合も，積分のさいには同じ領域を通過する．つまり，

$$I = \int_0^x du \int_0^u dt\, v(t) = \int_0^x dt\, v(t) \int_t^x du = \int_0^t dt (x-t) v(t) \tag{12.28}$$

となる．このように，式(12.27)の二重積分を積分の順番を入れ替えることにより単積分に減らすことができた．

式(12.23)と式(12.24)は容易に三次元に拡張できる．たとえば，

$$I = \int_a^b \left\{ \int_{y_1(x)}^{y_2(x)} \left[\int_{g_1(x,y)}^{g_2(x,y)} f(x,y,z) dz \right] dy \right\} dx \tag{12.29}$$

または，演算子的な表記なら，

$$I = \int_a^b dx \int_{y_1(x)}^{y_2(x)} dy \int_{g_1(x,y)}^{g_2(x,y)} dz\, f(x,y,z) \tag{12.30}$$

式(12.29)または式(12.30)において，z の積分は x と y の関数をもたらし，y の積分は x の関数をもたらし，さいごに a と b の間の x の積分によって積分値 I が求められる．

数式処理システム（CAS）の多くは，多重積分の計算ができる．たとえば，Mathematica におけるコマンド，

```
Integrate[Sqrt[a^2-x^2-y^2],{x,0,a},{y,0,Sqrt[a^2-x^2]}]
```

によって，例題 12-11 でみた，つぎの結果が得られる．

$$I = \int_0^a dx \int_0^{(a^2-x^2)^{1/2}} dy\, (a^2 - x^2 - y^2)^{1/2} = \frac{\pi a^3}{6}$$

問題

12-1. 以下の関数の偏微分をそれぞれの変数について二階微分まで求めよ. $f(x, y) =$
(a) $xe^y + y$ (b) $y\sin x + x^2$
(c) $e^{-(x^2+y^2)}$

12-2. つぎの関数について, $f_{xy}=f_{yx}$ を示せ.
(a) $f(x, y) = x^2 e^{-y^2}$
(b) $f(x, y) = e^{-y}\cos xy$
(c) $f(x, y) = \sin xy$

12-3. 式 (12.2) にある気体 1 mol のファンデルワールス方程式について $\partial^2 P/\partial V \partial T = \partial^2 P/\partial T \partial V$ であることを示せ.

12-4. 関数 $c(x, t) = (4\pi Dt)^{-1/2}e^{-x^2/4Dt}$ が, 式 $\dfrac{\partial c}{\partial t} = D\dfrac{\partial^2 c}{\partial x^2}$ を満たすことを示せ.

12-5. 関数 $f(x, y) = \sinh ax \cos ay$ が, ラプラス方程式 $\dfrac{\partial^2 f}{\partial x^2} + \dfrac{\partial^2 f}{\partial y^2} = 0$ を満たすことを示せ.

12-6. 理想気体, および状態方程式 $P = nRT/(V - nb)$ (b は定数) で表される気体について,
$$\left(\frac{\partial V}{\partial T}\right)_{n,P} = \frac{1}{\left(\dfrac{\partial T}{\partial V}\right)_{n,P}}$$
を示せ. この関係は一般的に正しく, 逆数の一致という. 式の両辺で同じ変数が固定されていなければならないことに注意しよう.

12-7. 熱力学方程式 $\left(\dfrac{\partial U}{\partial V}\right)_T = T\left(\dfrac{\partial P}{\partial T}\right)_V - P$ は, 圧力, 体積, (絶対)温度で表される系のエネルギーが, 体積変化とともにどのように変化していくかを示している. 1 mol の理想気体 ($PV = RT$) および 1 mol のファンデルワールス気体 $\left[\left(P + \dfrac{a}{V^2}\right)(V - b) = RT, a, b\text{ は定数}\right]$ について $(\partial U/\partial V)_T$ を求めよ.

12-8. 一定体積下での熱容量 C_V は $C_V = (\partial U/\partial T)_V$ で定義される. この定義と問題 12-7 の熱力学方程式を用いて, 式 $(\partial C_V/\partial V)_T = T(\partial^2 P/\partial T^2)_V$ を導け.

12-9. 熱力学によると, 定圧熱容量と定積熱容量の差は $C_P - C_V = T(\partial P/\partial T)_V(\partial V/\partial T)_P$ で与えられる. 1 mol の理想気体について $C_P - C_V = R$ であることを示せ.

12-10. 問題 12-8 の式を用いて, 1 mol の理想気体と 1 mol のファンデルワールス気体について $(\partial C_V/\partial V)_T$ を決定せよ.

12-11. $dV = \pi r^2 dh + 2\pi rh\, dr$ は完全微分であるか.

12-12. $dx = C_V(T)dT + \dfrac{RT}{V}dV$ は完全微分であるか. $\dfrac{dx}{T}$ についてはどうか.

12-13. 例題 12-4 について, 先に $u(x, y)$ に $x(t)$ と $y(t)$ を代入し, それから t について偏微分しても同じ結果となることを確かめよ.

12-14. 例題 12-5 について, 先に $u(x, y)$ に $x(s, t)$ と $y(s, t)$ を代入し, それから偏微分しても同じ結果となることを確かめよ.

12-15. 連鎖法則を用いて, $u(x, y, z) = x^2 + ze^y$ で $x(t) = t, z(t) = t^2, z(t) = t^3$ のときの du/dt を求めよ. さらに, 得られた結果が, $x = t, y = t^2, z = t^3$ を直接 u に代入して得られた結果と一致することを確かめよ.

12-16. $u(x, y) = e^{x+y}$ で $x(t, s) = te^s, y(s) = \sin s$ のときの $\partial u/\partial s, \partial u/\partial t$ を求めよ.

12-17. Y を示量性の量としよう. オイラーの定理を用いて, $Y(n_1, n_2, \cdots\cdots, T, P) = \sum n_j \overline{Y_j}$ ($\overline{Y_j} = (\partial Y/\partial n_j)_{T,P,n_{k\ne j}}$ である) を示せ. $\overline{Y_j}$ は何を表すか. この式の物理的な意味を述べよ.

12-18. 系のヘルムホルツエネルギー A は, 温度 T, 体積 V, 物質量 n の関数として表すことができる. オイラーの定理を $A = A(T, V, n)$ に適用せよ. 得られた式に見覚えはあるか.

12-19. つぎの関数が, 与えられた臨界点で極大値をとるか極小値をとるか, それとも鞍点なのかを決定せよ.
(a) $f(x, y) = 2x^2 + 8xy + y^4$ の $(4, -2)$ と $(-4, 2)$
(b) $f(x, y) = 2x - x^2 + 2y^2 - y^4$ の $(1, 1)$ と $(1, -1)$
(c) $f(x, y) = 4 + x + y - x^2 - xy - y^2/2$ の $(0, 1)$
(d) $f(x, y) = e^{2x-4y-x^2-y^2}$ の $(1, -2)$

12-20. 以下の関数 $f(x, y)$ について臨界点を求め, 臨界点で $f(x, y)$ は, 極大値, 極小値, 鞍

点のいずれであるかを決定せよ.
(a) $f(x, y) = x^2 + y^2 + 2x - 4y + 8$
(b) $f(x, y) = x^2 - y^2 + 2x - 4y + 8$
(c) $f(x, y) = x^2 - 2x + y^2 - 2y + 3$

12-21. 以下の関数 $f(x, y)$ について臨界点を求め, 臨界点で $f(x, y)$ は, 極大値, 極小値, 鞍点のいずれであるかを決定せよ.
(a) $f(x, y) = xy + 6$
(b) $f(x, y) = x^2 + y^2 - 6x + 2y + 5$
(c) $f(x, y) = 3x^2 + 12x + 4y^3 - 6y^2 + 5$

12-22. 二つの放物線 $y^2 = a - x$ と $y^2 = a - ax$ の間の面積を求めよ. ただし, $a > 1$ とする.

12-23. $z = 1 - x^2 - y^2$ で表される表面と $z = 0$ 面にある 4 点 $(\pm 1, 0)$ と $(0, \pm 1)$ を頂点とする正方形で囲まれた領域の体積を求めよ (図 12.15).

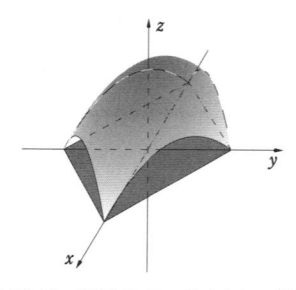

図 12.15 問題 12-23 で決められる体積.

12-24. 積分の順番を逆にすることによって, つぎの積分を求めよ.
(a) $\int_0^1 dy \int_y^1 dx \dfrac{y e^x}{x}$
(b) $\int_0^{\pi/2} dx \int_x^{\pi/2} du \dfrac{\sin u}{u}$

12-25. $\int_0^1 dy \int_y^1 dx\, y e^{x^3} = \dfrac{1}{6}(e - 1)$ を示せ.
ヒント: 積分の順番を逆にすること.

12-26. CAS を用いて $\int_0^1 dx \int_0^{x^3} dy\, e^{y/x}$ を求めよ.

12-27. CAS を用いて $\int_0^2 dy \int_0^y dx \sqrt{x^2 + y^2}$ を求めよ.

つぎの五つの問題は, 偏微分の計算だけでなく, さまざまな熱力学関係式の導出でもある.

12-28. $dU = TdS - PdV$ から始めて, 両辺に $d(PV)$ を加えて $d(TS)$ を引くと,
$$d(U + PV - TS) = dG = -SdT - VdP$$
を得る. ここで, G はギブズエネルギーである. この式を用いて, マクスウェルの関係式,
$$\left(\dfrac{\partial S}{\partial P}\right)_T = -\left(\dfrac{\partial V}{\partial T}\right)_P$$
を導け.

12-29. $dU = TdS - PdV$ の両辺から $d(TS)$ を引くと, $d(U - TS) = dA = -SdT - PdV$ を得る. 式 (12.5) を導け.

12-30. 12.3 節で形式的に式 (12.15) を導いた. この問題では, より厳密に式 (12.15) を導出しよう. $(\partial U/\partial V)_T$ の式を導きたいので, $U = U(V, T)$ から始める. U の全微分はつぎのようにかける.
$$dU = \left(\dfrac{\partial U}{\partial V}\right)_T dV + \left(\dfrac{\partial U}{\partial T}\right)_V dT \quad (1)$$
また, $S = S(V, T)$ の全微分の式を用いて $dU = TdS - PdV$ から dS を消去すると,
$$dU = \left[T\left(\dfrac{\partial S}{\partial V}\right)_T - P\right]dV + T\left(\dfrac{\partial S}{\partial T}\right)_V dT \quad (2)$$
を得る. 式 (1) と式 (2) を比べることによって,
$$\left(\dfrac{\partial U}{\partial V}\right)_T = T\left(\dfrac{\partial S}{\partial V}\right)_T - P \quad (3)$$
および,
$$\left(\dfrac{\partial S}{\partial T}\right)_V = \dfrac{1}{T}\left(\dfrac{\partial U}{\partial T}\right)_V = \dfrac{C_V}{T} \quad (4)$$
を得る. 式 (12.5) を式 (3) に代入して式 (12.15) を得よ. 式 (3) と式 (4) の有用性について述べよ.

12-31. 問題 12-30 で用いた手続きを用いて,
$$\left(\dfrac{\partial H}{\partial P}\right)_T = V - \left(\dfrac{\partial V}{\partial T}\right)_P \quad (1)$$
および,
$$\left(\dfrac{\partial S}{\partial T}\right)_P = \dfrac{C_P}{T} \quad (2)$$
を導け. また, 理想気体における $(\partial H/\partial P)_T$ を求めよ.

12-32. ここでは, 多くの学生が奇妙だと思っている熱力学の関係式を導こう. 式 (12.5) と問題 12-30 の式 (4) を用いて $S = S(T, V)$ の全微分は,
$$dS = \dfrac{C_V}{T}dT + \left(\dfrac{\partial P}{\partial T}\right)_V dV$$
で表せることを示せ. この結果から, $V = V(T, P)$ の全微分を代入することによって変数 dV を消去すると,

$$dS = \left[\frac{C_V}{T} + \left(\frac{\partial P}{\partial T}\right)_V \left(\frac{\partial V}{\partial T}\right)_P\right]dT + \left(\frac{\partial P}{\partial T}\right)_V \left(\frac{\partial V}{\partial P}\right)_T dP$$

を得る．さいごにこの結果を $S = S(T, P)$ の全微分と比較して，問題 12-28 と問題 12-31 の結果を用いることにより，

$$C_P - C_V = T\left(\frac{\partial P}{\partial T}\right)_V \left(\frac{\partial V}{\partial T}\right)_P \qquad (1)$$

および，

$$\left(\frac{\partial P}{\partial V}\right)_V \left(\frac{\partial V}{\partial P}\right)_T = -\left(\frac{\partial V}{\partial T}\right)_P \qquad (2)$$

を得る．まず，理想気体について $C_P - C_V = nR$ を示せ．つぎに，問題 12-6 の結果を用いて，

$$\left(\frac{\partial T}{\partial V}\right)_P \left(\frac{\partial V}{\partial P}\right)_T \left(\frac{\partial P}{\partial T}\right)_V = -1 \qquad (3)$$

を得よ．この結果を理想気体に適用して，式(3)が成立していることを確かめよ．

12-33. この問題では，どのようにして与えられた全微分を満たす関数を決めていくのかを示そう．$dz = (2x + y)dx + (x + y)dy$ と仮定する．dz が完全微分であることを示せ．関数 $z(x, y)$ の形を決めるために，$\partial z/\partial x$ を x について部分的に積分すると，

$$z(x, y) = \int \frac{\partial z}{\partial x} dx = \int (2x + y) dx$$
$$= x^2 + xy + f(y)$$

を得る．ここで，$f(y)$ は決められた y の関数である．いまの場合，x について部分的に積分したので積分定数に相当する部分は y の関数となる．$z(x, y)$ を y に関して微分し，その結果が全微分の式の $\partial z/\partial y$ にあたる部分と同じにすることによって，$f(y)$ を具体的に求めることができる．この過程は，

$$\frac{\partial z}{\partial y} = \frac{\partial}{\partial y}[x^2 + xy + f(y)] = x + \frac{df}{dy}$$
$$= x + y$$

で表される．$\partial f/\partial y = y$，つまり，$f(y) = y^2/2 + $ (定数) となる．したがって，$z(x, y) = x^2 + xy + y^2/2 + $ (定数) である．この方法で，$dz = (x^2 + \sin y)dx + (x\cos y - 2y)dy$ で与えられる関数 $z(x, y)$ を決定せよ．

12-34. 問題 12-33 で述べた手続きを用いて，つぎの全微分で与えられる関数 $z(x, y)$ を決定せ

よ．
$$dz = [2x \sin y + (1 + y)e^x]dx + (x^2 \cos y + 2y + e^x)dy$$

12-35. 15 章ではつぎのような線形偏微分方程式を学ぶ．

$$\frac{\partial^2 u}{\partial x^2} = \frac{1}{v^2}\frac{\partial^2 u}{\partial t^2} \qquad (1)$$

ここで，$u = u(x, t)$ であり，v は定数である．この線形偏微分方程式を，一次元波動方程式という．この方程式をより単純な形に変換する新たな独立変数の組を見出そう．

$$\xi = x + at \quad \text{および} \quad \eta = x + bt$$

とおこう．ここで，a, b は決められた定数である．式(12.11)を用いて，

$$\frac{\partial^2 u}{\partial x^2} = \frac{\partial^2 u}{\partial \xi^2} + 2\frac{\partial^2 u}{\partial \eta \partial \xi} + \frac{\partial^2 u}{\partial \eta^2} \qquad (2)$$

および，

$$\frac{\partial^2 u}{\partial t^2} = a^2 \frac{\partial^2 u}{\partial \xi^2} + 2ab \frac{\partial^2 u}{\partial \eta \partial \xi} + b^2 \frac{\partial^2 u}{\partial \eta^2} \qquad (3)$$

であることを示せ．式(2)と式(3)を式(1)に代入して，

$$\left(1 - \frac{a^2}{v^2}\right)\frac{\partial^2 u}{\partial \xi^2} + 2\left(1 - \frac{ab}{v^2}\right)\frac{\partial^2 u}{\partial \eta \partial \xi} + \left(1 - \frac{b^2}{v^2}\right)\frac{\partial^2 u}{\partial \eta^2} = 0 \qquad (4)$$

を得よ．変数 a と b は任意なので，$a = \pm v$，$b = \pm v$ とする．このとき，符号を適切にとることによって，式(4)は，

$$\frac{\partial^2 u}{\partial \eta \partial \xi} = 0 \qquad (5)$$

となることを示せ．ここで，

$$\xi = x + vt \quad \text{および} \quad \eta = x - vt \qquad (6)$$

である．式(5)と式(6)は，式(1)と等価である．

12-36. 問題 12-35 の式(5)の解は，
$$u(x, t) = f(\xi) + g(\eta)$$
$$= f(x + vt) + g(x - vt) \qquad (1)$$

とかけることを示せ．ここで，$f(\xi)$ と $g(\eta)$ は（ほとんど）任意の関数である．問題 12-35 の式(1)が一次元波動方程式の一般解のとき，f と g は二階微分でなければならないことがわかる．

13

ベクトル

　ベクトルは，大きさと方向を両方もつ量である．ベクトルの例として，位置，力，速度，運動量がある．たとえば，位置を決めるときに，どのようなことをしているのかをよく考えてみよう．実際にある点から求める位置までの距離だけでなく，ある点からその位置までの方向を与えることによって位置を決めている．本章では，新しいベクトルを得るためのベクトルの足し算（和，加算）と引き算（差，減算）の方法と，それらをいくつかの座標系における単位ベクトルの項でどのように表現するのかを説明する．それから，ベクトルを互いに掛けあわせる二つの方法について議論し，スカラー積とベクトル積を与え，さらに，スカラー積，ベクトル積のいくつかの適用例を示す．13.3 節では，勾配（グラジェント）演算子と発散（ダイバージェンス）演算子という二つのベクトル演算子を紹介し，物理的な問題を考えるうえでどのようにそれらの演算子が生じてくるのかを示す．

13.1　ベクトルの表現

　ベクトルは，座標系のなかで原点から矢印をひくことによって幾何学的に表せる．矢印の長さはベクトルの大きさを表し，矢印の方向はベクトルの方向を表す．同じ長さと方向をもつベクトルは等しい．つまり，図 13.1 に示されたベクトルは，すべて等しい．便利なので座標系の原点によくベクトルの始点をもってくるが，始点はどこに位置していても，ベクトルに違いはない．

　二つのベクトルは，互いに足しあわせることができ，それによって新しいベクトルを得る．図 13.2 のように，二つのベクトル u と v を考えよう（ベクトルは太文字のイタリック体で表す）．新しいベクトル $w = u + v$ は，図に示すように，u の始点を v の終点（矢印の先端）におき，それから w を v の始点から u の終点までひくことで見つけられる．また v の始点を u の終点において，u の始点から v の終点に線をひいても w を見出

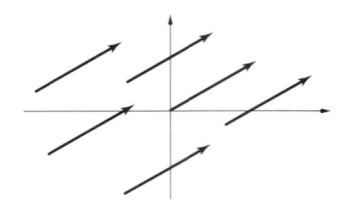

図 13.1 本図のすべてのベクトルは同じである．これらのベクトルはすべて同じ長さをもち，同じ方向をさしているからである．

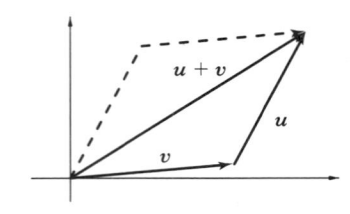

図 13.2 二つのベクトルの（交換可能な）和の例 $u+v=v+u=w$．

すことができる．図 13.2 に示すように，どちらのやり方でも，同じ結果が得られるので，

$$w = u + v = v + u \tag{13.1}$$

がわかる．つまり，ベクトルの足し算は交換可能である．

二つのベクトルの引き算では，二つのうち一つのベクトルを反対方向にして，その反対方向にしたベクトルをもう一方のベクトルに足すことにより，引き算した新しいベクトルがかける．ベクトルを反対方向にかくということは，ベクトルを $-v$ と表すことと同じである（図 13.3）．つまり，数学的には，

$$t = u - v = u + (-v) \tag{13.2}$$

と表せる．

一般に，あるベクトル u に数値 a を掛けたベクトルは，u に平行であるが，その長さは u の a 倍であるような新しいベクトルである．a が正の値であれば au は u と同じ方向を向き，a が負の値であれば au は u とは反対方向を向く．

有用なベクトルの組としては，それぞれ直交座標系の x, y, z 軸の正の方向を向いた大きさ 1 のベクトル（単位ベクトル）の組がある．これらの単位ベクトル（単位長さをもつ）は，それぞれ i, j, k のように表記し，図 13.4 に示されている．これから，直交座標系をつねに右手系になるように定めることにする．右手座標系とは，右手の 4 本指を i 方向から j 方向に握るとき，親指は k の方向をさすような系である（図 13.5）．どのよう

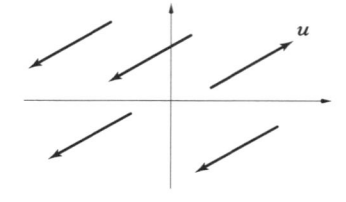

図 13.3 ベクトル $-u$ は，u とは反対の方向をさしている．本図で，下方向をさしているベクトルはすべて $-u$ と等しい．

13.1 ベクトルの表現

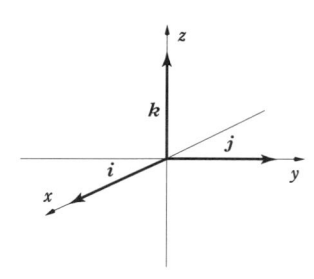

図 13.4 直交座標系（デカルト座標系）の基本単位ベクトル i, j, k.

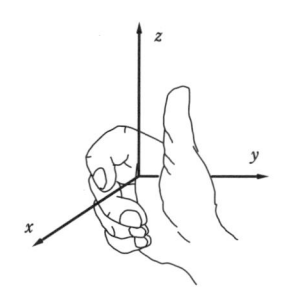

図 13.5 右手直交座標系の例.

な三次元ベクトル u も，それらの単位ベクトルを用いて表すことができる．

$$u = u_x i + u_y j + u_z k \tag{13.3}$$

ここで，たとえば $u_x i$ は，i の方向を向き，u_x の長さをもつ．式(13.3)の u_x, u_y, u_z は，ベクトル u の成分である．図 13.6 に示すように，それらは直交座標のそれぞれの軸に u を射影させたときの大きさである．ベクトルの成分を用いると，二つのベクトルの足し算や引き算は，

$$u \pm v = (u_x \pm v_x)i + (u_y + v_y)j + (u_z + v_z)k \tag{13.4}$$

と与えられる．

図 13.6 に示すように，ベクトル u の大きさは，

$$u = |u| = (u_x^2 + u_y^2 + u_z^2)^{1/2} \tag{13.5}$$

で与えられる．私たちはよく，u の大きさを u で表す．

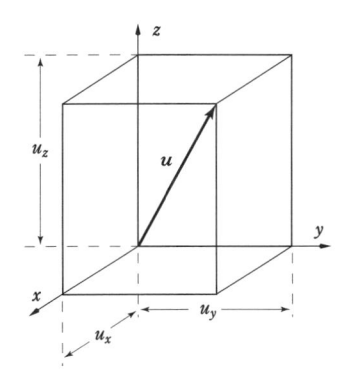

図 13.6 ベクトル u の成分は，x, y, z 軸に沿った射影である．本図は，ベクトル u の長さが $u = |u| = (u_x^2 + u_y^2 + u_z^2)^{1/2}$ と等しいことを示す．

例題 13-1

u を $u = 2i - j + 3k$, v を $v = -i + 2j - k$ とするとき, $u + v$ の長さを求めよ.

解: 式(13.4) を用いると, $u + v$ は,

$$u + v = (2 - 1)i + (-1 + 2)j + (3 - 1)k = i + j + 2k$$

となる. 式(13.5) を用いると, $u + v$ の大きさは,

$$|u + v| = (1^2 + 1^2 + 2^2)^{1/2} = \sqrt{6}$$

となる.

13.2 ベクトルの掛け算

ベクトルの掛け算（積，乗算）には，二通りの方法（スカラー積とベクトル積）がある．どちらも，物理化学では多くの適用例がある．一つの方法はスカラー量（つまり，まさに数）をもたらし，もう一つの方法はベクトル量をもたらす．最初の方法をスカラー積，2番目の方法をベクトル積という．

スカラー積

二つのベクトル u と v のスカラー積は,

$$u \cdot v = |u||v| \cos \theta \tag{13.6}$$

と定義される．ここで，θ は u と v の間の角度である．定義から，

$$u \cdot v = v \cdot u \tag{13.7}$$

であることに注意しよう．つまり，スカラー積をとることは，交換可能な演算である．u と v の間のドット（・）の表記は，$u \cdot v$ が u と v のドット積ともよばれる標準的な表記法である．単位ベクトル i, j, k のドット積は,

$$\begin{aligned} i \cdot i = j \cdot j = k \cdot k &= |1||1| \cos 0° = 1 \\ i \cdot j = j \cdot i = i \cdot k = k \cdot i = j \cdot k = k \cdot j &= |1||1| \cos 90° = 0 \end{aligned} \tag{13.8}$$

となる．二つのベクトルのドット積を計算するのに，式(13.8) を用いることができる．

$$\begin{aligned} u \cdot v &= (u_x i + u_y j + u_z k) \cdot (v_x i + v_y j + v_z k) \\ &= u_x v_x i \cdot i + u_x v_y i \cdot j + u_x v_z i \cdot k + u_y v_x j \cdot i + u_y v_y j \cdot j + u_y v_z j \cdot k + \\ &\quad u_z v_x k \cdot i + u_z v_y k \cdot j + u_z v_z k \cdot k \end{aligned}$$

つまり，
$$u \cdot v = u_x v_x + u_y v_y + u_z v_z \tag{13.9}$$
となる．$u = v$ であれば，$u \cdot v = u_x^2 + u_y^2 + u_z^2 = u^2$ である．

例題 13-2　$u = 2i - j + 3k$ と $v = -i + 2j - k$ のスカラー積を求めよ．

解：　式(13.9) より
$$u \cdot v = -2 - 2 - 3 = -7$$
となる．

例題 13-3　$u = i + 3j - k$ と $v = j - k$ の間の角度を求めよ．

解：　式(13.6) を用いるが，最初に求めなければならないのは，
$$|u| = (u \cdot u)^{1/2} = (1 + 9 + 1)^{1/2} = \sqrt{11}$$
$$|v| = (v \cdot v)^{1/2} = (0 + 1 + 1)^{1/2} = \sqrt{2}$$
である．また，
$$u \cdot v = 0 + 3 + 1 = 4$$
であるので，
$$\cos \theta = \frac{u \cdot v}{|u||v|} = \frac{4}{\sqrt{22}} = 0.8528$$
となり，つまり $\theta = 31.48°$ となる．

$\cos 90° = 0$ なので，二つのベクトルが互いに直角をなしていれば，そのドット積は 0 となる．たとえば，直交座標系の単位ベクトル i, j, k の間のドット積は，式(13.8) にあるように，0 となる．

例題 13-4　つぎのベクトルが，単位長さをとり，互いに直交することを示せ．
$$v_1 = \frac{1}{\sqrt{3}}i + \frac{1}{\sqrt{3}}j + \frac{1}{\sqrt{3}}k, \quad v_2 = \frac{1}{\sqrt{6}}i - \frac{2}{\sqrt{6}}j + \frac{1}{\sqrt{6}}k,$$
$$v_3 = -\frac{1}{\sqrt{2}}i + \frac{1}{\sqrt{2}}k$$

解： 各ベクトルの長さは，以下のように与えられる．

$$v_1 = (\boldsymbol{v}_1 \cdot \boldsymbol{v}_1)^{1/2} = \left(\frac{1}{3} + \frac{1}{3} + \frac{1}{3}\right)^{1/2} = 1$$

$$v_2 = (\boldsymbol{v}_2 \cdot \boldsymbol{v}_2)^{1/2} = \left(\frac{1}{6} + \frac{4}{6} + \frac{1}{6}\right)^{1/2} = 1$$

$$v_3 = (\boldsymbol{v}_3 \cdot \boldsymbol{v}_3)^{1/2} = \left(\frac{1}{2} + 0 + \frac{1}{2}\right)^{1/2} = 1$$

異なるベクトルの間のドット積は，

$$\boldsymbol{v}_1 \cdot \boldsymbol{v}_2 = \frac{1}{\sqrt{18}} - \frac{2}{\sqrt{18}} + \frac{1}{\sqrt{18}} = 0$$

$$\boldsymbol{v}_1 \cdot \boldsymbol{v}_3 = -\frac{1}{\sqrt{6}} + 0 + \frac{1}{\sqrt{6}} = 0$$

$$\boldsymbol{v}_2 \cdot \boldsymbol{v}_3 = -\frac{1}{\sqrt{12}} + 0 + \frac{1}{\sqrt{12}} = 0$$

いままでに扱ってきたベクトルの演算は，二または三次元に限られるのではなく，式 (13.9) を，

$$\boldsymbol{u} \cdot \boldsymbol{v} = \sum_{j=1}^{N} u_j v_j \tag{13.10}$$

とかくことによって，容易に N 次元に一般化できる．N 次元ベクトルの長さは，

$$u = (\boldsymbol{u} \cdot \boldsymbol{u})^{1/2} = \left(\sum_{j=1}^{N} u_j^2\right)^{1/2} \tag{13.11}$$

と与えられる．

　N 次元ベクトルのうちの二つのベクトルのドット積が 0 ならば，その二つのベクトルは直交しているという．つまり，直交しているという言葉は，まさに垂直に交わっていることの一般的な表現である．さらに，ベクトルの長さが 1 であれば，そのベクトルは規格化されているという．互いに規格化されているベクトルが直交しているベクトルの組は，規格直交化されているという．例題 13–4 のようなベクトルの組は，規格直交化されている．一般的な注意点として，N 次元ベクトルは，括弧のなかにそれらの成分をあげることによって表す．問題 13–5 で示したベクトルの組 $(1/\sqrt{3}, 1/\sqrt{3}, 0, 1/\sqrt{3})$, $(1/\sqrt{3}, -1/\sqrt{3}, 1/\sqrt{3}, 0)$, $(0, 1/\sqrt{3}, 1/\sqrt{3}, -1/\sqrt{3})$, $(1/\sqrt{3}, 0, -1/\sqrt{3}, -1/\sqrt{3})$ は規格直交化されている．

　ドット積の一つの適用例として仕事の定義がある．仕事とは，力と距離の積で定義されることを思い出してみよう．ここでいう力とは，移動した距離と同じ方向の力の成分であることを意味する．力をベクトル $\boldsymbol{F}$ で，移動距離をベクトル $\boldsymbol{d}$ で表すと，仕事 W は，

13.2 ベクトルの掛け算

$$W = \bm{F} \cdot \bm{d} \tag{13.12}$$

と定義される．式(13.12)は，$(F\cos\theta)d$ とかくこともできる．この表式は，$F\cos\theta$ が $\bm{d}$ の方向の $\bm{F}$ の成分であることを強調した表現である（図13.7）．

ドット積の重要な適用例として，ある電場をもった双極子モーメントの相互作用を表す式がある．双極子モーメントは，分子中にある正負の電荷が分かれることによって生じ，負電荷から正電荷への矢印で表す．たとえば，塩素原子は水素原子に比べてより電気的に陰性（電気陰性度が大きい）なので，塩化水素は双極子モーメントをもち，$\overline{\text{HCl}}$ と表す（双極子モーメントの方向として，これと逆の方向に定義している著者もいるが，多くの物理化学や物理学の書籍は，本書で示したような慣習にしたがっている）．双極子モーメントはベクトル量であり，その大きさは，正電荷の大きさと正電荷と負電荷の間の距離の積である．また，その方向は負電荷から正電荷へと向かう方向である．つまり，図13.8に示すような二つの分離した電荷では，その双極子モーメント $\bm{\mu}$ は，

$$\bm{\mu} = q\bm{r}$$

に等しい．ある双極子モーメントに電場 $\bm{E}$ をかけたとき，相互作用のポテンシャルエネルギーは，

$$V = -\bm{\mu} \cdot \bm{E} \tag{13.13}$$

となる．式(13.13)は物理化学でよく用いられる．

ベクトル積

二つのベクトルのベクトル積は，つぎのように定義できるベクトルである．

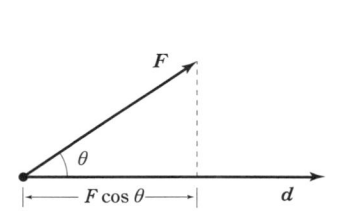

$$\bm{u} \times \bm{v} = |\bm{u}||\bm{v}|\bm{c}\sin\theta \tag{13.14}$$

図 13.7 仕事 W は，$W = \bm{F} \cdot \bm{d}$ つまり $(F\cos\theta)d$ で定義される．ここで $F\cos\theta$ は，ベクトル $\bm{d}$ に沿った方向の $\bm{F}$ の成分である．

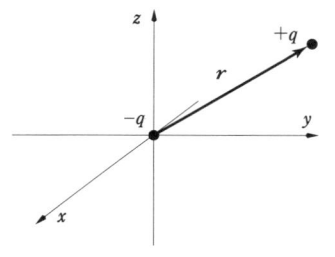

図 13.8 双極子モーメントは，負の電荷 $-q$ から正の電荷 $+q$ の方向をさしているベクトルである．その大きさは，qr である．

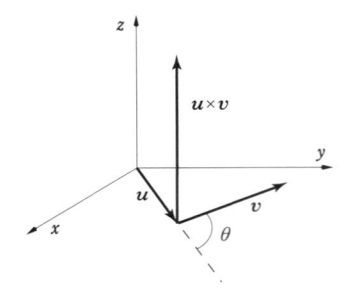

図 13.9 ベクトル積 $u \times v$ の例．$u \times v$ の方向は，右手の法則で与えられる．

ここで，θ は u と v の間の角であり，c は u と v でできる平面に対して垂直な方向をもつ単位ベクトルである（図 13.9）．c の方向は，右手の法則によって与えられる．つまり，右手のうち4本をまず u に向け，それから指を折って v に向くようにして巻くように握ると，c の方向は右手親指の向く方向と同じである（図 13.5 は同じように右手を握った図である）．式(13.14) の表記は，ベクトル積を示し，クロス積ともよばれる，一般に用いられている表記法である．c の方向は右手の法則で与えられているので，クロス積の操作は交換可能ではなく，具体的には，

$$u \times v = -v \times u \tag{13.15}$$

となる．

直交座標軸上にある単位ベクトルのクロス積は，

$$\begin{aligned} i \times i &= j \times j = k \times k = |1\|1|c\sin 0° = 0 \\ i \times j &= -j \times i = |1\|1|k\sin 90° = k \\ j \times k &= -k \times j = i \\ k \times i &= -i \times k = j \end{aligned} \tag{13.16}$$

となる．u と v のクロス積の成分については，

$$u \times v = (u_y v_z - u_z v_y)i + (u_z v_x - u_x v_z)j + (u_x v_y - u_y v_x)k \tag{13.17}$$

となる（問題 13-8）．式(13.17) は，行列式で便利に表すことができ，

$$u \times v = \begin{vmatrix} i & j & k \\ u_x & u_y & u_z \\ v_x & v_y & v_z \end{vmatrix} \tag{13.18}$$

となる（行列式については 17 章参照）．式(13.17) と式(13.18) は等価である．

13.2 ベクトルの掛け算

例題 13-5 $u = -2i + j + k$, $v = 3i - j + k$ のときの $w = u \times v$ を求めよ．

解： 式(13.17)を用いて

$$w = [(1)(1) - (1)(-1)]i + [(1)(3) - (-2)(1)]j + [(-2)(-1) - (1)(3)]k$$
$$= 2i + 5j - k$$

二つのベクトルのクロス積の大きさは，幾何学的にすばらしい解釈ができる．図 13.10 は，二つの辺がベクトル u と v である平行四辺形を示している．この平行四辺形の面積は，二つの三角形の面積と長方形の面積を足したものに等しい．つまり，

$$A = 2\left(\frac{1}{2}\right)(v\cos\theta)(v\sin\theta) + (v\sin\theta)(u - v\cos\theta) = uv\sin\theta \tag{13.19}$$

である．注目してほしいのは，式(13.19)は平行四辺形の面積が 1 辺の長さに高さを掛けたものだということである．しかも，$uv\sin\theta$ は $u \times v$ の大きさなので，

$$A = |u \times v| = uv\sin\theta \tag{13.20}$$

とかける．

クロス積は結果として新たなベクトルを生じるので，今度は，三重スカラー積 $u \cdot (v \times w)$ を考えてみよう．式(13.17)を用いると，

$$u \cdot (v \times w) = u_x(v_y w_z - v_z w_y) + u_y(v_z w_x - v_x w_z) + u_z(v_x w_y - v_y w_x)$$

となる．この式は，式(13.17) の i, j, k を u_x, u_y, u_z におき換えた式に等しいので，$u \cdot (v \times w)$ はつぎのような行列式で表現できる．

$$u \cdot (v \times w) = \begin{vmatrix} u_x & u_y & u_z \\ v_x & v_y & v_z \\ w_x & w_y & w_z \end{vmatrix} \tag{13.21}$$

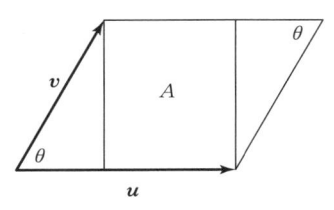

図 13.10　$u \times v$ の幾何学的な意味の例．

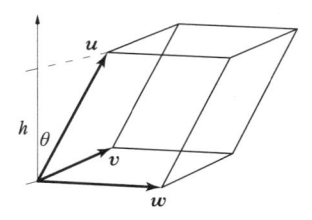

図 13.11　各辺が u, v, w からなる平行六面体．

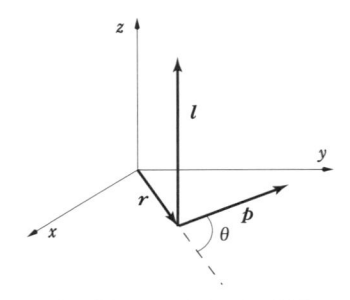

図 13.12 運動量 p をもち，ある固定された中心から位置 r にある粒子の角運動量は，r と p によってできる面に垂直で，$r \times p$ の方向を向いているベクトルである．

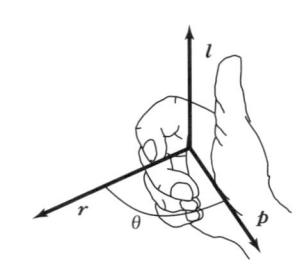

図 13.13 角運動量は，ベクトル量である．その向きは，r と p によってできる面に対して垂直な方向であり，ベクトル r, p, l は，右手座標系の関係で表される．

この行列式は，まさに式(13.18) の i, j, k を u_x, u_y, u_z におき換えた行列式である．

$u \times v$ が u と v の 2 辺をもつ平行四辺形の面積であるのと同じように，$|u \cdot (v \times w)|$ は，3 辺 u, v, w をもつ平行六面体の体積となる（図 13.11）．このことは，$|u \cdot (v \times w)| = u|v \times w|\cos\theta$ であり，右辺の $|v \times w|$ は図 13.11 に示される平行六面体の底面の面積であり，$u\cos\theta$ はその高さであることに注意すれば確かめることができる．

物理的に重要なクロス積の適用例の一つに角運動量の定義がある．図 13.12 のように運動量 $p = mv$ をもつ粒子が，ある基準点から r のところにあるとき，その角運動量は，

$$l = r \times p \tag{13.22}$$

と定義される．このとき角運動量が，r と p でできる面に垂直なベクトルであることに注目してほしい（図 13.13）．l を成分表示すると，l は，

$$l = (yp_z - zp_y)i + (zp_x - xp_z)j + (xp_y - yp_x)k \tag{13.23}$$

に等しい（式(13.17)）．角運動量は，量子力学で重要な役割を果たす．

クロス積を含む別の例は，ある磁場 B のなかを速度 v で動く電荷 q をもった粒子にはたらく力 F を表す方程式である．これは，

$$F = q(v \times B)$$

で表せる．この力は速度 v に垂直にはたらくので，磁場 B の効果は，粒子の運動が力によって速度を上げたり下げたりすることなく，曲線を描く（円運動する）原因となる．

例題 13-6 ある磁場 B のなかを速度 v で動く電荷 q をもった粒子にはたらく力 F は，$F = q(v \times B)$ である．磁場 B が $B = Bk$ であるとき（B は定数），この粒子の運動を決定せよ．

解： ニュートンの運動方程式は，

$$m\frac{dv}{dt} = qv \times B = q\begin{vmatrix} i & j & k \\ v_x & v_y & v_z \\ 0 & 0 & B \end{vmatrix}$$
$$= iqv_yB - jqv_xB$$

となる．つまり，

$$m\frac{dv_x}{dt} = qv_yB \qquad m\frac{dv_y}{dt} = -qv_xB \qquad m\frac{dv_z}{dt} = 0$$

この方程式は問題 13-13 で解き，最終的な結果は，

$$\begin{aligned} x(t) &= x_0 + \frac{v_{0y}}{\omega} + \frac{v_{0x}}{\omega}\sin\omega t - \frac{v_{0y}}{\omega}\cos\omega t \\ y(t) &= y_0 - \frac{v_{0x}}{\omega} + \frac{v_{0y}}{\omega}\sin\omega t + \frac{v_{0x}}{\omega}\cos\omega t \\ z(t) &= z_0 + v_{0z}t \end{aligned} \qquad (1)$$

となる．ここで，$\omega = qB/m$ である．$x(t)$ と $y(t)$ についてのこれらの方程式は，

$$\left(x(t) - x_0 - \frac{v_{0y}}{\omega}\right)^2 + \left(y(t) - y_0 + \frac{v_{0x}}{\omega}\right)^2 = \frac{v_{0x}^2 + v_{0y}^2}{\omega^2}$$

で与えられる．これは，$x = x_0 + v_{0y}/\omega$，$y = y_0 - v_{0x}/\omega$ を中心とする半径 $(v_{0x}^2 + v_{0y}^2)^{1/2}/\omega$ の円の方程式である．つまり，この粒子の xy 方向での運動は，半径一定の円運動である．式（1）によると，z 方向の運動は一定（等速運動）なので，式（1）が述べている粒子運動の軌跡は，z 軸に沿って一定速度で進むらせん（ヘリックス）軌道であることがわかる（図 13.14）．このらせんの半径は，

$$R = \frac{(v_{0x}^2 + v_{0y}^2)^{1/2}}{\omega} = \frac{mv_0}{qB}$$

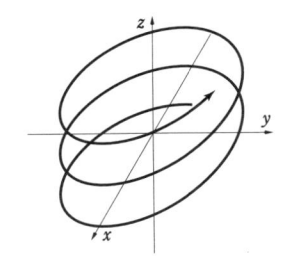

図 13.14 例題 13-6 で述べたらせん．xy 方向では円運動であり，z 方向では一様な（等速）運動である．

である．xy 方向では周回しているこの粒子の振動数は，$\omega = qB/m$ であり，ラーモア振動数またはサイクロトロン振動数とよばれる．

13.3 ベクトルの微分

例題 13-6 でみたように，ベクトルは微分できる．運動量 $\boldsymbol{p}$ の x, y, z 成分が時間とともに変化するとき，運動量の時間微分は，

$$\frac{d\boldsymbol{p}(t)}{dt} = \frac{dp_x(t)}{dt}\boldsymbol{i} + \frac{dp_y(t)}{dt}\boldsymbol{j} + \frac{dp_z(t)}{dt}\boldsymbol{k} \tag{13.24}$$

となる．$\boldsymbol{i}$, $\boldsymbol{j}$, $\boldsymbol{k}$ の時間微分はない．というのは，それらのベクトルは空間に固定されていて，時間とともに変化しないからである．ニュートンの運動方程式は，

$$\frac{d\boldsymbol{p}}{dt} = \boldsymbol{F} \tag{13.25}$$

となる．それぞれの成分を一つずつかき出すと，式(13.25) は実際には三つの方程式となる（例題 13-6）．$\boldsymbol{p} = m\boldsymbol{v}$ なので，m が一定であれば，ニュートンの運動方程式は，

$$m\frac{d\boldsymbol{v}}{dt} = \boldsymbol{F}$$

とかける．さらに，$\boldsymbol{v} = d\boldsymbol{r}/dt$ なのでニュートンの運動方程式は，

$$m\frac{d^2\boldsymbol{r}}{dt^2} = \boldsymbol{F} \tag{13.26}$$

ともかける．繰り返しになるが，それぞれの成分を一つずつかき出すと，式(13.26) は三つの方程式からなる一つの組を表している．

物理や化学の問題では，しばしば二つの微分ベクトル演算子に出くわす．そのうちの一つは，勾配（グラジエント）演算子，またはたんに勾配とよばれる演算子であり，この演算子はつぎのように定義される．

$$\nabla f(x, y, z) = \text{grad}\, f(x, y, z) = \boldsymbol{i}\frac{\partial f}{\partial x} + \boldsymbol{j}\frac{\partial f}{\partial y} + \boldsymbol{k}\frac{\partial f}{\partial z} \tag{13.27}$$

注意しなければならないのは，この勾配 ∇ はスカラー関数に作用するということである．ベクトル ∇f は，$f(x, y, z)$ の勾配ベクトルとよばれる．地形図に表されている等高線，または天気図の等温線や等圧線，またはポテンシャルエネルギー図に表されている等ポテ

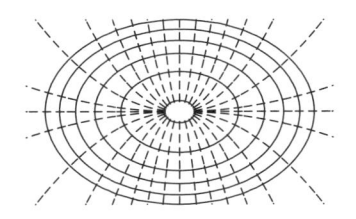

図 13.15 $z = f(x, y)$ で表せる表面に対する等高線（実線）と $\nabla f(x, y)$ の道筋（破線）の一組．$\nabla f(x, y)$ は，各点におけるもっとも傾きの急な方向を示している．

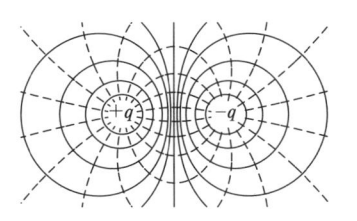

図 13.16 大きさが等しくて，正負が逆の電荷によってできる電気双極子の等ポテンシャル線（実線）と電場（破線）．

ンシャル線を考えてみよう．これらの線はいずれも水平曲線である．ある表面が $z = f(x, y)$ で表せたとすると，水平曲線は，z が一定で与えられる（図 13.15）．図 13.15 の ∇f で描かれる道は，その道と交差する水平曲線に対して垂直に交差し，もっとも勾配の急な坂道である．たとえば，一組の等ポテンシャル線に対して，∇f は対応する電場を表しており，正に帯電した電荷が加速運動する方向を描いている（図 13.16）．

多くの物理の法則が，勾配ベクトルで表されている．たとえば，フィックの拡散法則によると，溶液中の溶質の流量は，溶質の濃度勾配に比例する．つまり，時間 t, 位置 (x, y, z) における溶質の濃度を $c(x, y, z, t)$ とすると，

$$溶質の流量 = -D\nabla c(x, y, z, t)$$

となる．ここで，D は拡散定数である．同様に，熱流に関するフーリエの法則によると，熱流量は

$$熱流量 = -\lambda \nabla T(x, y, z, t)$$

と表される．ここで，T は温度，λ は熱伝導率である．$V(x, y, z)$ が，ある物体が受けている力学的なポテンシャルエネルギーであるとすると，その物体にはたらく力は，

$$F(x, y, z) = -\nabla V(x, y, z) \tag{13.28}$$

で与えられる．さらに，$\phi(x, y, z)$ が静電ポテンシャルであるとき，このポテンシャルと関連する電場は，

$$E(x, y, z) = -\nabla \phi(x, y, z) \tag{13.29}$$

で与えられる．

例題 13-7 ある粒子が受けているポテンシャルエネルギーが，k_x, k_y, k_z を定数として

$$V(x, y, z) = \frac{k_x x^2}{2} + \frac{k_y y^2}{2} + \frac{k_z z^2}{2}$$

であるとする．この粒子にはたらく力を導出せよ．

解： 式(13.28) を用いると，

$$F(x, y, z) = -i\frac{\partial V}{\partial x} - j\frac{\partial V}{\partial y} - k\frac{\partial V}{\partial z}$$
$$= -ik_x x - jk_y y - kk_z z$$

となる．

物理の問題でよく出くわすもう一つの微分ベクトル演算子は，発散（ダイバージェンス）演算子（たんに発散ともいう）である．この演算子は，

$$\text{div}A(x, y, z) = \nabla \cdot A(x, y, z) = \frac{\partial A_x}{\partial x} + \frac{\partial A_y}{\partial y} + \frac{\partial A_z}{\partial z} \tag{13.30}$$

と定義される．発散演算子は，ベクトル $A(x, y, z)$ に作用することに注意しよう．発散は，点 (x, y, z) のまわりの小さな領域から出ていく単位体積当たりの流速の度合いである．

例題 13-8 $\text{div grad }\phi = \nabla^2 \phi$ であることを示せ．

解： 式(13.27) より，

$$\text{grad }\phi = i\frac{\partial \phi}{\partial x} + j\frac{\partial \phi}{\partial y} + k\frac{\partial \phi}{\partial z}$$

である．そして，式(13.30) から

$$\text{div grad }\phi = \frac{\partial^2 \phi}{\partial x^2} + \frac{\partial^2 \phi}{\partial y^2} + \frac{\partial^2 \phi}{\partial z^2} \tag{13.31}$$

である．以前に指摘したように，演算子

$$\nabla^2 = \frac{\partial^2}{\partial x^2} + \frac{\partial^2}{\partial y^2} + \frac{\partial^2}{\partial z^2} \tag{13.32}$$

はラプラス演算子（ラプラシアン）とよばれている．

問題

13-1. ベクトル $v = 2i - j + 3k$ および $v = xi + yj + zk$ の長さを求めよ。

13-2. ベクトル $u = 2i - 4j - 2k$ と $u = 3i + 4j - 5k$ は直交することを示せ。

13-3. ベクトル $v = 2i - 3k$ で表される点は、y 軸に対して垂直に交わる面にすべてあることを示せ。

13-4. 二つのベクトル $u = -i + 2j + k$ と $v = 3i - j + 2k$ の間をなす角を求めよ。

13-5. つぎに示すベクトルの組は、互いに規格直交化されていることを示せ。
$(1/\sqrt{3}, 1/\sqrt{3}, 0, 1/\sqrt{3})$,
$(1/\sqrt{3}, -1/\sqrt{3}, 1/\sqrt{3}, 0)$,
$(0, 1/\sqrt{3}, 1/\sqrt{3}, -1/\sqrt{3})$,
$(1/\sqrt{3}, 0, -1/\sqrt{3}, -1/\sqrt{3})$.

13-6. ベクトル $u = -i + 2j + k$ と $v = 3i - j + 2k$ が与えられたときの、ベクトル積 $w = u \times v$ を求めよ。w は、ベクトル積 $v \times u$ と等しいか。

13-7. $u \times u = 0$ を示せ。

13-8. 式(13.16)を用いて、$u \times v$ は式(13.17)で与えられることを示せ。

13-9. 原点を中心とした円運動をしている質量 m の粒子の角運動量は、$l = |l| = mvr$ であることを示せ。

13-10. $\dfrac{d}{dt}(u \cdot v) = \dfrac{du}{dt} \cdot v + u \cdot \dfrac{dv}{dt}$、および

$\dfrac{d}{dt}(u \times v) = \dfrac{du}{dt} \times v + u \times \dfrac{dv}{dt}$ を示せ。

13-11. 問題 13-10 の結果を用いて、
$$u \times \frac{d^2 u}{dt^2} = \frac{d}{dt}\left(u \times \frac{du}{dt}\right)$$
を示せ。

13-12. ニュートンの運動方程式 $m\dfrac{d^2 r}{dt^2} = F(x, y, z)$ の両辺に、左から $r \times$ を作用させて、さらに問題 13-10 の結果を用いて、
$$m\frac{d}{dt}\left(r \times \frac{dr}{dt}\right) = r \times F$$
を示せ。運動量は $p = mv = m\dfrac{dr}{dt}$ と定義されるので、上の等式は、

$$\frac{d}{dt}(r \times p) = r \times F$$

となる。また、l を角運動量とすると $r \times p = l$ なので、質量 m が一定の粒子に対しては、

$$\frac{dl}{dt} = r \times F$$

となる。これは、回転系におけるニュートンの運動方程式である。もし、$r \times F = 0$ であれば、$dl/dt = 0$ である。つまり角運動量は保存される。$r \times F$ は何を意味するのか。

13-13. ここでは、例題 13-6 で生じた微分方程式を解く。まず、微分方程式、
$$\frac{dv_x}{dt} = \omega v_y \quad \frac{dv_y}{dt} = -\omega v_x \quad \frac{dv_z}{dt} = 0 \quad (1)$$
とかく。ここで、$\omega = qB/m$ である。方程式 dv_z/dt を解くのは簡単で、$z(t) = z_0 + v_{0z}t$ となる。dv_x/dt と dv_y/dt については、この式を微分して、式(1)を用いると、

$$\frac{d^2 v_x}{dt^2} + \omega^2 v_x = 0 \ \text{と}\ \frac{d^2 v_y}{dt^2} + \omega^2 v_y = 0$$

を得る。
$$v_x = A\cos\omega t + B\sin\omega t$$
および、
$$v_y = C\cos\omega t + D\sin\omega t \quad (2)$$
が、これらの方程式の解であることを示せ。$C = B = v_{0y}$ であり、$D = -A = -v_{0x}$ であることを示すために、この結果を式(1)に代入せよ。さいごに、

$$x(t) = x_0 + \frac{v_{0y}}{\omega} + \frac{v_{0x}}{\omega}\sin\omega t - \frac{v_{0y}}{\omega}\cos\omega t$$

および、

$$y(t) = y_0 - \frac{v_{0x}}{\omega} + \frac{v_{0y}}{\omega}\sin\omega t + \frac{v_{0x}}{\omega}\cos\omega t$$

を得るために、式(2)を積分せよ。問題 6-22 で、複素数を用いて式(1)をどのように解くのかを示している。

13-14. 点 $(1, 1, 1)$ における $f(x, y, z) = x^2 - yz + xz^2$ の勾配を求めよ。

13-15. c が一定のベクトルであるとき、$\nabla(c \cdot r) = c$ を示せ。

13-16. つぎのベクトルの発散 ($\text{div}\, A$) を求めよ。

(a) $A = xy^2 i + 2xyz j - x^2 z k$
(b) $A = (x - \cos yz)i + (y - \cos xz)j + (z - \cos xy)k$

つぎからの5問は，$r = xi + yj + zk$ とおくこと．

13-17. $r \neq 0$ のとき，$\mathrm{grad}(1/r) = -r/r^3$，および $\mathrm{grad}(1/r^3) = -3r/r^5$ を示せ．

13-18. $r \neq 0$ のとき，$\nabla \cdot r = 3$ を示せ．

13-19. $r \neq 0$ のとき，$\mathrm{div}(r/r^3) = 0$ を示せ．

13-20. $r \neq 0$ のとき，$\nabla^2\left(\dfrac{1}{r}\right) = 0$ を示せ．

13-21. 原点にあって x 軸方向を向いている双極子モーメント $\boldsymbol{\mu}$ によって発生する静電ポテンシャルは，

$$\phi(x, y, z) = \frac{\mu x}{(x^2 + y^2 + z^2)^{3/2}} \quad (x, y, z \neq 0)$$

で与えられる．この静電ポテンシャルと関連する電場の式を導きたい．

双極子モーメントが任意の方向を向いているのであれば，$\phi = \dfrac{\boldsymbol{\mu} \cdot \boldsymbol{r}}{r^3}$ である．まず最初に，$\boldsymbol{\mu}$ が x 軸方向を向いているのであれば，静電ポテンシャルに関する式が，最初の式になることを示せ．そして，双極子モーメントが任意の方向を向いている場合の電場の式が，

$$\boldsymbol{E} = -\nabla \phi = \frac{3(\boldsymbol{\mu} \cdot \boldsymbol{r})\boldsymbol{r}}{r^5} - \frac{\boldsymbol{\mu}}{r^3}$$

で与えられることを示せ．さいごに，$\boldsymbol{\mu}$ が x 軸方向を向いているときに求めた電場 $\boldsymbol{E}$ の式が，上で得られた $\boldsymbol{E}$ の式の一つになることを示せ．
ヒント：問題 13-15 と 13-17 の結果を用いよ．

13-22. (a) $\mathrm{div}\,\phi\boldsymbol{v} = \phi\nabla\cdot\boldsymbol{v} + \boldsymbol{v}\cdot\nabla\phi$ であることを証明せよ．
(b) (a)の結果を用いて $\phi = xy$, $\boldsymbol{v} = y^2 i + xz k$ のときの $\mathrm{div}\,\phi\boldsymbol{v}$ を求めよ．
(c) 発散 (div) を直接 $\phi\boldsymbol{v}$ に適用したときの $\mathrm{div}\,\phi\boldsymbol{v}$ を求め，(b)の結果と比較せよ．

13-23. 問題 5-22 では，複素数についてのシュワルツの不等式を証明した．ベクトルにおいて，シュワルツの不等式はつぎのような式となる．

$$|\boldsymbol{u}\cdot\boldsymbol{v}| \leq |\boldsymbol{u}| \|\boldsymbol{v}|$$

ベクトルについてのシュワルツの不等式を証明するために，まず，

$$(\boldsymbol{u} + \lambda\boldsymbol{v}) \cdot (\boldsymbol{u} + \lambda\boldsymbol{v}) \geq 0$$

の不等式から始める．ここで，λ は任意の数である．この式を λ の二次式の形に展開せよ．それから，$\lambda = -\boldsymbol{u}\cdot\boldsymbol{v}/v^2$ とおいて，

$$(\boldsymbol{u}\cdot\boldsymbol{v})^2 \leq u^2 v^2 \quad \text{つまり} \quad |\boldsymbol{u}\cdot\boldsymbol{v}| \leq |\boldsymbol{u}| \|\boldsymbol{v}|$$

を得よ．この不等式を幾何学的に説明せよ．この二次元ベクトルの結果と複素数の場合との間の類似点は何か．

13-24. 不等式，

$$|\boldsymbol{u} + \boldsymbol{v}| \leq |\boldsymbol{u}| + |\boldsymbol{v}|$$

は，三角不等式とよばれている．この不等式を，

$$|\boldsymbol{u} + \boldsymbol{v}|^2 = |\boldsymbol{u}|^2 + |\boldsymbol{v}|^2 + 2\boldsymbol{u}\cdot\boldsymbol{v}$$

から始め，問題 13-23 に出てきたシュワルツの不等式を用いて証明せよ．なぜこの不等式が，三角不等式とよばれているのか．

13-25. 18章でベクトルの回転について説明するが，現時点でベクトルが回転によってもその長さが変わらないことをはっきりとさせておくべきである．ある方程式において，回転操作をする前のもとのベクトルを $\boldsymbol{u}_0$ とし，回転操作をした後のベクトルを $\boldsymbol{u}_R$ とすると，$u_R = u_0$ である．これを，ベクトルの長さが，回転操作のもとで不変という．いま，二つのベクトルのスカラー積が回転操作によって不変であることを示せ．この結果の物理的な意味を解説せよ．
ヒント：$\boldsymbol{w}_0 = \boldsymbol{u}_0 + \boldsymbol{v}_0$ と $\boldsymbol{w}_R = \boldsymbol{u}_R + \boldsymbol{v}_R$ から始めて，ベクトル $\boldsymbol{w}$, $\boldsymbol{u}$, $\boldsymbol{v}$ の不変性を用いよ．

14

平面極座標と球座標

　デカルト座標すなわち直交座標は，私たちが学習した最初の座標系であり，いちばんよく用いられる座標系であるが，いつでももっとも便利というわけではない．たとえば，重い塊の原子核を中心にもつ原子のように，系が中心対称をもつ場合，球座標を用いると非常に便利である．球座標は，まさにそのような中心対称をもつ系を念頭において構成された．座標系を適切に選択することで，問題が非常に簡単になる例が多くある．一般に，いくつかの座標系からどの座標系にすればよいかは，系の対称性によって決まる．本章では，極座標と球座標について，それらの座標系における勾配（グラジエント）や発散（ダイバージェンス）のようなベクトル量の表現方法を学ぶ．

14.1 平面極座標

　二つの座標 (x, y) で平面内のある位置を表す代わりに，原点からの距離 r（動径）と原点から x 軸の正の方向に引いた線となす角度 θ（偏角）で，同じようにある位置を表すことができる（図14.1）．r と θ で表す座標は，極座標とよばれている．以降では，r は $r \geq 0$ をとり，θ は 0 から 2π の間で変化するとしよう．図からわかるように，直交座標と極座標の間の関係は，

$$x = r\cos\theta \qquad y = r\sin\theta \tag{14.1}$$

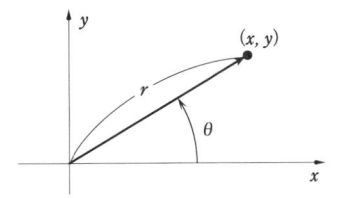

図 14.1　極座標 (r, θ) で表される面内の位置．

で与えられる．また，

$$r^2 = x^2 + y^2 \qquad \theta = \tan^{-1}\frac{y}{x} \tag{14.2}$$

である．つまり，直交座標で $(1, 1)$ で表せる点は，極座標では $(\sqrt{2}, \pi/4)$ の点となる．式(14.2)の逆正接（アークタンジェント，$\tan^{-1}$）の式から角度 θ を計算するさいには，その点がどの象限にあるのかに気をつけなければならない．式(14.2)を気をつけずに用いると，点 $(x = -1, y = -1)$ については，角度 $\theta = \pi/4$ を与える．しかし，実際には，点 $(x = -1, y = -1)$ については $\tan 5\pi/4 = \tan(225°) = 1$ であり，これが正しい結果である．

例題 14-1

式(14.1) は，

$$\theta = \cos^{-1}\frac{x}{r} \quad \text{および} \quad \theta = \sin^{-1}\frac{y}{r}$$

を与え，式(14.2) は，

$$\theta = \tan^{-1}\frac{y}{x}$$

であると述べている．これらの関係を用いて，点 $(x = -1, y = -\sqrt{3})$ における角度 θ を計算せよ（図 14.2）．

解： この場合，$r = (x^2 + y^2)^{1/2} = 2$ である．電卓を用いると，

$$\theta = \cos^{-1}\left(\frac{-1}{2}\right) = 120°$$

$$\theta = \sin^{-1}\left(\frac{-\sqrt{3}}{2}\right) = -60°$$

$$\theta = \tan^{-1}\left(\frac{-\sqrt{3}}{-1}\right) = 60°$$

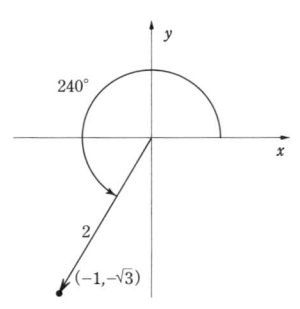

図 14.2 $x = -1, y = -\sqrt{3}$ の位置．

であることがわかる．しかし，これらのどれもが正しくない！ この点は，第三象限にあるので，正解は，$180° + \cos^{-1}(1/2) = 240°$ である．ここでの問題は，逆余弦（アークコサイン，$\cos^{-1}$），逆正弦（アークサイン，$\sin^{-1}$），逆正接が，多値（一つの変数で多くの値をもち得る）の関数であることである．

xy 平面内での領域 R にわたる積分，

$$I = \iint_R \mathrm{d}x\mathrm{d}y f(x, y) \tag{14.3}$$

を考えてみよう．極座標でこの積分を表すとどのような式になるだろうか．まずはじめに，$\mathrm{d}x\mathrm{d}y$ は単純に $\mathrm{d}r\mathrm{d}\theta$ にはならないことを理解しよう．この変数変換がどのようになるかを知るために，図 14.3 を参考にする．ここでは，r が $\mathrm{d}r$ だけ変わり，θ が $\mathrm{d}\theta$ だけ変わったときの面積素片を図示している．$\mathrm{d}r$ と $\mathrm{d}\theta$ は，無限に小さいので，面積素片は，図に示しているように，各辺が $\mathrm{d}r$ と $r\mathrm{d}\theta$（アーク長）の長方形と考えてよい．つまり，直交座標の面積素片を平面極座標のそれに正しく変換するには，$\mathrm{d}x\mathrm{d}y \to r\mathrm{d}r\mathrm{d}\theta$ となる．よって，極座標では，

$$\mathrm{d}A = r\mathrm{d}r\mathrm{d}\theta \tag{14.4}$$

となる．したがって，極座標で式(14.3) を表すと，

$$I = \iint_R r\mathrm{d}r\mathrm{d}\theta f(r, \theta) \tag{14.5}$$

となる．

式(14.5) を用いて，$f(r, \theta) = 1$ で表されるような閉じた曲面によって囲まれた領域の面積を求めよう．図 14.4 に示しているのは，カージオイド（心臓形）とよばれる曲線である[*1]．図 14.4 に示したカージオイド曲線は，$r = a(1 + \cos\theta)$ で表される．$r(\theta)$（r は θ の関数である）を与えられているので，式(14.5) は，

$$I = \int_0^{2\pi} \mathrm{d}\theta \int_0^{r(\theta)} \mathrm{d}r\, r = \frac{1}{2}\int_0^{2\pi} \mathrm{d}\theta\, r^2(\theta) = \frac{a^2}{2}\int_0^{2\pi} \mathrm{d}\theta (1 + \cos\theta)^2$$

$$= \frac{a^2}{2}\left(2\pi + \frac{2\pi}{2}\right) = \frac{3\pi a^2}{2}$$

[*1] 極座標で表すのに都合のよい多くの曲線には，さまざまな名前がある．スコットランドのセントアンドルーズ（St. Andrews）大学の数学学部では，優れた教育用ウェブサイトを開設していて，有名な曲線の索引がある．このサイトでは，フリースのネフロイド（Freeth's nephroid）や，フェルマーのスパイラル（Fermat's spiral），スリューズのコンコイド（conchoid of de Sluze）のような名前のついた，およそ 100 もの有名な曲線をみることができる．

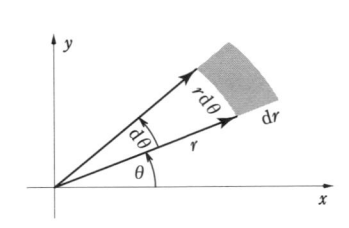

図 14.3 極座標の微小面積素片を示した図. 微小面積素片は,図で影をつけた原点から距離 r 離れた位置での角度変化にともなう差分 $rd\theta$ と,厚み変化 dr の積 $rdrd\theta$ で与えられる.

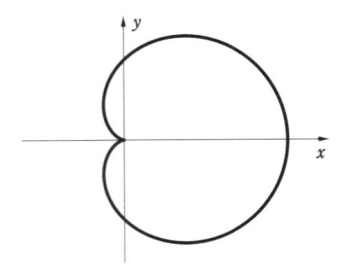

図 14.4 カージオイド(心臓形)曲線 $r = a(1 + \cos\theta)$.

となる.

つぎの積分,

$$I = \int_0^\infty dx\, e^{-ax^2} \tag{14.6}$$

は,単純な方法で計算するのは難しい.しかし,式(14.5)を用いるとこのような積分を計算する標準的なこつがわかる.最初に I^2 を,

$$I^2 = \int_0^\infty dx\, e^{-ax^2} \int_0^\infty dy\, e^{-ay^2} = \int_0^\infty \int_0^\infty dx dy\, e^{-a(x^2+y^2)} \tag{14.7}$$

とかく.その表記がどのような意味をもつとしても,$I^2 = \int_0^\infty dx \int_0^\infty dx\, e^{-2ax^2}$ とかかなかったことに気をつけよう.式(14.7)のように I^2 を二重積分で表すときは,異なった二つの変数をダミーの積分変数として用いなければならない.いま,式(14.7)を平面極座標に変換すると,

$$I^2 = \iint_R r dr d\theta\, e^{-ar^2} \tag{14.8}$$

を得る.

つぎに,r と θ の積分範囲をみてみよう.式(14.7)の積分領域は,第一象限のすべての領域である($0 \leq x < \infty$ と $0 \leq y < \infty$).つまり,r と θ の積分範囲は,それぞれ $0 \leq r < \infty$ と $0 \leq \theta \leq \pi/2$ である.それらの領域を積分することによって,式(14.8)は,

$$I^2 = \int_0^\infty \mathrm{d}r\, r \int_0^{\pi/2} \mathrm{d}\theta\, \mathrm{e}^{-ar^2} = \frac{\pi}{2} \int_0^\infty \mathrm{d}r\, r\, \mathrm{e}^{-ar^2}$$

となる．残った被積分関数は，$u = ar^2$ とおくと $\mathrm{e}^{-u}\mathrm{d}u$ の形で表せるので，I^2 は $I^2 = \int_0^\infty \mathrm{e}^{-u}\mathrm{d}u/2a$，つまり I は $I = (\pi/4a)^{1/2}$ となる．

もう一つ，極座標を扱う話題を取り上げる．二次元のラプラス演算子は，

$$\nabla^2 = \frac{\partial^2}{\partial x^2} + \frac{\partial^2}{\partial y^2}$$

である．平面極座標を用いるような中心対称を含んだ二次元の問題を取り扱うとき，∇^2 も直交座標でなく極座標で表す．∇^2 の直交座標から極座標への変換は，式(14.1)から計算を始めていくことによってでき，偏微分も含んだ良い問題でもある．最終的な結果は，

$$\nabla^2 = \frac{\partial^2}{\partial r^2} + \frac{1}{r}\frac{\partial}{\partial r} + \frac{1}{r^2}\frac{\partial^2}{\partial \theta^2} \tag{14.9}$$

となる（問題 14–15 と問題 14–16）．

14.2 球座標

直交座標 x, y, z を用いて空間内の位置を表す代わりに，球座標 r, θ, ϕ で同じ位置を表すことができる．図 14.5 より，同じ位置を二つの座標で表したとき，その座標の間の関係は，

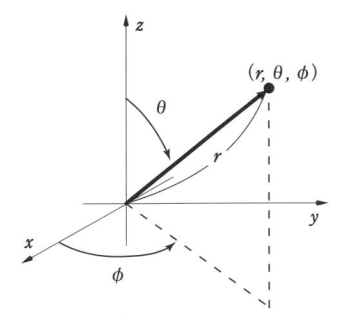

$$\begin{aligned} x &= r \sin\theta \cos\phi \\ y &= r \sin\theta \sin\phi \\ z &= r \cos\theta \end{aligned} \tag{14.10}$$

図 14.5 直交座標系と球座標系．位置は球座標 r, θ, ϕ で示される．

となることがわかる．

この座標系は，球座標系とよばれる．というのは，この式の r を一定としたときのグラフは，原点を中心とする半径 c の球になるからである．ときおり，r，θ，ϕ を x，y，z の項で知りたいときがあるが，それらの関係は，

$$
\begin{aligned}
r &= (x^2 + y^2 + z^2)^{1/2} \\
\cos\theta &= \frac{z}{(x^2 + y^2 + z^2)^{1/2}} \\
\tan\phi &= \frac{y}{x}
\end{aligned}
\tag{14.11}
$$

で与えられる．

単位球（半径1の球）の表面にある点は，どの点も θ と ϕ で表すことができる．角度 θ は北極からの傾斜の程度を表しているので，その範囲は $0 \leq \theta \leq \pi$ である．角度 ϕ は，赤道周りの角度を表すので，その範囲は $0 \leq \phi \leq 2\pi$ である．角度 θ については，$\theta = 0$ とするのにふさわしい位置（北極点）があるが，ϕ にはそのような位置はない．そこで図14.5 に示すように，角度 ϕ は習慣的に x 軸からの角度とする．原点からの距離を表す r は，そもそも正または0であることに注意しよう．数学的に表現すると，$0 \leq r < \infty$ となる．

球座標で表された積分について考えよう．直交座標で微小な体積素片を表すと $dxdydz$ となるが，球座標では直交座標ほど簡単ではない．図14.6 は，球座標における微小な体積素片を表しており，図より，

$$
dV = (r\sin\theta\, d\phi)(r d\theta) dr = r^2 \sin\theta\, dr d\theta d\phi
\tag{14.12}
$$

であることがわかる．式(14.12) を用いて，半径 a の球の体積を計算してみよう．このとき，$0 \leq r \leq a$，$0 \leq \theta \leq \pi$，$0 \leq \phi \leq 2\pi$ なので，体積は，

$$
V = \int_0^a r^2\, dr \int_0^\pi \sin\theta\, d\theta \int_0^{2\pi} d\phi = \left(\frac{a^3}{3}\right)(2)(2\pi) = \frac{4\pi a^3}{3}
$$

となる．同様にして，式(14.12) の積分を θ と ϕ だけについて行うと，

$$
dV = r^2\, dr \int_0^\pi \sin\theta\, d\theta \int_0^{2\pi} d\phi = 4\pi r^2\, dr
\tag{14.13}
$$

を得る．この値は，半径 r，厚さ dr の球の殻の体積である（図14.7）．係数 $4\pi r^2$ は，その球殻の表面積を表し，dr は殻の厚みである．

つぎの値，

$$
dA = r^2 \sin\theta\, d\theta d\phi
\tag{14.14}
$$

14.2 球座標

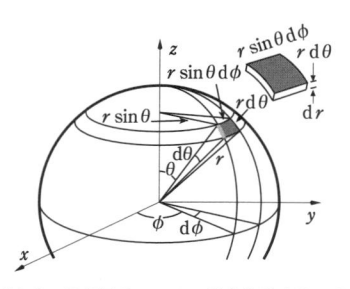

図 14.6 球座標系における微小体積素片を幾何学的に表した図．微小体積は 3 辺の長さ dr, $rd\theta$, $r\sin\theta\, d\phi$ の積で表される．

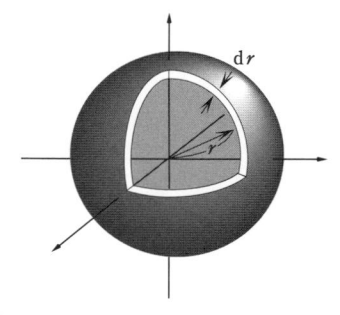

図 14.7 半径 r, 厚さ dr の球の殻．その殻の体積は $4\pi r^2 dr$ であり，これは球の表面積 $4\pi r^2$ に殻の厚さ dr を掛けたものである．

は，半径 r の球表面の微小領域の面積を表している（図 14.8）．式(14.14)を，θ と ϕ がとり得る全領域にわたって積分すると，$A = 4\pi r^2$ となり，半径 r の球の表面積を得る．

計算すべき積分が，

$$I = \int_0^\infty dr\, r^2 \int_0^\pi d\theta \sin\theta \int_0^{2\pi} d\phi\, F(r, \theta, \phi) \tag{14.15}$$

の形になることがよくある．12 章で述べたように，それぞれの積分はその右にあるすべてを対象とする．つまり，この積分計算は，まず関数 $F(r, \theta, \phi)$ の ϕ を 0 から 2π まで積分し，それからこの結果に $\sin\theta$ を掛けて θ を 0 から π まで積分し，さいごに θ を積分した式に r^2 を掛けてから r を 0 から ∞ まで積分する．式(14.15)のような形で式を表すと，積分する変数とそれぞれの変数の積分範囲がつねに明確なので，わかりやすい．この表記法の適用例として，

$$F(r, \theta, \phi) = \frac{1}{32\pi} r^2 e^{-r} \sin^2\theta \cos^2\phi$$

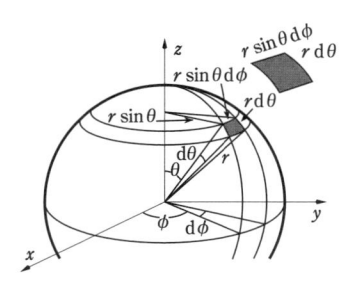

図 14.8 球座標において微小面積素片が $dA = r^2 \sin\theta\, d\theta\, d\phi$ となることを示した図．

のときの式(14.15)を計算してみよう（この式は，水素原子オービタル（軌道）の $2p_x$ オービタルを2乗した関数である）．$F(r, \theta, \phi)$ を式(14.15)に代入すると，I は，

$$I = \frac{1}{32\pi} \int_0^\infty dr\, r^2 \int_0^\pi d\theta \sin\theta \int_0^{2\pi} d\phi\, r^2 e^{-r} \sin^2\theta \cos^2\phi$$

となる．ϕ の部分の積分は，

$$\int_0^{2\pi} d\phi \cos^2\phi = \pi$$

となるので，I は，

$$I = \frac{1}{32} \int_0^\infty dr\, r^2 \int_0^\pi d\theta \sin\theta\, r^2 e^{-r} \sin^2\theta \tag{14.16}$$

と表される．θ の積分値 I_θ は，

$$I_\theta = \int_0^\pi d\theta \sin^3\theta$$

である．θ を含む積分では，変数変換をして $x = \cos\theta$ とおいて計算すると，便利なことが多い．そのさいには，$\sin\theta\, d\theta$ は $-dx$ となるので，x の積分範囲は $+1$ から -1 となる．したがって，このとき，I_θ は，

$$I_\theta = \int_0^\pi d\theta \sin^3\theta = -\int_1^{-1} dx(1-x^2) = \int_{-1}^1 dx(1-x^2) = 2 - \frac{2}{3} = \frac{4}{3}$$

となる．この結果を用いると，式(14.16)は，

$$I = \frac{1}{24} \int_0^\infty dr\, r^4 e^{-r} = \frac{1}{24}(4!) = 1$$

となる．この I の最終結果は，水素原子オービタルの $2p_x$ オービタルを表す上述した $F(r, \theta, \phi)$ の式が規格化されていることを示している．

　式(14.15)の被積分関数が，r のみの関数であることもよくある．その場合，この被積分関数は球対称であるという．$F(r, \theta, \phi) = f(r)$ のときの式(14.15)をみてみよう．

$$I = \int_0^\infty dr\, r^2 \int_0^\pi d\theta \sin\theta \int_0^{2\pi} d\phi\, f(r) \tag{14.17}$$

$f(r)$ は，θ や ϕ に対して独立なので，ϕ について積分して 2π を，θ について積分して 2 を得る．

$$\int_0^\pi \sin\theta\, d\theta = \int_{-1}^1 dx = 2$$

したがって，式(14.17)は，

$$I = \int_0^\infty f(r) 4\pi r^2 dr \tag{14.18}$$

となる．このポイントは，$F(r, \theta, \phi) = f(r)$ であれば，事実上，式(14.15) は積分に係数 $4\pi r^2 dr$ を掛けた一変数の積分であるということである．$4\pi r^2 dr$ は，半径 r，厚さ dr の球殻の体積である（図14.7）．

例題 14-2　水素原子オービタルの1sオービタルは，

$$f(r) = \frac{1}{(\pi a_0^3)^{1/2}} e^{-r/a_0}$$

で与えられる．この関数の2乗は規格化されていることを示せ．

解：$f(r)$ は，x, y, z について球対称な関数であることに気づいてほしい．ここで，$r = (x^2 + y^2 + z^2)^{1/2}$ である．したがって，式(14.8) を用いると，

$$I = \int_0^\infty f^2(r) 4\pi r^2 dr = \frac{4\pi}{\pi a_0^3} \int_0^\infty r^2 e^{-2r/a_0} dr$$

$$= \frac{4}{a_0^3} \frac{2}{(2/a_0)^3} = 1$$

となる．

話を半径1の球（単位球）の表面に限定すると，式(14.14) の角度の部分は表面の微小面積となる．

$$dA = \sin\theta \, d\theta \, d\phi \tag{14.19}$$

これを，球の表面全体（$0 \leq \theta \leq \pi$，$0 \leq \phi \leq 2\pi$）にわたって積分すると，

$$A = \int_0^\pi \sin\theta \, d\theta \int_0^{2\pi} d\phi = 4\pi \tag{14.20}$$

となり，これは単位球の表面積である．

図14.9に示すように，原点と領域 dA をつなぐ面によって囲まれた立体部分を立体角という．式(14.20) より，球面全体の立体角は 4π となる．これは，円1周分の角度を 2π というのとまさに同じことである．立体角は $d\Omega$ で表され，

$$d\Omega = \sin\theta \, d\theta \, d\phi \tag{14.21}$$

とかくこともある．すると，式(14.20) は，

214   14 平面極座標と球座標

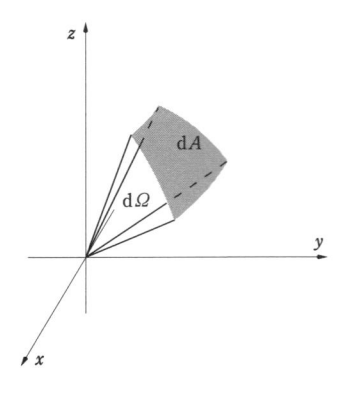

図 14.9 微小面積素片 $dA = \sin\theta\, d\theta\, d\phi$ に対応する立体角 $d\Omega$.

$$\int_{\text{sphere}} d\Omega = 4\pi \tag{14.22}$$

となる．

水素原子を量子論で議論するとき，つぎのような角度積分によく出くわす．

$$I = \int_0^\pi d\theta \sin\theta \int_0^{2\pi} d\phi\, F(\theta, \phi) \tag{14.23}$$

ここで，この積分は球面全体にわたって $F(\theta, \phi)$ を積分していることに気をつけよう．たとえば，

$$I = \frac{15}{8\pi} \int_0^{2\pi} d\phi \int_0^\pi d\theta \sin^2\theta \cos^2\theta \sin\theta$$

が現れることがある．この積分の値は，

$$I = \frac{15}{8\pi} \int_0^\pi d\theta \sin\theta \cos^2\theta \sin^2\theta \int_0^{2\pi} d\phi$$

$$= \frac{15}{4} \int_{-1}^1 (1-x^2) x^2 dx = \frac{15}{4} \left[\frac{2}{3} - \frac{2}{5}\right] = 1$$

となる．

例題 14-3

$$I = \int_0^\pi d\theta \sin\theta \int_0^{2\pi} d\phi\, Y_1^1(\theta, \phi)^* Y_1^{-1}(\theta, \phi) = 0$$

を示せ．ここで，

$$Y_1^1(\theta, \phi) = -\left(\frac{3}{8\pi}\right)^{1/2} e^{i\phi} \sin\theta$$

であり，

$$Y_1^{-1}(\theta, \phi) = \left(\frac{3}{8\pi}\right)^{1/2} e^{-i\phi} \sin\theta$$

である．

解： $Y_1^1(\theta, \phi)$, $Y_1^{-1}(\theta, \phi)$ の右辺を，それぞれ I に代入して計算すると，

$$I = -\frac{3}{8\pi} \int_0^\pi d\theta \sin^3\theta \int_0^{2\pi} d\phi\, e^{-2i\phi}$$

となる．ここで，ϕ の積分は $\sin 2\phi$ と $\cos 2\phi$ の角度 1 周分の積分なので，結局 $I = 0$ となる．この結果は，単位球の表面の全領域で $Y_1^1(\theta, \phi)$ と $Y_1^{-1}(\theta, \phi)$ は直交していることを示している．

中心対称を含んだ問題を扱うときに，ラプラス演算子 ∇^2 を直交座標でなく球座標で表す必要がある．∇^2 の直交座標から球座標への変換は，式(14.10) から始めることができる．その変換は，一度は自分で経験しておくべきであるが，たぶん二度とはしないくらい，偏微分を含んだ長くてうんざりする導出過程である．最終結果は，

$$\nabla^2 = \frac{1}{r^2}\frac{\partial}{\partial r}\left(r^2\frac{\partial}{\partial r}\right) + \frac{1}{r^2\sin\theta}\frac{\partial}{\partial\theta}\left(\sin\theta\frac{\partial}{\partial\theta}\right) + \frac{1}{r^2\sin^2\theta}\frac{\partial}{\partial\phi^2} \tag{14.24}$$

となる（問題 14-12）．

例題 14-4 $u(r, \theta, \phi) = 1/r$ は，$\nabla^2 u = 0$ の解であることを示せ（この方程式をラプラス方程式という）．

解： u は r のみの関数であるので，$\nabla^2 u$ は，

$$\nabla^2 u = \frac{1}{r^2}\frac{\partial}{\partial r}\left(r^2\frac{\partial u}{\partial r}\right)$$

のように r のみの関数に単純にすることができる．この式に $u = 1/r$ を代入すると，$r^2 \partial u/\partial r = -1$ となり，$\nabla^2 u = 0$ となる．

球座標を含む話題をもう一つ述べよう．三次元でフーリエ変換を扱うことがよくある．式(10.7) を三次元に拡張すると，

$$\hat{F}(k_x, k_y, k_z) = \frac{1}{(2\pi)^{3/2}} \iiint_{-\infty}^{\infty} dx\,dy\,dz\, f(x, y, z) e^{-i\mathbf{k}\cdot\mathbf{r}} \tag{14.25}$$

と表せる．ここで，$\mathbf{k}\cdot\mathbf{r} = k_x x + k_y y + k_z z$ である．この逆変換をより一般的な表現で表すと，

$$f(r) = \frac{1}{(2\pi)^{3/2}} \iiint d^3k \, \widehat{F}(k) e^{i\mathbf{k}\cdot\mathbf{r}} \tag{14.26}$$

となる．ここで，$f(r)$ は $f(x, y, z)$ を，$\widehat{F}(k)$ は $\widehat{F}(k_x, k_y, k_z)$ を示し，$d^3k = dk_x dk_y dk_z$ である．いま，関数 $f(r)$ が r の絶対値（$|\mathbf{r}| = (x^2 + y^2 + z^2)^{1/2}$）だけに依存するという，よく起こることを仮定しよう．$f(r) = f(|\mathbf{r}|)$ のときの $\widehat{F}(k)$ を計算するために，式(14.25) に球座標を導入すると，

$$\widehat{F}(\mathbf{k}) = \frac{1}{(2\pi)^{3/2}} \int_0^\infty dr\, r^2 \int_0^\pi d\theta \sin\theta \int_0^{2\pi} d\phi\, f(r) e^{-i\mathbf{k}\cdot\mathbf{r}} \tag{14.27}$$

とかける．

球座標系の z 軸（極軸）を $\mathbf{k}$ の向きにとると，$\mathbf{k}\cdot\mathbf{r} = kr\cos\theta$ となる．そうすることによって，式(14.27) を θ と ϕ について積分することができ，

$$\widehat{F}(k) = \left(\frac{2}{\pi}\right)^{1/2} \int_0^\infty dr\, f(r) \frac{r \sin kr}{k} \tag{14.28}$$

を得る（問題 14-19）．逆変換の式は，

$$f(r) = \left(\frac{2}{\pi}\right)^{1/2} \int_0^\infty dk\, \widehat{F}(k) \frac{k \sin kr}{r} \tag{14.29}$$

となる．$f(r) = f(|\mathbf{r}|) = f(r)$ のとき，$\widehat{F}(k) = \widehat{F}(|\mathbf{k}|) = \widehat{F}(k)$ であることに注目しよう．つまり，$f(r)$ が球対称のとき，$f(r)$ のフーリエ変換は $\mathbf{k}$ の大きさだけに依存する関数である．

例題 14-5　つぎの式

$$f(r) = \frac{Z^3}{\pi} e^{-2Zr}$$

のフーリエ変換の式を求めよ．ここで，r は球座標系における動径である．

解：　式(14.28) を用いて，

$$\widehat{F}(k) = \left(\frac{2}{\pi}\right)^{1/2} \frac{Z^3}{\pi k} \int_0^\infty r e^{-2Zr} \sin kr\, dr$$
$$= \left(\frac{2}{\pi}\right)^{1/2} \frac{4Z^4/\pi}{(k^2 + 4Z^2)^2}$$

となる．

問題

14-1. つぎの位置について，平面極座標における角度 θ の値を計算せよ．
(a) $(x = -1, y = \sqrt{3})$
(b) $(x = -1, y = -1)$
(c) $(x = 1, y = 1)$
(d) $(x = \sqrt{3}, y = -1)$

14-2. $r = a \sin\theta$ で表される曲線で囲まれた領域の面積を計算せよ．この曲線をグラフに描くとどのような曲線にみえるか．$r \geq 0$ を忘れないように．

14-3. $r^2 = 2\cos 2\theta$（ベルヌーイのレムニスケート曲線：∞の形の曲線）で表される曲線で囲まれた領域の面積を計算せよ．θ の範囲を決めるために，まずその曲線を描いて確かめること．また，$r \geq 0$ を忘れないように．

14-4. 直交座標で与えられているつぎの位置を球座標で表せ．
$(x, y, z): (1, 0, 0); (0, 1, 0);$
$(0, 0, 1); (0, 0, -1)$

14-5. 球座標で表されている次式を，グラフに描け．
(a) $r = 5$ (b) $\theta = \pi/4$
(c) $\phi = \pi/2$

14-6. 式(14.12)を用いて半径 a の半球の体積を決定せよ．

14-7. 式(14.14)を用いて半径 a の半球の表面積を決定せよ．

14-8. $x = \cos\theta$ とおくことによって，積分，
$$I = \int_0^{\pi} \cos^2\theta \sin^3\theta \, d\theta$$
の値を求めよ．

14-9. $2p_y$ の水素原子オービタルは，
$$\psi_{2p_y} = \frac{1}{4\sqrt{2\pi}} r e^{-r/2} \sin\theta \sin\phi$$
で与えられる．ψ_{2p_y} が規格化されていることを示せ（ψ_{2p_y} を2乗するのを忘れないように）．

14-10. 2s 水素原子オービタルは，
$$\psi_{2s} = \frac{1}{4\sqrt{2\pi}} (2 - r) e^{-r/2}$$
で与えられる．ψ_{2s} が規格化されていることを示せ（最初に ψ_{2s} を2乗するのを忘れないように）．

14-11. 以下の関数
$$Y_1^0(\theta, \phi) = \left(\frac{3}{4\pi}\right)^{1/2} \cos\theta$$
$$Y_1^1(\theta, \phi) = -\left(\frac{3}{8\pi}\right)^{1/2} e^{i\phi} \sin\theta$$
および，
$$Y_1^{-1}(\theta, \phi) = \left(\frac{3}{8\pi}\right)^{1/2} e^{-i\phi} \sin\theta$$
が，単位球の表面にわたって規格直交化されていることを示せ．

14-12. $\cos\theta$ と $\cos^2\theta$ の単位球の表面にわたる積分を求めよ．

14-13. 球座標の体積素片を表すさいに，よく $d\tau$ という表記を用いる．
$$I = \int d\tau \, e^{-r} \cos^2\theta$$
の積分を求めよ．ここで，積分範囲は全空間にわたる（つまり，r, θ, ϕ がとり得るすべての値を積分範囲とせよ）．

14-14. 二つの関数 $f_1(r, \theta) = e^{-r}\cos\theta$ と $f_2(r, \theta) = (2 - r)e^{-r/2}\cos\theta$ は，空間の全範囲（つまり，r, θ, ϕ がとり得るすべての値の範囲）で直交していることを示せ．

14-15. この問題とつぎの問題では，∇^2 を二次元の直交座標から極座標へ変換する．$f(r, \theta)$ が極座標 r と θ に依存する関数であるならば，偏微分の連鎖法則によると，
$$\left(\frac{\partial f}{\partial x}\right)_y = \left(\frac{\partial f}{\partial r}\right)_\theta \left(\frac{\partial r}{\partial x}\right)_y + \left(\frac{\partial f}{\partial \theta}\right)_r \left(\frac{\partial \theta}{\partial x}\right)_y \quad (1)$$
の関係が成立し，
$$\left(\frac{\partial f}{\partial y}\right)_x = \left(\frac{\partial f}{\partial r}\right)_\theta \left(\frac{\partial r}{\partial y}\right)_x + \left(\frac{\partial f}{\partial \theta}\right)_r \left(\frac{\partial \theta}{\partial y}\right)_x \quad (2)$$
である．簡単のために，r は定数 l であると仮定すると，r に関する微分を含んだ項は無視できる．式(1)と式(2)を用いて，
$$\left(\frac{\partial f}{\partial x}\right)_y = -\frac{\sin\theta}{l}\left(\frac{\partial f}{\partial \theta}\right)_r$$
$$\left(\frac{\partial f}{\partial y}\right)_x = \frac{\cos\theta}{l}\left(\frac{\partial f}{\partial \theta}\right)_r \quad (3)$$
を示せ．
さらに，式(1)を再び適用して，
$$\left(\frac{\partial^2 f}{\partial x^2}\right)_y = \left[\frac{\partial}{\partial x}\left(\frac{\partial f}{\partial x}\right)_y\right]_y = \left[\frac{\partial}{\partial \theta}\left(\frac{\partial f}{\partial x}\right)_y\right]_r \left(\frac{\partial \theta}{\partial x}\right)_y$$
$$= \left\{\frac{\partial}{\partial \theta}\left[-\frac{\sin\theta}{l}\left(\frac{\partial f}{\partial \theta}\right)_r\right]\right\}_r \left(-\frac{\sin\theta}{l}\right)$$

$$= \frac{\sin\theta\cos\theta}{l^2}\left(\frac{\partial f}{\partial \theta}\right) + \frac{\sin^2\theta}{l^2}\left(\frac{\partial^2 f}{\partial \theta^2}\right)$$

を示せ．同様にして，

$$\left(\frac{\partial^2 f}{\partial y^2}\right)_x = -\frac{\sin\theta\cos\theta}{l^2}\left(\frac{\partial f}{\partial \theta}\right) + \frac{\cos^2\theta}{l^2}\left(\frac{\partial^2 f}{\partial \theta^2}\right)$$

であり，さらに

$$\nabla^2 f = \frac{\partial^2 f}{\partial x^2} + \frac{\partial^2 f}{\partial y^2} \longrightarrow \frac{1}{l^2}\left(\frac{\partial^2 f}{\partial \theta^2}\right)$$

であることを示せ．

14-16. この問題では問題 14-15 を，中心力がはたらいている平面で動いている粒子の場合に一般化しよう．つまり，

$$\nabla^2 = \frac{\partial^2}{\partial x^2} + \frac{\partial^2}{\partial y^2}$$

を平面極座標に変換せよ．この問題では，r が定数であることを仮定しなくてもよい（式(14.9)）．

14-17. $u(r, \theta, \phi) = r\sin\theta\cos\phi$ は，球座標におけるラプラス方程式を満たすことを，つまり $\nabla^2 u = 0$ であることを示せ．

14-18. $u(r, \theta, \phi) = r^2\sin^2\theta\cos 2\phi$ は，球座標におけるラプラス方程式を満たすことを，つまり $\nabla^2 u = 0$ であることを示せ．

14-19. 式(14.28)と式(14.29)を導け．

14-20. $f(r) = \dfrac{1}{(4\pi a)^{3/2}} e^{-r^2/4a}$ のフーリエ変換を行え．ここで，a は定数である．

14-21. 本文では図 14.3 を用いて幾何学的に，直交座標から平面極座標への微小面積素片の変換 ($dxdy \to rdrd\theta$) を行った．次式で与えられる変換式によって，解析的な方法でも座標系の変換をすることができる．

$$dxdy = \begin{vmatrix} \partial x/\partial r & \partial x/\partial \theta \\ \partial y/\partial r & \partial y/\partial \theta \end{vmatrix} drd\theta \quad (1)$$

ここで，右辺の行列式をヤコビ行列式という（行列式については 17 章参照）．式(14.1)を式(1)に代入すると，

$$\begin{vmatrix} \partial x/\partial r & \partial x/\partial \theta \\ \partial y/\partial r & \partial y/\partial \theta \end{vmatrix} = \begin{vmatrix} \cos\theta & -r\sin\theta \\ \sin\theta & r\cos\theta \end{vmatrix}$$
$$= r(\cos^2\theta + \sin^2\theta)$$
$$= r$$

となり，式(14.4)と一致する．この過程は簡単に三次元に拡張できる．式(1)を三次元に拡張して，式(14.12)を導け．

14-22. 式(14.24)を導け．

15

古典的波動方程式

　1925 年，エルヴィン・シュレーディンガーとヴェルナー・ハイゼンベルクは，それぞれ独立に一般的な量子論を定式化した．一見すると，二つの方法は異なるようにみえた．というのも，ハイゼンベルクは行列を用いて定式化しており，一方，シュレーディンガーは偏微分方程式を用いて定式化していたからである．しかし，その翌年には，この二つの定式は数学的に等価であることが示された．物理化学を学ぶ多くの学生にとって行列代数はあまりなじみがないため，量子論は習慣的にシュレーディンガーの定式によって示されることが多く，その中心となるのはシュレーディンガー方程式として知られている偏微分方程式である．

　本章ではまず，古典的波動方程式とよばれる，より単純な偏微分方程式を扱う．振動する弦，振動する太鼓，海の波，そして音波といったさまざまな波が示す現象は，古典的波動方程式で記述される．古典的波動方程式はシュレーディンガー方程式の物理的な意味を与えるのはもちろん，この古典的波動方程式を解くための方法は，シュレーディンガー方程式を解くための方法と類似している．

15.1　振動する弦

　図 15.1 に示されるような，二つの固定端の間に張られた均質な弦を考えよう．平衡な水平位置からの弦の最大の変位は，振幅とよばれる．$u(x, t)$ を弦の変位とすれば，$u(x, t)$ は，

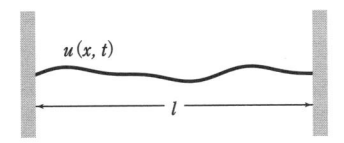

図 15.1　0 と l で両端を固定された振動する弦．位置 x，時刻 t における振動の変位は $u(x, t)$ である．

15 古典的波動方程式

$$\frac{\partial^2 u}{\partial x^2} = \frac{1}{v^2}\frac{\partial^2 u}{\partial t^2} \tag{15.1}$$

を満たす．ここで，v は波が弦に沿って伝搬する速度である（問題 15-12 では式 (15.1) を導出する）．式 (15.1) は古典的波動方程式である．この式には，未知の関数 $u(x, t)$ の偏微分が含まれているため，偏微分方程式となる．変数 x と t は独立変数，x と t に依存する $u(x, t)$ は従属変数とよばれる．式 (15.1) は，その微分に一次の項だけが現れ，交差項がないことから，線形偏微分方程式である．

変位 $u(x, t)$ は式 (15.1) を満たさなければならないことに加えて，物理的な条件も満たさなければならない．弦の両端は固定されているので，両端における変位は 0 である．したがって，

$$u(0, t) = 0 \quad \text{および} \quad u(l, t) = 0 \quad \text{（すべての t に対して）} \tag{15.2}$$

が要求される．これらの二つの条件は，境界での $u(x, t)$ の振る舞いを規定するので，境界条件とよばれる．一般に，偏微分方程式は，物理的な根拠に基づく明確な性質である境界条件にしたがって解かれなければならならい．

15.2 変数分離法

物理化学のなかで登場するシュレーディンガー方程式やほかの多くの偏微分方程式と同様に，古典的波動方程式も変数分離法によって解くことができる．振動する弦の問題を用いて，この方法を説明しよう．

変数分離法にとって鍵となるのは，$u(x, t)$ を x の関数 $X(x)$ と t の関数 $T(t)$ の積と仮定し，

$$u(x, t) = X(x)T(t) \tag{15.3}$$

とおく段階である．式 (15.3) を式 (15.1) に代入すれば，

$$T(t)\frac{d^2 X(x)}{dx^2} = \frac{1}{v^2}X(x)\frac{d^2 T(t)}{dt^2} \tag{15.4}$$

が得られる．つぎに式 (15.4) の両辺を $u(x, t) = X(x)T(t)$ で割ると，

$$\frac{1}{X(x)}\frac{d^2 X(x)}{dx^2} = \frac{1}{v^2 T(t)}\frac{d^2 T(t)}{dt^2} \tag{15.5}$$

を得る．式 (15.5) の左辺は x のみの関数で，右辺は t のみの関数である．x と t はそれぞれ独立変数なので，式 (15.5) の右辺と左辺はそれぞれ独立して変化させることができる．

任意の x と t に対して両辺が等しくなるためには，それぞれの辺がともに等しい定数になる必要がある．この定数を K とおけば，

$$\frac{1}{X(x)}\frac{d^2 X(x)}{dx^2} = K \tag{15.6}$$

$$\frac{1}{v^2 T(t)}\frac{d^2 T(t)}{dt^2} = K \tag{15.7}$$

とかける．ここで，K は分離定数とよばれ，後ほど決定する．式(15.6) と式(15.7) は，

$$\frac{d^2 X(x)}{dx^2} - KX(x) = 0 \tag{15.8}$$

$$\frac{d^2 T(t)}{dt^2} - Kv^2 T(t) = 0 \tag{15.9}$$

とかける．つまり，変数分離法によって，二つの独立変数をもつ（一つの）偏微分方程式を，二つの常微分方程式にできる．とくにこの場合は，定数の係数をもつ線形微分方程式になるので，容易に解ける（6.2節参照）．

式(15.8) と式(15.9) の K の値はまだ決まっていない．K が正なのか負なのか，あるいは 0 なのかはわからない．そこで，まず $K = 0$ を仮定しよう．このとき，式(15.8) および式(15.9) はすぐに積分することができ，

$$X(x) = a_1 x + b_1 \tag{15.10}$$

$$T(t) = a_2 t + b_2 \tag{15.11}$$

となる．ここで，a と b は積分定数であり，式(15.2) で与えられる境界条件を用いて決められる．$X(x)$ および $T(t)$ についての境界条件は，

$$u(0, t) = X(0)T(t) = 0 \quad \text{および} \quad u(l, t) = X(l)T(t) = 0$$

である．$T(t)$ はすべての t に対して 0 になることはないので，

$$X(0) = 0 \quad \text{および} \quad X(l) = 0 \tag{15.12}$$

でなければならない．これは，境界条件がどのように $X(x)$ を規定するかを示す．式(15.10) に戻ると，これが式(15.12) を満たすには，$a_1 = b_1 = 0$ である必要がある．これは，$X(x) = 0$ であり，すべての x に対して $u(x, t) = 0$ を意味する．これは式(15.1) に対する自明な解とよばれ，物理的には意味がない（数学的な解を捨てることは，それほど気にすることではない．明らかなのは，物理的に意味のある解 $u(x, t)$ が式(15.1) を満たすことであって，すべての解が物理的に意味をもつことではない）．

式(15.8)において $K>0$ を仮定すると，k を実数として，$K=k^2$ とかける．実数 k の2乗なので，K は正の値であることが保証される．このとき，式(15.8)は，

$$\frac{d^2X(x)}{dx^2} - k^2X(x) = 0 \tag{15.13}$$

となり，その一般解は，

$$X(x) = c_1 e^{kx} + c_2 e^{-kx} \tag{15.14}$$

である．

式(15.12)によって与えられた境界条件を式(15.14)に適用すると，

$$c_1 + c_2 = 0 \quad \text{および} \quad c_1 e^{kl} + c_2 e^{kl} = 0$$

となる．$k>0$ のとき，これらの条件を満たすのは $c_1 = c_2 = 0$ のみであり，ここでも自明な解しか得られない（問題15-1）．ここまで，$K=0$ または $K>0$ ならば，式(15.1)に対して自明な解しか得られないことを確認した．

K が負のときには，何か興味深い結果が出てくるかもしれない．$K = -\beta^2$ とおくと，β が実数のとき K は負となる．このとき，式(15.8)は，

$$\frac{d^2X(x)}{dx^2} - \beta^2 X(x) = 0 \tag{15.15}$$

となり，その一般解は，

$$X(x) = A\cos\beta x + B\sin\beta x \tag{15.16}$$

である．$X(0) = 0$ という境界条件から，$A = 0$ がわかる．また，境界が $x = l$ のとき，

$$X(l) = B\sin\beta l = 0 \tag{15.17}$$

となる．式(15.17)を満たすには二つの方法がある．一つは $B=0$ とすることであるが，それは $A=0$ のときに自明な解となってしまう．もう一つの方法は，$\sin\beta l = 0$ にすることである．$\theta = 0, \pi, 2\pi, 3\pi, \cdots\cdots$ のとき $\sin\theta = 0$ なので，式(15.17)から，

$$\beta_n l = n\pi \quad n = 1, 2, 3, \cdots\cdots \tag{15.18}$$

が得られる．ここでは，$n=0$ のときを省略した．というのも，$n=0$ のとき，$b=0$ となり，自明な解になってしまうからである．また，β の添字として n を加えたのは，β が n に依存することを明確にするためである．式(15.18)から変数 β_n と分離定数 $K = -\beta_n^2$ が決まる．したがって，

$$X(x) = B \sin \frac{n\pi x}{l} \tag{15.19}$$

となる.

式(15.9) も解かねばならないことを思い出そう. $K = -\beta_n^2$ なので, 式(15.9) は,

$$\frac{d^2 T(t)}{dt^2} + \beta_n^2 v^2 T(t) = 0 \tag{15.20}$$

とかける. ここで, 式(15.18) から $\beta_n = n\pi/l$ である. 式(15.20) の一般解は,

$$T(t) = D \cos \omega_n t + E \sin \omega_n t \tag{15.21}$$

となる. ここで, $\omega_n = \beta_n v = n\pi v/l$ である. D と E を明らかにするための条件が与えられていない. そこで, 変位 $u(x, t)$ をつぎのようにする (式(15.3)).

$$\begin{aligned} u(x, t) &= X(x) T(t) \\ &= \left(B \sin \frac{n\pi x}{l} \right) (D \cos \omega_n t + E \sin \omega_n t) \\ &= (a \cos \omega_n t + b \sin \omega_n t) \sin \frac{n\pi x}{l} \qquad n = 1, 2, \cdots\cdots \end{aligned}$$

ここで, $a = DB$ および $b = EB$ とする. 各整数 n に対して一つの $u(x, t)$ が対応すること, および a と b の値が n に依存するであろうことから, $u(x, t)$ は,

$$u_n(x, t) = (a_n \cos \omega_n t + b_n \sin \omega_n t) \sin \frac{n\pi x}{l} \qquad n = 1, 2, \cdots\cdots \tag{15.22}$$

とかくべきである.

例題 15-1 式(15.22) は式(15.1) の解の一つであることを示せ.

解: $u_n(x, t)$ の二階偏微分は,

$$\frac{\partial^2 u_n(x, t)}{\partial x^2} = -\frac{n^2 \pi^2}{l^2} (a_n \cos \omega_n t + b_n \sin \omega_n t) \sin \frac{n\pi x}{l}$$

$$= -\frac{n^2 \pi^2}{l^2} u_n(x, t)$$

$$\frac{\partial^2 u_n(x, t)}{\partial x^2} = -\omega_n^2 u_n(x, t)$$

となる. $\omega_n = n\pi v/l$ であることを用いると, $\omega_n^2 = v^2(n^2 \pi^2/l^2)$ となり, このとき式(15.1) を満たす.

式(15.22) の $u_n(x, t)$ のそれぞれは，線形微分方程式である式(15.1) の解であるから，それらの和もまた式(15.1) の解で，実際に，一般解である．したがって，

$$u(x, t) = \sum_{n=1}^{\infty} (a_n \cos \omega_n t + b_n \sin \omega_n t) \sin \frac{n\pi x}{l} \qquad n = 1, 2, \cdots\cdots \quad (15.23)$$

と表せる．最初に弦をどのようにはじいても，弦の形状は式(15.23) にしたがって進展する．式(15.23) を式(15.1) に代入すれば，式(15.23) が式(15.1) の解であることは容易に確認できる（問題 15-2）．

式(15.3) を仮定するような変数分離法を初めて扱うさいは戸惑うことがある．同じ境界条件を満たすにもかかわらず，$u(x, t) = X(x)T(t)$ では表現できない振動を示すほかの解がないかと，疑問をもつかもしれない．$u(x, t)$ が式(15.1) と式(15.2) を満たせば，$u(x, t)$ はそれらを満たすただ一つの関数であることが，偏微分方程式の理論からわかる．したがって，どんな手法であっても，一つの解さえ見つければ，それが唯一の解であることを保証することができる．

15.3　基準振動の重ねあわせ

式(15.23) によって与えられる一般解は別の形でかくことができる．6.2 節で示したように，$a \cos \omega t + b \sin \omega t$ は $A \cos(\omega t + \phi)$ のように記述できる．ただし，A と ϕ は a と b で表せる定数である（式(6.23) 参照）．この関係を用いると，式(15.23) は，

$$u(x, t) = \sum_{n=1}^{\infty} A_n \cos(\omega_n t + \phi_n) \sin \frac{n\pi x}{l} = \sum_{n=1}^{\infty} u_n(x, t) \qquad (15.24)$$

とかける．

式(15.24) はみごとな物理的解釈ができる．$u_n(x, t)$ のそれぞれは，**基準振動**とよばれ，それぞれの基準振動の時間依存の部分は，振動数が，

$$\nu_n = \frac{\omega_n}{2\pi} = \frac{nv}{2l} \qquad (15.25)$$

の調和振動を表している．ここで，$\omega_n = \beta_n = n\pi v/l$ という関係を用いた（式(15.18)）．対応する波長は，v/ν_n，または $\lambda_n = 2l/n$ で与えられる．

式(15.24) の最初の数項を図 15.2 に示す．第 1 項の $u_1(x, t)$ は**基本振動**または**第 1 調和振動**とよばれ，図 15.2(a)のような，運動の振動数が $v/2l$ の余弦波（調和振動）の時間経過を表す．このとき，波長は $\lambda_1 = 2l$ である．**第 2 調和振動**または**第 1 倍音**とよばれる $u_2(x, t)$ は，振動数 v/l で調和振動し，その運動は図 15.2(b)のようになる．このとき，

15.3 基準振動の重ねあわせ

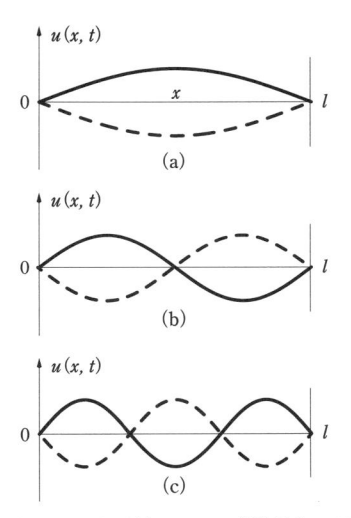

図 15.2 振動する弦の最初の三つの基準振動．それぞれの基準振動は定常波であり，n 番目の調和振動は $n-1$ 番目の振動となる．定常波の波長は $\lambda_n = 2l/n$ を満たす．

波長は $\lambda_2 = l$ である．この調和振動の中点は，すべての t に対して 0 で固定されている．このような点は節とよばれ，量子力学でも登場する概念である．$u(0)$ と $u(l)$ はともに 0 になるが，それは境界条件によって固定されているためであり，節ではない．第 2 調和振動は第 1 調和振動の 2 倍の振動数で振動する．図 15.2 (c) は，第 3 調和振動または第 2 倍音が節を二つもっていることを示す．図 15.2 に示されている波は，定常波（または定在波）とよばれ，節の位置が時間によって変化せず，節の間を弦が上下に振動する．

$u(x, t)$ が第 1 調和振動と第 2 調和振動だけで構成され，

$$u(x, t) = \cos \omega_1 t \sin \frac{\pi x}{l} + \frac{1}{2} \cos \left(\omega_2 t + \frac{\pi}{2} \right) \sin \frac{2\pi x}{l} \tag{15.26}$$

の形で表される単純な場合を考えてみよう．式 (15.26) を図 15.3 に示す．図 15.3 の左側に各モードの時間依存をべつべつに示す．$u_1(x, t)$ が半分のサイクルだけ動く間に，$u_2(x, t)$ は完全に 1 サイクル振動している．つまり，$\omega_2 = 2\omega_1$ であることがうまく描かれている．図 15.3 の右側は，二つの調和振動の和，すなわち弦の実際の運動を時間の関

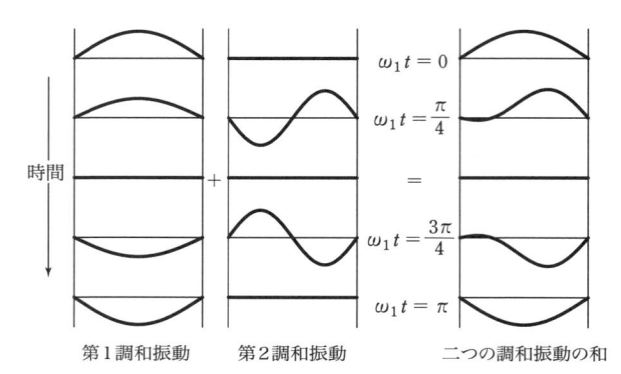

図 15.3 二つの定常波が重なって一つの進行波ができる例．いずれも図の上から下に向かって時間が進んでいる．左側は最初の二つの調和振動をそれぞれ表している．ともに定常波で，第 1 調和振動がサイクルの半分まで進行したとき，第 2 調和振動はちょうど 1 サイクルを終える．右側はこの二つの調和振動の和を表している．この振動は定常波ではなく進行波で，固定された両端の間を行き来する．この図の時間内では，進行波は 1/2 サイクルだけ進んでいる．

数として示している．図の左側の二つの定常波を重ねあわせることで，図の右側の進行波が得られることがわかる．任意の複雑で一般的な波の運動を，基準振動の和あるいは重ねあわせに分解できるのは，振動の基本的な性質であり，波動方程式が線形方程式であることによる．

15.4 フーリエ級数解

まだ式 (15.1) を解き終わっていない．式 (15.23)（同様に，式 (15.24)）には決定すべき無限集合の係数がまだ二つある．式 (15.23) はフーリエ級数の形をしている．ここでフーリエ係数は $a_n \cos \omega_n t + b_n \sin \omega_n t$ である．二つの初期条件から a_n と b_n はすべて求められる．弦のある初期変位と初速度が，

$$u(x, 0) = f(x) \quad および \quad u_t(x, 0) = g(x)$$

と与えられていると仮定する．式 (15.23) において，$t = 0$ のとき，

$$u(x, 0) = f(x) = \sum_{n=1}^{\infty} a_n \sin \frac{n\pi x}{l} \qquad 0 \leq x \leq l \tag{15.27}$$

が得られる．式 (15.27) はフーリエ級数（9 章参照）である．区間 $(0, l)$ での $\{\sin n\pi x/l\}$ ($\sin n\pi x/l$ の集合) の直交性を用いて，

$$a_n = \frac{2}{l} \int_0^l f(x) \sin \frac{n\pi x}{l} \mathrm{d}x \qquad n = 1, 2, \cdots\cdots \tag{15.28}$$

のように a_n を求められる．同様に，式 (15.23) を t で微分できると仮定すると，

$$u_t(x, 0) = g(x) = \sum_{n=1}^{\infty} \omega_n b_n \sin \frac{n\pi x}{l} \qquad 0 \leq x \leq l \tag{15.29}$$

$$b_n = \frac{2}{\omega_n l} \int_0^l g(x) \sin \frac{n\pi x}{l} \mathrm{d}x \qquad n = 1, 2, \cdots\cdots \tag{15.30}$$

が得られる．

境界条件 $u(0, t) = u(l, t) = 0$ と初期条件 $u(x, 0) = u_0 \sin 2\pi x/l$ および $u_t(x, 0) = 0$ の波動方程式を解くために，これらの結果を用いることにしよう．式 (15.23) に基づいた振る舞いは変わらないので，

$$u(x, t) = \sum_{n=1}^{\infty} (a_n \cos \omega_n t + b_n \sin \omega_n t) \sin \frac{n\pi x}{l}$$

を用いることにする．ただし，ここで $\omega_n = n\pi v/l$ である．初期条件 $u_t(x, 0) = 0$ は，$b_n = 0$ を意味する（式 (15.30)）．a_n は，初期条件 $u(x, 0) = u_0 \sin 2\pi x/l$ から与えられて，

$$a_n = \frac{2u_0}{l} \int_0^l \sin \frac{2\pi x}{l} \sin \frac{n\pi x}{l} \mathrm{d}x = u_0 \delta_{n2}$$

となる．ここで，δ_{n2} はクロネッカーのデルタである（$n = 2$ で 1，$n \neq 2$ で 0）．完全解は，

$$u(x, t) = u_0 \sin \frac{2\pi x}{l} \cos \frac{2\pi vt}{l} \tag{15.31}$$

であり，この解が，与えられた境界条件と初期条件を適用した波動方程式を満たすことは容易に示せる（問題 15-3）．

例題 15-2

最初に弦をその中央でわずかな距離 h だけずらして放った（中央ではじいた）とする．その後の弦の動きを決定せよ．

解： 初期条件は，

$$u(x, 0) = \begin{cases} \dfrac{2hx}{l} & 0 < x < \dfrac{l}{2} \\ \dfrac{2h}{l}(l-x) & \dfrac{l}{2} < x < l \end{cases}$$

と解釈でき，$u_t(x,0) = 0$ である．式(15.30) から $b_n = 0$ であり，また式(15.28) から，

$$a_n = \frac{2}{l}\left[\int_0^{l/2} \frac{2hx}{l} \sin\frac{n\pi x}{l} dx + \int_{l/2}^l \frac{2h}{l}(x-l)\sin\frac{n\pi x}{l} dx\right]$$

$$= \frac{8h}{n^2\pi^2}\sin\frac{n\pi}{2} = \begin{cases} \dfrac{(-1)^n 8h}{n^2\pi^2} & n \text{ が奇数} \\ 0 & n \text{ が偶数} \end{cases}$$

となる．したがって，

$$u(x, t) = \frac{8h}{\pi^2}\sum_{n=0}^\infty \frac{(-1)^n}{(2n+1)^2}\cos\frac{(2n+1)\pi vt}{l}\sin\frac{(2n+1)\pi x}{l}$$

となる．ここで，奇数の調和振動だけが励起されることに注意する．すなわち，中心 ($x = l/2$) に節をもつ調和振動は，この初期変位では励起されない．図 15.4 に時間の関数としての弦の変位を示す．

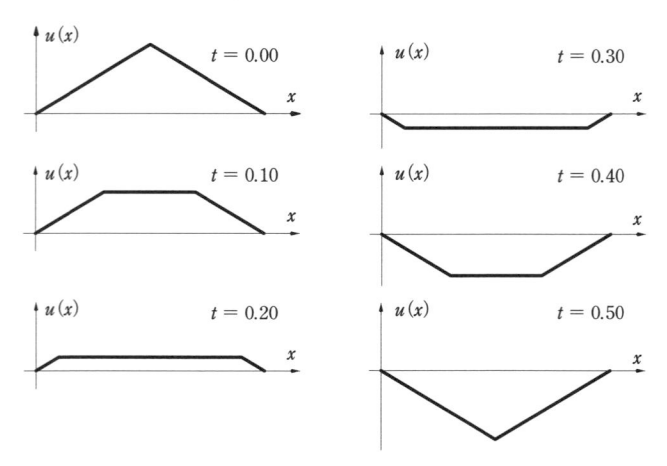

図 15.4 例題 15-2 における弦の変位の時間経過．

15.5 振動する長方形の膜

式(15.1) を二次元で一般化すると，

$$\frac{\partial^2 u}{\partial x^2} + \frac{\partial^2 u}{\partial y^2} = \frac{1}{v^2}\frac{\partial^2 u}{\partial t^2} \tag{15.32}$$

となる．ここで，$u = u(x, y, t)$ であり，x, y, t は独立変数である．この方程式を4辺が固定された長方形の膜に適用しよう．図 15.5 のような幾何学的な配置をとれば，4辺が固定されているときの $u(x, y, t)$ が満たすべき境界条件は，

$$\begin{aligned} u(0, y) &= u(a, y) = 0 \\ u(x, 0) &= u(x, b) = 0 \end{aligned} \quad (\text{すべての } t \text{ に対して}) \tag{15.33}$$

となる．

式(15.32) に変数分離法を適用すると，$u(x, y, t)$ は空間部分と時間部分の積として，

$$u(x, y, t) = F(x, y)T(t) \tag{15.34}$$

とかけると仮定できる．

式(15.34) を式(15.32) に代入し，両辺を $F(x, y)T(t)$ で割ると，

$$\frac{1}{v^2 T(t)}\frac{d^2 T}{dt^2} = \frac{1}{F(x, y)}\left(\frac{\partial^2 F}{\partial x^2} + \frac{\partial^2 F}{\partial y^2}\right)$$

となる．この式の右辺は x と y のみの関数であり，左辺は t のみの関数である．両辺がある定数に等しいときにだけ，すべての t, x, y についてこの等号が成立する．前節で示したように分離定数は負になると考えられるので，それを $-\beta^2$ とおけば，

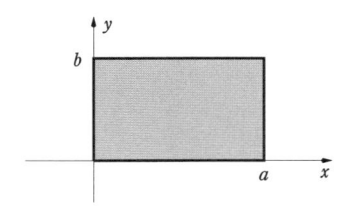

図 15.5　4辺が固定された長方形の膜.

$$\frac{\partial^2 T}{\mathrm{d}t^2} + v^2\beta^2 T(t) = 0 \tag{15.35}$$

$$\frac{\partial^2 F}{\partial x^2} + \frac{\partial^2 F}{\partial y^2} + \beta^2 F(x, y) = 0 \tag{15.36}$$

の二つのべつべつの方程式が得られる．

式(15.36)はまだ偏微分方程式であるから，それを解くためにもう一度，変数分離法を用いる．$F(x, y) = X(x)Y(y)$ を式(15.35)に代入して，両辺を $X(x)Y(y)$ で割ると，

$$\frac{1}{X(x)}\frac{\mathrm{d}^2 X}{\mathrm{d}x^2} + \frac{1}{Y(y)}\frac{\mathrm{d}^2 Y}{\mathrm{d}y^2} + \beta^2 = 0 \tag{15.37}$$

が得られる．x と y は独立変数であるから，この式に，

$$\frac{1}{X(x)}\frac{\mathrm{d}^2 X}{\mathrm{d}x^2} = -p^2 \tag{15.38}$$

$$\frac{1}{Y(y)}\frac{\mathrm{d}^2 Y}{\mathrm{d}y^2} = -q^2 \tag{15.39}$$

を用いることができる．ここで，p^2 と q^2 は分離定数であり，式(15.37)から，

$$p^2 + q^2 = \beta^2 \tag{15.40}$$

を満たさねばならない．式(15.38)と式(15.39)はそれぞれ，

$$\frac{\mathrm{d}^2 X}{\mathrm{d}x^2} + p^2 X(x) = 0 \tag{15.41}$$

$$\frac{\mathrm{d}^2 Y}{\mathrm{d}y^2} + q^2 Y(y) = 0 \tag{15.42}$$

とかき換えられる．

三つの変数を含む偏微分方程式である式(15.32)を，三つの常微分方程式（式(15.35)，式(15.41)，式(15.42)）に分けることができた．式(15.33)の境界条件は，関数 $X(x)$ と $Y(y)$ を用いて，

$$X(0)Y(y) = X(a)Y(y) = 0$$

$$X(x)Y(0) = X(x)Y(b) = 0$$

と表せ，したがって，

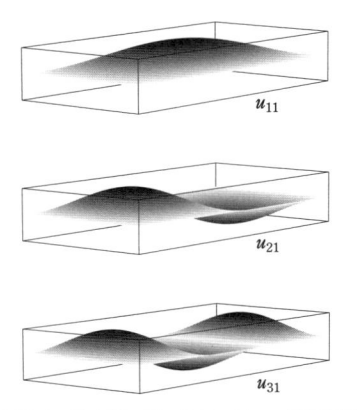

図 15.6 長方形の膜の最初の三つの基準振動.

$$X(0) = X(a) = 0$$
$$Y(0) = Y(b) = 0 \tag{15.43}$$

となる．境界条件を考慮した式(15.41)と式(15.42)の解はそれぞれ,

$$X_n(x) = B_n \sin \frac{n\pi x}{a} \qquad n = 1, 2, \cdots\cdots \tag{15.44}$$

$$Y_m(y) = D_m \sin \frac{m\pi y}{b} \qquad m = 1, 2, \cdots\cdots \tag{15.45}$$

となる．ここで $p^2 + q^2 = \beta^2$ を再度用いると,

$$\beta_{nm} = \pi \left(\frac{n^2}{a^2} + \frac{m^2}{b^2}\right)^{1/2} \qquad \begin{array}{l} n = 1, 2, \cdots\cdots \\ m = 1, 2, \cdots\cdots \end{array} \tag{15.46}$$

が得られる．ただし，β の添字として整数 n と m を加えたのは，β がこれらに依存することを明確にするためである．

さいごに，式(15.35)の時間に依存した部分,

$$\begin{aligned} T_{nm}(t) &= E_{nm} \cos \omega_{nm} t + F_{nm} \sin \omega_{nm} t \\ &= G_{nm} \cos(\omega_{nm} t + \phi_{nm}) \end{aligned} \tag{15.47}$$

を解く．ここで,

$$\omega_{nm} = v\beta_{nm} = v\pi\left(\frac{n^2}{a^2} + \frac{m^2}{b^2}\right)^{1/2} \tag{15.48}$$

である．式(15.32) の解の一つは，$u_{nm}(x, y, t) = X_n(x)Y_m(y)T_{nm}(t)$ という積で与えられ，また一般解は，

$$\begin{aligned}u(x, y, t) &= \sum_{n=1}^{\infty}\sum_{m=1}^{\infty} u_{nm}(x, y, t) \\ &= \sum_{n=1}^{\infty}\sum_{m=1}^{\infty} A_{nm}\cos(\omega_{nm}t + \phi_{nm})\sin\frac{n\pi x}{a}\sin\frac{m\pi y}{b}\end{aligned} \tag{15.49}$$

となる．ここで，$A_{nm} = B_n D_m G_{nm}$ である．

　一次元の振動する弦の場合のように，長方形の太鼓の一般的な振動が基準振動 $u_{nm}(x, y, t)$ の重ねあわせとして表現されることがわかった．基準振動のいくつかを図 15.6 に示す．この二次元の問題では，節線が得られる．一次元では節は点になるが，二次元では線になる．

問題

15-1. $k > 0$ であるとき，$c_1 + c_2 = 0$ および $c_1 e^{kl} + c_2 e^{-kl} = 0$ は，$c_1 = c_2 = 0$ の自明な解しかもたないことを示せ．これを示すための完全に満足する方法は，しらみつぶしに行うことだが，17章で，これらの式に自明な解があるためには係数の行列式が0にならねばならないことを学ぶことになる．行列式に精通しているなら，$c_1 + c_2 = 0$ および $c_1 e^{kl} + c_2 e^{-kl} = 0$ に関する行列式が $e^{-kl} - e^{kl}$ に等しくなることを示せばよい．なお，$k > 0$ のとき，$e^{-kl} - e^{kl}$ は0にならない．

15-2. 式(15.23)が式(15.1)の一つの解であることを示せ．

15-3. 式(15.31)は，境界条件 $u(0, t) = u(l, t) = 0$ と初期条件 $u(x, 0) = u_0 \sin 2\pi x/l$ および $u_t(x, 0) = 0$ を満たす波動方程式であることを示せ．

15-4. $u(0, t) = u(l, t) = 0$，$u(x, 0) = u_0 \sin(3\pi x/l)$ および $u_t(x, 0) = 0$ の条件を満足する一次元波動方程式を求めよ．

15-5. 問題15-4で $u(x, 0) = u_0 \sin^3 \pi x/l$ ならば，どの基準振動が励起されるか予測せよ．

15-6. 辺の長さが a と b の長方形の表面だけを自由に動くような粒子を考える．この問題に対するシュレーディンガー方程式は，
$$\frac{\partial^2 \psi}{\partial x^2} + \frac{\partial^2 \psi}{\partial y^2} + \left(\frac{8\pi^2 mE}{h^2}\right)\psi(x, y) = 0$$
であり，その境界条件は，
$\psi(0, y) = \psi(a, y) = 0$
　　$0 \leq y \leq b$ のすべての y について
$\psi(x, 0) = \psi(x, b) = 0$
　　$0 \leq x \leq a$ のすべての x について
である．この境界条件を用いて，この方程式を $\psi(x, y)$ について解け．また，エネルギーが，
$$E_{n_x, n_y} = \frac{n_x^2 h^2}{8ma^2} + \frac{n_y^2 h^2}{8mb^2}$$
$n_x = 1, 2, 3, \cdots$，$n_y = 1, 2, 3, \cdots$
のように量子化されていることを示せ．

15-7. 問題15-6を三次元に拡張せよ．ここで，粒子は辺の長さが a，b，c の直方体の内部だけを自由に動き回れるとする．この系のシュレーディンガー方程式は，
$$\frac{\partial^2 \psi}{\partial x^2} + \frac{\partial^2 \psi}{\partial y^2} + \frac{\partial^2 \psi}{\partial z^2} + \left(\frac{8\pi^2 mE}{h^2}\right)\psi(x, y, z) = 0$$
であり，その境界条件は，その箱のすべての表面で $\psi(x, y, z)$ が0になることである（16章でこの問題を解くことになる）．

15-8. $u(x, t) = A \sin\left[\dfrac{2\pi}{\lambda}(x - vt)\right]$ が，波長 λ，振動数 $\nu = v/\lambda$，速度 v で右向きに進行する波であることを示せ．

15-9. 問題15-8で進行波の考え方を示した．三角恒等式，
$$\sin \alpha \cos \beta = \frac{1}{2}\sin(\alpha + \beta) - \frac{1}{2}\sin(\alpha - \beta)$$
を用いて，$\cos \omega_n t \sin n\pi x/l$ の定常波が，同じ速さで反対向きに進む二つの進行波の和で表現できることを示せ．$\omega_n = n\pi v/l$ である（式(15.25)）．

15-10. 問題15-9の進行波は $\sin[n\pi(x \pm vt)/l]$ の形をしている．これを $\left[\dfrac{2\pi}{\lambda_n}(x \pm vt)\right]$ にかき換えることができることを示せ．

15-11. 問題15-9と問題15-10で扱った進行波が一次元波動方程式の解であることを示せ．

15-12. この問題では一次元波動方程式を導くことにする．2点間で均一な張力 t で引き伸ばされた完全に柔軟で均質な弦を考えよう．$u(x, t)$ は水平位置からの弦の変位である（図15.7）．図15.7の τ_1 と τ_2 は，それぞれ弦の点Pと点Qでの張力である．τ_1 と τ_2 は，ともに弦の接線方向にはたらいている．弦は垂直方向のみに振動すると仮定すれば，弦のすべての点で，張力の水平方向の成分は同じになる．図15.7で表されている記号を用いると，
$$\tau_1 \cos \alpha = \tau_2 \cos \beta = \tau \quad (\text{一定}) \quad (1)$$

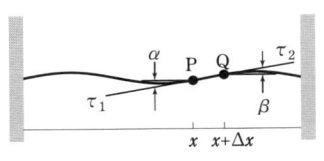

図 **15.7** ある瞬間に振動する弦．図中の量は，問題15-12で古典的な一次元波動方程式を導出するのに使用される．

となる．弦の垂直方向の振動による，垂直方向での正味の力は，

$$(\text{全垂直力}) = \tau_2 \sin\beta - \tau_1 \sin\alpha$$

で表される．ニュートンの第二法則から，この正味の力は線分 PQ に沿った質量 $\rho\Delta x$ と弦の加速度，$\partial^2 u/\partial t^2$ の積に等しい．したがって，

$$\tau_2 \sin\beta - \tau_1 \sin\alpha = \rho\Delta x \frac{\partial^2 u}{\partial t^2} \quad (2)$$

となる．式(1)を式(2)で割ると，

$$\tan\beta - \tan\alpha = \frac{\rho\Delta x}{\tau}\frac{\partial^2 u}{\partial t^2} \quad (3)$$

が得られる．ここで，$\tan\beta$ と $\tan\alpha$ はそれぞれ $x+\Delta x$ と x における弦の曲線の傾きになるので，

$$u_x(x+\Delta x) - u_x(x) = \frac{\rho\Delta x}{\tau}\frac{\partial^2 u}{\partial t^2} \quad (4)$$

となる．$\Delta x \to 0$ の極限をとれば，式(4)は

$$\frac{\partial^2 u}{\partial x^2} = \frac{1}{v^2}\frac{\partial^2 u}{\partial t^2}$$

となる．ただし，$v = (\tau/\rho)^{1/2}$ は速度の単位をもつ．

15-13． この問題では振動する弦のエネルギー式を導く．運動エネルギーの部分は容易に求めることができる．というのも，弦の任意の点における速度は $\partial u/\partial t$ であり，弦全体の運動エネルギー T は，

$$T = \int_0^l \frac{1}{2}\rho\left(\frac{\partial u}{\partial t}\right)^2 dx$$

となる．ここで，ρ は弦の線（質量）密度である．図 15.7 の長さ ds の小さな弧 PQ における長さの増加を考慮すると，位置エネルギーがわかる．したがって，この増加分に関係する位置エネルギーは，

$$V = \int_0^l \tau(ds - dx)$$

となる．ここで，τ は弦の（一定の）張力である．$(ds)^2 = (dx)^2 + (du)^2$ であることを用いると，

$$V = \int_0^l \tau\left\{\left[1+\left(\frac{\partial u}{\partial x}\right)^2\right]^{1/2} - 1\right\}dx$$

となる．また，x がきわめて小さいとき，

$(1+x)^{1/2} \approx 1+(x/2)$ であることを用いると，小さな変位に対して，

$$V = \frac{1}{2}\tau\int_0^l \left(\frac{\partial u}{\partial x}\right)^2 dx$$

である．一定の線（質量）密度に対して，振動する弦の全エネルギーは，T と V の和であるから，

$$E = \frac{\rho}{2}\int_0^l \left(\frac{\partial u}{\partial t}\right)^2 dx + \frac{\tau}{2}\int_0^l \left(\frac{\partial u}{\partial x}\right)^2 dx$$

となる．

15-14． この問題では，波の強さが振幅の 2 乗に比例することを示す．式(15.24)は，n 番目の基準振動が，

$$u_n(x,t) = A_n \cos(\omega_n t + \phi_n)\sin\frac{n\pi x}{l}$$

であることを示す．ここで，$\omega_n = n\pi v/l$ である．問題 15-13 の結果を用いると，

$$T_n = \frac{n^2\pi^2 v^2 \rho}{4l}A_n^2 \sin^2(\omega_n t + \phi_n)$$

$$V_n = \frac{n^2\pi^2 \tau}{4l}A_n^2 \cos^2(\omega_n t + \phi_n)$$

となる．ここで，T_n と V_n は，n 番目の基準振動の運動エネルギーと位置エネルギーである．$v = (\tau/\rho)^{1/2}$ を用いると，

$$E_n = \frac{n^2\pi^2 v^2 \rho}{4l}A_n^2$$

となる．全エネルギーまたは強度は振幅の 2 乗に比例する．ここでは，振動する弦の場合に限って比例することを示したが，これは一般的な結果であり，波の強さはその振幅の 2 乗に比例するといえる．もし，正弦関数（sin）や余弦関数（cos）の代わりに複素数の表記を用いて波動を表したとしても，E_n は A_n^2 の代わりに $|A_n|^2$ に比例することがわかる．

15-15． 数式処理システム（CAS）を用いて，図 15.2 で示した波の運動を動画で再現せよ．

15-16． CAS を用いて，図 15.3 のように，二つの定常波を組みあわせることで，進行波をつくり出せ．

15-17． CAS を用いて，図 15.4 で示した波の運動を動画で再現せよ．

16

シュレーディンガー方程式

シュレーディンガー方程式は，量子力学の基本的な方程式であり，物理化学におけるもっとも有名な方程式の一つである．この式は永年方程式，

$$\hat{H}\psi = E\psi \tag{16.1}$$

と示されることがある．ここで，$\hat{H}$ はハミルトン演算子で，E はエネルギー，そして ψ は系の波動関数とよばれる．波動関数は，その 2 乗の大きさが，ある確率と関係するという物理的な意味をもつ．量子力学では，物理量が演算子によって表されることを 11 章で述べた．シュレーディンガー方程式は，系のエネルギーがハミルトン演算子によって表されることを反映している．1 粒子系を記述しているハミルトン演算子は，

$$\hat{H} = -\frac{\hbar^2}{2m}\nabla^2 + V(x, y, z) \tag{16.2}$$

とかけ，ここで，m は粒子の質量，∇^2 はラプラス演算子，

$$\nabla^2 = \frac{\partial^2}{\partial x^2} + \frac{\partial^2}{\partial y^2} + \frac{\partial^2}{\partial z^2}$$

で，$V(x, y, z)$ は粒子がもつポテンシャル（位置エネルギー）である．本章では，箱のなかの粒子，剛体回転子，水素原子のなかの電子などに対するシュレーディンガー方程式を解く．これらの系のそれぞれは，ポテンシャル $V(x, y, z)$ によって規定される．

16.1　箱のなかの粒子

もっとも単純な量子力学の問題は，"箱のなかの粒子"である．この問題では，粒子は，辺の長さ a, b, c の，ポテンシャルがない直方体のなかに存在するように制限されている（図 16.1）．したがって，箱のなかでは $V(x, y, z) = 0$ である．この系のシュレーディン

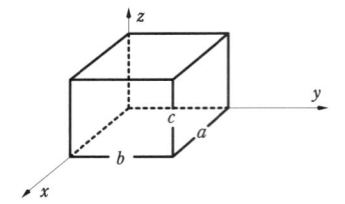

図 16.1 辺の長さ a, b, c の直方体. 箱のなかの粒子の量子力学的な問題では, 粒子はポテンシャルのない直方体のなかに閉じ込められている.

ガー方程式は,

$$-\frac{\hbar^2}{2m}\left(\frac{\partial^2 \psi}{\partial x^2} + \frac{\partial^2 \psi}{\partial y^2} + \frac{\partial^2 \psi}{\partial z^2}\right) = E\psi(x, y, z) \qquad \begin{array}{l} 0 \leq x \leq a \\ 0 \leq y \leq b \\ 0 \leq z \leq c \end{array} \qquad (16.3)$$

となる. 波動関数 $\psi(x, y, z)$ は, 箱の壁で消えるという境界条件を満たす. つまり,

$$\begin{array}{ll} \psi(0, y, z) = \psi(a, y, z) = 0 & \text{すべての } y \text{ と } z \text{ に対して} \\ \psi(x, 0, z) = \psi(x, b, z) = 0 & \text{すべての } x \text{ と } z \text{ に対して} \\ \psi(x, y, 0) = \psi(x, y, c) = 0 & \text{すべての } x \text{ と } y \text{ に対して} \end{array} \qquad (16.4)$$

である. 式(16.3) に変数分離法を適用すれば,

$$\psi_{n_x, n_y, n_z}(x, y, z) = A_x A_y A_z \sin\frac{n_x \pi x}{a} \sin\frac{n_y \pi y}{b} \sin\frac{n_z \pi z}{c} \qquad (16.5)$$

が得られる (問題 16-1). ここで, n_x, n_y, n_z は独立に 1, 2, 3, …… の値をとる. $A_x A_y A_z$ は規格化定数で,

$$\int_0^a dx \int_0^b dy \int_0^c dz\, \psi^*(x, y, z)\psi(x, y, z) = 1 \qquad (16.6)$$

によって決められる. 問題 16-2 で $A_x A_y A_z = (8/abc)^{1/2}$ であることが示され, 三次元の箱のなかで規格化された粒子の波動関数は,

$$\begin{array}{c} \psi_{n_x, n_y, n_z}(x, y, z) = \left(\dfrac{8}{abc}\right)^{1/2} \sin\dfrac{n_x \pi x}{a} \sin\dfrac{n_y \pi y}{b} \sin\dfrac{n_z \pi z}{c} \\ n_x = 1, 2, 3, \cdots\cdots, \quad n_y = 1, 2, 3, \cdots\cdots, \quad n_z = 1, 2, 3, \cdots\cdots \end{array} \qquad (16.7)$$

となる. 式(16.7) を式(16.3) に代入すれば,

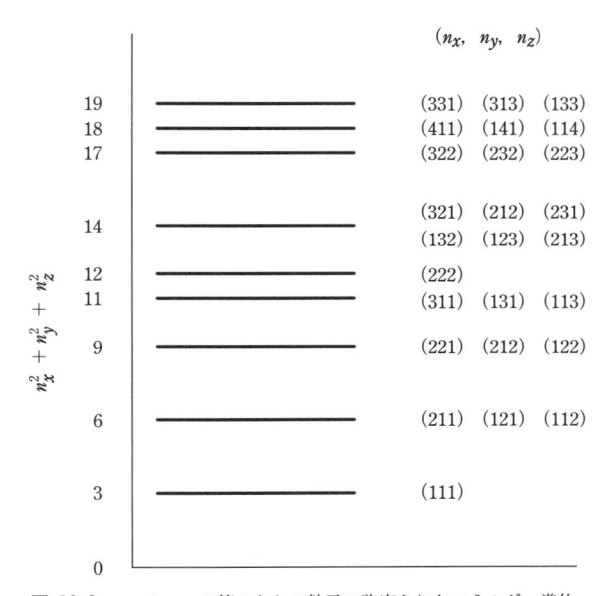

```
                                         ($n_x$,  $n_y$,  $n_z$)

    19  ─────────────────   (331)  (313)  (133)
    18  ─────────────────   (411)  (141)  (114)
    17  ─────────────────   (322)  (232)  (223)

    14  ─────────────────   (321)  (212)  (231)
                            (132)  (123)  (213)
    12  ─────────────────   (222)
    11  ─────────────────   (311)  (131)  (113)

     9  ─────────────────   (221)  (212)  (122)

     6  ─────────────────   (211)  (121)  (112)

     3  ─────────────────   (111)

     0
```

図 16.2 $a = b = c$ の箱のなかの粒子の許容されたエネルギー準位.

$$E_{n_x, n_y, n_z} = \frac{h^2}{8m}\left(\frac{n_x^2}{a^2} + \frac{n_y^2}{b^2} + \frac{n_z^2}{c^2}\right) \tag{16.8}$$

$$n_x = 1, 2, 3, \cdots\cdots, \quad n_y = 1, 2, 3, \cdots\cdots, \quad n_z = 1, 2, 3, \cdots\cdots$$

が得られる（問題 16-3）.

ポテンシャルの影響を受けずに立方体中に存在する粒子の許容エネルギー準位を図16.2 に示す．粒子のエネルギーはいくつかの値にだけ制限され，量子化されている．また，いくつかのエネルギー準位は縮退している．式(16.8)で与えられた許容されたエネルギーは，この波動関数が満たさねばならない境界条件から必然的に量子化される．これは，本章で扱うほかの量子力学の問題にも登場する．シュレーディンガー方程式の功績として，初期の量子論のようなその場しのぎの方法ではなく，むしろ境界条件から必然的に量子数が導かれることがあげられる．

16.2 剛体回転子

つぎに議論する量子力学の問題は剛体回転子である．質量が m_1 と m_2 の二つの質点が距離 l だけ隔てて存在していて，この距離は固定されているとする．剛体回転子は，回転している二原子分子の単純だが有用なモデルとなる．相対座標として，二つの質点のうちの一つを原点に配置した球座標系を選ぶことにしよう（図 16.3）．この系ではもう一つの質点は，換算質量 $\mu = m_1 m_2/(m_1 + m_2)$ をもつことになる（問題 16-4）．剛体回転子の配向は θ と ϕ の二つの角度で定められ，剛体回転子の波動関数はこれら二つの変数をもつ．剛体回転子の波動関数は慣習的に $Y(\theta, \phi)$ と示される．剛体回転子に対するシュレーディンガー方程式は，

$$-\frac{\hbar^2}{2\mu}\nabla^2 Y(\theta, \phi) = EY(\theta, \phi)$$

となる．ここで，∇^2 はラプラス演算子である．このとき，ポテンシャルエネルギーはなく，全エネルギーは回転の運動エネルギーだけになる．

原点に質点の一つが固定されているので，この場合，極座標系を用いる必要がある．剛体回転子では，式(14.24) の r は定数となるため，r で微分する項をなくした ∇^2 を用いればよい．したがって ∇^2 は，

$$\nabla^2 = \frac{1}{l^2 \sin\theta}\frac{\partial}{\partial \theta}\left(\sin\theta \frac{\partial}{\partial \theta}\right) + \frac{1}{l^2 \sin^2\theta}\frac{\partial^2}{\partial \phi^2}$$

で与えられる．ここで，r は l に固定されている．したがって，剛体回転子に対するシュレーディンガー方程式は，

$$-\frac{\hbar^2}{2I}\left[\frac{1}{\sin\theta}\frac{\partial}{\partial \theta}\left(\sin\theta \frac{\partial}{\partial \theta}\right) + \frac{1}{\sin^2\theta}\frac{\partial^2}{\partial \phi^2}\right]Y(\theta, \phi) = EY(\theta, \phi) \tag{16.9}$$

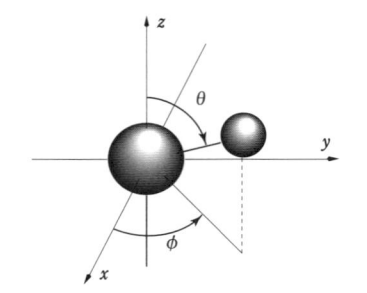

図 16.3 剛体回転子のモデル．座標は自由に選べるので，質点の一つを原点におき，もう一つの質点を換算質量 $\mu = m_1 m_2/(m_1 + m_2)$ とおく．

となる．ここで，$I = \mu l^2$ は剛体回転子の慣性モーメントである（問題16-7）．式(16.9) に $\sin^2\theta$ を掛けて，

$$\beta = \frac{2IE}{\hbar^2} \tag{16.10}$$

とすれば，式(16.9)は，

$$\sin\theta \frac{\partial}{\partial\theta}\left(\sin\theta \frac{\partial Y}{\partial\theta}\right) + \frac{\partial^2 Y}{\partial\phi^2} + (\beta\sin^2\theta)Y = 0 \tag{16.11}$$

となる．式(16.11)は二つの独立変数 θ と ϕ についての偏微分方程式である．

式(16.11)を解くために変数分離法を用いる．

$$Y(\theta, \phi) = \Theta(\theta)\Phi(\phi) \tag{16.12}$$

とする．式(16.12)を式(16.11)に代入し，$\Theta(\theta)\Phi(\phi)$ で割ると，

$$\frac{\sin\theta}{\Theta(\theta)}\frac{d}{d\theta}\left(\sin\theta\frac{d\Theta}{d\theta}\right) + \beta\sin^2\theta + \frac{1}{\Phi(\phi)}\frac{d^2\Phi}{d\phi^2} = 0$$

となる．θ と ϕ は独立変数なので，

$$\frac{\sin\theta}{\Theta(\theta)}\frac{d}{d\theta}\left(\sin\theta\frac{d\Theta}{d\theta}\right) + \beta\sin^2\theta = m^2 \tag{16.13}$$

とできる．ここで，

$$\frac{1}{\Phi(\phi)}\frac{d^2\Phi}{d\phi^2} = -m^2 \tag{16.14}$$

とした．m^2 は分離係数である．m^2 を用いるのは，以下の方程式でこの分離係数の平方根を用いたいためである．

式(16.14)は，

$$\frac{d^2\Phi}{d\phi^2} + m^2\Phi(\phi) = 0$$

とかける．これは，定数の係数を含む二階微分方程式で，この解は，

$$\Phi(\phi) = A_m e^{im\phi} \quad \text{および} \quad \Phi(\phi) = A_{-m} e^{-im\phi} \tag{16.15}$$

となる．$\Phi(\phi)$ が ϕ に関して一価関数でなければならないので，

$$\Phi(\phi + 2\pi) = \Phi(\phi)$$

が成立する．したがって，

$$A_m e^{im(\phi+2\pi)} = A_m e^{im\phi} \tag{16.16a}$$

および，

$$A_{-m} e^{-im(\phi+2\pi)} = A_{-m} e^{-im\phi} \tag{16.16b}$$

となることがわかる．式(16.16a) と式(16.16b) はともに，$e^{\pm i2m\pi} = 1$ を満たす．この式は，正弦関数（sin）と余弦関数（cos）を用いると，$\cos(2m\pi) \pm i\sin(2m\pi) = 1$ とかける．ただし，$m = 0, \pm 1, \pm 2, \cdots\cdots$ である．というのも，$m = 0, \pm 1, \pm 2, \cdots\cdots$ では，$\cos 2m\pi = 1$ および $\sin 2m\pi = 0$ となるからである．したがって，式(16.15) の二つの式は，$m = 0, \pm 1, \pm 2, \cdots\cdots$ を用いて，

$$\Phi_m(\phi) = A_m e^{im\phi} \qquad m = 0, \pm 1, \pm 2, \cdots\cdots \tag{16.17}$$

と一つの式で表される．ただし，A_m の値は $\Phi_m(\phi)$ を規格化することで決まる．

例題 16-1 式(16.15) の A_m の値を，$\Phi_m(\phi)$ の規格化によって求めよ．

解： 規格化条件は，

$$\int_0^{2\pi} \Phi_m{}^*(\phi) \Phi_m(\phi) d\phi = 1$$

である．式(16.17) を用いると，

$$|A_m|^2 \int_0^{2\pi} d\phi = 1$$

つまり，$A_m = (2\pi)^{1/2}$ となる．この結果を式(16.17) に代入すると，

$$\Phi_m(\phi) = \frac{1}{(2\pi)^{1/2}} e^{im\phi} \qquad m = 0, \pm 1, \pm 2, \cdots\cdots \tag{16.18}$$

が得られる．

式(16.13) の $\Theta(\theta)$ に関する偏微分方程式は，定数の係数をもたないため，式(16.14) のように容易には解けない．そこで，$x = \cos\theta$，$\Theta(\theta) = P(x)$ とおくと便利である（この x を直交座標の x 成分と混同しないこと）．$0 \leq \theta \leq \pi$ なので，x がとり得る範囲は $-1 \leq x \leq +1$ となる．$x = \cos\theta$ および $\Theta(\theta) = P(x)$ に変数を変換すると，式(16.13) は，

$$(1-x^2)\frac{d^2 P}{dx^2} - 2x\frac{dP}{dx} + \left[\beta - \frac{m^2}{1-x^2}\right]P(x) = 0 \tag{16.19}$$

表 16.1 最初のいくつかのルジャンドル多項式 $P_l(x)$

$P_0(x) = 1$
$P_1(x) = x$
$P_2(x) = \dfrac{1}{2}(3x^2 - 1)$
$P_3(x) = \dfrac{1}{2}(5x^3 - 3x)$
$P_4(x) = \dfrac{1}{8}(35x^4 - 30x^2 + 3)$

となる．ここで，$m = 0, \pm 1, \pm 2, \cdots\cdots$ である．

式(16.19) はあまりなじみがない．そこで，$m = 0$ を考えてみると，

$$(1-x^2)\frac{d^2 P}{dx^2} - 2x\frac{dP}{dx} + \beta P(x) = 0$$

となる．この式は，ルジャンドル方程式であり，すでに7.2節でその詳細を学んだ．$x = \pm 1$ ($\theta = 0$ または π) のとき，この式の有限な解が存在する．この解は $P(x)$ をルジャンドル多項式 $P_l(x)$ とし，$\beta = l(l+1)$ を用いて表される．ここで，$l = 0, 1, 2, \cdots\cdots$ である．表 16.1 に $l = 0$ から 4 までのルジャンドル多項式 $P_l(x)$ を示す．ルジャンドル多項式は規格直交条件，

$$\int_{-1}^{1} dx\, P_l(x) P_{l'}(x) = \frac{2}{2l+1} \delta_{ll'} \tag{16.20}$$

を満たす．

以上，$m = 0$ の場合を扱ってきたが，この結果を考慮して，m が 0 以外の場合に拡張しよう．式(16.19) に $\beta = l(l+1)$ を代入すると，

$$(1-x^2)\frac{d^2 P_l^{|m|}}{dx^2} - 2x\frac{dP_l^{|m|}}{dx} + \left[l(l+1) - \frac{m^2}{1-x^2}\right] P_l^{|m|}(x) = 0 \tag{16.21}$$

を得る．この式の解を $P_l^{|m|}(x)$ で表す．というのも，式(16.21) には x 以外に l と m の二つの変数があるためである．式(16.21) が m^2 だけに依存し，m の正負に関係なくこの式が成立するため，m の絶対値 $|m|$ を用いている．これにより，ルジャンドル方程式を解くのと同様の方法を用いて，式(16.21) を解くことができる．解が $x = \pm 1$ ($\theta = 0$ または π) で成立するためには，m が $0, \pm 1, \pm 2, \cdots\cdots, \pm l$ である必要がある．この解はルジャンドル陪関数とよばれ，ルジャンドル多項式を用いて，

$$P_l^{|m|}(x) = (1-x^2)^{|m|/2} \frac{d^{|m|}}{dx^{|m|}} P_l(x) \tag{16.22}$$

表 16.2 最初のいくつかのルジャンドル陪関数 $P_l^{|m|}(x)$

$P_0^0(x) = 1$
$P_1^0(x) = x = \cos\theta$
$P_1^1(x) = (1-x^2)^{1/2} = \sin\theta$
$P_2^0(x) = \frac{1}{2}(3x^2-1) = \frac{1}{2}(3\cos^2\theta - 1)$
$P_2^1(x) = 3x(1-x^2)^{1/2} = 3\cos\theta\sin\theta$
$P_2^2(x) = 3(1-x^2) = 3\sin^2\theta$
$P_3^0(x) = \frac{1}{2}(5x^3-3x) = \frac{1}{2}(5\cos^3\theta - 3\cos\theta)$
$P_3^1(x) = \frac{3}{2}(5x^2-1)(1-x^2)^{1/2} = \frac{3}{2}(5\cos^2\theta - 1)\sin\theta$
$P_3^2(x) = 15x(1-x^2) = 15\cos\theta\sin^2\theta$
$P_3^3(x) = 15(1-x^2)^{3/2} = 15\sin^3\theta$

とかける．$P_l(x)$ の最高次の項は x^l なので（表 16.1），$m > l$ のとき，式 (16.22) は $P_l^{|m|}(x) = 0$ となる．$m=0$ および $l=0$ からはじまるいくつかのルジャンドル陪関数を表 16.2 に示す（問題 16-9）．

ルジャンドル陪関数の性質を説明する前に，x ではなく θ が物理的に意味のある変数であることを示しておこう．表 16.2 では x だけでなく，$\cos\theta$ や $\sin\theta$ の項を含むルジャンドル陪関数も示してある．ルジャンドル陪関数を変数 θ で表したとき，表 16.2 の $(1-x^2)^{1/2}$ は $\sin\theta$ になる．ただし，$m > l$ のとき，$P_l^{|m|}(x) = 0$ になる．

$x = \cos\theta$ なので，$\mathrm{d}x = -\sin\theta\,\mathrm{d}\theta$ になる．これを用いると，式 (16.20) は，

$$\int_{-1}^{1} P_l(x) P_{l'}(x)\,\mathrm{d}x = \int_0^\pi P_l(\cos\theta) P_{l'}(\cos\theta)\sin\theta\,\mathrm{d}\theta = \frac{2\delta_{ll'}}{2l+1} \tag{16.23}$$

とかける．

球座標で表した体積素片は $\mathrm{d}\tau = r^2\sin\theta\,\mathrm{d}r\mathrm{d}\phi\mathrm{d}\theta$ で，式 (16.23) の $\sin\theta\,\mathrm{d}\theta$ の部分は，球座標表示では $\mathrm{d}\tau$ の "θ" 部分に相当する．

ルジャンドル陪関数は，

$$\int_{-1}^{1} P_l^{|m|}(x) P_{l'}^{|m|}(x)\,\mathrm{d}x = \int_0^\pi P_l^{|m|}(\cos\theta) P_{l'}^{|m|}(\cos\theta)\sin\theta\,\mathrm{d}\theta$$
$$= \frac{2}{(2l+1)}\frac{(l+|m|)!}{(l-|m|)!}\delta_{ll'} \tag{16.24}$$

の関係式を満たす（$0! = 1$，4.1 節参照）．式 (16.24) を用いれば，ルジャンドル陪関数の規格化定数が，

$$N_{lm} = \left[\frac{(2l+1)}{2}\frac{(l-|m|)!}{(l+|m|)!}\right]^{1/2}$$

であることが示される．したがって，式(16.12) の（規格化された）$\Theta(\theta)$ 部分は，

$$\Theta_l{}^m(\theta) = \left[\frac{2l+1}{2}\frac{(l-|m|)!}{(l+|m|)!}\right]^{1/2} P_l^{|m|}(\cos\theta) \tag{16.25}$$

で与えられる．

例題 16-2　x と θ を変数とする式(16.24) と表 16.2 を用いて，$P_1{}^1(x)$ と $P_2{}^1(x)$ が直交していることを証明せよ．

解： 式(16.24) から，

$$\int_{-1}^{1} P_1{}^1(x) P_2{}^1(x) \, dx = 0$$

を証明しなければならないことがわかる．表 16.2 から，

$$\int_{-1}^{1} [(1-x^2)^{1/2}][3x(1-x^2)^{1/2}] \, dx = 3\int_{-1}^{1} x(1-x^2) \, dx = 0$$

が得られる．θ については（式(16.24) と表 16.2 から），

$$\int_{0}^{\pi} (\sin\theta)(3\cos\theta\sin\theta)\sin\theta \, d\theta = 3\int_{0}^{\pi} \sin^3\theta \cos\theta \, d\theta = 0$$

となる．

さて，最初の問題に戻ることにしよう．式(16.9) の解は，剛体回転子の波動関数であるだけでなく水素原子オービタルの角度部分でもあり，$\Theta_l{}^m(\cos\theta)\Phi_m(\phi)$ で与えられる．式(16.17) と式(16.25) を用いると規格化された関数である，

$$Y_l{}^m(\theta,\phi) = i^{m+|m|}\left[\frac{(2l+1)}{4\pi}\frac{(l-|m|)!}{(l+|m|)!}\right]^{1/2} P_l^{|m|}(\cos\theta) e^{im\phi} \tag{16.26}$$

が式(16.9) を満たすことがわかる．ここで，$l = 0, 1, 2, \cdots\cdots$ および $m = 0, \pm 1,$ $\pm 2, \cdots\cdots, \pm l$ である．式(16.26) の $i^{m+|m|}$ は，約束ごとである．この部分は m が奇数かつ負のとき 1 となり，奇数かつ正のとき -1 になる（問題 16-11）．この約束ごとを説明するために，球面調和関数 $Y_l{}^m(\theta,\phi)$ を表 16.3 に示す．$Y_l{}^m(\theta,\phi)$ は規格直交条件を満たすので，

$$\int_{0}^{\pi} d\theta \sin\theta \int_{0}^{2\pi} d\phi\, Y_l{}^m(\theta,\phi)^* Y_{l'}{}^k(\theta,\phi) = \delta_{ll'}\delta_{mk} \tag{16.27}$$

と表せる．$Y_l{}^m(\theta,\phi)$ は，$d\theta d\phi$ ではなく，$\sin\theta d\theta d\phi$ に対して規格直交化されているこ

16 シュレーディンガー方程式

表 16.3 最初のいくつかの球面調和関数 $Y_l^m(\theta, \phi)$

$Y_0^0 = \dfrac{1}{(4\pi)^{1/2}}$	$Y_1^0 = \left(\dfrac{3}{4\pi}\right)^{1/2} \cos\theta$
$Y_1^1 = -\left(\dfrac{3}{8\pi}\right)^{1/2} \sin\theta\, e^{i\phi}$	$Y_1^{-1} = \left(\dfrac{3}{8\pi}\right)^{1/2} \sin\theta\, e^{-i\phi}$
$Y_2^0 = \left(\dfrac{5}{16\pi}\right)^{1/2}(3\cos^2\theta - 1)$	$Y_2^1 = -\left(\dfrac{15}{8\pi}\right)^{1/2} \sin\theta\cos\theta\, e^{i\phi}$
$Y_2^{-1} = \left(\dfrac{15}{8\pi}\right)^{1/2} \sin\theta\cos\theta\, e^{-i\phi}$	$Y_2^2 = \left(\dfrac{15}{32\pi}\right)^{1/2} \sin^2\theta\, e^{2i\phi}$
$Y_2^{-2} = \left(\dfrac{15}{32\pi}\right)^{1/2} \sin^2\theta\, e^{-2i\phi}$	

とに注意してほしい．14 章では，$\sin\theta\, d\theta\, d\phi$ が半径を 1 とする球の表面上の面積素片であることを示した．よって式(16.27) の $Y_l^m(\theta, \phi)$ は，球面に対して規格直交化されており，球面調和関数とよばれる．

例題 16-3

$Y_1^{-1}(\theta, \phi)$ が規格化されており，$Y_2^1(\theta, \phi)$ と直交していることを示せ．

解： 表 16.3 の $Y_1^{-1}(\theta, \phi)$ を式(16.27) の規格直交条件に代入すると，

$$I = \int_0^\pi d\theta \sin\theta \int_0^{2\pi} d\phi\, Y_1^{-1}(\theta, \phi)^* Y_1^{-1}(\theta, \phi)$$

$$= \frac{3}{8\pi} \int_0^\pi d\theta \sin\theta \sin^2\theta \int_0^{2\pi} d\phi = 1$$

になる．ここで，$x = \cos\theta$ であることを用いると，

$$I = \frac{3}{8\pi} 2\pi \int_{-1}^1 (1 - x^2)\, dx = \frac{3}{4}\left(2 - \frac{2}{3}\right) = 1$$

が得られる．直交条件は，

$$\int_0^\pi d\theta \sin\theta \int_0^{2\pi} d\phi\, Y_2^1(\theta, \phi)^* Y_1^{-1}(\theta, \phi)$$

$$= -\left(\frac{15}{8\pi}\right)^{1/2}\left(\frac{3}{8\pi}\right)^{1/2} \int_0^\pi d\theta \sin\theta \int_0^{2\pi} d\theta\, (e^{-i\phi} \sin\theta \cos\theta)(e^{-i\phi} \sin\theta)$$

$$= -\left(\frac{45}{64\pi^2}\right)^{1/2} \int_0^\pi d\theta \sin^3\theta \cos\theta \int_0^{2\pi} d\phi\, e^{-2i\phi}$$

である．$\cos 2\phi$ と $\sin 2\phi$ を 1 周期（0 から 2π）積分することになるので，ϕ についての積分は 0 である．したがって，$Y_1^{-1}(\theta, \phi)$ と $Y_2^1(\theta, \phi)$ は直交している．

以上をまとめると，剛体回転子のシュレーディンガー方程式は式(16.9) で与えられ，そのエネルギーは式(16.10) より $E = \hbar^2\beta/2I$ となる．$l = 0, 1, 2, \cdots$ のとき，$\beta = $

$l(l+1)$ とすれば，式(16.9) は，

$$\widehat{H}Y_l{}^m(\theta, \phi) = E_l Y_l{}^m(\theta, \phi) = \frac{\hbar^2 l(l+1)}{2I} Y_l{}^m(\theta, \phi) \qquad l = 0, 1, 2, \cdots \cdots \quad (16.28)$$

とかける．ここで $\widehat{H}$ は，

$$\widehat{H} = -\frac{\hbar^2}{2I}\left[\frac{1}{\sin\theta}\frac{\partial}{\partial\theta}\left(\sin\theta\frac{\partial}{\partial\theta}\right) + \frac{1}{\sin^2\theta}\frac{\partial^2}{\partial\phi^2}\right]$$

で，$Y_l{}^m(\theta, \phi)$ は球面調和関数である（式(16.26)）．これを解くと，$l = 0, 1, 2, \cdots\cdots$ に対して，離散的なエネルギー準位である $E_l = \hbar^2 l(l+1)/2I$ を得ることができる．式(16.28) から得られる許容なエネルギーに加えて，それぞれのエネルギー準位は $g_l = 2l+1$ で与えられる縮退度 g_l をもっていることもわかる．この縮退度は，l が $-m$ から $+m$ の $2l+1$ 個の値をとることができるため，エネルギーの値は m に依存しない．

16.3　水素原子のなかの電子

本章のさいごに，量子力学の功績の一つである，水素原子に対するシュレーディンガー方程式について述べる．これは水素原子として，原点にプロトンを固定し，質量 m の1個の電子がクーロンポテンシャル，

$$V(r) = -\frac{e^2}{4\pi\varepsilon_0 r} \tag{16.29}$$

を介してプロトンと相互作用しているモデルを考えることにしよう．ここで，e はプロト

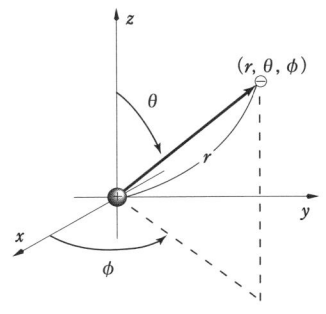

図 16.4　水素原子を表すために用いた球座標．水素の原子核（プロトン）を原点におくと，電子の位置は三つの球座標 r, θ, ϕ で与えられる．

ンの電荷，ε_0 は真空の誘電率，r は電子とプロトンの距離である．このモデルでは，プロトンを原点とする球座標を用いるのがよい（図16.4）．したがって，水素原子に対するシュレーディンガー方程式は，

$$-\frac{\hbar^2}{2m}\nabla^2\psi(r,\theta,\phi)-\frac{e^2}{4\pi\varepsilon_0 r}\psi(r,\theta,\phi)=E\psi(r,\theta,\phi)$$

すなわち，

$$-\frac{\hbar^2}{2m}\left[\frac{1}{r^2}\frac{\partial}{\partial r}\left(r^2\frac{\partial\psi}{\partial r}\right)+\frac{1}{r^2\sin\theta}\frac{\partial}{\partial\theta}\left(\sin\theta\frac{\partial\psi}{\partial\theta}\right)+\frac{1}{r^2\sin^2\theta}\frac{\partial^2\psi}{\partial\phi^2}\right]$$
$$-\frac{e^2}{4\pi\varepsilon_0 r}\psi(r,\theta,\phi)=E\psi(r,\theta,\phi) \qquad (16.30)$$

とかける．

一見すると式(16.30)は手ごわそうだが，$\psi(r,\theta,\phi)=R(r)Y_l^m(\theta,\phi)$ とおいて，$R(r)$ についての常微分方程式，

$$-\frac{\hbar^2}{2mr^2}\frac{\mathrm{d}}{\mathrm{d}r}\left(r^2\frac{\mathrm{d}R}{\mathrm{d}r}\right)+\left[\frac{\hbar^2 l(l+1)}{2mr^2}-\frac{e^2}{4\pi\varepsilon_0 r}-E\right]R(r)=0 \qquad (16.31)$$

を得ることは容易である（問題16-18）．式(16.31)は水素原子に対する動径方程式とよばれ，水素原子に対する完全解を得るために学ぶべき唯一の新しい式である．

式(16.31)は r についての常微分方程式であるから，これまで学んだ方法で解くことができる．この式の解が条件を満たす（連続かつ有限で規格化される）ために，エネルギーは，

$$E_n=-\frac{me^4}{8\varepsilon_0^2\hbar^2 n^2}\qquad n=1,2,\cdots\cdots \qquad (16.32)$$

となる必要がある．この式から得られるもっとも重要な原子の性質の一つに，原子中の電子のエネルギーは量子化されるということがある．この性質から，原子スペクトルが線スペクトルになることが直接導かれる．

式(16.31)を解く過程で，整数 n は必然的に出てきただけでなく，n が $n\geq l+1$ を満たす必要があることがわかる．l がとり得る最小値が 0 になることから，この条件は通常，

$$0\leq l\leq n-1 \qquad n=1,2,\cdots\cdots \qquad (16.33)$$

とかかれる（式(16.33)）は一般化学でなじみがあるかもしれない．式(16.31)の解は，二つの量子数 n と l に依存し，

$$R_{nl}(r) = -\left\{\frac{(n-l-1)!}{2n[(n+l)!]^3}\right\}^{1/2}\left(\frac{2}{na_0}\right)^{l+3/2} r^l e^{-r/na_0} L_{n+l}^{2l+1}\left(\frac{2r}{na_0}\right) \quad (16.34)$$

となる．ここで，$a_0 = 4\pi\varepsilon_0\hbar^2/me^2$ はボーア半径とよばれる距離，$L_{n+1}^{2l+1}(2r/na_0)$ はラゲール陪多項式である．

8章でラゲール多項式およびラゲール陪多項式についてすでに学んだ．例題 8-5 でラゲール多項式の最初のいくつかを導いた．また，8.2 節でこれらの性質について議論した．ラゲール陪多項式 $L_n{}^\alpha(x)$ とラゲール多項式 $L_n(x)$ とは，

$$L_n{}^\alpha(x) = \frac{d^\alpha}{dx^\alpha} L_n(x) \quad (16.35)$$

の関係になっている（問題 16-19）．ラゲール陪多項式の最初のいくつかを表 16.4 に示した．式(16.34)で与えられた関数は複雑にみえるかもしれないが，おのおのの関数は，一つの多項式と一つの指数関数を掛けただけである．

完全な水素原子の波動関数は，

$$\psi_{nlm}(r, \theta, \phi) = R_{nl}(r) Y_l{}^m(\theta, \phi) \quad (16.36)$$

である．シュレーディンガー方程式 $\hat{H}\psi = E\psi$ におけるハミルトン演算子 $\hat{H}$ はエルミート演算子なので，ψ_{nlm} は直交しなければならない．規格直交条件は，

$$\int_0^{2\pi} d\phi \int_0^\pi d\theta \sin\theta \int_0^\infty dr\, r^2 \psi_{nlm}{}^*(r, \theta, \phi)\psi_{n'l'm'}(r, \theta, \phi) = \delta_{nn'}\delta_{ll'}\delta_{mm'} \quad (16.37)$$

で与えられる．

表 16.4 最初のいくつかのラゲール陪多項式

$n = 1$	$l = 0$	$L_1{}^1(x) = -1$
$n = 2$	$l = 0$	$L_2{}^1(x) = -2!(2-x)$
	$l = 1$	$L_3{}^3(x) = -3!$
$n = 3$	$l = 0$	$L_3{}^1(x) = -3!\left(3 - 3x + \frac{1}{2}x^2\right)$
	$l = 1$	$L_4{}^3(x) = -4!(4-x)$
	$l = 2$	$L_5{}^5(x) = -5!$

例題 16-4 水素型原子の波動関数 ψ_{210} が規格化されており，ψ_{200} と直交していることを示せ．

解： 最初に式(16.36)，表 16.3 および表 16.4 から，ψ_{200} と ψ_{210} をつくる．

$$\psi_{200}(r, \theta, \phi) = R_{20}(r)Y_0^0(\theta, \phi)$$

$$= -\left\{\frac{1!}{4(2!)^3}\right\}^{1/2}\left(\frac{2}{2a_0}\right)^{3/2}e^{-r/2a_0}L_2^1\left(\frac{2r}{2a_0}\right)\frac{1}{(4\pi)^{1/2}}$$

$$= \frac{a_0^{-3/2}}{(32\pi)^{1/2}}(2-\rho)e^{-\rho/2}$$

$$\psi_{210}(r, \theta, \phi) = R_{21}(r)Y_1^0(\theta, \phi)$$

$$= -\left\{\frac{0!}{4(3!)^3}\right\}^{1/2}\left(\frac{2}{2a_0}\right)^{5/2}re^{-r/2a_0}L_3^3\left(\frac{2r}{2a_0}\right)\left(\frac{3}{4\pi}\right)^{1/2}\cos\theta$$

$$= \frac{a_0^{-3/2}}{(32\pi)^{1/2}}\rho e^{-\rho/2}\cos\theta$$

ここで，$\rho = r/a_0$ である．規格化条件は式(16.37) で与えられ，

$$\int_0^{2\pi}d\phi\int_0^{\pi}d\theta\sin\theta\int_0^{\infty}dr\,r^2\psi_{210}^*(r, \theta, \phi)\psi_{210}(r, \theta, \phi)$$

$$= \int_0^{2\pi}d\phi\int_0^{\pi}d\theta\sin\theta\int_0^{\infty}dr\,r^2\frac{\rho^2 e^{-\rho}\cos^2\theta}{32\pi a_0^3}$$

$$= \frac{2\pi}{32\pi}\int_0^{\infty}d\theta\sin\theta\cos^2\theta\int_0^{\infty}d\rho\,\rho^2 e^{-\rho}$$

$$= \frac{1}{16}\frac{2}{3}24 = 1$$

となる．また，直交条件は，

$$\int_0^{2\pi}d\phi\int_0^{\pi}d\theta\sin\theta\int_0^{\infty}dr\,r^2\psi_{200}^*(r, \theta, \phi)\psi_{210}(r, \theta, \phi)$$

$$= \int_0^{2\pi}d\phi\int_0^{\pi}d\theta\sin\theta\int_0^{\infty}dr\,r^2\frac{\rho(2-\rho)e^{-\rho}\cos\theta}{32\pi a_0^3}$$

$$= \frac{2\pi}{32\pi}\int_0^{\infty}d\theta\sin\theta\cos\theta\int_0^{\infty}d\rho\,\rho^3(2-\rho)e^{-\rho} = 0$$

となり，θ に関する積分はなくなるので，ψ_{210} と ψ_{200} は直交している．

8章のさいごにラゲール多項式の定義が，書籍によっていくつかあることを指摘した．それぞれの定義の間に矛盾はないが，ある定義から別の定義を導くさいには注意しなければならない．本章で用いた定義はポーリングとウィルソンのものであり（参考文献を参照），ほとんどの物理化学者と多くの物理学者に用いられている．

問題

16-1. 式 (16.5) を導け.

16-2. 式 (16.5) における $\psi(x, y, z)$ の規格化条件が $A_x A_y A_z = (8/abc)^{1/2}$ であることを証明せよ.

16-3. 式 (16.7) を式 (16.3) に代入して,式 (16.8) を導け.

16-4. 一次元で二つの質点 m_1 と m_2 を考える.この二つの質点は,相対距離 $(x_1 - x_2)$ だけで決まるポテンシャルで相互作用しており,このポテンシャルは $V(x_1, x_2) = V(x_1 - x_2)$ と書ける. j 番目の粒子にはたらく力が $f_j = -(\partial V/\partial x_j)$ であるとき, $f_1 = -f_2$ であることを示せ.また,これを何の法則というか.

m_1 と m_2 に関するニュートンの運動方程式は,

$$m_1 \frac{d^2 x_1}{dt^2} = -\frac{\partial V}{\partial x_1} \quad \text{および} \quad m_2 \frac{d^2 x_2}{dt^2} = -\frac{\partial V}{\partial x_2}$$

である.質量中心と相対座標を,

$$X = \frac{m_1 x_1 + m_2 x_2}{M} \qquad x = x_1 - x_2$$

とする.ただし, $M = m_1 + m_2$ である.これを解いて,

$$x_1 = X + \frac{m_2}{M} x \quad \text{および} \quad x_2 = X - \frac{m_1}{M} x$$

を導け.また,これらの座標でのニュートンの運動方程式が,

$$m_1 \frac{d^2 X}{dt^2} + \frac{m_1 m_2}{M} \frac{d^2 x}{dt^2} = -\frac{\partial V}{\partial x} \quad (1)$$

および,

$$m_2 \frac{d^2 X}{dt^2} - \frac{m_1 m_2}{M} \frac{d^2 x}{dt^2} = +\frac{\partial V}{\partial x} \quad (2)$$

であることを示せ.さらに,これらの二つの方程式を足しあわせると,

$$M \frac{d^2 X}{dt^2} = 0$$

となることを示し,この結果を説明せよ.つぎに式 (1) を m_1 で割った式から,式 (2) を m_2 で割った式を引くと,

$$\frac{d^2 x}{dt^2} = -\left(\frac{1}{m_1} + \frac{1}{m_2} \right) \frac{\partial V}{\partial x}$$

すなわち,

$$\mu \frac{d^2 x}{dt^2} = -\frac{\partial V}{\partial x}$$

が得られることを示せ.ただし, $\mu = m_1 m_2 / (m_1 + m_2)$ は換算質量である.この結果を解釈し,また,もとの二体問題が二つの一体問題に,どのように還元されたかを説明せよ.

16-5. 問題 16-4 の結果を三次元に拡張せよ.三次元では相対距離が以下で与えられることを考慮せよ.

$$r_{12} = [(x_1 - x_2)^2 + (y_1 - y_2)^2 + (z_1 - z_2)^2]^{1/2}$$

16-6. 二つの同じ質点の換算質量が $m/2$ であることを示せ.

16-7. 図 16.5 のような二つの質点が互いに回転する系を考える.この系に外力がはたらかなければ,質量中心は固定され,それぞれの質点はそれを中心に回転する.質量中心は二つの質点の中心を結ぶ線上にあり, $m_1 r_1 = m_2 r_2$ の関係にある.全運動エネルギーは,

$$T = \frac{1}{2} m_1 v_1^2 + \frac{1}{2} m_2 v_2^2$$

であり, ω を固定された質量中心のまわりを回転する二つの質点の角速度とすれば, $v_1 = r_1 \omega$ および $v_2 = r_2 \omega$ となる.

$$T = \frac{1}{2} I \omega^2$$

を示せ.ただし, $r = r_1 + r_2$ であり, $I = m_1 r_1^2 + m_2 r_2^2 = \mu r^2$ となる.また, $\mu = m_1 m_2 / (m_1 + m_2)$ は換算質量である.また, I の量は回転系の慣性モーメントである.

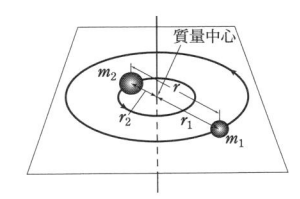

図 16.5 質量中心のまわりを回転する二つの質点 m_1 と m_2.

16-8. 式 (16.13) に $x = \cos \theta$ を代入して,式 (16.19) を導け.

16-9. 式 (16.22) を用いて,表 16.2 に示したルジャンドル陪関数を導け.

16-10. 表 16.2 に示したルジャンドル陪関数の

16 シュレーディンガー方程式

最初の数個が式(16.21)を満たすことを示せ.

16-11. m が奇数かつ負のとき, $i^{m+|m|} = 1$ となり, m が奇数かつ正のとき, $i^{m+|m|} = -1$ となることを示せ.

16-12. 表 16.2 に示したルジャンドル陪関数の最初の数個が式(16.24)を満たすことを示せ.

16-13. 表 16.2 の $P_l^3(x)$ が回帰公式,
$$(2l+1)xP_l^{|m|}(x) - (l-|m|+1)P_{l+1}^{|m|}(x) - (l+|m|)P_{l-1}^{|m|}(x) = 0$$
を満たすことを示せ.

16-14. 表 16.3 の球面調和関数の最初のいくつかが,
$$\sin\theta\frac{\partial}{\partial\theta}\left(\sin\theta\frac{\partial Y_l^m}{\partial\theta}\right) + \frac{\partial^2 Y_l^m}{\partial\phi^2} + l(l+1)\sin^2\theta Y_l^m = 0$$
を満たすことを示せ.

16-15. 表 16.3 の球面調和関数の最初のいくつかが, $E = \hbar^2 l(l+1)/2I$ で式(16.9)を満たすことを明確に示せ.

16-16. 表 16.3 の球面調和関数の最初のいくつかを直交化せよ.

16-17. 表 16.3 を用いて,
$$|Y_1^1(\theta,\phi)|^2 + |Y_1^0(\theta,\phi)|^2 + |Y_1^{-1}(\theta,\phi)|^2 = 3/4\pi$$
を示せ. これは, ウンゼルトの定理という一般的な定理, $\sum_{m=-l}^{l}|Y_l^m(\theta,\phi)|^2 = $ (一定) の特殊な場合である. $l = 2$ のとき, 定数は何に等しくなるか. また, ウンゼルトの定理の物理的な解釈をせよ.

16-18. 式(16.31)を導け.

16-19. 表 16.4 に示したラゲール陪関数は,
$$L_n^a(x) = \frac{d^a}{dx^a}L_n(x)$$
の関係を用いて求めることができる. ここで, $L_n(x)$ はラゲール多項式であり, 同様に, $L_n(x) = e^x\frac{d^n}{dx^n}(x^n e^{-x})$ から求められる. 8章で議論した, すべての直交多項式に対して, このような微分公式があり, ロドリーグの公式という. 上のロドリーグの公式を用いて, 表 16.4 のラゲール陪関数を求めよ.

16-20. 本章の式から $\psi_{100}(r,\theta,\phi)$ をつくれ. また, $\psi_{100}(r,\theta,\phi)$ を規格化せよ.

16-21. 本章の式から $\psi_{310}(r,\theta,\phi)$ をつくれ. また, $\psi_{310}(r,\theta,\phi)$ を規格化せよ.

16-22. E が式(16.32)で与えられるとき, $\psi_{210}(r,\theta,\phi)$ が式(16.30)を満たすことを示せ.

16-23. シュレーディンガー方程式で $V = V(r)$ のとき, $\psi(r,\theta,\phi) = R(r)Y_l^m(\theta,\phi)$ を示せ. ただし, $R(r)$ は $-e^2/4\pi\varepsilon_0$ を $V(r)$ におき換えた式(16.31)を満たすものとする.

16-24. $\nabla^2 u + k^2 u = 0$ はヘルムホルツ式とよばれる. $u(r,\theta,\phi) = f(r)Y_l^m(\theta,\phi)$ が球座標で表したヘルムホルツ式の解であることを示せ.

16-25. この問題では, 半径 a の球に閉じ込められた一つの粒子の基底状態の波動関数とエネルギーに対するシュレーディンガー方程式を解くことにする. シュレーディンガー方程式は $e^2/4\pi\varepsilon_0 r$ の項をなくした式(16.31) の $l = 0$ (基底状態) の場合で与えられ,
$$-\frac{\hbar^2}{2mr^2}\frac{d}{dr}\left(r^2\frac{d\psi}{dr}\right) = E\psi$$
となる. ここで, $u = r\psi$ を代入すると,
$$\frac{d^2 u}{dr^2} + \frac{2mE}{\hbar^2}u = 0$$
が得られる. この式の一般解が,
$$u(r) = A\cos\alpha r + B\sin\alpha r$$
すなわち,
$$\psi(r) = \frac{A\cos\alpha r}{r} + \frac{B\sin\alpha r}{r}$$
となることを示せ. ただし $\alpha = (2mE/\hbar^2)^{1/2}$ とする. $r = 0$ のとき, これらの項のうち, どれが有限になるか. また, $\psi(a) = 0$ を用いて, 基底状態では,
$$\alpha a = \pi$$
となること, および基底状態のエネルギーが,
$$E = \frac{\pi^2\hbar^2}{2ma^2}$$
になることを証明せよ. さらに, 規格化された基底状態の波動関数が,
$$\psi(r) = (2\pi a)^{-1/2}\frac{\sin\pi r/a}{r}$$
となることを示せ.

17

行 列 式

　n 個の未知数をもつ n 個の一次方程式が連立された場合に，行列式を用いてそれを解くことができる．しかしこれは，方程式の数 n が小さいときには便利だが，n が大きくなると決して便利とはいえない．行列式を用いるのがこの連立方程式を解くためだけだとすれば，応用数学のすべての書籍で行列式を取り扱うことはない．物理化学の問題を解くためによく用いられる行列を学ぶさいには，結果として必然的に行列式が現れることがわかるだろう．そのために，本章では行列式の基本的な性質を学ぼう．

17.1　行列式の定義

　物理化学の多くの問題では，n 個の未知数をもつ n 元連立一次方程式が関係する．そうした方程式は，本章で学ぶ行列式を用いて解くことができる．二元連立方程式，

$$a_{11}x + a_{12}y = d_1$$
$$a_{21}x + a_{22}y = d_2$$
(17.1)

を考える．1番目の式に a_{22} を掛け，2番目の式に a_{12} を掛けて，1番目から2番目を引くと，

$$(a_{11}a_{22} - a_{12}a_{21})x = d_1 a_{22} - d_2 a_{12}$$

となり，さらに，

$$x = \frac{a_{22}d_1 - a_{12}d_2}{a_{11}a_{22} - a_{12}a_{21}}$$
(17.2)

が得られる．同様に，1番目の式に a_{21} を掛け，2番目の式に a_{22} を掛けて，引くと，

$$y = \frac{a_{11}d_2 - a_{21}d_1}{a_{11}a_{22} - a_{12}a_{21}} \tag{17.3}$$

が得られる．式(17.2)と式(17.3)の分母は同じで，この分母 $a_{11}a_{22} - a_{12}a_{21}$ は，2×2 の行列式 $\begin{vmatrix} a_{11} & a_{12} \\ a_{21} & a_{22} \end{vmatrix}$ でおき換えられる．この表記法を用いるのは，未知数が n 個の n 元連立一次方程式を解くさいにも用いるためである．一般に $n \times n$ の行列式は，n^2 個の要素が n 行 n 列に二次元配列されている．3×3 の行列式は，

$$\begin{vmatrix} a_{11} & a_{12} & a_{13} \\ a_{21} & a_{22} & a_{23} \\ a_{31} & a_{32} & a_{33} \end{vmatrix} = \begin{matrix} a_{11}a_{22}a_{33} + a_{21}a_{32}a_{13} + a_{12}a_{23}a_{31} \\ - a_{31}a_{22}a_{13} - a_{21}a_{12}a_{33} - a_{11}a_{23}a_{32} \end{matrix} \tag{17.4}$$

となる（これは以下で証明する）．なお，a_{ij} は i 番目の行と j 番目の列との交点の行列要素（たんに要素ということもある）である．

式(17.4)および，より高次の行列式は，系統的な方法で求められる．まず最初に余因子（余因数）を定義しよう．行列要素 a_{ij} の余因子 A_{ij} は，i 行と j 列を削除して，それに $(-1)^{i+j}$ を掛けた，$(n-1) \times (n-1)$ の行列式である．たとえば行列式，

$$D = \begin{vmatrix} a_{11} & a_{12} & a_{13} \\ a_{21} & a_{22} & a_{23} \\ a_{31} & a_{32} & a_{33} \end{vmatrix}$$

の余因子 A_{12} は，

$$A_{12} = (-1)^{1+2} \begin{vmatrix} a_{21} & a_{23} \\ a_{31} & a_{33} \end{vmatrix}$$

となる．

例題 17-1

$$D = \begin{vmatrix} 2 & -1 & 1 \\ 0 & 3 & -1 \\ 2 & -2 & 1 \end{vmatrix}$$

の1行目の各要素に対する余因子を求めよ．

解： a_{11} に対する余因子 A_{11} は，

$$A_{11} = (-1)^{1+1} \begin{vmatrix} 3 & -1 \\ -2 & 1 \end{vmatrix} = 3 - 2 = 1$$

つぎに，a_{12} に対する余因子 A_{12} は，

$$A_{12} = (-1)^{1+2} \begin{vmatrix} 0 & -1 \\ 2 & 1 \end{vmatrix} = -2$$

また，a_{13} に対する余因子 A_{13} は，

$$A_{13} = (-1)^{1+3} \begin{vmatrix} 0 & 3 \\ 2 & -2 \end{vmatrix} = -6$$

となる．

余因子を用いて行列式を求めることができる．式(17.4) の 3×3 の行列式の値は余因子を用いると，

$$\begin{vmatrix} a_{11} & a_{12} & a_{13} \\ a_{21} & a_{22} & a_{23} \\ a_{31} & a_{32} & a_{33} \end{vmatrix} = a_{11}A_{11} + a_{12}A_{12} + a_{13}A_{13} \tag{17.5}$$

となる．そこで，例題 17-1 の D の値を求めると，

$$D = (2)(1) + (-1)(-2) + (1)(-6) = -2$$

である．なお，式(17.5) では 1 行目の余因子を用いて展開した．

例題 17-2 例題 17-1 の D の値を，1 列目について展開して求めよ．

解: 1 列目について展開すると，

$$D = a_{11}A_{11} + a_{21}A_{21} + a_{31}A_{31}$$

となる．また，余因子はそれぞれ，

$$A_{11} = (-1)^2 \begin{vmatrix} 3 & -1 \\ -2 & 1 \end{vmatrix} = 1$$

$$A_{21} = (-1)^3 \begin{vmatrix} -1 & 1 \\ -2 & 1 \end{vmatrix} = -1$$

$$A_{31} = (-1)^4 \begin{vmatrix} -1 & 1 \\ 3 & -1 \end{vmatrix} = -2$$

であるから，

$$D = (2)(1) + (0)(-1) + (2)(-2) = -2$$

となる．

例題 17-2 では，例題 17-1 と同じ値が得られる．これは一般的に，どの行，またはどの列の要素に対する余因子で展開しても行列式の値が求められることを示している．たとえば，2 行目を選べば，

$$D = (0)(-1)^3 \begin{vmatrix} -1 & 1 \\ -2 & 1 \end{vmatrix} + (3)(-1)^4 \begin{vmatrix} 2 & 1 \\ 2 & 2 \end{vmatrix} + (-1)(-1)^5 \begin{vmatrix} 2 & -1 \\ 2 & -2 \end{vmatrix} = -2$$

となる．3×3 の行列式だけを扱ったが，どの次元の行列式でも，この方法ですぐに求められる．

例題 17-3 ブタジエンについてヒュッケルの分子軌道法を用いると，つぎの行列式についての方程式になる．

$$\begin{vmatrix} x & 1 & 0 & 0 \\ 1 & x & 1 & 0 \\ 0 & 1 & x & 1 \\ 0 & 0 & 1 & x \end{vmatrix} = 0$$

この行列式についての方程式を x の四次方程式に展開せよ．

解： 行列式を 1 行目について展開すると，

$$x \begin{vmatrix} x & 1 & 0 \\ 1 & x & 1 \\ 0 & 1 & x \end{vmatrix} - \begin{vmatrix} 1 & 1 & 0 \\ 0 & x & 1 \\ 0 & 1 & x \end{vmatrix} = 0$$

が得られる．二つの 3×3 の行列式をそれぞれ 1 列目について展開すると，

$$(x)(x) \begin{vmatrix} x & 1 \\ 1 & x \end{vmatrix} - (x)(1) \begin{vmatrix} 1 & 0 \\ 1 & x \end{vmatrix} - (1) \begin{vmatrix} x & 1 \\ 1 & x \end{vmatrix} = 0$$

となる．これはすぐに展開できて，

$$x^2(x^2 - 1) - x(x) - (1)(x^2 - 1) = 0$$

となり，

$$x^4 - 3x^2 + 1 = 0$$

が得られる．どの行あるいは列で展開してもよいので，もっとも 0 の多い行または列で展開すれば，計算が容易になる．

17.2 行列式の性質

行列式の性質を知っておくと便利である．以下にその性質のいくつかをあげておく．

17.2 行列式の性質

性質 1. 同じ順番の行と列を入れ替えても，行列式の値は変わらない．つまり，1行目と1列目，2行目と2列目，……を入れ替えることができる．たとえば，

$$\begin{vmatrix} 1 & 2 & 5 \\ -1 & 0 & -1 \\ 3 & 1 & 2 \end{vmatrix} = \begin{vmatrix} 1 & -1 & 3 \\ 2 & 0 & 1 \\ 5 & -1 & 2 \end{vmatrix}$$

とすることができる．対角にある要素を入れ替えても，行列式の値は同じである．

性質 2. 任意の二つの行または列の要素が同じなら，行列式の値は0である．たとえば，

$$\begin{vmatrix} 4 & 2 & 4 \\ -1 & 0 & -1 \\ 3 & 1 & 3 \end{vmatrix} = 0$$

のように1列目と3列目の要素が同じならば，行列式の値は0となる．

性質 3. 任意の二つの行または列を入れ替えると，行列式の符号が変わる．たとえば，

$$\begin{vmatrix} 3 & 1 & -1 \\ -6 & 4 & 5 \\ 1 & 2 & 2 \end{vmatrix} = -\begin{vmatrix} 1 & 3 & -1 \\ 4 & -6 & 5 \\ 2 & 1 & 2 \end{vmatrix}$$

では，1列目と2列目を入れ替えた．

性質 4. 一つの行または列のすべての要素に k を掛けると，行列式の値も k 倍される．つまり，

$$\begin{vmatrix} 6 & 8 \\ -1 & 2 \end{vmatrix} = 2 \begin{vmatrix} 3 & 4 \\ -1 & 2 \end{vmatrix}$$

のように右辺の1行目を2倍すれば，行列式の値も2倍になり，左辺の行列式の値と同じになる．

性質 5. 任意の行または列が，二つ以上の項の和または差としてかかれているならば，その行列式も二つ以上の行列式の和，または差として表すことができる．つまり，

$$\begin{vmatrix} a_{11} \pm a_{11}' & a_{12} & a_{13} \\ a_{21} \pm a_{21}' & a_{22} & a_{23} \\ a_{31} \pm a_{31}' & a_{32} & a_{33} \end{vmatrix} = \begin{vmatrix} a_{11} & a_{12} & a_{13} \\ a_{21} & a_{22} & a_{23} \\ a_{31} & a_{32} & a_{33} \end{vmatrix} \pm \begin{vmatrix} a_{11}' & a_{12} & a_{13} \\ a_{21}' & a_{22} & a_{23} \\ a_{31}' & a_{32} & a_{33} \end{vmatrix}$$

のように，1列目が a_{11} と a_{11}'，a_{21} と a_{21}'，a_{31} と a_{31}' の和または差になって

いれば，1列目が a_{11} から a_{31} の行列式と，1列目が a_{11}' から a_{31}' の二つの行列式の和または差で表現できる．例を示すと，

$$\begin{vmatrix} 3 & 3 \\ 2 & 6 \end{vmatrix} = \begin{vmatrix} 2+1 & 3 \\ -2+4 & 6 \end{vmatrix} = \begin{vmatrix} 2 & 3 \\ -2 & 6 \end{vmatrix} + \begin{vmatrix} 1 & 3 \\ 4 & 6 \end{vmatrix}$$

となる．

性質 6. 任意の行または列に，別の行または列を足したり引いたりしても，行列式の値は変わらない．つまり，

$$\begin{vmatrix} a_{11} & a_{12} & a_{13} \\ a_{21} & a_{22} & a_{23} \\ a_{31} & a_{32} & a_{33} \end{vmatrix} = \begin{vmatrix} a_{11}+a_{12} & a_{12} & a_{13} \\ a_{21}+a_{22} & a_{22} & a_{23} \\ a_{31}+a_{32} & a_{32} & a_{33} \end{vmatrix}$$

のように1列目に2列目を足しても行列式の値は変わらない．例を示せば，

$$\begin{vmatrix} 1 & -1 & 3 \\ 4 & 0 & 2 \\ 1 & 2 & 1 \end{vmatrix} = \begin{vmatrix} 0 & -1 & 3 \\ 4 & 0 & 2 \\ 3 & 2 & 1 \end{vmatrix} = \begin{vmatrix} 0 & -1 & 3 \\ 4 & 0 & 2 \\ 7 & 2 & 3 \end{vmatrix}$$

のようになる．ここでは，左の行列式の1列目に2列目を加えると，二つ目の行列式になり，さらにその行列式の3行目に2行目を加えると右の行列式になる．これらの行列式の値は同じである．この操作は n 回繰り返すことができ，

$$\begin{vmatrix} a_{11} & a_{12} & a_{13} \\ a_{21} & a_{22} & a_{23} \\ a_{31} & a_{32} & a_{33} \end{vmatrix} = \begin{vmatrix} a_{11}+na_{12} & a_{12} & a_{13} \\ a_{21}+na_{22} & a_{22} & a_{23} \\ a_{31}+na_{32} & a_{32} & a_{33} \end{vmatrix} \tag{17.6}$$

となる．この結果は容易に証明できる．

$$\begin{vmatrix} a_{11}+na_{12} & a_{12} & a_{13} \\ a_{21}+na_{22} & a_{22} & a_{23} \\ a_{31}+na_{32} & a_{32} & a_{33} \end{vmatrix} = \begin{vmatrix} a_{11} & a_{12} & a_{13} \\ a_{21} & a_{22} & a_{23} \\ a_{31} & a_{32} & a_{33} \end{vmatrix} + n \begin{vmatrix} a_{12} & a_{12} & a_{13} \\ a_{22} & a_{22} & a_{23} \\ a_{32} & a_{32} & a_{33} \end{vmatrix}$$

$$= \begin{vmatrix} a_{11} & a_{12} & a_{13} \\ a_{21} & a_{22} & a_{23} \\ a_{31} & a_{32} & a_{33} \end{vmatrix} + 0$$

ここでは，上の式の1行目では，性質5と性質4を適用している．1行目右辺の2番目の行列式では，1列目と2列目の各要素が同じ値である．そうすると性質2から，この行列式の値は0になる．その結果，上の式の2行目のように式(17.6)の左辺と同じになる．

17.3 クラメールの規則

　以上の性質を用いれば，行列式を用いて連立一次方程式を解くことができる．まず最初に簡単のため二元連立方程式を用いて説明するが，その結果は容易に一般化できる．二つの方程式，

$$\begin{aligned} a_{11}x + a_{12}y &= d_1 \\ a_{21}x + a_{22}y &= d_2 \end{aligned} \tag{17.7}$$

を考えよう．ここで，$d_1 = d_2 = 0$ ならば，この方程式は斉次（あるいは同次）方程式とよばれ，それ以外の場合は非斉次という．いま，式(17.7)は非斉次方程式であるとしよう．x と y の係数の行列式は，

$$D = \begin{vmatrix} a_{11} & a_{12} \\ a_{21} & a_{22} \end{vmatrix}$$

となる．性質4を用いると，

$$\begin{vmatrix} a_{11}x & a_{12} \\ a_{21}x & a_{22} \end{vmatrix} = xD$$

となり，さらに性質6を適用すると，

$$\begin{vmatrix} a_{11}x + a_{12}y & a_{12} \\ a_{21}x + a_{22}y & a_{22} \end{vmatrix} = xD \tag{17.8}$$

式(17.7)を式(17.8)に代入すれば，

$$\begin{vmatrix} d_1 & a_{12} \\ d_2 & a_{22} \end{vmatrix} = xD$$

x について解けば，

$$x = \frac{\begin{vmatrix} d_1 & a_{12} \\ d_2 & a_{22} \end{vmatrix}}{\begin{vmatrix} a_{11} & a_{12} \\ a_{21} & a_{22} \end{vmatrix}} \tag{17.9}$$

が得られる．同様に，

$$y = \frac{\begin{vmatrix} a_{11} & d_1 \\ a_{21} & d_2 \end{vmatrix}}{\begin{vmatrix} a_{11} & a_{12} \\ a_{21} & a_{22} \end{vmatrix}} \tag{17.10}$$

となる．式(17.9) は式(17.2) と，式(17.10) は式(17.3) と同じである．このように，行列式を用いて x や y を求めることをクラメールの規則という．式の分子にあたる行列式は，D のなかの未知数 x や y の係数になっている列を，式(17.7) の右辺にある d_1 や d_2 の列でおき換えると得られる．

例題 17-4　つぎの連立方程式を解け．
$$3x - y = 6$$
$$x + 2y = 5$$

解：　クラメールの規則を用いると，
$$x = \frac{\begin{vmatrix} 6 & -1 \\ 5 & 2 \end{vmatrix}}{\begin{vmatrix} 3 & -1 \\ 1 & 2 \end{vmatrix}} = \frac{17}{7}$$

$$y = \frac{\begin{vmatrix} 3 & 6 \\ 1 & 5 \end{vmatrix}}{\begin{vmatrix} 3 & -1 \\ 1 & 2 \end{vmatrix}} = \frac{9}{7}$$

となる．

この結果を三元以上に拡張して適用することは容易である．

例題 17-5　つぎの連立方程式を解け．
$$x + y + z = 2$$
$$2x - y - z = 1$$
$$x + 2y - z = -3$$

解：　式(17.9) と式(17.10) を拡張すると，

$$x = \frac{\begin{vmatrix} 2 & 1 & 1 \\ 1 & -1 & -1 \\ -3 & 2 & -1 \end{vmatrix}}{\begin{vmatrix} 1 & 1 & 1 \\ 2 & -1 & -1 \\ 1 & 2 & -1 \end{vmatrix}} = \frac{9}{9} = 1$$

同様に,

$$y = \frac{\begin{vmatrix} 1 & 2 & 1 \\ 2 & 1 & -1 \\ 1 & -3 & -1 \end{vmatrix}}{\begin{vmatrix} 1 & 1 & 1 \\ 2 & -1 & -1 \\ 1 & 2 & -1 \end{vmatrix}} = \frac{-9}{9} = -1$$

$$z = \frac{\begin{vmatrix} 1 & 1 & 2 \\ 2 & -1 & 1 \\ 1 & 2 & -3 \end{vmatrix}}{\begin{vmatrix} 1 & 1 & 1 \\ 2 & -1 & -1 \\ 1 & 2 & -1 \end{vmatrix}} = \frac{18}{9} = 2$$

となる.

クラメールの規則を 2×2 や 3×3 の行列式で表現できる連立方程式に適用するのは容易であるが,未知数や連立する式の数が多くなると,クラメールの規則で解くことは,しだいに難しくなる.23 章では,未知数や式の数が多いときに容易に解くための方法を学ぶ.

式 (17.7) で $d_1 = d_2 = 0$ のとき,何が起こるだろうか.まず $x = y = 0$ となる.これは無意味な解であり,自明な解とよばれる.$d_1 = d_2 = 0$ のとき,斉次方程式の自明でない解を得るためには,式 (17.9) と式 (17.10) の分母が 0 になる必要がある.つまり,

$$D = \begin{vmatrix} a_{11} & a_{12} \\ a_{21} & a_{22} \end{vmatrix} = 0 \tag{17.11}$$

である.この結果は,非常に重要で強調すべきものである.

> 斉次線形代数方程式が自明でない解をもつためには,係数の行列式が 0 になることが必要である.

ヒュッケルの分子軌道法を学ぶと,つぎのような式が出てくる.

$$c_1(H_{11} - ES_{11}) + c_2(H_{12} - ES_{12}) = 0$$

$$c_1(H_{12} - ES_{12}) + c_2(H_{22} - ES_{22}) = 0$$

この式の H_{ij} と S_{ij} は既知の量，c_1，c_2 および E は未知数で，この式を解くことで決められる．自明でない解（つまり，c_1 と c_2 が 0 でない解）が存在するためには，式(17.11)を適用すると，

$$\begin{vmatrix} H_{11} - ES_{11} & H_{12} - ES_{12} \\ H_{12} - ES_{12} & H_{22} - ES_{22} \end{vmatrix} = 0 \tag{17.12}$$

である必要がある．この行列式を展開すると，E についての四次式が得られ，その二つの解が求められる．式(17.12)の行列式部分は永年行列式（固有行列式，特性行列式）とよばれ，式(17.12)全体を永年方程式（固有方程式，特性方程式）という．

例題 17-6

つぎの行列式についての方程式の解を求めよ．
$$\begin{vmatrix} 2-\lambda & 3 \\ 3 & 4-\lambda \end{vmatrix} = 0$$

解： 行列式を展開すると，$(2-\lambda)(4-\lambda) - 9 = 0$ となり，$\lambda^2 - 6\lambda - 1 = 0$ が得られる．この式の二つの解は，

$$\lambda = \frac{6}{2} \pm \frac{\sqrt{40}}{2} = 3 \pm \sqrt{10}$$

となる．

ここでは，二元連立斉次線形代数方程式だけを扱ってきたが，式(17.11)は二元だけでなくほかの次元にも容易に拡張できる．

問題

17-1. つぎの行列式の値を求めよ.
$$D = \begin{vmatrix} 2 & 1 & 1 \\ -1 & 3 & 2 \\ 2 & 0 & 1 \end{vmatrix}$$
また, 2列目を1列目に加えた,
$$\begin{vmatrix} 3 & 1 & 1 \\ 2 & 3 & 2 \\ 2 & 0 & 1 \end{vmatrix}$$
の値を求め, その結果とDの値を比較せよ. つぎにDの2行目を1行目に加えた,
$$\begin{vmatrix} 1 & 4 & 3 \\ -1 & 3 & 2 \\ 2 & 0 & 1 \end{vmatrix}$$
の値を求め, その結果とDの値を比較せよ.

17-2. 問題17-1のDの1列目と3列目を入れ替えてその行列式を求めよ. 得られた行列式の値をDの値と比較せよ. また, 1列目と3列目を入れ替えてその行列式を求め, その結果とDの値と比較せよ.

17-3. つぎの行列式の値を求めよ.
$$D = \begin{vmatrix} 2 & -1 & 1 \\ 0 & 3 & -1 \\ 2 & -2 & 1 \end{vmatrix}$$

17-4. つぎの行列式の値を求めよ.
$$D = \begin{vmatrix} 1 & 6 & 1 \\ -2 & 4 & -2 \\ 1 & -3 & 1 \end{vmatrix}$$
また, みただけでその値を決められるか. さらに,
$$D = \begin{vmatrix} 2 & 6 & 1 \\ -4 & 4 & -2 \\ 2 & -3 & 1 \end{vmatrix}$$
の行列式の値はどうか.

17-5. 問題17-1のDについて, 3行目を2行目に2回足した行列式を求めよ.

17-6. つぎの行列式の値を求めよ.
$$D = \begin{vmatrix} 1 & \sin x & \cos x \\ 0 & \cos x & -\sin x \\ 0 & -\sin x & -\cos x \end{vmatrix}$$

17-7. つぎの方程式は, トリメチレンメタンのヒュッケルの分子軌道法による永年方程式である. この式を満たすxの値を求めよ.

$$\begin{vmatrix} x & 1 & 1 & 1 \\ 1 & x & 0 & 0 \\ 1 & 0 & x & 0 \\ 1 & 0 & 0 & x \end{vmatrix} = 0$$

17-8. つぎの方程式は, シクロブタジエンのヒュッケルの分子軌道法による永年方程式である. この式を満たすxの値を求めよ.

$$\begin{vmatrix} x & 1 & 0 & 1 \\ 1 & x & 1 & 0 \\ 0 & 1 & x & 1 \\ 1 & 0 & 1 & x \end{vmatrix} = 0$$

17-9. つぎの行列式は, ベンゼンについてのヒュッケルの分子軌道法による永年行列式である. この式を満たすxの値を求めよ.

$$D = \begin{vmatrix} x & 1 & 0 & 0 & 0 & 1 \\ 1 & x & 1 & 0 & 0 & 0 \\ 0 & 1 & x & 1 & 0 & 0 \\ 0 & 0 & 1 & x & 1 & 0 \\ 0 & 0 & 0 & 1 & x & 1 \\ 1 & 0 & 0 & 0 & 1 & x \end{vmatrix}$$

17-10. つぎの方程式を証明せよ.
$$\begin{vmatrix} \cos\theta & -\sin\theta & 0 \\ \sin\theta & \cos\theta & 0 \\ 0 & 0 & 1 \end{vmatrix} = 1$$

17-11. つぎの方程式の三つの解を求めよ.
$$\begin{vmatrix} 1-\lambda & 1 & 0 \\ 1 & 1-\lambda & 1 \\ 0 & 1 & 1-\lambda \end{vmatrix} = 0$$

17-12. クラメールの規則を用いて, つぎの二元連立方程式を解け.
$$x + y = 2$$
$$3x - 2y = 5$$

17-13. クラメールの規則を用いて, つぎの三元連立方程式を解け.
$$x + 2y + 3z = -5$$
$$-x - 3y + z = -14$$
$$2x + y + z = 1$$

17-14. つぎの連立方程式は自明でない解をもつ. xの値を求めよ.
$$xc_1 + c_2 + c_4 = 0$$
$$c_1 + xc_2 + c_3 = 0$$
$$c_2 + xc_3 + c_4 = 0$$

$c_1 + c_3 + xc_4 = 0$

17-15. つぎの二元連立方程式を解くために，クラメールの規則を用いよ．

$x + 2y = 3$
$2x + 4y = 1$

なぜ，解けないのか．

17-16. つぎの二元連立方程式は，λ がどんな値でも自明でない解をもつかを確かめよ．

$x + y = \lambda x$
$-x + y = \lambda y$

18

行　　列

　1920年代にハイゼンベルクが量子力学を定式化したさい，彼は具体的な実験量，たとえば分光学的な遷移確率を扱っていた．そこでは，記述する系の始状態と終状態に対応する二つの添字をもつ量を用いる必要があった．この量を操作するなかで，彼はこれらの量が，可換ではない，つまり掛け算の順番によってその結果が異なる，という予期しない発見をした．ハイゼンベルクは当時行列のことを知らなかったが，まもなく非可換量がじつは1世紀も前から数学者が研究していた行列によって表現できることを知った．今日，行列は物理学や化学の分野で広く用いられ，現代の計算化学は行列を多用して定式化されている．

18.1　行　列　代　数

　拡大，回転，面での反射（鏡映）などの物理的な操作は，行列とよばれる量によって数学的に表現できる．行列は行列代数とよばれる一連の規則にしたがう二次元の配列である．

　図18.1に示す二つのベクトルのうち，下のほう（r_1）を考える．このベクトルの x 成分と y 成分はそれぞれ，$x_1 = r\cos\alpha$ と $y_1 = r\sin\alpha$ で与えられる．ここで，r は r_1 の長さである．このベクトルを反時計回りに角度 θ だけ回転させると，$x_2 = r\cos(\alpha + \theta)$ と

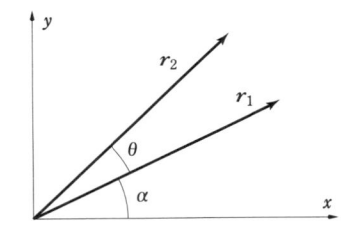

図 18.1　ベクトル r_1 の角度 θ の回転を図示したもの．

$y_2 = r\sin(\alpha + \theta)$ になる（図 18.1）．三角恒等式を用いれば，

$$x_2 = r\cos(\alpha + \theta) = r\cos\alpha\cos\theta - r\sin\alpha\sin\theta$$
$$y_2 = r\sin(\alpha + \theta) = r\cos\alpha\sin\theta + r\sin\alpha\cos\theta$$

つまり，

$$x_2 = x_1\cos\theta - y_1\sin\theta$$
$$y_2 = x_1\sin\theta + y_1\cos\theta \tag{18.1}$$

とかけ，式(18.1) の x_1 と y_1 の係数の組を，

$$\boldsymbol{R} = \begin{pmatrix} \cos\theta & -\sin\theta \\ \sin\theta & \cos\theta \end{pmatrix} \tag{18.2}$$

と表すことができる．ここで，$\boldsymbol{R}$ は行列で表現され，行列代数の規則にしたがう数（この場合は関数）が配列されている．行列を $\boldsymbol{A}$，$\boldsymbol{B}$ のように太字のイタリック体で表すことにする．行列式（17章参照）と違って，行列は正方配列とは限らないし，一つの数値にはならない．式(18.2)の行列 $\boldsymbol{R}$ は角度 θ の回転を表している．

式(18.1) は記号によって，

$$\boldsymbol{r}_2 = \boldsymbol{R}\boldsymbol{r}_1 \tag{18.3}$$

と表せる．いい換えれば，行列 $\boldsymbol{R}$ はベクトル $\boldsymbol{r}_1$ に作用することで，新しいベクトル $\boldsymbol{r}_2$ を与える（図 18.1）．式(18.3) は式(18.1) と等価である．式(18.3) の変換が，

$$\boldsymbol{R}(\alpha\boldsymbol{u} + \beta\boldsymbol{v}) = \alpha\boldsymbol{R}\boldsymbol{u} + \beta\boldsymbol{R}\boldsymbol{v} \tag{18.4}$$

という線形変換であることは容易に示せる．なお，$\boldsymbol{u}$ と $\boldsymbol{v}$ はベクトルで，α と β はスカラーである．行列の操作は線形操作である．

行列 $\boldsymbol{A}$ のなかの個々の値を行列要素といい，a_{ij} で表す．行列式と同様に，i は行を，j は列を示す．二つの行列 $\boldsymbol{A}$ と $\boldsymbol{B}$ が同じ次元で，すべての i と j について $a_{ij} = b_{ij}$ であるとき，この二つの行列は等しい．いい換えれば，等しい行列は同一である．行の数と列の数が同じ行列同士の場合に限り，行列を足したり引いたりできる．その結果，得られる行列の要素は $a_{ij} + b_{ij}$ で与えられる．たとえば，

$$\boldsymbol{A} = \begin{pmatrix} -3 & 6 & 4 \\ 1 & 0 & 2 \end{pmatrix} \quad \text{および} \quad \boldsymbol{B} = \begin{pmatrix} 2 & 1 & 1 \\ -6 & 4 & 3 \end{pmatrix}$$

ならば，

$$C = A + B = \begin{pmatrix} -1 & 7 & 5 \\ -5 & 4 & 5 \end{pmatrix}$$

となる．同じ行列同士を足すと，

$$A + A = 2A = \begin{pmatrix} -6 & 12 & 8 \\ 2 & 0 & 4 \end{pmatrix}$$

となる．行列をスカラー倍すると，

$$cA = \begin{pmatrix} ca_{11} & ca_{12} \\ ca_{21} & ca_{22} \end{pmatrix} \tag{18.5}$$

のように，行列要素のそれぞれをスカラー倍することになる．

例題 18-1 上の行列 A と行列 B を用いて，$D = 3A - 2B$ を求めよ．

解:

$$D = 3\begin{pmatrix} -3 & 6 & 4 \\ 1 & 0 & 2 \end{pmatrix} - 2\begin{pmatrix} 2 & 1 & 1 \\ -6 & 4 & 3 \end{pmatrix}$$
$$= \begin{pmatrix} -9 & 18 & 12 \\ 3 & 0 & 6 \end{pmatrix} - \begin{pmatrix} 4 & 2 & 2 \\ -12 & 8 & 6 \end{pmatrix} = \begin{pmatrix} -13 & 16 & 10 \\ 15 & -8 & 0 \end{pmatrix}$$

となる．

行列のもっとも重要な特徴の一つに，行列の掛け算がある．簡単のために，まず正方行列同士の掛け算を扱うことにする．いま，(x_1, y_1) から (x_2, y_2) への線形変換を考えよう．この変換は，

$$\begin{aligned} x_2 &= a_{11}x_1 + a_{12}y_1 \\ y_2 &= a_{21}x_1 + a_{22}y_1 \end{aligned} \tag{18.6}$$

となる．これを行列で表すと $r_2 = Ar_1$ となる．ただし行列 A は，

$$A = \begin{pmatrix} a_{11} & a_{12} \\ a_{21} & a_{22} \end{pmatrix} \tag{18.7}$$

である．また，(x_2, y_2) から (x_3, y_3) への線形変換は，

$$\begin{aligned} x_3 &= b_{11}x_2 + b_{12}y_2 \\ y_3 &= b_{21}x_2 + b_{22}y_2 \end{aligned} \tag{18.8}$$

で，$r_3 = Br_2$ と表せる．ここで行列 B は，

$$B = \begin{pmatrix} b_{11} & b_{12} \\ b_{21} & b_{22} \end{pmatrix} \tag{18.9}$$

である．また，(x_1, y_1) から (x_3, y_3) への線形変換は，

$$\begin{aligned} x_3 &= c_{11}x_1 + c_{12}y_1 \\ y_3 &= c_{21}x_1 + c_{22}y_1 \end{aligned} \tag{18.10}$$

で，$r_3 = Cr_1$ と表せる．ここで行列 C は，

$$C = \begin{pmatrix} c_{11} & c_{12} \\ c_{21} & c_{22} \end{pmatrix} \tag{18.11}$$

である．したがって，$r_3 = Br_2 = BAr_1$ となり，行列 C は，

$$C = BA$$

となる．つまり行列 C は，まず行列 A によって (x_1, y_1) から (x_2, y_2) へ変換し，続いて行列 B によって (x_2, y_2) から (x_3, y_3) へ変換することを意味する．そこで，行列 C の要素と，行列 A や行列 B の要素に，どのような関係があるか調べよう．式(18.6)を式(18.8)に代入すると，

$$\begin{aligned} x_3 &= b_{11}(a_{11}x_1 + a_{12}y_1) + b_{12}(a_{21}x_1 + a_{22}y_1) \\ y_3 &= b_{21}(a_{11}x_1 + a_{12}y_1) + b_{22}(a_{21}x_1 + a_{22}y_1) \end{aligned} \tag{18.12}$$

となり，これは，

$$\begin{aligned} x_3 &= (b_{11}a_{11} + b_{12}a_{21})x_1 + (b_{11}a_{12} + b_{12}a_{22})y_1 \\ y_3 &= (b_{21}a_{11} + b_{22}a_{21})x_1 + (b_{21}a_{12} + b_{22}a_{22})y_1 \end{aligned}$$

とまとめられる．したがって，

$$\begin{aligned} C = BA &= \begin{pmatrix} b_{11} & b_{12} \\ b_{21} & b_{22} \end{pmatrix} \begin{pmatrix} a_{11} & a_{12} \\ a_{21} & a_{22} \end{pmatrix} \\ &= \begin{pmatrix} b_{11}a_{11}+b_{12}a_{21} & b_{11}a_{12}+b_{12}a_{22} \\ b_{21}a_{11}+b_{22}a_{21} & b_{21}a_{12}+b_{22}a_{22} \end{pmatrix} \end{aligned} \tag{18.13}$$

となる．この結果は複雑そうだが，二つの方法でみごとに表現することができる．一つ目として，行列 C の ij 番目の要素は数学的に，

$$c_{ij} = \sum_k b_{ik} a_{kj} \tag{18.14}$$

と表せる．たとえば，c_{11} は添字の i と j がともに 1 であるから，k について和をとって，

$$c_{11} = \sum_{k=1}^{2} b_{1k}a_{k1} = b_{11}a_{11} + b_{12}a_{21}$$

となる．二つ目は，より視覚的な方法である．行列 C のある要素は，行列 B のある行の要素に，行列 A のある列の要素を掛けて足せばよく，行と列をそれぞれ i 行と j 列とすれば，この操作で要素 c_{ij} の値が求められる．ベクトルで表現すれば，行列 B の行を成分とするベクトルと行列 A の列を成分とするベクトルの内積を求めることになる．たとえば，c_{11} は行列 B の 1 行目の各要素と行列 A の 1 列目の各要素を，つぎのように掛けて足せば得られる．

$$\rightarrow \begin{pmatrix} b_{11} & b_{12} \\ b_{21} & b_{22} \end{pmatrix} \begin{pmatrix} \downarrow & \\ a_{11} & a_{12} \\ a_{21} & a_{22} \end{pmatrix} = \begin{pmatrix} b_{11}a_{11} + b_{12}a_{21} & \cdot \\ \cdot & \cdot \end{pmatrix}$$

c_{12} も同様に，

$$\rightarrow \begin{pmatrix} b_{11} & b_{12} \\ b_{21} & b_{22} \end{pmatrix} \begin{pmatrix} & \downarrow \\ a_{11} & a_{12} \\ a_{21} & a_{22} \end{pmatrix} = \begin{pmatrix} \cdot & b_{11}a_{12} + b_{12}a_{22} \\ \cdot & \cdot \end{pmatrix}$$

とすればよい．

例題 18-2

行列 B と行列 A が，それぞれ，

$$B = \begin{pmatrix} 1 & 2 & 1 \\ 3 & 0 & -1 \\ -1 & -1 & 2 \end{pmatrix} \quad A = \begin{pmatrix} -3 & 0 & -1 \\ 1 & 4 & 0 \\ 1 & 1 & 1 \end{pmatrix}$$

のとき，$C = BA$ を求めよ．

解：

$$C = \begin{pmatrix} 1 & 2 & 1 \\ 3 & 0 & -1 \\ -1 & -1 & 2 \end{pmatrix} \begin{pmatrix} -3 & 0 & -1 \\ 1 & 4 & 0 \\ 1 & 1 & 1 \end{pmatrix}$$

$$= \begin{pmatrix} -3+2+1 & 0+8+1 & -1+0+1 \\ -9+0-1 & 0+0-1 & -3+0-1 \\ 3-1+2 & 0-4+2 & 1+0+2 \end{pmatrix} = \begin{pmatrix} 0 & 9 & 0 \\ -10 & -1 & -4 \\ 4 & -2 & 3 \end{pmatrix}$$

例題 18-3 式(18.2) の行列 R は角度 θ の回転操作を表している．行列 R を 2 回続けて作用させることを意味する R^2 が，角度 2θ の回転を表すことを証明せよ．

解：
$$R^2 = \begin{pmatrix} \cos\theta & -\sin\theta \\ \sin\theta & \cos\theta \end{pmatrix} \begin{pmatrix} \cos\theta & -\sin\theta \\ \sin\theta & \cos\theta \end{pmatrix}$$
$$= \begin{pmatrix} \cos^2\theta - \sin^2\theta & -2\sin\theta\cos\theta \\ 2\sin\theta\cos\theta & \cos^2\theta - \sin^2\theta \end{pmatrix}$$

ここで，三角恒等式を用いれば，
$$R^2 = \begin{pmatrix} \cos 2\theta & -\sin 2\theta \\ \sin 2\theta & \cos 2\theta \end{pmatrix}$$
となる．これは角度 2θ の回転を表す．

行列の積での重要な性質は，BA と AB は必ずしも等しくない，ということである．たとえば，
$$A = \begin{pmatrix} 0 & 2 \\ 1 & 0 \end{pmatrix} \quad \text{および} \quad B = \begin{pmatrix} 3 & 0 \\ 0 & -1 \end{pmatrix}$$
のとき，
$$AB = \begin{pmatrix} 0 & 2 \\ 1 & 0 \end{pmatrix} \begin{pmatrix} 3 & 0 \\ 0 & -1 \end{pmatrix} = \begin{pmatrix} 0 & -2 \\ 3 & 0 \end{pmatrix}$$
また，
$$BA = \begin{pmatrix} 3 & 0 \\ 0 & -1 \end{pmatrix} \begin{pmatrix} 0 & 2 \\ 1 & 0 \end{pmatrix} = \begin{pmatrix} 0 & 6 \\ -1 & 0 \end{pmatrix}$$
したがって，$AB \neq BA$ である．$AB = BA$ ならば，A と B は可換であるという．

例題 18-4 つぎの行列 A と行列 B は可換であるか否かを示せ．
$$A = \begin{pmatrix} 2 & 1 \\ 0 & 1 \end{pmatrix} \quad \text{および} \quad B = \begin{pmatrix} 1 & 1 \\ 0 & 1 \end{pmatrix}$$

解：
$$AB = \begin{pmatrix} 2 & 3 \\ 0 & 1 \end{pmatrix}$$

また，
$$BA = \begin{pmatrix} 2 & 2 \\ 0 & 1 \end{pmatrix}$$
よって，行列 A と行列 B は可換ではない．

行列の積が一般的なスカラー量の積と異なる点がもう一つある．$\boldsymbol{0}$ をゼロ行列とするとき，
$$AB = \boldsymbol{0}$$
であっても，行列 A と行列 B は必ずしもゼロ行列とは限らない．たとえば，
$$\begin{pmatrix} 1 & 1 \\ 2 & 2 \end{pmatrix} \begin{pmatrix} -1 & 1 \\ 1 & -1 \end{pmatrix} = \begin{pmatrix} 0 & 0 \\ 0 & 0 \end{pmatrix} = \boldsymbol{0}$$
となる．ここで再度，行列式と行列が同様に数値を二次元に配列したものであっても，まったく異なる性質をもつことを強調しておく．行列式は数値であるが，行列は数値の配列であり数値ではない．とはいえ，正方行列であれば行列と行列式を関係づけることができて，
$$\det A = |A| = \begin{vmatrix} a_{11} & a_{12} & \cdots & a_{1n} \\ a_{21} & a_{22} & \cdots & a_{2n} \\ \vdots & \vdots & \ddots & \vdots \\ a_{n1} & a_{n2} & \cdots & a_{nn} \end{vmatrix}$$
となる．よって，式(18.2)に示した行列 R の行列式は，
$$|R| = \begin{vmatrix} \cos\theta & -\sin\theta \\ \sin\theta & \cos\theta \end{vmatrix} = \cos^2\theta + \sin^2\theta = 1$$
となる．行列 A の行列式 $\det A = 0$ ならば，行列 A は特異行列（または非正則行列）という．

行列は正則でなくても互いを掛けることができる．ただし，式(18.14)や視覚的な説明からわかるように，行列 B の列の数と行列 A の行の数が等しくなければならない．このとき，行列 A と行列 B は互換であるという．たとえば，式(18.6)を行列で示せば，
$$\begin{pmatrix} x_2 \\ y_2 \end{pmatrix} = \begin{pmatrix} a_{11} & a_{12} \\ a_{21} & a_{22} \end{pmatrix} \begin{pmatrix} x_1 \\ y_1 \end{pmatrix} \tag{18.15}$$
となる．

18.2 逆 行 列

作用を受けるベクトルが不変である変換を恒等変換といい，この変換に対応する行列を恒等行列または単位行列という．単位行列では，対角要素がすべて1で，それ以外の要素はすべて0である．単位行列 I は，

$$I = \begin{pmatrix} 1 & 0 & 0 & \cdots & 0 \\ 0 & 1 & 0 & \cdots & 0 \\ 0 & 0 & 1 & \cdots & 0 \\ \vdots & \vdots & \vdots & \ddots & \vdots \\ 0 & 0 & 0 & \cdots & 1 \end{pmatrix}$$

となり，行列 I の要素はクロネッカーのデルタ δ_{ij} になる．また，単位行列は任意の行列 A に対して，

$$IA = AI \tag{18.16}$$

となる．単位行列は対角行列の一つである．対角行列は正方行列で，その対角要素のみが0ではない．

$BA = AB = I$ ならば，行列 B は行列 A の逆行列といい，A^{-1} とかく．逆行列 A^{-1} は，

$$AA^{-1} = A^{-1}A = I \tag{18.17}$$

という性質をもち，行列 A がある変換を意味するとき，A^{-1} はその変換を無効にし，もとの状態に戻す．式(18.2) の R に対する逆行列が，

$$R^{-1}(\theta) = R(-\theta) = \begin{pmatrix} \cos(-\theta) & -\sin(-\theta) \\ \sin(-\theta) & \cos(-\theta) \end{pmatrix} = \begin{pmatrix} \cos\theta & \sin\theta \\ -\sin\theta & \cos\theta \end{pmatrix} \tag{18.18}$$

となるのは物理的にも明らかで，$R(\theta)$ が角度 θ の回転であれば，$R^{-1}(\theta) = R(-\theta)$ となり，これは角度 θ だけ逆回転することを表す．R や R^{-1} が式(18.17) を満たすことは容易に示せる．式(18.2) と式(18.18) を用いると，

$$\begin{aligned} R^{-1}R &= \begin{pmatrix} \cos\theta & \sin\theta \\ -\sin\theta & \cos\theta \end{pmatrix} \begin{pmatrix} \cos\theta & -\sin\theta \\ \sin\theta & \cos\theta \end{pmatrix} \\ &= \begin{pmatrix} \cos^2\theta + \sin^2\theta & 0 \\ 0 & \cos^2\theta + \sin^2\theta \end{pmatrix} \\ &= \begin{pmatrix} 1 & 0 \\ 0 & 1 \end{pmatrix} \end{aligned}$$

であり，また，

$$RR^{-1} = \begin{pmatrix} \cos\theta & -\sin\theta \\ \sin\theta & \cos\theta \end{pmatrix} \begin{pmatrix} \cos\theta & \sin\theta \\ -\sin\theta & \cos\theta \end{pmatrix}$$

$$= \begin{pmatrix} \cos^2\theta + \sin^2\theta & 0 \\ 0 & \cos^2\theta + \sin^2\theta \end{pmatrix}$$

$$= \begin{pmatrix} 1 & 0 \\ 0 & 1 \end{pmatrix}$$

である．

　ある行列の逆行列を求める方法を示す前に，行列 A の転置行列 A^T を定義しよう．行列 A の転置行列は，A の行と列を入れ替えれば求められる．

$$A = \begin{pmatrix} 1 & 8 & -4 \\ 4 & -4 & -7 \\ 8 & 1 & 4 \end{pmatrix}$$

の転置行列は，

$$A^\mathsf{T} = \begin{pmatrix} 1 & 4 & 8 \\ 8 & -4 & 1 \\ -4 & -7 & 4 \end{pmatrix}$$

となる．A^T は行列 A の対角について反転させるだけで得られる．行列 A の要素を用いると，$a_{ij}^\mathsf{T} = a_{ji}$ となる．$A^\mathsf{T} = A$ ならば，行列は対称行列である．このとき，行列 A の要素は $a_{ij} = a_{ji}$ である．量子力学で登場する行列のほとんどは対称行列である．

　逆行列を求めるための一般的な操作は，以下のとおりとなる．

1. 行列 A の各要素を対応する行列式の余因子でおき換えて（余因子は 17 章参照），その行列を A_cof とする．
2. 1. で求めた A_cof の転置行列を求め，これを $A_\mathrm{cof}{}^\mathsf{T}$ とする．
3. $A_\mathrm{cof}{}^\mathsf{T}$ の各要素を，A の行列式の値で割れば，A^{-1} が求められる．

式で表すと，

$$A^{-1} = \frac{A_\mathrm{cof}{}^\mathsf{T}}{|A|} \tag{18.19}$$

となる．

　たとえば，

$$A = \begin{pmatrix} 1 & 2 \\ 3 & 4 \end{pmatrix}$$

のとき，A の余因子はそれぞれ $A_{\text{cof},11} = 4$, $A_{\text{cof},12} = -3$, $A_{\text{cof},21} = -2$, $A_{\text{cof},22} = 1$ となる．したがって，要素を余因子でおき換えた行列（余因子行列）は，$A_{\text{cof}} = \begin{pmatrix} 4 & -3 \\ -2 & 1 \end{pmatrix}$ であり，またその転置行列は，$A_{\text{cof}}^{\mathsf{T}} = \begin{pmatrix} 4 & -2 \\ -3 & 1 \end{pmatrix}$ となる．A の行列式の値は -2 であるから，式(18.19) より，

$$A^{-1} = \frac{A_{\text{cof}}^{\mathsf{T}}}{|A|} = -\frac{1}{2}\begin{pmatrix} 4 & -2 \\ -3 & 1 \end{pmatrix} = \begin{pmatrix} -2 & 1 \\ \frac{3}{2} & -\frac{1}{2} \end{pmatrix}$$

が得られる．この結果を用いると，$AA^{-1} = A^{-1}A = I$ となることが確認できる．

以上の処理から考えて，特異行列（行列式の値が0であるような行列）には逆行列がないことは明らかである．

例題 18-5

$$A = \begin{pmatrix} 1 & -1 & 0 \\ 0 & 1 & 1 \\ 2 & 2 & 0 \end{pmatrix}$$

の逆行列を求めよ．

解： A の行列式の値は -4 であり，余因子行列は，

$$A_{\text{cof}} = \begin{pmatrix} -2 & 2 & -2 \\ 0 & 0 & -4 \\ -1 & -1 & 1 \end{pmatrix}$$

である．式(18.19) を用いれば，$AA^{-1} = A^{-1}A = I$ となる．

$$A^{-1} = \frac{A_{\text{cof}}^{\mathsf{T}}}{|A|} = -\frac{1}{4}\begin{pmatrix} -2 & 0 & -1 \\ 2 & 0 & -1 \\ -2 & -4 & 1 \end{pmatrix} = \begin{pmatrix} \frac{1}{2} & 0 & \frac{1}{4} \\ -\frac{1}{2} & 0 & \frac{1}{4} \\ \frac{1}{2} & 1 & -\frac{1}{4} \end{pmatrix}$$

なお，逆行列の操作は，

$$(AB)^{-1} = B^{-1}A^{-1} \tag{18.20}$$

という関係がある（問題 18-11；この物理的な意味がわかるだろうか．わからなければ，行列 AB にまず B を作用させ，引き続き A を作用させてみてほしい．そして，行列 AB に対するこの結果の逆行列を求めるために何をするべきか，考えてほしい）．

18.3 直交行列

n 次元ベクトルを，n 行 1 列の行列，つまり $n \times 1$ 行列とみると便利である．そうすると，行列 v の要素は $(v_{11}, v_{21}, \ldots\ldots, v_{n1})$ となる（ここで 2 番目の添字は本来不要である）．ベクトルを行列で表したことから，この行列は列ベクトルとよばれ，

$$v = \begin{pmatrix} v_{11} \\ v_{21} \\ \vdots \\ v_{n1} \end{pmatrix}$$

と表す（式(18.15)）．スペースを節約するために，v を $v = (v_{11}, v_{21}, \ldots\ldots, v_{n1})$ と表現する．これは列ベクトルであることを忘れないように．v の転置行列は行ベクトルとなり，

$$v^\mathsf{T} = (v_{11} \ v_{21} \ \ldots\ldots \ v_{n1})$$

となる．再度断っておくが，2 番目の添字は本来不要である．ベクトル v の長さの 2 乗は行列で表すと，

$$v^\mathsf{T} v = \sum_{j=1}^{n} v_{1j}{}^\mathsf{T} v_{j1} = \sum_{j=1}^{n} v_{j1}{}^2 \tag{18.21}$$

となる．この式を行列で具体的に表すと，

$$(v_{11} \ v_{21} \ \ldots\ldots \ v_{n1}) \begin{pmatrix} v_{11} \\ v_{21} \\ \vdots \\ v_{n1} \end{pmatrix} = v_{11}{}^2 + v_{21}{}^2 + \ldots\ldots + v_{n1}{}^2$$

となる．式(18.21)は内積を行列の式で表したものであり，ベクトルで表示すれば $\boldsymbol{u} \cdot \boldsymbol{v}$，行列の表記では $\boldsymbol{u}^\mathsf{T} \boldsymbol{v}$ となる．

式(18.2)の行列は，ベクトルを反時計回りに角度 θ だけ回転する操作に対応する．$\boldsymbol{Ru}$ はベクトル $\boldsymbol{u}$ の回転を表すので，$\boldsymbol{u}$ に $\boldsymbol{R}$ を作用させても $\boldsymbol{u}$ の長さは変化しない（問題 18-3）．$\boldsymbol{v} = \boldsymbol{Au}$ はベクトル $\boldsymbol{u}$ の線形変換で，ベクトル $\boldsymbol{u}$ の長さは変わらないとしよ

う．すると，

$$v^\mathsf{T} v = (Au)^\mathsf{T}(Au)$$

となる．ここで，$(AB)^{-1} = B^{-1}A^{-1}$（式(18.20)）であるから，$(AB)^\mathsf{T} = B^\mathsf{T} A^\mathsf{T}$（問題 18-10）とできる．この結果を用いると，

$$v^\mathsf{T} v = (Au)^\mathsf{T}(Au) = u^\mathsf{T} A^\mathsf{T} A u$$

とかける．ベクトル v と u が同じ長さならば，$A^\mathsf{T} A = I$ となり，$A^\mathsf{T} = A^{-1}$ である．この性質をもつ行列を直交行列，$v = Au$ を直交変換とよぶ．直交行列を作用しても，ベクトルの長さは保たれる．$A^{-1} = A^\mathsf{T}$ の関係は，別に式で示す必要がある重要なものである．

$$A^{-1} = A^\mathsf{T} \quad (\text{直交行列}) \tag{18.22}$$

例題 18-6 式(18.2)で与えられる R が直交行列であることを示せ．

解： $R^\mathsf{T} = R^{-1}$ であり，また $R^\mathsf{T} R = I$ であることを示せばよい．

$$\begin{aligned}
R^\mathsf{T} R &= \begin{pmatrix} \cos\theta & \sin\theta \\ -\sin\theta & \cos\theta \end{pmatrix} \begin{pmatrix} \cos\theta & -\sin\theta \\ \sin\theta & \cos\theta \end{pmatrix} \\
&= \begin{pmatrix} \cos^2\theta + \sin^2\theta & 0 \\ 0 & \sin^2\theta + \cos^2\theta \end{pmatrix} \\
&= \begin{pmatrix} 1 & 0 \\ 0 & 1 \end{pmatrix}
\end{aligned}$$

$RR^\mathsf{T} = I$ も成り立つ．

直交性を表す，

$$A^\mathsf{T} A = A A^\mathsf{T} = I \tag{18.23}$$

は，A^T の行と A の列が規格直交化されていることを示す．しかし，A^T の行は A の列になっているので，式(18.23)は，直交行列の列ベクトル（行ベクトルも）が規格直交化されていることを意味する．これを詳しくみるために，$a_{ij}{}^\mathsf{T} = a_{ji}$ を $A^\mathsf{T} A = I$ に代入してみると，

$$\sum_{j=1}^n a_{ij}{}^\mathsf{T} a_{jk} = \delta_{ik} = \sum_{j=1}^n a_{ji} a_{jk} \tag{18.24}$$

が得られる．

式(18.24)は A の i 番目と k 番目の列が規格直交ベクトルであることを示す．$A^\mathsf{T}A = I$ の代わりに $AA^\mathsf{T} = I$ の関係を用いれば，A の i 番目と k 番目の行が規格直交ベクトルであることを示すことができる（問題18-12）．

例題 18-7

$$A = \frac{1}{9}\begin{pmatrix} 1 & 8 & -4 \\ 4 & -4 & -7 \\ 8 & 1 & 4 \end{pmatrix}$$

が直交行列であることを示せ．続いて，この行列の行（および列）が規格直交ベクトルであることを証明せよ．

解：

$$A^\mathsf{T}A = \frac{1}{81}\begin{pmatrix} 1 & 4 & 8 \\ 8 & -4 & 1 \\ -4 & -7 & 4 \end{pmatrix}\begin{pmatrix} 1 & 8 & -4 \\ 4 & -4 & -7 \\ 8 & 1 & 4 \end{pmatrix} = \frac{1}{81}\begin{pmatrix} 81 & 0 & 0 \\ 0 & 81 & 0 \\ 0 & 0 & 81 \end{pmatrix}$$

$$AA^\mathsf{T} = \frac{1}{81}\begin{pmatrix} 1 & 8 & -4 \\ 4 & -4 & -7 \\ 8 & 1 & 4 \end{pmatrix}\begin{pmatrix} 1 & 4 & 8 \\ 8 & -4 & 1 \\ -4 & -7 & 4 \end{pmatrix} = \frac{1}{81}\begin{pmatrix} 81 & 0 & 0 \\ 0 & 81 & 0 \\ 0 & 0 & 81 \end{pmatrix}$$

以上から，

$$\frac{1}{81}(1 + 16 + 64) = 1, \quad \frac{1}{81}(64 + 16 + 1) = 1, \quad \text{および} \quad \frac{1}{81}(16 + 49 + 16) = 1$$

なので，列は規格化されている．また，1列目と2列目は，

$$\begin{pmatrix} 1 & 4 & 8 \end{pmatrix}\begin{pmatrix} 8 \\ -4 \\ 1 \end{pmatrix} = 8 - 16 + 8 = 0$$

なので，直交している．同様に1列目と3列目，2列目と3列目も直交している．また，行も規格化されており，2行目と3行目は，

$$\begin{pmatrix} 4 & -4 & -7 \end{pmatrix}\begin{pmatrix} 8 \\ 1 \\ 4 \end{pmatrix} = 32 - 4 - 28 = 0$$

となり，1行目と2行目，1行目と3行目も同様に直交している．

$\det(AB) = \det(A)\det(B)$ という関係を用いれば，直交行列の行列式は ± 1 に等しいことを示すことができる（問題18-16）．$\det(A) = 1$ ならば，A は回転操作だけを行い，$\det(A) = -1$ ならば，A は回転と，原点についての反転操作を行う．

18.4 ユニタリー行列

これまで，実ベクトルと実行列だけを扱ってきたが，量子力学では，しばしば虚数のベクトルや行列を扱う．そこで本章のおわりに，得られた結果を複素数のベクトルや行列に拡張しよう．これまでの結果を複素空間に適用すると，スカラー積は，

$$u^{*\mathsf{T}} \cdot v = u_1^* \cdot v_1 + u_2^* \cdot v_2 + \cdots\cdots + u_n^* \cdot v_n \tag{18.25}$$

となる．スカラー積 $u^{*\mathsf{T}} \cdot u$ の正の平方根は u のノルムとよばれ，

$$(u^{*\mathsf{T}} \cdot u)^{1/2} = (u_1^* \cdot u_1 + u_2^* \cdot u_2 + \cdots\cdots + u_n^* \cdot u_n)^{1/2} \tag{18.26}$$

となる．

式(18.26)から，ノルムは実数の量であることが保証される．実数成分からなるベクトルのノルムは，長さそのものである．複素空間でもノルムは長さに類似したものになる．

例題 18-8　つぎのベクトル $u = (2i, 4, 1 - 3i, 2 + i)$ のノルムを求めよ．

解：　式(18.26)を用いれば，
$$u^{*\mathsf{T}} \cdot u = [(-2i)(2i) + (4)(4) + (1 + 3i)(1 - 3i) + (2 - i)(2 + i)]$$
$$= [4 + 16 + 10 + 5] = 35$$

したがって，u のノルムは $\sqrt{35}$ となる．

複素空間における対称行列 $(A = A^\mathsf{T})$ の例は，

$$A^\dagger = (A^*)^\mathsf{T} = A \qquad (\text{エルミート行列}) \tag{18.27}$$

である．ここで，$A^\dagger = (A^*)^\mathsf{T}$ で，この関係を A のエルミート共役という．ダガー（$\dagger$）を用いると，式(18.25)は，

$$u^\dagger \cdot v = u_1^* \cdot v_1 + u_2^* \cdot v_2 + \cdots\cdots + u_n^* \cdot v_n \tag{18.28}$$

となる．

線形変換 $v = Au$ は複素空間でもベクトルの長さは変えず，

$$v^\dagger \cdot v = (A^* \cdot u^*)^\mathsf{T}(A \cdot u) = u^{*\mathsf{T}} \cdot (A^*) \cdot Au = u^\dagger \cdot A^\dagger \cdot A \cdot u = u^\dagger \cdot u$$

を満たさねばならない．v のノルムと u のノルムが等しければ $A^\dagger \cdot A = I$ となり，

$$A^\dagger = A^{-1} \qquad (\text{ユニタリー行列}) \tag{18.29}$$

である．式(18.29)を満たす行列はユニタリー行列という．また式(18.29)は，

$$A^\dagger \cdot A = A \cdot A^\dagger = I \tag{18.30}$$

ということもできる．ユニタリー行列は，複素空間で直交行列と同じ性質を示す．ユニタリー変換は，ベクトルのノルムを変えない．

式(18.30)はユニタリー行列の行（または列）は，$v_i^\dagger \cdot v_j = \delta_{ij}$ となるように規格直交化されている．$a_{ij}^\dagger = a_{ji}{}^*$ という関係を用いれば，式(18.30)は，

$$\sum_{j=1}^{n} a_{ij}^\dagger a_{jk} = \sum_{j=1}^{n} a_{ji}{}^* a_{jk} = \delta_{ik}$$

となる．ここで，$A^\dagger$ の行は規格直交化されている．さらに式(18.30)を拡張すれば，列も規格直交化されていることを示すことができる．問題18-22では，ユニタリー行列の行列式の値が絶対値の1になることを示す．

例題 18-9

$$A = \frac{1}{5}\begin{pmatrix} -1+2i & -4-2i \\ 2-4i & -2-i \end{pmatrix}$$

がユニタリー行列であることを示せ．

解：

$$A^\dagger = (A^*)^\mathsf{T} = \frac{1}{5}\begin{pmatrix} -1-2i & 2+4i \\ -4+2i & -2+i \end{pmatrix}$$

であるから，

$$A^\dagger \cdot A = \frac{1}{25}\begin{pmatrix} -1-2i & 2+4i \\ -4+2i & -2+i \end{pmatrix}\begin{pmatrix} -1+2i & -4-2i \\ 2-4i & -2-i \end{pmatrix} = \frac{1}{25}\begin{pmatrix} 25 & 0 \\ 0 & 25 \end{pmatrix}$$

であり，また，

$$A \cdot A^\dagger = \frac{1}{25}\begin{pmatrix} -1+2i & -4-2i \\ 2-4i & -2-i \end{pmatrix}\begin{pmatrix} -1-2i & 2+4i \\ -4+2i & -2+i \end{pmatrix} = \frac{1}{25}\begin{pmatrix} 25 & 0 \\ 0 & 25 \end{pmatrix}$$

なので，ユニタリー行列である．

ここで，A の行と列は規格直交化されており，$\det A = (20 - 15i)/25$ で，大きさは1である．

問 題

18-1. 式(18.1)から式(18.3)で与えられる行列変換が線形変換であることを示せ.

18-2. つぎの行列を二次元ベクトル u に作用させたときの幾何学的な意味を述べよ.

(a) $\begin{pmatrix} -1 & 0 \\ 0 & -1 \end{pmatrix}$ (b) $\begin{pmatrix} 1 & 0 \\ 0 & -1 \end{pmatrix}$

(c) $\begin{pmatrix} -1 & 0 \\ 0 & 1 \end{pmatrix}$

18-3. 行列 R が式(18.2)で与えられるとき,ベクトル u と Ru の長さが同じであることを示せ.

18-4. 二つの行列,
$$A = \begin{pmatrix} 1 & 0 & -1 \\ -1 & 2 & 0 \\ 0 & 1 & 1 \end{pmatrix} \text{ および}$$
$$B = \begin{pmatrix} -1 & 1 & 0 \\ 3 & 0 & 2 \\ 1 & 1 & 1 \end{pmatrix}$$
を用いて, $C = 2A - 3B$ と $D = 6B - A$ をつくれ.また,それぞれの行列式の値を求めよ.

18-5. 三つの行列,
$$A = \frac{1}{2}\begin{pmatrix} 0 & 1 \\ 1 & 0 \end{pmatrix} \quad B = \frac{1}{2}\begin{pmatrix} 0 & -\mathrm{i} \\ \mathrm{i} & 0 \end{pmatrix}$$
$$C = \frac{1}{2}\begin{pmatrix} 1 & 0 \\ 0 & -1 \end{pmatrix}$$
を用いて, $A^2 + B^2 + C^2 = 3/4I$ (I は単位行列)となることを示せ.また,
$$AB - BA = \mathrm{i}C, \quad BC - CB = \mathrm{i}A,$$
$$CA - AC = \mathrm{i}B$$
となることを証明せよ.

18-6. 行列
$$A = \frac{1}{\sqrt{2}}\begin{pmatrix} 0 & 1 & 0 \\ 1 & 0 & 1 \\ 0 & 1 & 0 \end{pmatrix} \quad B = \frac{1}{\sqrt{2}}\begin{pmatrix} 0 & -\mathrm{i} & 0 \\ \mathrm{i} & 0 & -\mathrm{i} \\ 0 & \mathrm{i} & 0 \end{pmatrix}$$
$$C = \begin{pmatrix} 1 & 0 & 0 \\ 0 & 0 & 0 \\ 0 & 0 & -1 \end{pmatrix}$$
を用いて, $AB - BA = \mathrm{i}C$, $BC - CB = \mathrm{i}A$, $CA - AC = \mathrm{i}B$ となることを示せ.また, $A^2 + B^2 + C^2 = 2I$ (I は単位行列)を証明せよ.

18-7. z 軸についての三次元の回転操作は,行列,
$$R(\theta) = \begin{pmatrix} \cos\theta & -\sin\theta & 0 \\ \sin\theta & \cos\theta & 0 \\ 0 & 0 & 1 \end{pmatrix}$$
で表される. $\det R = |R| = 1$ を示せ.また,
$$R^{-1}(\theta) = R(-\theta) = \begin{pmatrix} \cos\theta & \sin\theta & 0 \\ -\sin\theta & \cos\theta & 0 \\ 0 & 0 & 1 \end{pmatrix}$$
を示せ.

18-8. 問題 18-7 の行列 R が直交性をもつことを示せ.

18-9. 行列 A と S をそれぞれ,
$$A = \begin{pmatrix} 1 & 0 & 1 \\ 0 & 1 & 0 \\ 1 & 0 & 1 \end{pmatrix}, \quad S = \begin{pmatrix} \frac{1}{\sqrt{2}} & 0 & \frac{1}{\sqrt{2}} \\ 0 & 1 & 0 \\ \frac{1}{\sqrt{2}} & 0 & -\frac{1}{\sqrt{2}} \end{pmatrix}$$
とする. S が直交性をもつことを示せ.つぎに $D = S^{-1}AS = S^\mathsf{T}AS$ を求めよ.また, D は何の式か.

18-10. $(AB)^\mathsf{T} = B^\mathsf{T}A^\mathsf{T}$ を証明せよ.

18-11. $(AB)^{-1} = B^{-1}A^{-1}$ を証明せよ.

18-12. 直交行列の行が規格直交化されていることを示せ.

18-13. 二つの直交行列の積が直交することを証明せよ.

18-14.
$$A = \begin{vmatrix} a_{11} & a_{12} \\ a_{21} & a_{22} \end{vmatrix}, \quad B = \begin{vmatrix} b_{11} & b_{12} \\ b_{21} & b_{22} \end{vmatrix}$$
について, $\det AB = \det BA = \det A \cdot \det B$ を証明せよ.この関係は 2×2 の行列式だけでなく, $n\times n$ の行列式でも成立する(証明は少し長くなる).

18-15.
$$A = \begin{vmatrix} 1 & 2 & -1 \\ 0 & 1 & 2 \\ 1 & 3 & -1 \end{vmatrix}, \quad B = \begin{vmatrix} 1 & 2 & -1 \\ 0 & 3 & 1 \\ 2 & 1 & 3 \end{vmatrix}$$
について, $\det AB = \det BA = \det A \cdot \det B$ を証明せよ(問題 18-14).

18-16. $\det(AB) = \det(A)\det(B)$ (問題 18-14)を用いて,直交行列の行列式が ± 1 になることを示せ.ここでは, $\det(A^\mathsf{T}) = \det(A)$ を用いる必要がある(17章参照).

18-17. $\det AB = \det A \cdot \det B$（問題 18-14）を用いて，$\det A^{-1} = 1/\det A$ となることを証明せよ．

18-18. 行列 $A = \dfrac{1}{3}\begin{pmatrix} 1 & 2 & 2 \\ 2 & 1 & -2 \\ -2 & 2 & -1 \end{pmatrix}$ が直交性をもつことを示せ．

18-19. ベクトル $v = (i, 3, -2i)$ のノルムを求めよ．

18-20. ベクトル $v = (i, 1, i)$ と $u = (-i, 2, -i)$ が直交することを示せ．

18-21. 行列 $A = \begin{pmatrix} 1 & i & 1-i \\ -i & 0 & -1+i \\ 1+i & -1-i & 3 \end{pmatrix}$ がエルミート行列となることを示せ．

18-22. ユニタリー行列の行列式は絶対値が 1 になることを示せ．例題 18-9，問題 18-23，問題 18-25 のユニタリー行列で確かめよ．
ヒント：$\det AB = \det A \cdot \det B$（問題 18-14）の関係が必要．

18-23. 行列 $A = \dfrac{1}{6}\begin{pmatrix} 2-4i & 4i \\ -4i & -2-4i \end{pmatrix}$ がユニタリー行列となることを示せ．

18-24. 問題 18-23 のユニタリー行列の行と列が規格直交化されていることを示せ．

18-25. 行列 $A = \dfrac{1}{\sqrt{3}}\begin{pmatrix} 1 & 1 & 1 & 0 \\ 1 & 0 & -1 & -i \\ 1 & -1 & 0 & i \\ 0 & -i & i & 1 \end{pmatrix}$ がユニタリー行列となることを示せ．

18-26. つぎの連立一次方程式，
$$x_1 + x_2 = 3$$
$$4x_1 - 3x_2 = 5$$
を考える．この方程式が，
$$x = \begin{pmatrix} x_1 \\ x_2 \end{pmatrix}, \quad c = \begin{pmatrix} 3 \\ 5 \end{pmatrix}, \quad A = \begin{pmatrix} 1 & 1 \\ 4 & -3 \end{pmatrix}$$
であるときに，
$$Ax = c \qquad (1)$$
と，行列の形で表せることを示せ．式(1)の左から A^{-1} を掛けて，
$$x = A^{-1}c \qquad (2)$$
を求めよ．また，
$$A^{-1} = -\dfrac{1}{7}\begin{pmatrix} -3 & -1 \\ -4 & 1 \end{pmatrix}$$
および，
$$x = \begin{pmatrix} x_1 \\ x_2 \end{pmatrix} = -\dfrac{1}{7}\begin{pmatrix} -3 & -1 \\ -4 & 1 \end{pmatrix}\begin{pmatrix} 3 \\ 5 \end{pmatrix} = \begin{pmatrix} 2 \\ 1 \end{pmatrix}$$
を示せ．つまり，$x_1 = 2, x_2 = 1$ となることを確認せよ．この方法を，任意の個数の連立方程式に一般化して適用できることを説明せよ．

18-27. 問題 18-26 で示した逆行列を用いた方法によって，つぎの連立方程式を解け．
$$x_1 + x_2 - x_3 = 1$$
$$2x_1 - 2x_2 + x_3 = 6$$
$$x_1 + 3x_3 = 0$$
まず，
$$A^{-1} = \dfrac{1}{13}\begin{pmatrix} 6 & 3 & 1 \\ 5 & -4 & 3 \\ -2 & -1 & 4 \end{pmatrix}$$
を示し，$x = A^{-1}c$ を求めよ．

19

行列の固有値問題

シュレーディンガー方程式,

$$\hat{H}\psi = E\psi \tag{19.1}$$

は永年方程式であり,ψ が固有関数,E がその固有値となる.18章で演算子を行列におき換えることができることを学んだ.式(19.1) と同じ形の行列方程式,

$$Ac = \lambda c \tag{19.2}$$

は行列の固有値問題とよばれ,c は行列 A の固有ベクトル,λ はその固有値である.式(19.1) と式(19.2)はシュレーディンガー方程式と行列の固有値問題が深い関係にあることを示している.計算量子化学の研究のほとんどは,行列および行列の固有値問題を用いて説明される.

シュレーディンガー方程式と行列の固有値問題の関係を明確にするために,式(19.1)の(未知の)固有関数 ψ について,ϕ_j という関数を用いた,

$$\psi = \sum_{j=1}^{N} c_j \phi_j \tag{19.3}$$

を用いると便利である.ここで,ϕ_j は基底関数とよばれ,$\{\phi_j\}$ は基底関数系という.ϕ_j をうまく選べば,N が大きくなればなるほど,式(19.3) で与えられた ψ はより正確な ψ に近づく.ψ の性質は,未知の係数 $\{c_j\}$ によって表される.式(19.3) を式(19.1) に代入して,両辺に $\phi_i{}^*$ を掛け,すべての座標について積分すれば,つぎの連立方程式が得られる.

$$H_{11}c_1 + H_{12}c_2 + \cdots + H_{1N}c_N = E(c_1 S_{11} + c_2 S_{12} + \cdots + c_N S_{1N})$$
$$H_{21}c_1 + H_{22}c_2 + \cdots + H_{2N}c_N = E(c_1 S_{21} + c_2 S_{22} + \cdots + c_N S_{1N})$$
$$\vdots \qquad \qquad \vdots \tag{19.4}$$
$$H_{N1}c_1 + H_{N2}c_2 + \cdots + H_{NN}c_N = E(c_1 S_{N1} + c_2 S_{N2} + \cdots + c_N S_{NN})$$

ここで,

$$H_{ij} = \int d\tau \, \phi_i^* \widehat{H} \phi_j \tag{19.5a}$$

と,

$$S_{ij} = \int d\tau \, \phi_i^* \phi_j \tag{19.5b}$$

は行列要素であり,ϕ_i が既知であることから,すべての行列要素は既知の量になる. 式(19.5a) と式(19.5b) の $d\tau$ は積分要素で,一次元ならば dx,二次元ならば $dxdy$ である.

式(19.4) は行列の固有値問題の式として,

$$Hc = ESc \tag{19.6}$$

と表せる. この種の式は,量子化学でときどき登場し,式(19.6) は,$A = S^{-1}H$ とすれば,式(19.2) と同じになる. 式(19.6) に左から S^{-1} を掛ければ,シュレーディンガー方程式は行列の固有値問題の式としてかける.

19.1 固有値問題

式(19.2) をより詳しくみてみよう. この式は同次の連立一次方程式として,

$$(a_{11} - \lambda)c_1 + a_{12}c_2 + \cdots + a_{1N}c_N = 0$$
$$a_{21}c_1 + (a_{22} - \lambda)c_2 + \cdots + a_{2N}c_N = 0$$
$$\vdots \qquad \qquad \vdots \tag{19.7}$$
$$a_{N1}c_1 + a_{N2}c_2 + \cdots + (a_{NN} - \lambda)c_N = 0$$

と表せる. 17章で学んだように,自明でない解をもつためには,c_j の行列式の値は0で,しかもすべての c_j が0になってはいけない. したがって,

$$\det(A - \lambda I) = 0 \tag{19.8}$$

で,この式は,未知数 λ についての N 次多項式となる. 式(19.8) の多項式は,行列 A

の永年方程式（固有方程式，特性方程式）とよばれる．この方程式の解から，式(19.2)を満たす N 個の固有値 λ が得られる．おのおのの固有値は，固有ベクトルと関連づけられる．おのおのの固有ベクトルは式(19.7)に λ の値の一つを代入し，c_j について解くことで得られる．この過程をつぎの例で具体的に説明しよう．

例題 19-1 $A = \begin{pmatrix} a & 1 \\ 1 & a \end{pmatrix}$ の固有値と固有ベクトルを求めよ．ただし，a は定数とする．

解： $A - \lambda I$ の行列式は，
$$\det(A - \lambda I) = \begin{vmatrix} a-\lambda & 1 \\ 1 & a-\lambda \end{vmatrix}$$
$$= (a-\lambda)^2 - 1$$
$$= 0$$

となる．$(a-\lambda)^2 - 1 = 0$ を解けば，固有値 $\lambda = a \pm 1$ が得られる．固有ベクトルの要素 c_1, c_2 を求めるための方程式は，

$$(a-\lambda)c_1 + c_2 = 0$$
$$c_1 + (a-\lambda)c_2 = 0 \tag{1}$$

となる．これらの式に $\lambda = a+1$ を代入すれば，

$$-c_1 + c_2 = 0$$
$$c_1 - c_2 = 0$$

が得られ，$c_1 = c_2$ となる．したがって，$\lambda = a+1$ に対応する固有ベクトルは，(c_1, c_1) となり，c_1 は任意の定数である．固有ベクトルを規格化すると c_1 の値が定まり，固有ベクトル c_1 は，

$$c_1 = \begin{pmatrix} 1/\sqrt{2} \\ 1/\sqrt{2} \end{pmatrix}$$

となる．また，$\lambda = a-1$ を式(1)に代入すれば，また別の固有ベクトルが得られる．このとき，$c_1 = -c_2$ なので，$\lambda = a-1$ に対する規格化された固有ベクトルは，

$$c_2 = \begin{pmatrix} 1/\sqrt{2} \\ -1/\sqrt{2} \end{pmatrix}$$

となる．また，$Ac_1 = \lambda_1 c_1$ と $Ac_2 = \lambda_2 c_2$ は，ただちに証明することができる．

> **例題 19-2**　$A = \begin{pmatrix} -1 & 2 \\ 2 & 2 \end{pmatrix}$ の固有値と固有ベクトルを求めよ．
>
> **解：** 永年方程式は，
>
> $$\begin{vmatrix} -1-\lambda & 2 \\ 2 & 2-\lambda \end{vmatrix} = \lambda^2 - \lambda - 6 = 0$$
>
> であり，$\lambda = 3$ および -2 となる．したがって，この 2×2 の固有値問題では，二つの異なる固有値が得られる．式(19.7) に $\lambda = 3$ を代入すると，
>
> $$-4c_1 + 2c_2 = 0$$
> $$2c_1 - c_2 = 0$$
>
> これら二つの方程式は同じで，$c_2 = 2c_1$ となる．よって，$\lambda = 3$ に対する固有ベクトルは，$\boldsymbol{c}_1 = (a, 2a)$ である．ただし，a は 0 でない任意の定数である．一方，$\lambda = -2$ では，
>
> $$c_1 + 2c_2 = 0$$
> $$2c_1 + 4c_2 = 0$$
>
> となり，$c_2 = -c_1/2$ となる．したがって，$\lambda = -2$ に対する固有ベクトルは，$\boldsymbol{c}_2 = (b, -b/2)$ である．ただし，b は 0 でない任意の定数である．固有ベクトルを規格化することによって，a と b の値が定まり，このとき，
>
> $$\boldsymbol{c}_1 = \frac{1}{\sqrt{5}} \begin{pmatrix} 1 \\ 2 \end{pmatrix} \quad \text{および} \quad \boldsymbol{c}_2 = \frac{1}{\sqrt{5}} \begin{pmatrix} 2 \\ -1 \end{pmatrix}$$
>
> となる．二つの固有ベクトルの両方とも，任意の定数 (a, b) をもつことは，驚くべきことではない．式(19.2) から，$\boldsymbol{c}$ が解ならば，その定数倍も解であることがわかる．つまり，式(19.2) は，$\boldsymbol{c}$ がさまざまな定数であっても成り立つ．通常は，固有ベクトルを規格化することで，定数倍を固定することができる．

例題 19-1 および例題 19-2 では，2×2 の固有値問題を解いた．数学的には難しくなく，二つの固有値を求めるためには四つの方程式を解くだけでよい．しかし，三次元以上の問題を解こうとすると，しだいに面倒になる．たとえば 3×3 の場合には，λ に関する四次式が出てくる．これを解くのは大変である．そして，行列の次数が上がるにつれて，解くのは急激に難しくなる．しかし，何度も述べたように Mathcad，Maple，Mathematica などの数式処理システム（CAS）を用いれば，かなり大きな次元の行列でも，固有値や固有ベクトルを求められる．

例題 19-1 で示した二つの固有ベクトルは直交している．つまり，

$$\bm{c}_1 \cdot \bm{c}_2 = \left[\frac{1}{\sqrt{2}} \frac{1}{\sqrt{2}} + \frac{1}{\sqrt{2}} \left(-\frac{1}{\sqrt{2}} \right) \right] = 0$$

となる．例題 19-2 の固有ベクトルもやはり直交している．例題 19-1 や例題 19-2 の固有ベクトルが直交しているのは，それぞれの固有値に対応している行列が対称行列，つまり，$A = A^{\mathsf{T}}$，すなわち $a_{ij} = a_{ji}$ だからである．エルミート行列のそれぞれの固有値に対応する固有ベクトルもまた，直交している．エルミート行列が $A = (A^*)^{\mathsf{T}} = A^{\dagger}$，すなわち $a_{ij} = a_{ji}{}^*$ の関係にあることを前章で扱ったことを思い出してほしい．これは，対称行列を複素空間に対して適用したことになる．

この結果は，エルミート演算子の縮退していない固有関数が直交していることに類似している．11.3 節で定義したエルミート演算子 $\widehat{A}$ は，

$$\int d\tau \, \psi_i{}^* \widehat{A} \psi_j = \int d\tau (\widehat{A} \psi_j)^* \psi_j = \int d\tau \, \psi_j (\widehat{A} \psi_i)^* \tag{19.9}$$

である．$a_{ij} = \int d\tau \, \psi_i{}^* \widehat{A} \psi_j$ とすれば，式(19.9) は，

$$a_{ij} = a_{ji}{}^* \quad \text{（エルミート行列）} \tag{19.10}$$

となるので，エルミート演算子とエルミート行列には密接な関係があることがわかる．行列は演算子を表したものなので，エルミート行列の固有値も，エルミート演算子の固有値（11.3 節参照）と同じく実数である．量子力学で扱うすべての行列はエルミート行列となる．

19.2　エルミート行列の固有値と固有ベクトル

エルミート行列の固有値は実数であることを証明しよう．対称行列は要素が実数のエルミート行列なので，以下の証明は対称行列についても成り立つ．エルミート行列を A，その固有値を λ，そして λ に対応する（自明でない）固有ベクトルを $\bm{c}$ とする．すると，

$$A\bm{c} = \lambda \bm{c} \quad \text{および} \quad A^* \bm{c}^* = \lambda^* \bm{c}^*$$

となる．$A\bm{c} = \lambda \bm{c}$ に左から $(\bm{c}^*)^{\mathsf{T}} = \bm{c}^{\dagger}$ を掛けると，

$$\bm{c}^{\dagger} A \bm{c} = \lambda \bm{c}^{\dagger} \bm{c} \tag{19.11}$$

また，$(AB)^{\mathsf{T}} = B^{\mathsf{T}} A^{\mathsf{T}}$ であるから，$A^* \bm{c}^* = \lambda^* \bm{c}^*$ の転置を考えると，

$$(A^*c^*)^\mathsf{T} = (c^*)^\mathsf{T}(A^*)^\mathsf{T} = c^\dagger A^\dagger = \lambda^* c^\dagger$$

この結果に右から c を掛ければ，

$$c^\dagger A^\dagger c = \lambda^* c^\dagger c \tag{19.12}$$

式(19.11) から式(19.12) を引くと，

$$c^\dagger(A - A^\dagger)c = c^\dagger(\lambda - \lambda^*)c = (\lambda - \lambda^*)c^\dagger c$$

しかし A はエルミート演算子であるから，$A = A^\dagger$ である．また，$c \neq 0$ で $c^\dagger c > 0$ であるから，$\lambda = \lambda^*$ となる．したがって，λ は実数となる．量子力学では，行列の固有値が物理量に対応する．物理量は実数でなければならないため，行列はエルミート演算子である必要がある．エルミート行列の固有値のそれぞれに対応する固有ベクトルが直交していることを証明するためには，いま示したエルミート行列の固有値が実数であることの証明を少しだけ修正すればよい．λ_1 と λ_2 のそれぞれを固有値にもつエルミート行列を A とする．また λ_1 と λ_2 のそれぞれに対応する固有ベクトルを c_1 と c_2 とすると，

$$Ac_1 = \lambda_1 c_1 \quad \text{および} \quad Ac_2 = \lambda_2 c_2 \tag{19.13}$$

が成り立つ．$Ac_1 = \lambda_1 c_1$ に対して，左から $c_2^{*\mathsf{T}} = c_2^\dagger$ を掛けると，

$$c_2^\dagger A c_1 = \lambda_1 c_2^\dagger c_1 \tag{19.14}$$

となる．つぎに，$Ac_2 = \lambda_2 c_2$ の複素共役をとって転置すれば，

$$(A^* c_2^*)^\mathsf{T} = c_2^{*\mathsf{T}} A^{*\mathsf{T}} = c_2^\dagger A^\dagger = (\lambda_2^* c_2^*)^\mathsf{T} = \lambda_2 c_2^\dagger$$

が得られる．さいごに，λ_2 が実数であることを示そう．この式に右から c_1 を掛けると，

$$c_2^\dagger A^\dagger c_1 = \lambda_2 c_2^\dagger c_1 \tag{19.15}$$

ここで，式(19.14) から式(19.15)を引くと，

$$c_2^\dagger (A - A^\dagger) c_1 = (\lambda_1 - \lambda_2) c_2^\dagger c_1$$

が得られる．A はエルミート演算子 ($A = A^\dagger$) で，左辺は 0 になるので，

$$(\lambda_1 - \lambda_2) c_2^\dagger c_1 = 0$$

となる．$\lambda_1 \neq \lambda_2$ であるから，$c_2^\dagger c_1 = 0$ となる．これは，それぞれの固有値に対応する固有ベクトルが互いに直交していることを意味する．

例題 19-3 行列
$$A = \begin{pmatrix} 1 & 0 & 1 \\ 0 & 1 & 0 \\ 1 & 0 & 1 \end{pmatrix}$$
の固有値と固有ベクトルを求めよ．また，固有ベクトルが互いに直交していることを証明せよ．

解： A の永年方程式は，
$$\begin{vmatrix} 1-\lambda & 0 & 1 \\ 0 & 1-\lambda & 0 \\ 1 & 0 & 1-\lambda \end{vmatrix} = (1-\lambda)^3 - (1-\lambda) = (1-\lambda)(\lambda^2 - 2\lambda) = 0$$

である．したがって，$\lambda = 0, 2$ および 1 となる．永年方程式の係数に対しては，

$$(c_1 - \lambda) + 0 + c_3 = 0$$
$$0 + (c_2 - \lambda) + 0 = 0$$
$$c_1 + 0 + (c_3 - \lambda) = 0$$

となる．この式は，固有値 $\lambda = 0$ に対して，

$$c_1 \quad + c_3 = 0$$
$$\quad c_2 \quad = 0$$
$$c_1 \quad + c_3 = 0$$

となる．したがって，$c_3 = -c_1$，$c_2 = 0$，$\boldsymbol{c}_0 = (a, 0, -a)$ となる．ただし，a は任意の定数とする．また固有値 $\lambda = 1$ と 2 に対しては，それぞれ $\boldsymbol{c}_1 = (0, b, 0)$ と $\boldsymbol{c}_2 = (c, 0, c)$ を得る．ここで，b と c は任意の定数である．これら三つの固有ベクトルが互いに直交することを示すために，固有ベクトルをスカラー倍すると，

$$\boldsymbol{c}_0{}^\mathsf{T} \boldsymbol{c}_1 = \boldsymbol{c}_0 \cdot \boldsymbol{c}_1 = (a \ \ 0 \ \ -a) \begin{pmatrix} 0 \\ b \\ 0 \end{pmatrix} = 0$$

$$\boldsymbol{c}_0{}^\mathsf{T} \boldsymbol{c}_2 = \boldsymbol{c}_0 \cdot \boldsymbol{c}_2 = (a \ \ 0 \ \ -a) \begin{pmatrix} c \\ 0 \\ c \end{pmatrix} = 0$$

$$\boldsymbol{c}_1{}^\mathsf{T} \boldsymbol{c}_2 = \boldsymbol{c}_1 \cdot \boldsymbol{c}_2 = (0 \ \ b \ \ 0) \begin{pmatrix} c \\ 0 \\ c \end{pmatrix} = 0$$

となる．これらの式は，行列表示（$\boldsymbol{c}_i{}^\mathsf{T} \boldsymbol{c}_j$）とベクトル表示（内積）（$\boldsymbol{c}_i \cdot \boldsymbol{c}_j$）の両方で表され，互いに固有ベクトルは直交している．

エルミート行列の固有値が複数なくても，直交した固有ベクトルの組をつくることができる．固有値 λ_1 が k 重に縮退しているとしよう．このとき，

$$A c_i = \lambda_1 c_j \qquad i = 1, 2, \ldots, k \tag{19.16}$$

となる．式(19.16)の k 個の一次独立な固有ベクトルから，k 個の直交した固有ベクトルをつくるためには，8.2節で説明したグラム–シュミットの直交化を行えばよい．そうすると，$n \times n$ 次元のエルミート行列は n 個の互いに直交した固有ベクトルをもつことがわかるので，エルミート演算子もまた，n 個の直交した固有関数をもつことになる．

19.3 固有値問題の応用

本節では物理現象を扱うときに現れる固有値問題の例をいくつかあげよう．固有値問題をさまざまな現象に適用するには，定係数を含む連立一階線形微分方程式を取り扱うことになる．たとえば，A→B→C→D と連続的に起こる同位体の壊変，レーザー発光する物質中で分子のエネルギー準位が時間とともに満たされていく場合，平衡系の安定性を調べる場合，そして電気回路中の電流の計算などでは，a_{ij} を定数とする，

$$\frac{dx_1}{dt} = a_{11}x_1 + a_{12}x_2 + \cdots + a_{1n}x_n$$

$$\frac{dx_2}{dt} = a_{21}x_1 + a_{22}x_2 + \cdots + a_{2n}x_n$$

$$\vdots \qquad \vdots$$

$$\frac{dx_n}{dt} = a_{n1}x_1 + a_{n2}x_2 + \cdots + a_{nn}x_n$$

という形の微分方程式の組が登場する．この方程式の組を行列で表現すれば，

$$\frac{d\boldsymbol{x}}{dt} = \dot{\boldsymbol{x}} = A\boldsymbol{x} \tag{19.17}$$

となる．なお，$\dot{\boldsymbol{x}}$ は $\boldsymbol{x}$ を時刻で微分したことを表す一般的な記号である．

まず，二次元の場合を考えよう．A→B→C と壊変するときの反応速度式は，

$$\dot{A} = -k_1 A \quad \text{および} \quad \dot{B} = k_1 A - k_2 B \tag{19.18}$$

となる．質量保存の法則から $A + B + C$ は一定といえるので，$\dot{C}$ に関する式を考える必要はない．記号表現を簡単にするため，式(19.18)を，

19.3 固有値問題の応用

$$\dot{x}_1 = -k_1 x_1 \quad \text{および} \quad \dot{x}_2 = k_1 x_1 - k_2 x_2 \tag{19.19}$$

とかく．

一次元，つまり $\dot{x} = ax$ のとき，解は単純に $x(t) = x(0)\mathrm{e}^{at}$ となる．そこで，式(19.19) を解いて，$x_j(t) = u_j \mathrm{e}^{\lambda t}$ の形の解を試すことにしよう．ここで，u_j と λ が求めるべき値である．u_j と λ を式(19.19)に代入すると，

$$u_1(\lambda + k_1) = 0 \quad \text{および} \quad k_1 u_1 - u_2(\lambda + k_2) = 0 \tag{19.20}$$

が得られる．u_1 と u_2 が自明でない解をもつためには，係数の行列式が0でなければならない．したがって，

$$\begin{vmatrix} \lambda + k_1 & 0 \\ k_1 & -(\lambda + k_2) \end{vmatrix} = -(\lambda + k_1)(\lambda + k_2) = 0$$

となる．これは，式(19.19)の係数行列に対する永年方程式になっており，固有値は $\lambda = -k_1$ と $\lambda = -k_2$ である．λ のそれぞれの値に対応する u_1 と u_2 を求めるために，式(19.20) の二つの式にそれぞれ $\lambda = -k_1$ を代入すると，$0u_1 = 0$ と $k_1 u_1 = u_2(k_2 - k_1)$ が得られる．このうち前者は意味がない．しかし，後者からは $u_1 = (u_1, u_2) = (1, k_1/(k_2 - k_1))$ が導かれる．なお，ここでは $u_1 = 1$ とした．同様にして，$\lambda = -k_2$ に対しては $u_1(k_1 - k_2) = 0$ と $k_1 u_1 = 0$ が得られる．つまり $u_1 = 0$ で，u_2 は任意である．以上から，$u_2 = 1$ とすれば，$u_1 = (u_1, u_2) = (0, 1)$ となる．したがって，

$$\boldsymbol{x}_1 = \begin{pmatrix} 1 \\ \dfrac{k_1}{k_2 - k_1} \end{pmatrix} \mathrm{e}^{-k_1 t} \quad \text{および} \quad \boldsymbol{x}_2 = \begin{pmatrix} 0 \\ 1 \end{pmatrix} \mathrm{e}^{-k_2 t}$$

が式(19.19)の解となる．一般解は $x_1(t)$ と $x_2(t)$ の線形結合であり，

$$\begin{aligned} \boldsymbol{x}(t) &= \begin{pmatrix} x_1(t) \\ x_2(t) \end{pmatrix} \\ &= c_1 \begin{pmatrix} 1 \\ \dfrac{k_1}{k_2 - k_1} \end{pmatrix} \mathrm{e}^{-k_1 t} + c_2 \begin{pmatrix} 0 \\ 1 \end{pmatrix} \mathrm{e}^{-k_2 t} \end{aligned} \tag{19.21}$$

となる．

$x_1(t)$ と $x_2(t)$ の初期値を設定することによって，c_1 と c_2 の値を決めることができる．いま，$x_1(0) = A_0$, $x_2(0) = 0$ と仮定しよう．そうすると，式(19.21)から，

$$x_1(0) = c_1 = A_0$$

また，$x_2(0) = \dfrac{c_1 k_1}{k_2 - k_1} + c_2 = 0$ から，

$$c_2 = -c_1 k_1 / (k_2 - k_1)$$

なので，式(19.21) は，

$$\boldsymbol{x}(t) = A_0 \begin{pmatrix} 1 \\ \dfrac{k_1}{k_2 - k_1} \end{pmatrix} \mathrm{e}^{-k_1 t} - \dfrac{A_0 k_1}{k_2 - k_1} \begin{pmatrix} 0 \\ 1 \end{pmatrix} \mathrm{e}^{-k_2 t}$$

となる．また，$x_1(t)$ と $x_2(t)$ は，

$$x_1(t) = A_0 \mathrm{e}^{-k_1 t}$$

$$x_2(t) = \dfrac{A_0 k_1}{k_2 - k_1} \mathrm{e}^{-k_1 t} - \dfrac{A_0 k_1}{k_2 - k_1} \mathrm{e}^{-k_2 t}$$

であり，式(6.7) とよく一致する．ここで用いた方法の利点は，すぐに n 元連立方程式に拡張できることである．

一般的に，式(19.17) に $\boldsymbol{x}(t) = \boldsymbol{u} \mathrm{e}^{\lambda t}$ を代入すると，

$$(\boldsymbol{A} - \lambda \boldsymbol{I}) \boldsymbol{u} = 0 \tag{19.22}$$

が得られる．$\boldsymbol{A}$ の固有値を $\lambda_1, \cdots, \lambda_n$，対応する固有ベクトルを $\boldsymbol{u}_1, \cdots, \boldsymbol{u}_n$ とすれば，

$$\boldsymbol{A} \boldsymbol{u}_j = \lambda_j \boldsymbol{u}_j \qquad j = 1, 2, \cdots, n \tag{19.23}$$

となる．

式(19.17) に $\boldsymbol{x}(t) = \boldsymbol{u}_j \mathrm{e}^{\lambda_j t}$ を代入することで，これが式(19.17) の解であることを示すことができる．式(19.17) の一般解は，独立な解 $\boldsymbol{u}_j \mathrm{e}^{\lambda_j t}$ の線形結合として，

$$\boldsymbol{x}(t) = c_1 \boldsymbol{u}_1 \mathrm{e}^{\lambda_1 t} + c_2 \boldsymbol{u}_2 \mathrm{e}^{\lambda_2 t} + \cdots + c_n \boldsymbol{u}_n \mathrm{e}^{\lambda_n t} \tag{19.24}$$

とかける．これが実際に式(19.17) の解になっていることを証明するためには，これを式(19.17) に代入して，両辺が同じになることを示せばよい（問題 19-10）．式(19.24) は，$\boldsymbol{A}$ の固有値と固有ベクトルを用いた式(19.17) の解である．式(19.24) の c_j は初期条件 $x_1(0), x_2(0), \cdots, x_n(0)$ に依存する．

例題 19-4

ある核種の壊変は次式で表される．

$$\frac{dA}{dt} = -k_1 A \qquad \frac{dB}{dt} = k_1 A - k_2 B \qquad \frac{dC}{dt} = k_2 B$$

初期条件をそれぞれ $A(0) = A_0$, $B(0) = B_0$, $C(0) = C_0$ とするとき，$k_1 = 2$ および $k_2 = 1$ に対する方程式を解け．

解： これらの式を行列で表現すると，

$$\frac{d\boldsymbol{x}}{dt} = \boldsymbol{M}\boldsymbol{x} = \begin{pmatrix} -2 & 0 & 0 \\ 2 & -1 & 0 \\ 0 & 1 & 0 \end{pmatrix} \boldsymbol{x}$$

となる．ここで，$\boldsymbol{x}$ の成分は，(A, B, C) である．$\boldsymbol{M}$ の固有値と対応する固有ベクトルは，それぞれ，$\lambda_1 = -2$, $\lambda_2 = -1$, $\lambda_3 = 0$, および $\boldsymbol{u}_1 = (1, -2, 1)$, $\boldsymbol{u}_2 = (0, -1, 1)$, $\boldsymbol{u}_3 = (0, 0, 1)$ である．このとき，一般解は，

$$\begin{pmatrix} A \\ B \\ C \end{pmatrix} = c_1 \begin{pmatrix} 1 \\ -2 \\ 1 \end{pmatrix} e^{-2t} + c_2 \begin{pmatrix} 0 \\ -1 \\ 1 \end{pmatrix} e^{-t} + c_3 \begin{pmatrix} 0 \\ 0 \\ 1 \end{pmatrix}$$

となる．ここで，初期条件 $A(0) = A_0$, $B(0) = C(0) = 0$ を用いると，$c_1 = A_0$, $c_2 = -2A_0$, $c_3 = A_0$ が得られる．したがって，

$$A(t) = A_0 e^{-2t}$$
$$B(t) = 2A_0 (e^{-t} - e^{-2t})$$
$$C(t) = A_0 (1 - 2e^{-t} + e^{-2t})$$

となる．図 19.1 は時刻 t に対する $A(t)$, $B(t)$, $C(t)$ のグラフである．$B(t)$ の曲線の形について説明できるか．

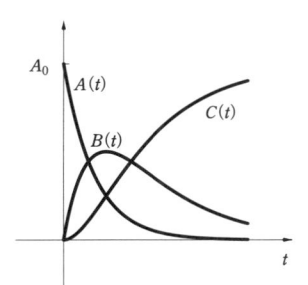

図 19.1 例題 19-4 の壊変の反応速度式の解．

図 19.2 三つの独立したばねで連結された質量 m の二つの剛体球．ばねの自然長は l で，水平方向にのみ振動する．

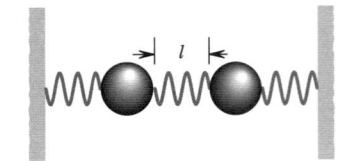

ここではこの方法を 2×2 行列や 3×3 行列で示したが，とくに CAS を用いるならば，この系の大きさは問題ではない．

振動力学系は，固有値問題として定式化される．最初の例として，図 19.2 のような二つの剛体球を三つの独立したばねで結びつけた系を考えよう．この系では，球の質量を m，ばねの自然長を l とし，水平方向にのみ動くとする．剛体球をその平衡位置から水平に移動させて離し，そのあとの運動を調べる．二つの剛体球の平衡位置からの変位を x_1，x_2 とすれば，この系のポテンシャルエネルギーは，

$$V = \frac{k}{2}x_1{}^2 + \frac{k}{2}(x_2 - x_1)^2 + \frac{k}{2}x_2{}^2 \tag{19.25}$$

で与えられる．ここで，おのおののばねのばね定数を k とする．各剛体球のニュートンの運動方程式は，

$$\begin{aligned} m\frac{\mathrm{d}^2 x_1}{\mathrm{d}t^2} &= -\frac{\partial V}{\partial x_1} = k(x_2 - 2x_1) \\ m\frac{\mathrm{d}^2 x_2}{\mathrm{d}t^2} &= -\frac{\partial V}{\partial x_2} = k(x_1 - 2x_2) \end{aligned} \tag{19.26}$$

である．式(19.26) を行列で表記すれば，

$$m\frac{\mathrm{d}^2 \boldsymbol{x}}{\mathrm{d}t^2} = A\boldsymbol{x} \tag{19.27}$$

となる．ここで，行列 A は，

$$A = \begin{pmatrix} -2k & k \\ k & -2k \end{pmatrix} \tag{19.28}$$

である．

この系は周期的に振動することがわかっているので，$\boldsymbol{x}(t) = \boldsymbol{u}\mathrm{e}^{i\omega t}$ の形の解を試みる．当然，$\boldsymbol{x}_1(t)$ と $\boldsymbol{x}_2(t)$ は実数の値なので，最終結果でも，$\boldsymbol{x}_1(t)$ と $\boldsymbol{x}_2(t)$ の実数部分が得られることが期待される．$\boldsymbol{x}(t) = \boldsymbol{u}\mathrm{e}^{i\omega t}$ を式(19.27) に代入すると，

$$-m\omega^2 \begin{pmatrix} u_1 \\ u_2 \end{pmatrix} = \begin{pmatrix} -2k & k \\ k & -2k \end{pmatrix} \begin{pmatrix} u_1 \\ u_2 \end{pmatrix}$$

が得られる．したがって，ω^2 は，

$$\begin{vmatrix} 2k-m\omega^2 & -k \\ -k & 2k-m\omega^2 \end{vmatrix} = 0 \tag{19.29}$$

で与えられることがわかる．そして，二つの特性振動，

$$\omega_1 = \left(\frac{k}{m}\right)^{1/2} \quad \text{および} \quad \omega_2 = \left(\frac{3k}{m}\right)^{1/2} \tag{19.30}$$

と，それらに対応する固有ベクトル，

$$\boldsymbol{u}_1 = \begin{pmatrix} a \\ a \end{pmatrix} \quad \text{および} \quad \boldsymbol{u}_2 = \begin{pmatrix} a \\ -a \end{pmatrix} \tag{19.31}$$

が求められる．ここで，a は任意（複素数でもよい）の定数である．二つの剛体球の運動は，

$$\boldsymbol{x}(t) = c_1 \begin{pmatrix} a \\ a \end{pmatrix} e^{i\omega_1 t} + c_2 \begin{pmatrix} a \\ -a \end{pmatrix} e^{i\omega_2 t} \tag{19.32}$$

すなわち，

$$\begin{aligned} x_1(t) &= b_1 e^{i\omega_1 t} + b_2 e^{i\omega_2 t} \\ x_2(t) &= b_1 e^{i\omega_1 t} - b_2 e^{i\omega_2 t} \end{aligned} \tag{19.33}$$

で与えられる．ただし，$b_1 = ac_1$, $b_2 = ac_2$ とする．

式(19.33) は，$b_2 = 0$ $(b_1 \neq 0)$ のとき，剛体球が同位相で振動し，$b_1 = 0$ $(b_2 \neq 0)$ のとき，180°の逆位相で振動することを意味する．これを証明するために，$b_1 = A_1 e^{i\phi_1}$, $b_2 = 0$ とすれば，$x_1(t)$ と $x_2(t)$ の実数部分は，

$$x_1(t) = A_1 \cos(\omega_1 t + \phi_1), \quad x_2(t) = A_1 \cos(\omega_1 t + \phi_1) \tag{19.34}$$

となる．式(19.34) は，二つの剛体球が調和して前後に振動することを示す．同様に，$b_2 = A_2 e^{i\phi_2}$, $b_1 = 0$ とすれば，$x_1(t)$ と $x_2(t)$ の実数部分は，

$$\begin{aligned} x_1(t) &= A_2 \cos(\omega_2 t + \phi_2) \\ x_2(t) &= -A_2 \cos(\omega_2 t + \phi_2) = A_2 \cos(\omega_2 t + \phi_2 + \pi) \end{aligned} \tag{19.35}$$

となる．このとき，二つの剛体球は互いに反対向きに振動する．

式(19.34) と式(19.35) は，二つの質点系の基準振動とよばれる．初期条件がこれならば，系は振動数 ω_1 で同位相で振動するか，または振動数 ω_2 で 180°の逆位相で振動す

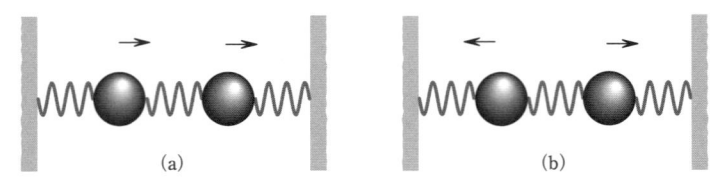

図 19.3 図 19.2 で示した系の基準振動の図．剛体球の同位相での振動(a)と逆位相での振動(b)．

る（図 19.3）．しかし，通常，系の運動は，二つの基準振動の重ねあわせによって，

$$x_1(t) = A_1\cos(\omega_1 t + \phi_1) + A_2\cos(\omega_2 t + \phi_2)$$

$$x_2(t) = A_1\cos(\omega_1 t + \phi_1) + A_2\cos(\omega_2 t + \phi_2)$$

と表される．四つの定数，A_1, A_2, ϕ_1, ϕ_2 は，$x_1(0)$, $x_2(0)$, $\dot{x}_1(0)$, $\dot{x}_2(0)$ の値から決めることができる．

例題 19-5

図 19.4 は，ばね定数が k のばねで結ばれて同一平面内を動く，長さ l の二つの振り子である．それぞれの振り子の運動方程式は，

$$m\frac{d^2 s_1}{dt^2} = -\frac{\partial V}{\partial s_1} = -\frac{mg s_1}{l} + k(s_2 - s_1)$$

$$m\frac{d^2 s_2}{dt^2} = -\frac{\partial V}{\partial s_2} = -\frac{mg s_2}{l} - k(s_2 - s_1)$$

となる．ただし，s_1 と s_2 は，垂直位置から動く円弧に沿った各剛体球の距離である．この系の特性振動と基準振動を求めよ．

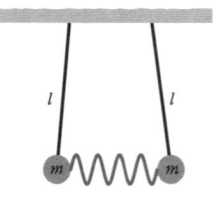

図 19.4 調和したばねで結合された二つの長さ l の振り子．この振り子は同一面内でのみ運動する．

解： 行列で表した運動方程式は，

$$m\frac{d^2 s}{dt^2} = As = \begin{pmatrix} -\left(\dfrac{mg}{l} + k\right) & k \\ k & -\left(\dfrac{mg}{l} + k\right) \end{pmatrix} s$$

である．$\omega_1 = (g/l)^{1/2}$ および $\omega_2 = (g/l)^{1/2}(1+2kl/mg)^{1/2}$ を与える永年方程式，

$$\begin{vmatrix} \frac{mg}{l} + k - m\omega^2 & -k \\ -k & \frac{mg}{l} + k - m\omega^2 \end{vmatrix} = 0$$

を得るために，この式に $s = u\mathrm{e}^{\mathrm{i}\omega t}$ を代入する．$\omega_1^2 = g/l$ に対する固有ベクトルは，

$$\begin{pmatrix} k & -k \\ -k & k \end{pmatrix} \begin{pmatrix} u_1 \\ u_2 \end{pmatrix} = 0$$

すなわち，$u_1 = u_2$ によって与えられる．$\omega_2^2 = g/l(1+2kl/mg)$ に対して，$u_1 = -u_2$ を得る．二つの固有ベクトルは，$u_1 = (a, a)$ および $u_2 = (b, -b)$ と表せる．ここで，a, b は任意の定数である．二つの剛体球の運動は，

$$\begin{pmatrix} s_1 \\ s_2 \end{pmatrix} = c_1 \begin{pmatrix} a \\ a \end{pmatrix} \mathrm{e}^{\mathrm{i}\omega_1 t} + c_2 \begin{pmatrix} b \\ -b \end{pmatrix} \mathrm{e}^{\mathrm{i}\omega_2 t}$$

すなわち，

$$s_1(t) = \alpha_1 \mathrm{e}^{\mathrm{i}\omega_1 t} + \alpha_2 \mathrm{e}^{\mathrm{i}\omega_2 t}$$
$$s_2(t) = \alpha_1 \mathrm{e}^{\mathrm{i}\omega_1 t} - \alpha_2 \mathrm{e}^{\mathrm{i}\omega_2 t}$$

で与えられる．ここで，$\alpha_1 = c_1 a$, $\alpha_2 = c_2 b$ である．式(19.33)で記述される運動と同じように，ω_1 に対応する運動は同位相で，ω_2 に対応する運動は180°の逆位相である（図19.5）．

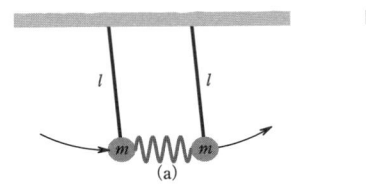

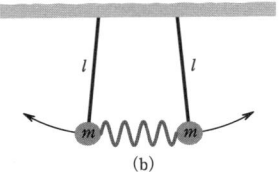

図 19.5 図19.4のように結合された二つの振り子の基準振動の図．剛体球の同位相での振動(a)と逆位相での振動(b)．

19.4 行列の対角化

式(19.2)に話を戻そう．ここからは，

$$A\boldsymbol{c}_k = \lambda_k \boldsymbol{c}_k \qquad k = 1, 2, \ldots, N \tag{19.36}$$

の表記を用いる．N 個の固有値 λ_k と，それに対応する N 個の固有ベクトル $\boldsymbol{c}_k$ がある．この $\boldsymbol{c}_k$ を規格化し，行列，

$$S = (c_1, c_2, \ldots, c_N) \tag{19.37}$$

をつくろう．この表記は，行列 S の列が規格化された A の固有ベクトルになっていることを意味する．この行列 S を，行列 A のモード行列という．行列 S の列成分は，行列 A の規格化された固有ベクトルで構成され，さらに行列 A が対称行列（多くの場合そうであるが）ならばこれらの固有ベクトルは規格直交化されているので，行列 S は直交行列である．いい換えれば，$S^{-1} = S^{\mathsf{T}}$ である．さらに，行列 S は注目すべき性質をもつ．それは，行列 S に行列 A を作用させることで，

$$\begin{aligned} AS &= (Ac_1, Ac_2, \ldots, Ac_N) \\ &= (\lambda_1 c_1, \lambda_2 c_2, \ldots, \lambda_N c_N) \\ &= SD \end{aligned} \tag{19.38}$$

が得られるということである．ここで，行列 D は，

$$D = \begin{pmatrix} \lambda_1 & 0 & 0 & \cdots & 0 \\ 0 & \lambda_2 & 0 & \cdots & 0 \\ \vdots & \vdots & \vdots & \ddots & \vdots \\ 0 & 0 & 0 & \cdots & \lambda_N \end{pmatrix} \tag{19.39}$$

という対角行列で，行列 A の固有値が要素になっている．

式(19.38) に S^{-1} を左から掛けると，

$$D = S^{-1}AS = S^{\mathsf{T}}AS \tag{19.40}$$

が得られる．右側の等号は，行列 S が直交することを示している．式(19.40) は相似変換とよばれる．行列 A は式(19.40) の相似変換によって対角化されているという．物理的には，行列 A と D は同じ演算（たとえば回転や鏡映）を表す．これらの違った形式は，行列 D が最適な，または自然な座標系で表されるという事実の結果である．

たとえば，式(19.25) で与えられるポテンシャルエネルギーを考えてみよう．

$$V(x_1, x_2) = kx_1^2 - kx_1 x_2 + kx_2^2 \tag{19.41}$$

（ここで便利なように $k = 1$ または $V(x_1, x_2)/k$ を考える．これらは同じことである）．ベクトル $x = (x_1, x_2)$ を定義すると，式(19.41) の $V(x_1, x_2)$ は，

$$V = x^{\mathsf{T}} V x = \begin{pmatrix} x_1 & x_2 \end{pmatrix} \begin{pmatrix} 1 & -\frac{1}{2} \\ -\frac{1}{2} & 1 \end{pmatrix} \begin{pmatrix} x_1 \\ x_2 \end{pmatrix} = x_1^2 - x_1 x_2 + x_2^2$$

で与えられる．ここで，

$$V = \begin{pmatrix} 1 & -\frac{1}{2} \\ -\frac{1}{2} & 1 \end{pmatrix} \tag{19.42}$$

である. x_1 と x_2 を, 新しい座標 η_1, η_2 の線形結合で表そう. ここで, $V(\eta_1, \eta_2)$ は, η_1 と η_2 の交差項を含まないとする. S を V のモード行列として,

$$x = S\eta \tag{19.43}$$

ならば,

$$V = x^\mathsf{T} V x = (S\eta)^\mathsf{T} V S\eta = \eta^\mathsf{T} S^\mathsf{T} V S \eta = \eta^\mathsf{T} D \eta \tag{19.44}$$

となる. ここで, D は対角行列 $S^\mathsf{T} V S$ である. D は対角行列なので, 式(19.44)の最終項は, $V(\eta_1, \eta_2)$ が η_1 と η_2 の2乗の項だけを含むことを意味する.

行列 V の固有値と対応する固有ベクトルは,

$$\lambda = \frac{1}{2}, \ c_1 = \begin{pmatrix} \frac{1}{\sqrt{2}} \\ \frac{1}{\sqrt{2}} \end{pmatrix} \quad \text{および} \quad \lambda = \frac{3}{2}, \ c_2 = \begin{pmatrix} \frac{1}{\sqrt{2}} \\ -\frac{1}{\sqrt{2}} \end{pmatrix} \tag{19.45}$$

である (問題 19-21). モード行列は,

$$S = \begin{pmatrix} \frac{1}{\sqrt{2}} & \frac{1}{\sqrt{2}} \\ \frac{1}{\sqrt{2}} & -\frac{1}{\sqrt{2}} \end{pmatrix}$$

となる. 式(19.43) によれば, $x = S\eta$ で,

$$\eta = S^{-1} x = S^\mathsf{T} x = \begin{pmatrix} \frac{1}{\sqrt{2}} & \frac{1}{\sqrt{2}} \\ \frac{1}{\sqrt{2}} & -\frac{1}{\sqrt{2}} \end{pmatrix} \begin{pmatrix} x_1 \\ x_2 \end{pmatrix}$$

$$= \begin{pmatrix} \frac{1}{\sqrt{2}}(x_1 + x_2) \\ \frac{1}{\sqrt{2}}(x_1 - x_2) \end{pmatrix} = \begin{pmatrix} \eta_1 \\ \eta_2 \end{pmatrix} \tag{19.46}$$

となる. ここで, S は直交行列 ($S^{-1} = S^\mathsf{T}$) であることを用いた. 式(19.44)を用いると,

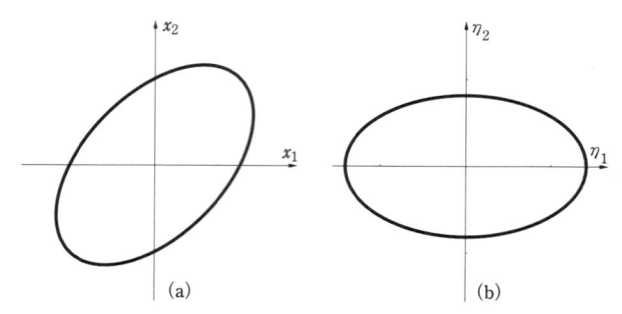

図 19.6 関数 $V(x_1, x_2)$ の x_1-x_2 座標上のプロット(a)と関数 $V(\eta_1, \eta_2)$ の η_1-η_2 座標上のプロット(b).

$$V(\eta_1, \eta_2) = \eta^{\mathsf{T}} D \eta = \frac{1}{2}\eta_1^2 + \frac{3}{2}\eta_2^2$$

となる.したがって,$V(\eta_1, \eta_2)$ は交差項をもたず,これらの座標で記述された運動方程式は分離されることがわかる.これらは,ポテンシャル V のもとでの粒子の運動を決めるのに最適な座標である.

この結果は,すばらしい構造的な解釈である.図 19.6(a)は x_1 と x_2 の座標系にプロットした $V(x_1, x_2)$ である.また,図 19.6(b)は η_1 と η_2 の座標系にプロットした $V(\eta_1, \eta_2)$ である.V を対角化することは,楕円が,斜めではなく,座標軸に沿うように座標系を選ぶことに対応する.

行列 A を対角化することは,式(19.36)の固有値問題を解くことと完全に等価である.また,式(19.1)と式(19.2)は等価であることから,ハミルトン行列を対角化することは,シュレーディンガー方程式を解くことと完全に等価である.量子力学では,行列の対角化はもっとも重要なので,数値解析の書籍には,行列の対角化のための高精度で効果的なアルゴリズムが数多く記載されている.

問題

19-1. $A = \begin{pmatrix} 1 & 1 \\ 1 & 1 \end{pmatrix}$ の固有値と固有ベクトルを求めよ.

19-2. $A = \begin{pmatrix} 1 & -2 \\ -2 & 1 \end{pmatrix}$ の固有値と固有ベクトルを求めよ.

19-3. $A = \begin{pmatrix} 1 & 0 & 1 \\ 0 & 1 & 0 \\ 1 & 0 & 0 \end{pmatrix}$ の固有値と固有ベクトルを求めよ.

19-4. $A = \begin{pmatrix} 1 & 0 & -1 \\ 0 & 1 & 0 \\ -1 & 0 & 1 \end{pmatrix}$ の固有値と固有ベクトルを求めよ.

19-5. A^{T} の固有値が A の固有値と同じになることを示せ.

19-6. ユニタリー行列の固有値は 1 になることを示せ.

19-7. A^{-1} の固有値が λ_j^{-1} となることを示せ.

19-8. $A\boldsymbol{x} = \lambda\boldsymbol{x}$ ならば, $A^n\boldsymbol{x} = \lambda^n\boldsymbol{x}$ となることを示せ.

19-9. ケーリー-ハミルトンの定理によれば, すべての正方行列は, それ自身の永年方程式を満たす. この定理を問題 19-1, 問題 19-2, 問題 19-3 の行列で確かめよ.

19-10. 式 (19.24) が式 (19.17) の解になることを示せ.

19-11. $x_j(t) = u_j e^{\lambda t}$ の解法にしたがって, 連立方程式,
$$\dot{x}_1 = -x_1 + x_2$$
$$\dot{x}_2 = -3x^2$$
を解け.

19-12. $x_j(t) = u_j e^{\lambda t}$ の解法にしたがって, 連立方程式,
$$\dot{x}_1 = x_1 + x_2$$
$$\dot{x}_2 = 4x_1 + x_2$$
を解け.

19-13. $\boldsymbol{x}(0) = (3, 2)$ として, 連立方程式
$$\frac{d\boldsymbol{x}}{dt} = A\boldsymbol{x} = \begin{pmatrix} 2 & 5 \\ 1 & 6 \end{pmatrix}\boldsymbol{x}$$ を解け.

19-14. $\boldsymbol{x}(0) = (1, 1, 0)$ として, 連立方程式
$$\frac{d\boldsymbol{x}}{dt} = A\boldsymbol{x} = \begin{pmatrix} 2 & -2 & 0 \\ 1 & -2 & -1 \\ -2 & 1 & -2 \end{pmatrix}\boldsymbol{x}$$ を解け.

19-15. 図 19.2 に示したような二つの剛体球が振動する系を考える. 初期位置が $\boldsymbol{x}_1(0) = \boldsymbol{x}_2(0)$ または $\boldsymbol{x}_1(0) = -\boldsymbol{x}_2(0)$ のときは, 二つの基準振動のうち一つだけが誘起されることを示せ.

19-16. 式 (19.25) のポテンシャルエネルギーが, 二つの基準モード $y_1 = (x_1 + x_2)/\sqrt{2}$ と $y_1 = (x_1 - x_2)/\sqrt{2}$ で表されるとき, このポテンシャルエネルギーは交差項をもたないことを示せ. また, この結果を説明せよ.

19-17. 図 19.4 の剛体球の運動方程式が例題 19-5 で与えられる式になることを示せ.

19-18. 図 19.7 のような三つの剛体球と四つのばねからなる系を考える. この系のポテンシャルエネルギーが $V = 3x_1^2 + (x_2 - x_1)^2 + \frac{1}{2}(x_3 - x_2)^2 + \frac{1}{2}x_3^2$ によって与えられることを示せ. また, この系のニュートンの運動方程式が,
$$8\frac{d^2 x_1}{dt^2} = -8x_1 + 2x_2$$
$$2\frac{d^2 x_2}{dt^2} = -3x_2 + 2x_1 + x_3$$
$$2\frac{d^2 x_3}{dt^2} = -2x_3 + 2x_2$$
であるとき, この系に関する三つの基準振動を求めよ.

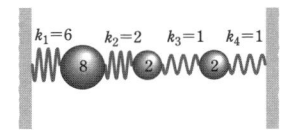

図 19.7 問題 19-18 を考えるための三つの剛体球と四つのばねの系. この系では, 水平方向にのみ振動する.

19-19. 式 (19.38) の $(\lambda_1 \boldsymbol{c}_1, \lambda_2 \boldsymbol{c}_2, \ldots, \lambda_N \boldsymbol{c}_N) = SD$ を確かめよ.

19-20. 問題 19-4 の行列 A の三つの固有ベクト

ルは $c_1(1, 0, -1)$, $c_2(0, 1, 0)$, $c_3(1, 0, 1)$ となる. ただし, c_1, c_2, c_3 は任意の値である. 三つの固有ベクトルが規格化されるように c_1, c_2, c_3 を選べ. つぎに三つの規格化された固有ベクトルを列に含むモード行列 S をつくれ. また S の逆行列を求めよ. そして $S^{-1} = S^{\mathsf{T}}$ となること, また S が実際に対角化されていることを示せ.

19-21. 式(19.42)で定義された行列 V の固有値と, 規格化された固有ベクトルが式(19.45)で与えられることを確かめよ.

19-22. 問題 19-1 の行列を対角化せよ.

19-23. 問題 19-2 の行列を対角化せよ.

19-24. 問題 19-3 の行列を対角化せよ.

19-25. 行列 A のトレース $\mathrm{Tr}\,A$ は, A の対角要素の和のことである. $\mathrm{Tr}\,AB = \mathrm{Tr}\,BA$ を示せ. つぎに, $D = S^{-1}AS$ のとき, $\mathrm{Tr}\,D = \mathrm{Tr}\,A$ を示せ.

19-26. Mathcad, Maple, Mathematica などのプログラムでは, 大規模行列の固有値と, それに対応する固有ベクトルを数秒で求められる. これらのプログラムのうちいずれかを用いて,

$$A = \begin{pmatrix} a & 1 & 0 & 0 & 0 & 1 \\ 1 & a & 1 & 0 & 0 & 0 \\ 0 & 1 & a & 1 & 0 & 0 \\ 0 & 0 & 1 & a & 1 & 0 \\ 0 & 0 & 0 & 1 & a & 1 \\ 1 & 0 & 0 & 0 & 1 & a \end{pmatrix}$$

の固有値と対応する固有ベクトルを求めよ. なお, この行列 A はベンゼンについてのヒュッケルの分子軌道法で用いられる.

20

ベクトル空間

すでに複素数と二次元ベクトルとの類似性に気づいている人もいるだろう．それらは，座標系の原点からある位置へ1本の線で表せ，また，足し算（和，加算）は同じ平行四辺形の法則にしたがう．さらに，ベクトルと直交多項式との類似性にも気づいているだろう．直交する単位ベクトルの組と直交多項式の組があり，一つのベクトルは（i, j, k のような）直交する単位ベクトルで表すことができるし，関数は直交多項式で展開することができる．つまり，複素数とベクトル，さらに直交多項式の間には，根本的な類似性があることがわかる．ある数学的な形式によって，それらすべての量は統一した方法で扱うことができ，さらにそれらの間にある類似性を活用できる．この数学的形式をベクトル空間という．ベクトル空間は，ある代数的な法則にしたがうベクトルという量の組からなる．ここでベクトルやベクトル空間という用語を用いているが，通常のベクトルはベクトル空間を形成している非常に多くのベクトルのなかの一例にすぎない．

本章は，本書全体で，いちばん抽象的に感じられるだろう．しかし，ベクトル空間の考え方は量子力学で中心的な役割を果たす．実際に，かつて物理化学の教員は，学生に量子化学をより理解できるように微分方程式を勉強するように勧めていた．しかし，いまでは多くの教員が，ベクトル空間を扱う線形代数も学ぶように勧めている．

20.1 ベクトル空間の公理

ここでは，最初にベクトル空間を定義する公理について述べ，それからいくつかの例を与えよう．以下の条件を満たす対象（ベクトルとよぶ）の組について，あるベクトル空間 V を定義する．

A1. 二つのベクトル x と y を足すと別のベクトル $x+y$ となる．このベクトルもまた V にある．いい換えると，x と y が V に属していれば，$x+y$ も V に属してい

る（ベクトル空間中のベクトルは，足し算に対して閉じているという）．
- A2． 足し算は交換可能である．つまり，$x + y = y + x$．
- A3． 足し算は結合法則を満たす．つまり，$(x + y) + z = x + (y + z) = x + y + z$．
- A4． ベクトル空間 V には，V 中の任意の x に対して，$x + 0 = 0 + x = x$ を満たすゼロベクトル 0 が存在する．
- A5． V 中のそれぞれの x に対して，$x + (-x) = 0$ を満たすような足し算に関する逆元 $-x$ がある．
- M1． 任意のベクトル x にスカラー c を掛けると，その結果の cx は，ベクトル空間 V に属している（ベクトル空間中のベクトルは，スカラー積に対して閉じているという）．
- M2． スカラー積は結合法則を満たす．つまり，任意の二つの数 a, b に対して，$a(bx) = (ab)x$ である．
- M3． スカラー積は足し算について交換法則を満たす．つまり，$a(x + y) = ax + ay$ であり $(a + b)x = ax + bx$ である．
- M4． 単位スカラーは，V 中のそれぞれの x に対して，$1x = x$ である．

これら九つの性質を，ベクトル空間の公理という．ベクトル空間におけるスカラーが実数で表されるならば V を実ベクトル空間といい，複素数で表されれば複素ベクトル空間という．上の公理は覚える必要はない．みればわかるように，それはすべてもっともだと感じられるものである．

ふつうのベクトルは，確かにベクトル空間についての上の性質をすべて満足し，いわゆるユークリッドベクトル空間を形成する．しかし，ベクトル空間の要素は幾何ベクトルである必要はない．実数も複素数も，そしてすべての $n \times n$ 行列の組もベクトル空間を形成する（問題 20-1）．n 個の実数からなるすべての配列から構成されるベクトル空間を考える．ここで，$(u_1, u_2, \ldots, u_n)$ と $(v_1, v_2, \ldots, v_n)$ の和は，$(u_1 + v_1, u_2 + v_2, \ldots, u_n + v_n)$ と定義され，n 個の配列のスカラー積は，$a(u_1, u_2, \ldots, u_n) = (au_1, au_2, \ldots, au_n)$ と定義される（問題 20-3）．ベクトル空間の性質を説明するために，n 個の要素からなる配列をこれから何度も用いるので，n 個の実数からなるすべての配列を R^n で，複素数のそれを C^n で表すことにする．

ベクトル空間は抽象的な数学の構成物であり，ベクトル空間のなかの"ベクトル"は，ベクトル空間の公理を満足する任意の対象であるが，"ベクトル"をベクトルとして視覚化することによって，ベクトル空間から導き出されるいくつかの定義や結果の物理的な意味を考えるための助けとなる．上記の n 個の要素からなる配列は，ある座標系内の n 次

20.1 ベクトル空間の公理

元ベクトルの成分であると考えてよい．

関数の組はベクトル空間を形成する．たとえば，実数または複素数を係数とする n 以下の次数のすべての多項式の組は，ベクトル空間を形成する．その多項式は，

$$P_n(x) = a_n x^n + a_{n-1} x^{n-1} + \cdots\cdots + a_1 x + a_0$$

で表され，ベクトル空間の九つの公理のすべてを満足する．n 以下の次数の二つの多項式の和は，n 以下の次数の多項式となる．つまり足し算について，交換可能であり結合法則を満たす．$P_n(x) = 0$ がゼロベクトルであり，$-P_n(x)$ が足し算に関する逆元である．$cP_n(x) = ca_n x^n + \cdots\cdots + ca_0$ で表せるスカラー積は，足し算に対して交換可能であり結合法則を満足する．そして，1が単位スカラーである．n 次の多項式は，$n+1$ 個の要素からなる配列 $(a_n, a_{n-1}, \cdots\cdots, a_0)$ で表されることに注目してほしい．

以下の例題は，斉次線形微分方程式もまたベクトル空間を形成することを示している．

例題 20-1　導関数が区間 (a, b) で連続であり，方程式，

$$\frac{df}{dx} + 2f(x) = 0$$

を満たす関数の組は，ベクトル空間を形成することを示せ．

解：　問題で与えられている関数の組が，足し算に対して閉じていること（公理A1）を示すために，ベクトル空間 V の二つの要素を f と g としよう（つまり，f と g は上の方程式を満たしている）．そのとき，

$$\frac{d}{dx}(f+g) + 2(f+g) = \frac{df}{dx} + \frac{dg}{dx} + 2f + 2g$$
$$= \left(\frac{df}{dx} + 2f\right) + \left(\frac{dg}{dx} + 2g\right)$$
$$= 0 + 0 = 0$$

となる．足し算について結合可能かつ交換可能であり，$f(x) = 0$ がゼロベクトルである．このベクトルの組が，スカラー積のもとで閉じていること（公理M1）を示すために，

$$\frac{d}{dx}(af) + 2(af) = a\left(\frac{df}{dx} + 2f\right) = 0$$

を考えよう．上式は，M2からM4までの公理が，足し算に関する公理と同様にあらゆる連続関数で成立することを示している．

20.2 線形独立

　ベクトル空間と関連した重要な概念に，ベクトルの線形独立がある．この考えは 6.2 節ですでに触れたが，ここではより深く線形独立を考えよう．$\{v_j ; j = 1, 2, \ldots, n\}$ を，あるベクトル空間 V にあるゼロでないベクトルの組としよう（それらは抽象的な意味での"ベクトル"であることを忘れないように）．

$$\sum_{j=1}^{n} c_j v_j = 0 \tag{20.1}$$

が，それぞれの c_j がすべて 0 であるとき以外に成立しないとき，そのベクトルの組は線形独立であるという．ベクトルが線形独立でないとき，それらは線形依存であるという．線形独立であれば，ベクトルの組のそれぞれのベクトルは，ほかのベクトルの線形結合で表すことはできない．線形依存であれば，ベクトルの組のなかで少なくとも一つのベクトルは，ほかのベクトルの線形結合で表せる．たとえば，直交座標系の三つの単位ベクトル i, j, k は，線形独立である．しかし，三つのベクトル $i, j, 2i + 3j$ は，三つめのベクトルが最初の二つのベクトルの線形結合で表されるので，線形独立ではない．それら三つのベクトルはある一つの平面内にあり，二つの線形独立なベクトルだけで平面を表せることは，直観的にわかるだろう．あるベクトルの組が線形独立であるか否かは，行列式を用いることで見つけられる．三つのベクトル $v_1 = (1, 0, 0)$，$v_2 = (1, -1, 1)$，$v_3 = (1, 2, -1)$ が線形独立かどうかを検討してみよう．そのために，

$$\sum_{j=1}^{3} c_j v_j = (c_1, 0, 0) + (c_2, -c_2, c_2) + (c_3, 2c_3, -c_3)$$
$$= (0, 0, 0)$$

を満たす，すべてが 0 ではない c_j の組はあるのか，つまり，つぎの方程式には自明でない解があるかを確認する．

$$c_1 + c_2 + c_3 = 0$$
$$-c_2 + 2c_3 = 0$$
$$c_2 - c_3 = 0$$

この方程式の係数を表す行列の行列式，

$$\begin{vmatrix} 1 & 1 & 1 \\ 0 & -1 & 2 \\ 0 & 1 & -1 \end{vmatrix} = -1$$

は 0 でないので,$c_1 = c_2 = c_3 = 0$ が唯一の解である.よって,三つのベクトルは線形独立である.

例題 20-2

つぎの四つのベクトル $v_1 = (1, 1, 0, 1)$,$v_2 = (-1, -1, 0, -1)$,$v_3 = (1, 0, 1, 1)$,$v_4 = (-1, 0, -1, -1)$ は線形独立だろうか.

解: 式(20.1) は,

$$\sum_{j=1}^{4} c_j v_j = (c_1, c_1, 0, c_1) + (-c_2, -c_2, 0, -c_2) + $$
$$(c_3, 0, c_3, c_3) + (-c_4, 0, -c_4, -c_4)$$
$$= \mathbf{0}$$

となる.それらの方程式で示される係数の行列式は,

$$\begin{vmatrix} 1 & -1 & 1 & -1 \\ 1 & -1 & 0 & 0 \\ 0 & 0 & 1 & -1 \\ 1 & -1 & 1 & -1 \end{vmatrix} = 0$$

となるので,それらのベクトルは線形独立でない.実際に $v_1 = -v_2$ であり,$v_3 = -v_4$ であるので,四つのベクトルのうち二つが線形独立である.

v_1,v_2,……,v_n をベクトル空間 V 中のベクトルとし,V 中の任意のベクトル u が,次式のように v_1,v_2,……,v_n の線形結合で表せるとする.

$$u = c_1 v_1 + c_2 v_2 + \cdots + c_n v_n$$

ここで,c_j は定数である.このとき,v_1,v_2,……,v_n はベクトル空間 V を張るという.たとえば,直交座標系の三つの単位ベクトル i,j,k は,三つが同一平面上にない(線形独立な)ベクトルなので,これらの三つのベクトルは三次元空間 R^3 を張る.

実際には,三つの同一平面上にないベクトルに n 個からなるほかのベクトルの組を加えたベクトルの組も,また三次元空間 R^3 を張る.当然これらほかの n 個からなるベクトルは必ずしも R^3 を張るわけではないが,定義にしたがえばそれら $3 + n$ 個のベクトル

は，R^3 を張る．ベクトル空間 V 中のベクトル v_1, v_2, ……, v_n が線形独立で V を張るなら，v_1, v_2, ……, v_n の組は，V の基底または基底の組とよばれる．基底の組は，V を張るのに必要な最小の数のベクトルから成り立っている．単位ベクトル i, j, k や任意の三つの同一平面上にないベクトルは，R^3 における基底を形成する．基底にあるベクトルの数は，ベクトル空間の次元と定義される．ベクトル空間 V の次元は，V 中の線形独立なベクトルの最大数，つまり基底の組にあるベクトルの数に等しい．先ほど，同一平面上にない三つのベクトルと n 個のほかのベクトルの組は R^3 を張るが，n 個のほかのベクトルは必要ないと説明したとき，R^3 は三次元ベクトル空間なので三つの線形独立なベクトルだけで張れることを，直観的に予想していた．

$\{v_j ; j = 1, 2, ……, n\}$ が V の基底であれば，V 中の任意のベクトル u は，v_j の線形結合，

$$u = \sum_{j=1}^{n} u_j v_j$$

で表せる．u_j は与えられた基底の組で u を表したときの j 番目の座標の値である．u_j を u の成分とよんで通常のベクトルの用語を用いているが，u や v_j は抽象的なベクトルであることを，もう一度，心に留めておこう．

例題 20-3 ベクトル $(1, 0, 0)$, $(0, 1, 0)$, $(0, 0, 1)$ が，R^3 の基底を形成していることを示せ．それらに対応していて，よく用いられるベクトルは何か．

解： 三次元空間 R^3 にある任意のベクトル $u = (x, y, z)$ は，

$$u = x(1, 0, 0) + y(0, 1, 0) + z(0, 0, 1)$$

とかけるので，それらのベクトルは三次元空間 R^3 の基底を形成している．ベクトル $(1, 0, 0)$, $(0, 1, 0)$, $(0, 0, 1)$ は，単位ベクトル i, j, k に対応している．この基底の組における u の成分は，x, y, z である．

例題 20-4 n 個の要素の配列をもつベクトルからなるベクトル空間 V は，n 次元空間であることを示せ．

解： n 個のベクトル $(1, 0, \ldots, 0)$, $(0, 1, \ldots, 0)$, $\ldots$, $(0, 0, \ldots, 1)$ は，互いに直交しているので，V 中で線形独立なベクトルの組を構成する．さらに，それらのベクトルの組は，V を張る．というのは，V にあるほかの任意のベクトルは，次式にしたがって，それらのベクトルの線形結合で表せるからである．

$$\begin{aligned} \boldsymbol{u} &= (u_1, u_2, \ldots, u_n) \\ &= u_1(1, 0, \ldots, 0) + u_2(0, 1, \ldots, 0) + \cdots + u_n(0, 0, \ldots, 1) \end{aligned}$$

これらのことから，この n 個のベクトルは基底を構成し，V の次元は n となることがわかる．この基底の組におけるベクトル $\boldsymbol{u}$ の成分は，u_j となる．

20.3 内積空間

ベクトル空間の考えは，13 章で扱った二次元や三次元の幾何ベクトル空間を一般化したものである．幾何ベクトル空間では，ベクトルの長さと二つのベクトルの間のなす角で定義されるドット積を用いた．この考え方はとても便利なので，一般的なベクトル空間にも導入する．

20.1 節でリストにした九つの公理に加えて，実数で表されるベクトル空間 V の任意の二つのベクトル $\boldsymbol{u}$ と $\boldsymbol{v}$ に関係づけられる規則（これを $\langle \boldsymbol{u}, \boldsymbol{v} \rangle$ で表す．$(\boldsymbol{u}, \boldsymbol{v})$ とも表す）が，以下に示す三つの性質を満たすようなベクトル空間を，内積空間という．

1. $\langle a\boldsymbol{u}_1 + b\boldsymbol{u}_2, \boldsymbol{u}_3 \rangle = a\langle \boldsymbol{u}_1, \boldsymbol{u}_3 \rangle + b\langle \boldsymbol{u}_2, \boldsymbol{u}_3 \rangle$ \hfill (20.2)

    ここで，a と b はスカラー量である（内積は線形演算である）．

2. $\langle \boldsymbol{u}, \boldsymbol{v} \rangle = \langle \boldsymbol{v}, \boldsymbol{u} \rangle$ \hfill (20.3)

    （内積は交換可能である．）

3. $\langle \boldsymbol{u}, \boldsymbol{u} \rangle \geq 0$ \hfill (20.4)

    $\langle \boldsymbol{u}, \boldsymbol{u} \rangle = 0$ となるのは，$\boldsymbol{u} = 0$ のときだけである（この性質は，正の定符号性として知られている）．

問題 20-13 で，13 章で幾何ベクトルについて定義したドット積が内積であることを証明する．つまり，ドット積を定義した二次元または三次元ベクトルで表せるユークリッドベクトル空間は内積空間である．

例題 20-5 $u = (u_1, u_2, \ldots, u_n)$, $v = (v_1, v_2, \ldots, v_n)$ とするとき,
$$\langle u, v \rangle = u_1 v_1 + \cdots + u_n v_n$$
で定義されるベクトル空間 R^n 中の積は,内積であることを示せ.

解: 上に述べた内積の三つの性質について,一つずつ順番に確かめていくと,

1. $\langle au + bv, w \rangle$
$= (au_1 + bv_1)w_1 + (au_2 + bv_2)w_2 + \cdots + (au_n + bv_n)w_n$
$= au_1 w_1 + au_2 w_2 + \cdots + au_n w_n + bv_1 w_1 + \cdots + bv_n w_n$
$= a\langle u, w \rangle + b\langle v, w \rangle$,

2. $\langle u, v \rangle = u_1 v_1 + \cdots + u_n v_n = v_1 u_1 + \cdots + v_n u_n = \langle v, u \rangle$,

3. $u_1 = u_2 = \cdots = u_n = 0$ でなければ,$\langle u, u \rangle = u_1^2 + \cdots + u_n^2 > 0$

となる.よって,内積である.

例題 20-6 V を α と β の間で積分できる実数関数のベクトル空間とすると,
$$\langle f, g \rangle = \int_\alpha^\beta f(x)g(x) \, \mathrm{d}x$$
は,内積であることを示せ.

解:
1. $\langle af_1 + bf_2, g \rangle = \int_\alpha^\beta [af_1(x) + bf_2(x)]g(x) \, \mathrm{d}x$
$= a\langle f_1, g \rangle + b\langle f_2, g \rangle$

2. $\langle f, g \rangle = \int_\alpha^\beta f(x)g(x) \, \mathrm{d}x = \int_\alpha^\beta g(x)f(x) \, \mathrm{d}x = \langle g, f \rangle$

3. $\langle f, f \rangle = \int_\alpha^\beta f^2(x) \, \mathrm{d}x \geq 0$ であり,これが 0 となるのは,区間 (α, β) でつねに $f(x) = 0$ のときであり,それ以外に 0 となることはない.

よって,与えられた式は内積である.

幾何ベクトルのときと同じように,ベクトル空間 V におけるベクトルの長さを

$$\| u \| = \langle u, u \rangle^{1/2} \tag{20.5}$$

のように定義する.$\| u \|$ をベクトル u のノルムという.n 次元空間 R^n の場合,そのノルムは,

$$\| u \| = \langle u, u \rangle^{1/2} = (u_1^2 + u_2^2 + \cdots + u_n^2)^{1/2} \tag{20.6}$$

で与えられる．これは，n 次元空間におけるピタゴラスの定理である．

内積は，つぎのシュワルツの不等式とよばれる重要な不等式を満たす（問題 20-19，問題 13-23 参照）．

$$|\langle u, v \rangle| \leq \|u\| \|v\| \tag{20.7}$$

$-1 \leq \langle u, v \rangle / \|u\| \|v\| \leq +1$ なので，u と v の間の角度を $\cos\theta = \langle u, v \rangle / \|u\| \|v\|$ で定義できる．ここで，$0 \leq \theta \leq \pi$ である．

ノルムはつぎの性質を満たす．

$$\|v\| \geq 0 \text{ であり，} \|v\| = 0 \text{ となるのは } v = 0 \text{ のときだけである．} \tag{20.8}$$

$$\|cv\| = |c| \|v\| \tag{20.9}$$

$$\|u + v\| \leq \|u\| + \|v\| \tag{20.10}$$

なぜ，式(20.10) を三角不等式とよぶのかわかるだろうか．

例題 20-7　$u = (2, 1, -1, 2, 4)$，$v = (-1, 0, 1, -2, -3)$ のとき，式(20.7) のシュワルツの不等式を確かめよ．

解：　最初に以下の値が計算できる．

$\langle u, v \rangle = -2 + 0 - 1 - 4 - 12 = -19$

$\langle u, u \rangle = 4 + 1 + 1 + 4 + 16 = 26$

$\langle v, v \rangle = 1 + 0 + 1 + 4 + 9 = 15$

$|\langle u, v \rangle| = 19$

また，$\|u\| = \sqrt{\langle u, u \rangle} = 26^{1/2}$ であり $\|v\| = \sqrt{\langle v, v \rangle} = 15^{1/2}$ であるので，式(20.7) は $19 < (26 \cdot 15)^{1/2} = 19.7$ となる．

$\langle u, v \rangle = 0$ であり，u も v も 0 でないなら，u と v は直交しているという．例題 20-6 にあるような二つの関数の内積を用いると，前章までよく用いた結果，

$$\langle f, g \rangle = \int_a^b f(x) g(x) \, \mathrm{d}x = 0$$

が成立しているのなら，区間 (a, b) で二つの関数 $f(x)$ と $g(x)$ は直交している．

あるベクトルの組 $\{v_j ; j = 1, 2, \ldots, n\}$ について，ベクトルが直交している性質を，

$\langle v_i, v_j \rangle = \|v_j\|^2 \delta_{ij}$ と表せる．ここで，δ_{ij} はクロネッカーのデルタである．すべてのベクトルの長さを，おのおのそれ自身のベクトルのノルム $\|v_j\|$ で割って1にすると，その新しい組は**規格直交化された組**であり，$\langle v_i, v_j \rangle = \delta_{ij}$ である．

規格直交化されたベクトルの組が線形独立であることを示すのは簡単である．v_1, v_2, ……, v_n を規格直交化されたベクトルの組とし，その線形結合は，

$$c_1 v_1 + c_2 v_2 + \cdots + c_n v_n = 0 \tag{20.11}$$

とする．ここで，c_j の値は式(20.11)を満たすように決めることができる．いま，ベクトル v_1, v_2, ……, v_n を一つずつ順番に用いて式(20.11)との内積をとると，$j = 1$, 2, ……, n について $c_j = 0$ であることがわかる．つまり，このベクトルの組は線形独立である．

つぎに示したいのは，実際に基底を構成することによって n 次元ベクトル空間 V はすべて規格直交な基底をもつことである．$j = 1, 2, \ldots, n$ について v_j を V 中のゼロでない線形独立なベクトルの組とする．v_1 から始めてそれを u_1 とする．いま，$\langle u_1, u_2 \rangle = 0$ となるように新しいベクトルの組における2番目のベクトル u_2 を，v_2 と u_1 の線形結合，

$$u_2 = v_2 + a_1 u_1$$

で表す．$\langle u_1, u_2 \rangle = 0$ の条件によって，$0 = \langle u_1, v_2 \rangle + a_1 \langle u_1, u_1 \rangle$ となるので，

$$u_2 = v_2 - \frac{\langle u_1, v_2 \rangle}{\langle u_1, u_1 \rangle} u_1 \tag{20.12}$$

となる．つぎに，直交した組の3番目のベクトルとして，$\langle u_3, u_1 \rangle = 0$, $\langle u_3, u_2 \rangle = 0$ となるように，

$$u_3 = v_3 + b_1 u_1 + b_2 u_2$$

をとる．よって，

$$u_3 = v_3 - \frac{\langle v_3, u_2 \rangle}{\langle u_2, u_2 \rangle} u_2 - \frac{\langle v_3, u_1 \rangle}{\langle u_1, u_1 \rangle} u_1 \tag{20.13}$$

となる（問題20-17）．以下，u_4 以降も同じように表すことができる．この手続きは，8.2節で規格直交化された多項式の組を求めた方法と完全に類似している．実際，直交多項式はあるベクトル空間におけるベクトルとみなせるとわかれば，二つの手続きは同じである．上の手続きは，内積が式(20.2)から式(20.4)までを満たすときのベクトル空間における**グラム–シュミットの直交化**の手続きを簡単に説明したものである．

> **例題 20-8** 三つのベクトル $v_1 = (1, 0, 0)$, $v_2 = (1, 1, 0)$, $v_3 = (1, 1, 1)$ から規格直交化された基底を構成せよ.
>
> **解**: 規格化されている $v_1 = (1, 0, 0)$ から始め, これを u_1 とする. いま, $\langle u_1, v_2 \rangle = u_1 \cdot v_2 = 1$, $\langle u_1, u_1 \rangle = u_1 \cdot u_1 = 1$ なので, 式(20.12)より,
>
> $$u_2 = v_2 - u_1 = (0, 1, 0)$$
>
> となり, このベクトルは規格化されている. さいごに, $\langle v_3, u_1 \rangle = v_3 \cdot u_1 = 1$, $\langle v_3, u_2 \rangle = 1$ なので, 式(20.13)より,
>
> $$u_3 = v_3 - u_2 - u_1 = (0, 0, 1)$$
>
> となる. u_1, u_2, u_3 は, デカルト座標の三つの単位ベクトル i, j, k である.

20.4 複素内積空間

いままでのベクトル空間についての説明では, スカラー量やベクトル量は実数であることを暗黙のうちに仮定していた. しかし, 量子力学の世界は, 複素内積をもった複素ベクトル空間で定式化できることがわかっている. そこで, 本節では前節までの結果を複素数を含んだ場合に拡張する.

線形独立の定義については, 実ベクトル空間を複素ベクトル空間にしても変わらない. 前節まででも, 線形独立を定義するさいのベクトルや定数の組を実数に限定したところはない. では, ベクトル $v_1 = (1, i, -1)$, $v_2 = (1+i, 0, 1-i)$, $v_3 = (i, -1, -i)$ が線形独立であるか否かを計算してみよう. 知りたいのは, つぎの方程式に自明でない解があるかどうかである.

$$\sum_{j=1}^{3} c_j v_j = 0 = (c_1, ic_1, -c_1) + ((1+i)c_2, 0, (1-i)c_2) + (ic_3, -c_3, -ic_3)$$

この方程式は, つぎのようにもかける.

$$c_1 + (1+i)c_2 + ic_3 = 0$$
$$ic_1 - c_3 = 0$$
$$-c_1 + (1-i)c_2 - ic_3 = 0$$

係数の行列式は,

$$\begin{vmatrix} 1 & 1+i & i \\ i & 0 & -1 \\ -1 & 1-i & -i \end{vmatrix} = 0$$

となるので,それらのベクトルは線形独立でないことがわかる(この場合,$v_1 = iv_3$ である).

　内積空間における実数と複素数とのおもな違いは,内積の定義にある.スカラー量もベクトル量も複素数であってよいとすると,式(20.2)から式(20.4)はつぎのようになる.

1. $\langle u | av_1 + bv_2 \rangle = a\langle u | v_1 \rangle + b\langle u | v_2 \rangle$ 　　　　　　　　　　　　(20.14)

2. $\langle u | v \rangle = \langle v | u \rangle^*$ 　　　　　　　　　　　　　　　　　　　　　　(20.15)

3. $\langle u | u \rangle \geq 0$,ただし $\langle u | u \rangle = 0$ となるのは $u = 0$ のときのみ 　(20.16)

実数積の空間であるか複素数積の空間であるかを区別するために,式(20.14)から式(20.16)の山括弧中の二つのベクトルを分けるのに,カンマ(,)ではなく縦線(|)を用いる(これは量子力学で標準的な表記である).

　式(20.14)の複素共役をとると,

$$\langle u | av_1 + bv_2 \rangle^* = a^* \langle u | v_1 \rangle^* + b^* \langle u | v_2 \rangle^*$$

となるので,式(20.15)を用いて,

$$\langle av_1 + bv_2 | u \rangle = a^* \langle v_1 | u \rangle + b^* \langle v_2 | u \rangle \qquad (20.17)$$

を得る.とくに,式(20.14)で $b = 0$ とすると,

$$\langle u | av \rangle = a \langle u | v \rangle \qquad (20.18)$$

となる.また,式(20.17)で $b = 0$ とすると,

$$\langle av | u \rangle = a^* \langle v | u \rangle \qquad (20.19)$$

となる.これら二つの式から,内積をとるさいに2番目のベクトルにかかっているスカラー量はそのまま内積の外に出るが,1番目のベクトルにかかっているスカラー量はその複素共役が内積の外に出ることがわかる.

　u と v を n 個の複素数の組とすると,$\langle u | v \rangle$ はつぎのように定義できる.

$$\langle u | v \rangle = u_1^* v_1 + u_2^* v_2 + \cdots\cdots + u_n^* v_n \qquad (20.20)$$

u のノルムを $\| u \|$ とすると,

$$\| u \| = \langle u | u \rangle = u_1^* u_1 + u_2^* u_2 + \cdots\cdots + u_n^* u_n \geq 0 \qquad (20.21)$$

20.4 複素内積空間

である．式(20.20) はしばしばエルミート内積とよばれる．問題 20-26 で，このエルミート内積の定義が式(20.14) から式(20.16) を満たすことを示す．

例題 20-9　$u = (1+i, 3, 4-i)$, $v = (3-4i, 1+i, 2i)$ のとき，$\langle u | v \rangle$, $\langle v | u \rangle$, $\|u\|$, $\|v\|$ を求めよ．

解：

$$\langle u | v \rangle = (1-i)(3-4i) + 3(1+i) + (4+i)(2i) = 4i$$

$$\langle v | u \rangle = (3+4i)(1+i) + 3(1-i) - 2i(4-i) = -4i = \langle u | v \rangle^*$$

$$\|u\| = [(1-i)(1+i) + 9 + (4+i)(4-i)]^{1/2} = \sqrt{28}$$

$$\|v\| = [(3+4i)(3-4i) + (1-i)(1+i) + (-2i)(2i)]^{1/2} = \sqrt{31}$$

ベクトルの組 $\{v_j ; j = 1, 2, \ldots, n\}$ が，$\langle v_i | v_j \rangle = \delta_{ij}$ を満たすのであれば，その組は規格直交化されているという．

例題 20-10　つぎの三つの要素からなる三つのベクトル $u_1 = (1, i, 1+i)$, $u_2 = (0, 1-i, i)$, $u_3 = (3i-3, 1+i, 2)$ は，直交した組であることを示せ．それらのベクトルを規格直交化するにはどうすればよいか．

解：

$$\langle u_1 | u_2 \rangle = 0 - i(1-i) + (1-i)i = 0$$

$$\langle u_1 | u_3 \rangle = (3i-3) - i(1+i) + 2(1-i) = 0$$

$$\langle u_2 | u_3 \rangle = 0 + (1+i)(1+i) - 2i = 0$$

与えられたベクトルを規格直交化するには，それぞれのベクトルをそのノルムで割ればよい．それぞれのベクトルのノルムは，

$$\|u_1\| = \langle u_1 | u_1 \rangle^{1/2} = [(1)(1) + (-i)(i) + (1-i)(1+i)]^{1/2} = 2$$

$$\|u_2\| = \langle u_2 | u_2 \rangle^{1/2} = [(1+i)(1-i) + (-i)(i)]^{1/2} = 3^{1/2}$$

$$\|u_3\| = \langle u_3 | u_3 \rangle^{1/2} = [(-3i-3)(3i-3) + (1-i)(1+i) + 4]^{1/2} = (24)^{1/2}$$

となる．

シュワルツの不等式は，複素ベクトル空間においても同じ形となる．

$$|\langle u | v \rangle| \leq \|u\| \|v\| \tag{20.22}$$

その証明も，実ベクトル空間の証明の仕方と同様である．例題 20-9 は，式 (20.22) を満たすことに注意せよ．

グラム–シュミットの直交化の手続きは，複素ベクトル空間においても有効である．$v_1 = (-1, 1)$，$v_2 = (i, -1)$ の二つのベクトルから，規格直交化された基底を構成しよう．まず，$u_1 = v_1 = (-1, 1)$ から始めると，

$$u_2 = v_2 + a u_1$$

となる．u_1 を左側から掛けて内積をとると $\langle u_1 | u_2 \rangle = 0 = \langle u_1 | v_2 \rangle + \langle u_1 | a u_1 \rangle$ を得る．これは，

$$0 = -\mathrm{i} - 1 + a \langle u_1 | u_1 \rangle = -\mathrm{i} - 1 + 2a$$

を与え，つまり，$a = (1 + \mathrm{i})/2$ である．つまり，二つの直交したベクトルは，$u_1 = (-1, 1)$ と，

$$u_2 = v_2 + a u_1 = (\mathrm{i}, -1) + \frac{1 + \mathrm{i}}{2}(-1, 1) = \frac{1}{2}(\mathrm{i} - 1, \mathrm{i} - 1)$$

になる．二つの規格直交化されたベクトルは，それぞれのノルムで割ることによって得られて，

$$u_1 = \frac{1}{\sqrt{2}}(-1, 1) \quad \text{および} \quad u_2 = \frac{1}{2}(\mathrm{i} - 1, \mathrm{i} - 1)$$

になる．

さいごに，もう一つの話題を扱う．量子力学における標準的な手順は，対象としている系のハミルトン演算子の固有関数で関数を展開することである．固有関数は，（一般には）無限次元のベクトル空間（しばしば複素ベクトル空間）中のベクトルとしてみることができるだろう．そして，本章で扱ったすべての定義と結果は，さまざまに展開した関数の収束の問題によってさらに複雑になるものの，量子力学を扱うときにも当てはまる．ある波動関数の組で表されるベクトル空間の内積の定義は，

$$\langle f | g \rangle = \int_a^b f^*(x) g(x) \, \mathrm{d}x$$

である．これは，量子力学で学んだかもしれない．無限次元の内積空間をヒルベルト空間という．量子力学の数学的基礎は，ヒルベルト空間の考えに基づいて成り立っている．

問題

20-1. すべての $n \times n$ 行列の組は、ベクトル空間を形成することを示せ．

20-2. すべての二次元幾何ベクトルの組は、ベクトル空間を形成することを示せ．

20-3. n 個の実数からなる二つの組 $(u_1, u_2, \ldots, u_n)$ と $(v_1, v_2, \ldots, v_n)$ の和が $(u_1+v_1, u_2+v_2, \ldots, u_n+v_n)$ と定義され、n 個の実数からなる配列のスカラー積が $c(u_1, u_2, \ldots, u_n) = (cu_1, cu_2, \ldots, cu_n)$ と定義されるとき、この定義を満たすすべての n 個の実数からなるすべての配列は、ベクトル空間を形成することを示せ．

20-4. すべての三次以下の多項式の組は、ベクトル空間を形成することを示せ．その次数はいくつになるか．

20-5. a と b の間で連続な関数の組は、ベクトル空間を形成することを示せ．

20-6. n 次の斉次線形微分方程式の解の組は、ベクトル空間を形成することを示せ．

20-7. ベクトル空間 V 中のベクトルの組の一部が、V と同じ足し算と掛け算に対してあるベクトル空間を形成することは、よく起こることである．そのようなとき、ベクトルの組は V の部分空間を形成するという．部分空間の簡単な幾何学的な例が、三次元ユークリッドベクトル空間中の xy 平面である．xy 平面内にあるすべてのベクトルの組は、三次元ユークリッドベクトル空間内に二次元部分空間を形成する．n 個の実数 a からなる組 $(a, a, \ldots, a)$ は、n 次元空間 R^n の部分空間であることを示せ．

20-8. つぎのベクトルの組は線形独立であるか否かを判断せよ．$(0, 1, 0, 0)$, $(1, 1, 0, 0)$, $(0, 1, 1, 0)$, $(0, 0, 0, 1)$.

20-9. つぎのベクトルの組は線形独立であるか否かを判断せよ．$(1, 1, 1)$, $(1, -1, 1)$, $(-1, 1, -1)$.

20-10. ベクトル $(1, 0, 2)$ は、ベクトル $(1, 1, 1)$, $(1, -1, -1)$, $(3, 1, 1)$ の組で張られるベクトルか否か．

20-11. ベクトルの組 $\{(1, 1, 1, 1), (1, -1, 1, -1), (1, 2, 3, 4), (1, 0, 2, 0)\}$ は、R^4 の基底であることを示せ．

20-12. R^3 の基底 $(1, 1, 0)$, $(1, 0, 1)$, $(1, 1, 1)$ に対する $(1, 2, 3)$ の座標を求めよ．

20-13. 幾何ベクトルについて 13 章で定義したドット積は、内積であることを示せ．

20-14. つぎの二つの幾何ベクトル $u = i + 2j - k$ と $v = -i + j + 2k$ は、シュワルツの不等式を満足することを示せ．

20-15. つぎの二つの関数 $f_1(x) = 1 + x$ と $f_2(x) = x$ は、x が 0 と 1 の間でシュワルツの不等式を満たし、例題 20-6 における内積の定義を与えることを示せ．

20-16. 例題 20-5 で定義された内積を用いて、n 個の実数からなる配列のノルムは、
$$\|(u_1, u_2, \ldots, u_n)\| = (u_1^2 + u_2^2 + \cdots + u_n^2)^{1/2}$$
であることを示せ．

20-17. 式(20.13) を導出せよ．

20-18. 三つのベクトル $(1, -1, 0)$, $(1, 1, 0)$, $(0, 1, 1)$ から、規格直交化された基底を構成せよ．

20-19. この問題ではシュワルツの不等式を証明する．$\langle u + \lambda v, u + \lambda v \rangle \geq 0$ から始めよう．ここで、λ は任意の定数である．この内積を以下のように展開せよ．
$$\lambda^2 \langle v, v \rangle + 2\lambda \langle u, v \rangle + \langle u, u \rangle \geq 0$$
この不等式は任意の λ について成立しなければならないので、$\lambda = -\langle u, v \rangle \langle v, v \rangle$ を選んで式(20.7) を導け．

20-20. つぎの三つのベクトル $(1, i, -1)$, $(1+i, 0, 1-i)$, $(i, -1, -i)$ のうちの一つは、ほかのベクトルの線形結合で表すことによって、それら三つのベクトルは線形独立でないことを示せ．

20-21. つぎの三つのベクトル $(1, 1, -i)$, $(0, i, i)$, $(0, 1, -1)$ は、互いに線形独立であるか判定せよ．

20-22. $\langle u | v \rangle = 2 + i$ であるとき、以下の計算をせよ．(a) $\langle (1-i)u | v \rangle$, (b) $\langle u | 2iv \rangle$.

20-23. つぎの四つの行列が線形独立であるかどうかを判定せよ．
$$I = \begin{pmatrix} 1 & 0 \\ 0 & i \end{pmatrix}, \quad \sigma_x = \begin{pmatrix} 0 & 1 \\ 1 & 0 \end{pmatrix},$$
$$\sigma_y = \begin{pmatrix} 0 & -i \\ i & 0 \end{pmatrix}, \quad \sigma_z = \begin{pmatrix} 1 & 0 \\ 0 & -1 \end{pmatrix}$$

これらの行列はパウリのスピン行列とよばれている．

20-24. 式(20.15)をつぎの場合について確認せよ．(a) $u = (1+i, 1)$; $v = (-i, -1)$, (b) $u = (3, -i, 2i)$; $v = (1, 3i, -1)$.

20-25. $u = (1, 1)$, $v = (1, -2)$ とおく．式(20.18)と式(20.19)を $a = i$ の場合について確かめよ．

20-26. 式(20.20)で定義される内積が，式(20.14)から式(20.16)までを満たすことを示せ．

21

確　　率

　確率の理論は，量子力学における波動関数の確率的な解釈から気体分子の運動論，さらにはエントロピーの分子論的解釈にいたるまで，物理化学の領域全体で用いられている．物理化学だけでなく物理や生物においても，確率論の重要性はいくら強調してもしすぎることはないだろう．本章では，確率論におけるいくつかの基本的な考え方を導入し，それらの適用について述べる．

21.1　離　散　分　布

　コインを投げたり，サイコロを振ったり，ある原子核の角運動量の z 成分の測定をしたり，そのような n 個の可能な結果があって，それぞれの結果の生じる確率が p_j ($j = 1, 2, \ldots, n$) であるような実験を考えてみよう．その実験が無限に繰り返されるなら，p_j は直観的に，

$$p_j = \lim_{N \to \infty} \frac{N_j}{N} \qquad j = 1, 2, \ldots, n \tag{21.1}$$

と期待される．ここで，N_j は事象 j が起こる回数，N は実験を繰り返した総回数である（図 21.1）．$0 \leq N_j \leq N$ であるので，p_j は，

$$0 \leq p_j \leq 1 \tag{21.2}$$

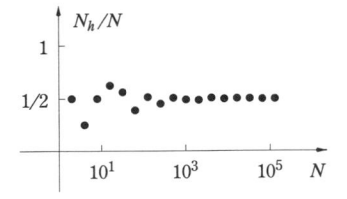

図 21.1　計算機シミュレーションで行ったコイン投げ．グラフはコイン投げの結果，表となった回数 N_h とコイン投げの総回数 N の比 N_h/N を N に対して示した．

でなければならない．$p_j = 1$ のとき，事象 j は確実に起こるといえるし，$p_j = 0$ のとき，それは不可能であるといえる．さらに，

$$\sum_{j=1}^{n} N_j = N$$

なので，規格化条件は，

$$\sum_{j=1}^{n} p_j = 1 \tag{21.3}$$

である．式(21.3) は，何らかの事象は確実に起こることを表している．

カードのなかから赤色のカードをひく事象というように，多くの事象は言葉で表される．一方，事象が自然数で表される場合も多い．ある実験で可能な事象 E_1, E_2, ……, E_n が数値であるとする．そのとき，確率変数 X で結果を表せる．確率変数とは，試行によって起こる可能な事象の一つ一つに数値をあてはめる規則あるいは式である．確率変数は大文字のアルファベットで表し，確率変数中の特定の事象を小文字で表す．確率変数 X は x_1, x_2, ……, x_n の値をとり，それぞれの事象に対応する確率を $p(x_1)$, $p(x_2)$, ……, $p(x_n)$ で表す．確率の組 $\{p(x_j)\}$ は，想定される関数 $p(X)$ が n 個の点 $\{x_j\}$ でとる値と考えられる．関数 $p(X)$ を分布の確率密度といい，$p(x_j)$ は，

$$p(x_j) = \text{Prob}\{X = x_j\} \tag{21.4}$$

とかく．確率密度の例を図 21.2 に示した．

確率の組 $\{p(x_j)\}$ を，x 軸上の位置 x_j に質量 m_j があるような x 軸に分布している単位質量と解釈すると便利なことが多い．$\sum_j p(x_j) = 1$ なので，$\sum_j m_j = 1$ でなければならない．そのとき確率分布は，x 軸上の単位質量の分布として描ける．

X の平均値は，

$$\langle x \rangle = \sum_{j=1}^{n} x_j p(x_j) \tag{21.5}$$

と与えられる（応用統計（22 章参照）や物理化学では $\bar{x}$ という表記がときどき用いられる）．単位質量の分布との類推でいうと，式(21.5) は，平均値が単純に質量中心であることを表している．より一般的には，$f(X)$ が X の関数であるとすると，$f(X)$ の平均値は，

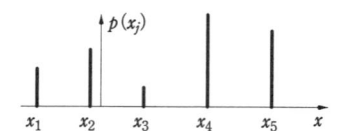

図 21.2 離散的な確率密度 $p(x_j) = \text{Prob}\{X = x_j\}$.

$$\langle f(x) \rangle = \sum_{j=1}^{n} f(x_j) p(x_j)$$

で定義される．$f(X) = X^n$ のとき，$\langle x^n \rangle$ は確率分布 $\{p(x_j)\}$ の n 次モーメントという．二次モーメント，

$$\langle x^2 \rangle = \sum_{j=1}^{n} x_j^2 p(x_j) \tag{21.6}$$

は，質量分布の慣性モーメントに対応することに注意しよう．つぎの例に示すように，$\langle x^2 \rangle$ は $\langle x \rangle^2$ と同じ値ではないことに注意すべきである．

例題 21-1

つぎのような確率のデータが与えられているとき，$\langle x \rangle$, $\langle x \rangle^2$ および $\langle x^2 \rangle$ を計算せよ．

x	1	2	3	4	5
$p(x)$	0.10	0.15	0.05	0.50	0.20

解: それぞれの値はつぎのようになる．

$$\langle x \rangle = (1)(0.10) + (2)(0.15) + (3)(0.05) + (4)(0.50) + (5)(0.20)$$
$$= 3.55$$
$$\langle x \rangle^2 = 12.60$$
$$\langle x^2 \rangle = (1)(0.10) + (4)(0.15) + (9)(0.05) + (16)(0.50) + (25)(0.20)$$
$$= 14.14$$

$\langle x^2 \rangle \neq \langle x \rangle^2$ であることに注目しよう．これが一般的な結果であることを，つぎに証明する．

$\langle x^2 \rangle$ よりも物理的にもっと興味深い量は，二次モーメント，つまり分散（バリアンス）であり，以下のように定義される．

$$\sigma_x^2 = \text{Var}\,[X] = \langle (x - \langle x \rangle)^2 \rangle = \sum_{j=1}^{n} (x_j - \langle x \rangle)^2 p_j \tag{21.7}$$

この表記でわかるように，式(21.7)で表される量の平方根を σ_x で示し，これを標準偏差という．式(21.7)のいちばん右側の和の式より，x_j が $\langle x \rangle$ から離れた値であるほど，σ_x^2 は大きな値になりそうだとわかる．というのは，そのような場合，j 番目の $(x_j - \langle x \rangle)$ や $(x_j - \langle x \rangle)^2$ の項は，p_j が無視できるくらい小さな値でない限り，大きな値となるからである．一方で σ_x^2 は，x_j が $\langle x \rangle$ とそれほど違う値でないとき小さな値となる．つまり，分散と標準偏差は，平均値周辺の分布の広がりを表す尺度である．

式(21.7) は，σ_x^2 が正の項の和であり，$\sigma_x^2 \geq 0$ であることを示している．さらに，

$$\sigma_x^2 = \sum_{j=1}^{n}(x_j - \langle x \rangle)^2 p_j = \sum_{j=1}^{n}(x_j^2 - 2\langle x \rangle x_j + \langle x \rangle^2)p_j$$
$$= \sum_{j=1}^{n} x_j^2 p_j - 2\sum_{j=1}^{n}\langle x \rangle x_j p_j + \sum_{j=1}^{n}\langle x \rangle^2 p_j$$

である．ここで，第1項はまさに $\langle x^2 \rangle$ である（式(21.6)）．第2項と第3項については，x_j の平均値 $\langle x \rangle$ は j とは関係がなく，和の外の因子となるため，第2項の $\sum x_j p_j$ と第3項の $\sum p_j$ の外に $\langle x \rangle$ を出すことができる．$\sum x_j p_j$ は定義により $\langle x \rangle$ であり，$\sum p_j$ は規格化の条件より1となる（式(21.3)）．これらをすべて考慮に入れると，

$$\begin{aligned}\sigma_x^2 &= \langle x^2 \rangle - 2\langle x \rangle^2 + \langle x \rangle^2 \\ &= \langle x^2 \rangle - \langle x \rangle^2 \geq 0\end{aligned} \tag{21.8}$$

となる．$\sigma_x^2 \geq 0$ より，$\langle x^2 \rangle \geq \langle x \rangle^2$ がわかる．式(21.7) を考えることによって，$\sigma_x^2 = 0$ つまり $\langle x^2 \rangle = \langle x \rangle^2$ となるのは，確率1で $x_j = \langle x \rangle$ となるときだけであることがわかる．もっとも，このような場合，試行を行うたびに事象 j が必ず起こるので，真に確率的とはいえない．

これから先は，有名でかつ重要な二つの離散的な確率分布について述べる．まず最初は，n 回連続的にコインを投げて，m 回表が出る確率を考えよう．任意の n 回の連続して投げた結果は，h（表）と t（裏）によって $hhhthttt\cdots tth$ のように表せる．ここには n 個の場所があり，それぞれの場所には二つの選択肢（h または t）がある．つまり，この試行には 2^n 通りの可能な配列があり，それらの配列はすべて同じ確率で起こり得るので，ある一配列が起こる確率は，2^{-n} である．表が m 回出る配列の数は，つぎのように計算できる．まず，最初の表の位置を n 個の場所から選ぶ．つぎに，2番目の表の位置を $(n-1)$ 個の場所から選ぶ．このようにしてさいごの m 番目の表の位置まで場所を選んでいく．いまの場合，$(n-m+1)$ 個の場所から選ぶことになる．以上から，

$$\underbrace{n(n-1)\cdots(n-m+1)}_{m\text{回}}$$

通りの配列が，表を m 回含むことがわかる．この積は，より便利につぎのようにかける．

$$n(n-1)\cdots(n-m+1) = \frac{n!}{(n-m)!}$$

しかし，すべての表は同じであり，最初の表とか2番目の表とかいう区別はないので，$m!$ 倍だけ数えすぎていることになる．ここで，$m!$ は，m 回の表に番号がついていたとし

21.1 離散分布

て，その並んでいる番号の順番をほかの順番と重なることなく並べ替えることのできる数である．つまり，m 回の表と $(n-m)$ 回の裏を並べる互いに異なる配列の数は，n 個の場所から m 個の表を並べることのできる互いに異なる配列の数，

$$\frac{n!}{m!(n-m)!}$$

で表される値と同じである．この値は二項係数とよばれている（この結果は，表 21.1 や表 21.2 に示すように，コインを 2 回または 3 回投げた結果生じるすべての可能な結果を数え上げることによって確かめられる）．よって，m 回の表が出る確率 p_m は，この結果に 2^{-n} を掛けた結果となり，

$$p_m = \frac{n!}{m!(n-m)!}\left(\frac{1}{2}\right)^n$$

となる．

より一般的に述べると，ある"成功した"結果が生じる確率を p，"失敗した"結果が起こる確率を q とすると $(p+q=1)$，m 回の"成功した"結果が生じる確率は，

$$p_m = \frac{n!}{m!(n-m)!}p^m q^{n-m} = \frac{n!}{m!(n-m)!}p^m(1-p)^{n-m} \tag{21.9}$$

表 21.1 コインを 2 回投げたときの可能な結果の一覧表

コイン投げ		表の回数
#1	#2	
H	H	2
H	T	1
T	H	1
T	T	0

表 21.2 コインを 3 回投げたときの可能な結果の一覧表

コイン投げ			表の回数
#1	#2	#3	
H	H	H	3
H	H	T	2
H	T	H	2
T	H	H	2
H	T	T	1
T	H	T	1
T	T	H	1
T	T	T	0

で与えられる．この分布は二項分布として知られていて，山場からカードをひき，ひいたカードの枚数だけ手もちのカードを戻すような，独立した試行を繰り返す場合に適用できる．式(21.9)が二項分布とよばれるのは，二項定理，

$$(x+y)^n = \sum_{m=0}^{n} \frac{n!}{m!(n-m)!} x^{n-m} y^m \tag{21.10}$$

が同じような式で表されることによる．たとえば，$(x+y)$ の2乗は，

$$(x+y)^2 = \sum_{m=0}^{2} \frac{2!}{m!(2-m)!} x^{2-m} y^m = x^2 + 2xy + y^2$$

と表され，$(x+y)$ の3乗は，

$$(x+y)^3 = \sum_{m=0}^{3} \frac{3!}{m!(3-m)!} x^{3-m} y^m = x^3 + 3x^2y + 3xy^2 + y^3$$

となる．

式(21.10)の左辺は，x と y について対称であり，次式のようにかける．

$$(x+y)^n = \sum_{m=0}^{n} \frac{n!}{m!(n-m)!} x^m y^{n-m} \tag{21.11}$$

式(21.10)と式(21.11)は等価であり（x と y を入れ替えても結果は変わらない），式(21.10)つまり式(21.11)は，さらに対称な形に変形できる．

$$(x+y)^n = \sum_{n_1=0}^{n} \sum_{n_2=0}^{n} {}^* \frac{n!}{n_1! n_2!} x^{n_1} y^{n_2} \tag{21.12}$$

ここで，総和記号（Σ）のところにあるアステリスク（*）は，$n_1 + n_2 = n$ を満たす項だけが和の項に含まれることを示している．

二項分布における m の平均値は，

$$\langle m \rangle = \sum_{m=0}^{n} m p_m = \sum_{m=0}^{\infty} \frac{n!}{m!(n-m)!} m p^m (1-p)^{n-m}$$

で与えられる．ここで，右辺の式を式(21.11)と比較してみると，

$$\langle m \rangle = x \frac{\partial}{\partial x} (x+y)^n$$

であることがわかる．ここで，微分した後に $x = p$, $y = 1-p$ とおいた．この結果から，

$$\langle m \rangle = np \quad \text{（二項分布）} \tag{21.13}$$

21.1 離散分布

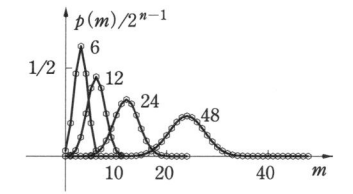

図 21.3 $p=1/2$ のときのいくつかの n ($n=6, 12, 24, 48$) についての二項分布を m の値(例:コインの表が出る場合)に対してグラフにした. n の値が増えるにしたがって,分布はしだいに釣鐘形になる.

がわかる(問題 21-4).図 21.3 は,$p=1/2$ のときのいくつかの n の値についての二項分布を m の値に対してグラフにした図である.n が増えるにしたがって,分布はしだいに釣鐘形となっていくことに注意せよ.

例題 21-2 コインを 10 回投げたときに表が 5 回出る確率を計算せよ.

解: 式(21.9)に $n=10$, $m=5$, $p=1/2$ を代入して,

$$p_5 = \frac{10!}{5!\,5!}\left(\frac{1}{2}\right)^{10} = 0.246$$

を得る.

二項分布は,それ自身で重要かつ有益であるばかりでなく,いわゆるポアソン分布としてよく知られている分布についての基礎も与える.つぎの問題を考えてみよう.無作為に n 個の点を時間 0 から t の間に分布させる.それから,それら n 個の点のなかからある時間間隔 Δt の間に m 個の点がある確率を考える(図 21.4).この問題は,一つの粒子をおくという独立した試行を時間 0 から t の間に n 回繰り返すなかから,ある時間間隔 Δt の間に粒子がある確率を求める問題におき換えたと考えられる.このときの確率 p は,$p = \Delta t/t$ に等しい.つまり,n 個の粒子から m 個の粒子がある時間間隔 Δt の間にある確率は,

図 21.4 時間 0 から t にわたって無作為に分布している n 個の点.

$$p_m = \frac{n!}{m!(n-m)!} p^m (1-p)^{n-m}$$
$$= \frac{n!}{m!(n-m)!} \left(\frac{\Delta t}{t}\right)^m \left(1-\frac{\Delta t}{t}\right)^{n-m} \tag{21.14}$$

で与えられる．

m の平均は $np = n\Delta t/t$ であり，これを $\lambda \Delta t$ で表すことにする．興味があるのは，$\langle m \rangle$ が $\lambda \Delta t$ で固定され，n が大きくて Δt が小さいときである．このとき，式(21.14) はとても便利な形にすることができて，

$$p_m = \frac{(\lambda \Delta t)^m}{m!} e^{-\lambda \Delta t} \tag{21.15}$$

となる（問題 21-29）．式(21.15) は，$\lambda = n/t$ で表したとき，時間 0 から t の間に無作為に分布している n 個の点が非常に大きいときに，時間間隔の Δt の間に m 個の点がある確率を表す．式(21.15) をポアソン分布という．

例題 21-3 ポアソン分布について m の平均値を求めよ．

解： m の平均値は，

$$\langle m \rangle = e^{-\lambda \Delta t} \sum_{m=0}^{\infty} \frac{m(\lambda \Delta t)^m}{m!} \tag{1}$$

で与えられる．式(1) の右辺は，

$$\sum_{m=0}^{\infty} \frac{x^m}{m!} = e^x$$

であることに注目すると，展開することなく和を求めることができる．式(1) の両辺を x について微分してから，両辺に x を掛けると，

$$\sum_{m=0}^{\infty} \frac{mx^m}{m!} = x\frac{d}{dx} e^x = x e^x$$

を得る．式(1) にこの結果を用いることによって，

$$\langle m \rangle = \lambda \Delta t$$

であることがわかる．

式(21.15) は，壊変をはじめ多くの物理現象に適用できる．壊変の場合，λ は壊変の平均速度であり，式(21.15) によって Δt の間に m 回の壊変が観測できることがわかる．また，Δt の間にまったく壊変を観測しない確率が，$p_0 = e^{-\lambda \Delta t}$ で与えられることにも注意

しよう．

例題 21-4 ある放射性試料は，長期間にわたって 1 min 当たり 1.5 個の割合で α 粒子を放出する．2 min で観測する α 粒子の平均数を評価せよ．また，2 min で 0，1，2，3，4 個観測する確率および 5 個以上観測する確率を計算せよ．

解： 例題 21-3 によって，2 min の平均値は，$\lambda \Delta t = 3$ カウントである．m カウント観測する確率は，式 (21.15) より，

m	0	1	2	3	4
p_m	0.050	0.15	0.22	0.22	0.17

で与えられる．$m \geq 5$ となる確率は，

$$\text{Prob}\{m \geq 5\} = 1 - \sum_{m=0}^{4} \text{Prob}\{M = m\} = 0.19$$

で与えられる．

ポアソン分布は，壊変，航空調査，計測器でカウントする電子の数，シナプスを通る神経活動電位の伝達，銀河の分布など，驚くほど広い範囲に適用できる．式 (21.15) をより一般的に表すと，

$$p_m = \frac{a^m}{m!} e^{-a} \qquad (21.16)$$

となる．ここで，a は $\langle m \rangle$ と等しい（図 21.5）．たとえば，500 ページの書籍に 300 の間違いがあると仮定しよう．そのとき，間違いのないページの確率や，三つ以上の間違いがあるページの確率はどうなるか．ここで，いままでの"時間間隔"は 1 ページにおき換えられる．1 ページ当たりの間違いの数を計算したいが，その平均 a は $a = 300/500 = 0.6$ で与えられるので，1 ページに間違いのない確率は，$p_0 = e^{-0.6} = 0.5488$ である．そして，三つ以上の間違いがある確率は，

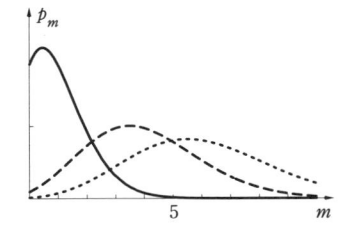

図 21.5 ポアソン分布（式 (21.16)）を m に対してグラフにした図．実線が $a = 1.0$ のとき，破線が $a = 4.0$ のとき，点線が $a = 6.0$ のときである．

$$\text{Prob}\{m \geq 3\} = \sum_{m=3}^{\infty} \left(\frac{a^m}{m!}\right) e^{-a} = 1 - e^{-a} - a e^{-a} - \frac{a^2}{2} e^{-a} = 0.0231$$

となる（ポアソン分布のほかの応用例については，問題21-10，問題21-11）．

21.2 多項分布

前節で，N 個の区別できる対象物を二つのグループに分ける方法は，二項係数で与えられることをみた．一つのグループが N_1 個，残りのグループが $N - N_1 = N_2$ 個とした場合，その方法は，

$$W(N_1, N_2) = \frac{N!}{(N - N_1) N_1!} = \frac{N!}{N_1! N_2!} \tag{21.17}$$

で与えられる．

N 個の区別できる対象物を r のグループに分ける一般的な方法は，最初のグループに N_1 個，2番目のグループに N_2 個，などとすると，

$$W(N_1, N_2, \ldots, N_r) = \frac{N!}{N_1! N_2! \cdots N_r!} \tag{21.18}$$

となる．ここで，$N_1 + N_2 + \cdots + N_r = N$ である．この量は，以下の式(21.19)に示すように，多項式を展開したときに生じる係数と同じなので，多項係数という．

$$(x_1 + x_2 + \cdots + x_r)^N = \sum_{N_1=0}^{N} \sum_{N_2=0}^{N} \cdots \sum_{N_r=0}^{N} {}^* \frac{N!}{N_1! N_2! \cdots N_r!} x_1^{N_1} x_2^{N_2} \cdots x_r^{N_r} \tag{21.19}$$

ここで，アステリスク（*）は，$N_1 + N_2 + \cdots + N_r = N$ である項だけを含むことを示している．式(21.19)は，式(21.12)をそのまま一般化していることに注目しよう．

例題 21-5　トランプゲームのブリッジでは，52枚のカードをそれぞれ13枚の四つのグループに分ける．ブリッジの可能な手の数を計算せよ．

解：式(21.18)に，$N = 52$，$N_1 = N_2 = N_3 = N_4 = 13$ を代入すると，

$$（ブリッジの手の数） = \frac{52!}{(13!)^4} = 5.36 \times 10^{28}$$

となる．この値は，アボガドロ定数よりも大きい．

21.2 多項分布

式(21.18)を用いて，粒子のエネルギー状態全体にわたってアボガドロ定数くらいある粒子を分布させるような計算を行うならば，非常に大きな数の階乗を扱わざるを得なくなる．Nの階乗($N!$)についての良い近似がなければ，100の階乗(100!)でさえ大変なのに，10^{23}の階乗($10^{23}!$)の計算なんてとんでもないので，早速$N!$についての近似を紹介しよう．この近似は，Nが大きくなればなるほど良い近似となる．こうした近似は漸近近似という．つまり，ある関数の近似値が，その関数が増加するにつれて相対的により真の値に近くなっていくのである．

$N!$は掛け算なので，足し算にするために対数($\ln N!$)で扱うと便利である．$\ln N!$の漸近近似を，スターリング近似といい，

$$\ln N! = N \ln N - N \tag{21.20}$$

で与えられる．この近似式は，確かに$N!$の計算をしてから対数をとるよりもはるかに簡単である．表21.3は，いくつかのNに対して$\ln N!$の値とスターリング近似の値を表したものである．相対誤差で表されている二つの値の不一致が，Nが大きくなるにつれて明らかに小さくなっている（つまり，近似値が実際の値とほぼ一致している）ことに注目しよう．

表 21.3　$\ln N!$の値とスターリング近似の値の比較

N	$\ln N!$	$N \ln N - N$	相対誤差[*1]
10	15.104	13.026	0.1376
50	148.48	145.60	0.0194
100	363.74	360.52	0.0089
500	2611.3	2607.3	0.0015
1000	5912.1	5907.7	0.0007

[*1]（相対誤差）= $(\ln N! - N \ln N + N)/\ln N!$

例題 21-6

より正確なスターリング近似は，

$$\ln N! = N \ln N - N + \ln(2\pi N)^{1/2}$$

となる．このより正確なスターリング近似の式を用いて，$N = 10$のときの$\ln N!$を計算し，表21.3の相対誤差の値と比較せよ．

解: $N=10$ のとき

$$\ln N! = N\ln N - N + \ln(2\pi N)^{1/2} = 15.096$$

となる．表 21.3 から $\ln 10!$ の値を用いると，相対誤差は，

$$(\text{相対誤差}) = \frac{15.104 - 15.096}{15.104} = 0.0005$$

であることがわかる．この値は，表 21.3 にある $N=10$ のときの値より非常に小さい．より正確なスターリング近似の式を用いた場合，表 21.3 に与えられている $N=10$ より大きな値での相対誤差の値は 0 であるといってよい．

スターリング近似の証明は，難しくない．$N! = N(N-1)(N-2)\cdots(2)(1)$ なので，$\ln N!$ は，

$$\ln N! = \sum_{n=1}^{N} \ln n \tag{21.21}$$

で与えられる．図 21.6 は，$\ln x$ を x の整数値に対してグラフにしたものである．式 (21.21) によると，図にある長方形の面積の N までの和が，$\ln N!$ となる．また，図は同じグラフで $\ln x$ の連続曲線も表している．ここから，$\ln x$ がそれらの長方形の近似であることがわかる．この近似は，x が増加するにつれて，だんだんと滑らかになる．つまり，それらの長方形の面積は $\ln x$ の積分によって近似できる．はじめ，この面積はほとんど長方形の近似になっていないが，N が漸近近似が用いられるくらい十分に大きくなれば，近似になっていない部分の面積は，全体の領域に対して無視できる寄与しかしない．したがって，$\ln N!$ は，

$$\ln N! = \sum_{n=1}^{N} \ln n \approx \int_{1}^{N} \ln x\, dx = N\ln N - N \qquad (N \text{は十分大きい}) \tag{21.22}$$

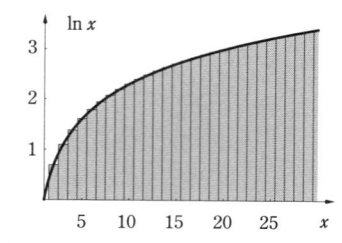

図 21.6 $\ln x$ 対 x のグラフ．N までの長方形の面積の和は，$\ln N!$ である．

とかける．これが，$\ln N!$ についてのスターリング近似である．N は非常に大きい数なので，式(21.22)において，積分の下限は 0 におき換えることができる（$x\to 0$ で $x\ln x\to 0$ となることを思い出そう（問題21-13））．

21.3 連続分布

これまでは離散分布だけを考えてきたが，物理化学においては，離散分布よりも連続分布のほうがおそらく重要である．連続分布を考えるときには，単位質量を例にあげて考えると理解しやすい．単位質量が，x 軸に沿って，または x 軸上のある区間に沿って連続に分布している場合を考えよう．そのさい，直線の質量密度 $\rho(x)$ を，

$$dm(x) = \rho(x)dx$$

で定義する．ここで dm は，x と $x+dx$ の間にあるわずかな質量である．離散分布を扱うさいの考え方から類推すると，箱のなかにある粒子の位置などのある物理量 x が，x と $x+dx$ の間にある確率は，

$$\text{Prob}\{x \leq X \leq x + dx\} = p(x)dx \tag{21.23}$$

となり，これは，

$$\text{Prob}\{a \leq X \leq b\} = \int_a^b p(x)dx \tag{21.24}$$

とも表せる．質量の例でいうと，確率 $\text{Prob}\{a \leq X \leq b\}$ は x が $a \leq x \leq b$ の間にある質量の割合となる．規格化条件は，

$$\int_{-\infty}^{\infty} p(x)dx = 1 \tag{21.25}$$

である．式(21.5)から式(21.7)にしたがうと，

$$\langle x \rangle = \int_{-\infty}^{\infty} xp(x)dx \tag{21.26}$$

$$\langle x^2 \rangle = \int_{-\infty}^{\infty} x^2 p(x)dx \tag{21.27}$$

および，

$$\sigma_x^2 = \langle (x - \langle x \rangle)^2 \rangle = \int_{-\infty}^{\infty} (x - \langle x \rangle)^2 p(x)dx \tag{21.28}$$

という定義を得る．

例題 21-7

もっとも簡単な連続分布は，おそらく一様分布である．式で表すと，

$$p(x) = \begin{cases} (\text{定数}) = A & a \leq x \leq b \\ 0 & \text{それ以外} \end{cases}$$

となる．定数 A は，$1/(b-a)$ となることを示せ．また，この分布について，$\langle x \rangle$, $\langle x^2 \rangle$, σ_x^2, そして σ_x を求めよ．

解： $p(x)$ は規格化されていなければならないので，

$$\int_a^b p(x)\,dx = 1 = A\int_a^b dx = A(b-a)$$

である．よって $A = 1/(b-a)$ となるので，確率分布 $p(x)$ は，

$$p(x) = \begin{cases} \dfrac{1}{b-a} & a \leq x \leq b \\ 0 & \text{それ以外} \end{cases}$$

x の平均値は，

$$\langle x \rangle = \int_a^b x p(x)\,dx = \frac{1}{b-a}\int_a^b x\,dx$$
$$= \frac{b^2 - a^2}{2(b-a)} = \frac{b+a}{2}$$

となる．x の二次モーメント（2乗の平均）は，

$$\langle x^2 \rangle = \int_a^b x^2 p(x)\,dx = \frac{1}{b-a}\int_a^b x^2\,dx$$
$$= \frac{b^3 - a^3}{3(b-a)} = \frac{b^2 + ab + a^2}{3}$$

となる．さいごに，式(21.28) で与えられる分散は，

$$\sigma_x^2 = \langle x^2 \rangle - \langle x \rangle^2 = \frac{(b-a)^2}{12}$$

標準偏差は，

$$\sigma_x = \frac{(b-a)}{\sqrt{12}}$$

となる．

もっとも重要な連続確率分布はおそらく正規分布（ガウス分布）である．正規分布は，理論的な面からも実際的な面からも重要で，その分布は，

$$p(x)\,dx = \frac{1}{\sqrt{2\pi\sigma^2}}\,e^{-x^2/2\sigma^2}\,dx \qquad -\infty < x < \infty \tag{21.29}$$

で与えられる．指数の前の係数は，$p(x)$ が規格化されるように決められている．

例題 21-8

式(21.29)で与えられている正規分布の平均と分散を求めよ.

解: 平均は,

$$\langle x \rangle = \int_{-\infty}^{\infty} x p(x) \mathrm{d}x = \frac{1}{\sqrt{2\pi\sigma^2}} \int_{-\infty}^{\infty} x \mathrm{e}^{-x^2/2\sigma^2} \mathrm{d}x$$

で与えられる. $x\mathrm{e}^{-x^2/2\sigma^2}$ が奇関数なので,この値は 0 となる. 分散は,

$$\sigma_x^2 = \langle (x - \langle x \rangle)^2 \rangle = \frac{1}{\sqrt{2\pi\sigma^2}} \int_{-\infty}^{\infty} x^2 \mathrm{e}^{-x^2/2\sigma^2} \mathrm{d}x = \sigma^2$$

つまり,正規分布の式にある σ^2 は,分散であることがわかる.

4.4 節と 10.1 節より, σ の値が正規分布の幅を決めることがわかっている. σ の値が小さくなればなるほど, 分布の幅は狭くなりピークは高くなる. 図 21.7 は,いくつかの σ の値についての正規分布を示している. この正規分布曲線は,ガウス分布曲線, ガウス曲線, 釣鐘曲線, 正規曲線とよばれることもある.

x が区間 $(-a, a)$ にある確率は,

$$\mathrm{Prob}\,\{-a \leq X \leq a\} = \frac{1}{\sqrt{2\pi\sigma^2}} \int_{-a}^{a} \mathrm{e}^{-x^2/2\sigma^2} \mathrm{d}x \tag{21.30}$$

で与えられる. 4.3 節の誤差関数についての表を用いることにより, x が $-\sigma \leq x \leq \sigma$ にある確率は 0.6827, $-2\sigma \leq x \leq 2\sigma$ は 0.9545, $-3\sigma \leq x \leq 3\sigma$ は 0.9973 となる. いい換えれば, 正規分布曲線で囲まれる部分の面積は, σ の ± 3 倍以内の範囲で 99% を占めていることになる (問題 21-27).

より一般的な正規分布の式は,

$$p(x)\mathrm{d}x = (2\pi\sigma^2)^{-1/2} \mathrm{e}^{-(x-\langle x \rangle)^2/2\sigma^2} \mathrm{d}x \tag{21.31}$$

となる. 式(21.31) の曲線は, 曲線の中心が $x = 0$ ではなく $x = \langle x \rangle$ にあることを除けば, 図 21.7 と同じような曲線となる (図 21.8).

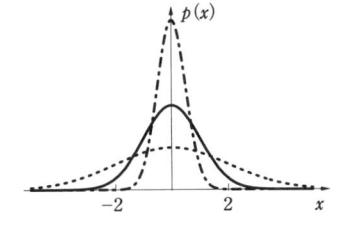

図 21.7 σ のいくつかの値における正規分布 (式(21.29)) 曲線. 点線は $\sigma = 2$, 実線は $\sigma = 1$, 一点鎖線は $\sigma = 0.5$ の曲線である.

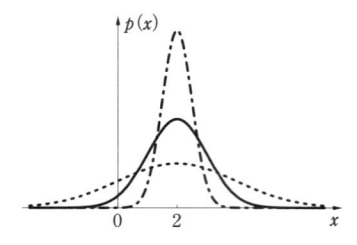

図 21.8 式(21.31)で平均値 $\langle x \rangle = 2$ の場合の正規分布曲線．いくつかの σ の値について曲線を表した．点線は $\sigma = 2$，実線は $\sigma = 1$，一点鎖線は $\sigma = 0.5$ のときの曲線に対応する．

4.4節で学んだように，$\sigma \to 0$ となるにつれて正規分布はしだいに狭くなっていくが，曲線で囲まれている単位面積は一定のままである．これがディラックのデルタ関数 $\delta(x)$ の物理的な記述方法の一つとなり，$\delta(x)$ の定義の一つは，

$$\delta(x-a) = \lim_{\sigma \to 0} \frac{1}{\sqrt{2\pi\sigma^2}} e^{(x-a)^2/2\sigma^2} \tag{21.32}$$

である．

正規分布は，すべての科学の分野においてもっとも重要で一般的な確率分布の一つである．物理だけでなく，生物の分野でもどれだけ正規分布が重要であるかを強調してもしすぎることはないくらいである．正規分布が重要である根本的な理由は，統計学で中心極限定理とよばれる理論にある．中心極限定理とは，"$X_1, X_2, \ldots\ldots, X_n$ が同じ分布をもつ n 個の独立した確率変数であるならば，その平均 $(X_1 + X_2 + \cdots\cdots + X_n)/n$ は，近似的に正規分布となり，n が増えるにつれてより正規分布に近づく"というものである．多くの実験は分子の集団を対象として行われるので，観測される物理量は，実際にはたくさんの分子一つ一つがもつ物理量の平均値である．さらに，実験測定における誤差の理論にも正規分布は用いられる．というのは，平均値はほぼつねに正規分布であるからである．

21.4 結合確率分布

本章でいままで学んできた考え方は，複数の確率変数に拡張できる．X と Y を二つの連続な確率変数とする．結合確率密度は，

$$p(x, y) dx dy = \text{Prob}\{x \leq X \leq x + dx \quad \text{かつ} \quad y \leq Y \leq y + dy\} \tag{21.33}$$

となる．それら変数のうちの一方（たとえば y）の全領域にわたって $p(x, y)$ を積分すると，

$$p(x) = \int_{-\infty}^{\infty} dy\, p(x, y) \tag{21.34}$$

となる．これを，Xについての境界密度関数という．XとY両方の関数についての期待値は，

$$\langle f(x, y) \rangle = \int_{-\infty}^{\infty} dy \int_{-\infty}^{\infty} dx f(x, y) p(x, y) \tag{21.35}$$

となる．

　観測したXの値が観測したYの値にまったく影響を及ぼさず，さらにその逆も成り立つとき，XとYは独立であるといい，そのとき，

$$p(x, y) = p(x) p(y) \qquad (独立) \tag{21.36}$$

が成立する．問題 21-28 では，XとYが二つの任意の確率変数であるとき，

$$\langle x + y \rangle = \langle x \rangle + \langle y \rangle \tag{21.37}$$

であることと，XとYが独立であるとき，

$$\text{Var}[X + Y] = \langle (x + y - \langle x \rangle - \langle y \rangle)^2 \rangle = \text{Var}[X] + \text{Var}[Y]$$
$$= \langle (x - \langle x \rangle)^2 \rangle + \langle (y - \langle y \rangle)^2 \rangle \tag{21.38}$$

であることを示す．さらに，XとYが独立であれば，

$$\langle xy \rangle = \langle x \rangle \langle y \rangle \tag{21.39}$$

である．

　二つの確率変数が独立ではない程度を表す尺度は重要であり，その尺度を相関係数という．いま，

$$\langle (x - \langle x \rangle)^2 \rangle = \sigma_x^2 \tag{21.40}$$

$$\langle (y - \langle y \rangle)^2 \rangle = \sigma_y^2 \tag{21.41}$$

とおく．議論したい物理量は，$\text{Cov}[X, Y] = \langle (x - \langle x \rangle)(y - \langle y \rangle) \rangle$ であり，XとYの共分散という．相関係数 ρ_{xy} は，

$$\text{Cov}[X, Y] = \int_{-\infty}^{\infty} dy \int_{-\infty}^{\infty} dx (x - \langle x \rangle)(y - \langle y \rangle) p(x, y) = \rho_{xy} \sigma_x \sigma_y \tag{21.42}$$

で定義される．XとYが独立であれば $\rho_{xy} = 0$ であり，"XとYは非相関である"という．ρ_{xy} は $-1 \leq \rho_{xy} \leq 1$ の間の値をとり，ρ_{xy} の 0 からのずれはXとYの間の相関の程度を示している．

問題

確率の問題は解くにはいささかこつがいるし、その結果はしばしばまったく直観に反するものとなる。最初の二つの問題は、多くの人にとってその結果は驚くべきものとなる（納得できないと思いさえする）例である。

21-1. コインの表が連続して10回出たなら、つぎのコイン投げでは表よりも裏のほうがより出やすいと、多くの人は強く感じる。彼らにそれは完全な間違いであるということをどのように説明するか。

21-2. n 人からなるグループを考える。$n = 50$ のときに、そのグループのなかで少なくとも2人が1年のなかで同じ誕生日である確率を計算せよ（うるう年は除外する）。確率が1/2を超える最小の n はいくらか。
ヒント：この問題は、当初与えられた場合とは反対の事象の確率をまず求めて、それからその結果を1から引くほうが、より簡単に問題の解を求めることができる良い例である。つまり、n 人すべてが異なる誕生日である確率を計算し、1からその結果を引くことによって、少なくとも2人が同じ誕生日である確率が求まる。

21-3. コインを4回投げたときに、表の出る回数と裏の出る回数を数えあげよ。

21-4. 式(21.13)を導け。

21-5. 二項分布（式(21.9)）が規格化されていることを示せ。また、平均 $\langle m \rangle$ と分散 σ_m^2 を n と p で決定せよ。

21-6. 実験用紙に14回の測定結果が表になっている。それらのうちの13回は、さいごの桁が偶数で、残りの1回は奇数である。さいごの桁が偶数か奇数であるかは同じ確率であると仮定して、このようなことが起こる確率を求めよ。

21-7. $(1+x)^n$ を展開するとその係数は、つぎのような形に配列することができる。

n									
0					1				
1				1		1			
2			1		2		1		
3		1		3		3		1	
4	1		4		6		4		1

ある行にある数字と、その上にある数字の間にはどのような関係があるか。ここにある三角形の配置は、パスカルの三角形とよばれている。この結果を用いて、$(x+y)^5$ を展開せよ。

21-8. 9人のなかから3人の委員を選ぶ選び方は何通りあるか。

21-9. ポアソン分布（式(21.16)）が規格化されていること示せ。また、平均 $\langle m \rangle$ と分散 σ_m^2 を a で決定せよ。

21-10. 数年にわたる調査で、ある教授はオフィスアワー1回当たりに来る学生は平均4.3人であるという結論を得た。オフィスアワー1回に誰も来ない確率を求めよ。また、5人以上来る確率を求めよ（ただし、試験は迫っていないとする）。

21-11. ある実験で、事象が起こったことは蛍光スクリーンの発光として捉えられる。実験の間、平均して1s当たり6.7回の発光が観測された。任意の1s間に6回または7回の発光が観測される確率を求めよ。

21-12. 例題21-6に与えられているスターリング近似の式を用いて、$N = 50$ のときの相対誤差を計算せよ。さらに、その値を式(21.20)を用いて表21.3に与えられた値と比較せよ。$\ln N!$ は 148.47777 とせよ。

21-13. $x \to 0$ のとき $x \ln x \to 0$ であることを証明せよ。

21-14. 連続的な分布で重要なものに、指数分布、
$$p(x)dx = ce^{-\lambda x}dx \qquad 0 \leq x < \infty$$
がある。定数 c、平均 $\langle x \rangle$、分散 σ_x^2、および $x \geq a$ での確率を λ で表せ。

21-15. $I_n(\alpha) = 2\int_0^\infty x^{2n} e^{-\alpha x^2}dx$
のような積分は多くの計算に現れる。その値は積分の表でも得られるが、以下のようにも求められる。13.1節で $I_0(\alpha)$ を計算する方法を学んだ。具体的には、x と y の二重積分として $I_0^2(\alpha)$ を表し、それから平面極座標に変換するという技を用いる。結果は、
$$I_0(\alpha) = \left(\frac{\pi}{\alpha}\right)^{1/2}$$
となる。では、$I_n(\alpha)$ は、$I_0(\alpha)$ を α で繰り返

し微分することにより得られることを，とくに，

$$\frac{d^n I_0(\alpha)}{d\alpha^n} = (-1)^n I_n(\alpha)$$

であることを証明せよ．この結果と，$I_0(\alpha) = (\pi/\alpha)^{1/2}$ という事実を用いて $I_1(\alpha)$, $I_2(\alpha)$ などを計算せよ．

21-16. 問題 21-15 で得られた結果を用いて，正規分布の $\langle x^4 \rangle$ を計算せよ．

21-17. ある1個の粒子が，ポテンシャルエネルギーのない一次元空間の 0 から a の間にある場合を考える．この粒子が x から $x+dx$ の間にある確率は，

$$p(x)dx = \frac{2}{a}\sin^2\frac{n\pi x}{a}dx$$

で与えられる．ここで，$n=1, 2, 3, \cdots$ である．まず，$p(x)$ は規格化されていることを示せ．つぎに，粒子が 0 から a の間にある場合の平均位置は $a/2$ であることを示せ．この結果は，物理的に考えて妥当だろうか．さいごに，

$$\langle x^2 \rangle = \left(\frac{a}{n\pi}\right)^2\left(\frac{n^2\pi^2}{3} - \frac{1}{2}\right)$$

を示せ．

21-18. 問題 21-17 の結果を用いて，任意の n に対して箱のなかにある粒子の $\sigma_x = (\langle x^2 \rangle - \langle x \rangle^2)^{1/2}$ が，箱の幅 a よりも小さくなることを示せ．σ_x が不確定性原理における粒子の位置についての不確定さであるとすると，σ_x が a よりも大きくなることはないのだろうか．

21-19. 問題 21-17 で与えられている確率分布を用いて，粒子が 0 と $a/2$ の間に見出される確率を計算せよ．この結果は，直観的に思う値と同じか．

21-20. 物理化学で以下のことを学ぶ．
1. 気体中の分子はさまざまな速さで移動している．
2. ある分子が v と $v+dv$ の間の速さである確率は，

$$p(v)dv = 4\pi\left(\frac{m}{2\pi k_B T}\right)^{3/2}v^2 e^{-mv^2/2k_B T}dv$$
$$0 \leq v < \infty$$

で与えられる．ここで，m は粒子の質量，k_B はボルツマン定数（気体定数 R をアボガドロ定数で割った値），そして，T は絶対温度である．この分子速度の確率分布を，マクスウェル–ボルツマン分布という．はじめに，$p(v)$ が規格化されていることを示せ．つぎに，平均速度を温度の関数として求めよ．計算に必要な積分公式は（問題 21-15），

$$\int_0^\infty x^{2n} e^{-\alpha x^2} dx = \frac{1 \times 3 \times 5 \times \cdots \times (2n-1)}{2^{n+1}\alpha^n}\left(\frac{\pi}{\alpha}\right)^{1/2}$$
$$n \geq 1$$

および，

$$\int_0^\infty x^{2n+1} e^{-\alpha x^2} dx = \frac{n!}{2\alpha^{n+1}}$$

である．

21-21. 問題 21-20 のマクスウェル–ボルツマン分布を用いて気相にある分子の平均運動エネルギーを温度の関数として決定せよ．必要な積分は，問題 21-20 に与えてある．

21-22. マクスウェル–ボルツマン分布における気体分子の速度の x 成分 v_x は，

$$p(v_x)dv_x = \left(\frac{m}{2\pi k_B T}\right)^{1/2} e^{-mv_x^2/2k_B T} dv_x$$
$$-\infty < v_x < \infty$$

と与えられる．分子の速さが 0 から ∞ までしか変化できないにもかかわらず，上式の速度成分は $-\infty$ から ∞ まで変化できることに注意しよう．速度成分は分子の動く方向を反映して正と負の値をとることができるが，ここでいう速さは速度の大きさという意味なので，本質的に正の値となる．はじめに，$p(v_x)$ が規格化されていることを示せ．つぎに，$\langle v_x \rangle$ と $\langle v_x^2 \rangle$ を計算せよ．$\langle v_x \rangle$ を問題 21-20 で求めた $\langle v \rangle$ と比較せよ．$\langle v_x \rangle$ の物理的な意味を説明せよ．必要な積分は，問題 21-20 から得られる．

21-23. 問題 21-22 の分布を用いて，Prob$\{-v_{x0} \leq V_x \leq v_{x0}\}$ の式を導け．つぎに，得られた式を $w_0 = (m/2k_B T)^{1/2} v_{x0}$ の誤差関数の項で表せ．また，
Prob$\{(-2k_B T/m)^{1/2} \leq V_x \leq (2k_B T/m)^{1/2}\}$
を計算せよ．

21-24. 問題 21-23 の結果を用いて，Prob$\{|V_x| \geq v_{x0}\} = 1 - \mathrm{erf}(w_0)$ であることを示せ．Prob$\{|V_x| \geq (k_B T/m)^{1/2}\}$ と Prob$\{|V_x| \geq (2k_B T/m)^{1/2}\}$ を計算せよ．

21-25. 問題 21-23 の結果を用いて，Prob$\{-v_{x0} \leq V_x \leq v_{x0}\}$ を縦軸に，

$v_{x0}/(2k_BT/m)^{1/2}$ を横軸にとったグラフを描け.

21-26. 気体分子の運動論でよく用いられるもう一つの分布に,エネルギー分布,とくに運動エネルギーの分布がある.$\varepsilon = mu^2/2$ として問題 21-20 の分布を用いることによって,

$$\text{Prob}\{\varepsilon \leq E \leq \varepsilon + d\varepsilon\} = F(\varepsilon)d\varepsilon$$
$$= \frac{2\pi}{(\pi k_B T)^{3/2}} \varepsilon^{1/2} e^{-\varepsilon/k_B T} d\varepsilon$$

を示せ.$F(\varepsilon)$ は規格化されていることを示せ.それから $\langle \varepsilon \rangle$ を計算せよ.この計算結果を,問題 21-21 で得た $\left\langle \frac{1}{2}mv^2 \right\rangle$ と比較せよ.

21-27. 誤差関数の表,または数値積分(23 章参照)を用いて,

$$\frac{1}{\sqrt{2\pi\sigma^2}} \int_{-n\sigma}^{n\sigma} e^{-x^2/2\sigma^2} dx = \begin{cases} 0.6827 & n=1 \\ 0.9545 & n=2 \\ 0.9973 & n=3 \end{cases}$$

を示せ.

21-28. 二つの確率変数 X, Y について,$\langle x+y \rangle = \langle x \rangle + \langle y \rangle$ を示せ.また X と Y が独立なとき,$\text{Var}[X+Y] = \text{Var}[X] + \text{Var}[Y]$ を示せ.

21-29. n が非常に大きな値をとり,Δt が $\Delta t/t = \lambda \Delta t/n$ の関係を満たすくらい非常に小さな値となったときには,式 (21.14) は式 (21.15) となることを示せ.この問題は少し難しい.

22

統計：回帰と相関

　科学の実験では，二つの異なる物理量の関係を決めるために，それら二つの量を繰り返し測定することがよくある．そして，二つの物理量の間に，ときに変数変換をしてまでも，線形関係を得ようとする．たとえば，図 22.1(a)は水の蒸気圧をセルシウス温度に対してグラフにしたものであるが，それらの間にはほとんど線形関係はない．しかし，熱力学によると，図 22.1(b)に示すように $\ln P$ を絶対温度の逆数に対してグラフにすると線形関係（少なくともほとんど線形な関係）が得られる．

　本章では，統計における回帰と相関について述べる．回帰分析では，二つの変数のうち一つを x とおき，この x は測定ミスによる誤差なしに測定できる，つまりふつうの変数とみなせると仮定する．x の関数であるもう一方の変数 y は，いくらか精度が悪く，また不正確である．つまり，確率変数とみなす．本章では，扱う内容を線形回帰分析に限定し，y と x は $y = \alpha x + \beta$ で表せる線形関係にあると仮定する．最初に，最小二乗法を用いることによって，扱っているデータからもっともふさわしい α と β の値が求められることを示す．それから，得られた α と β がどれくらいの幅で信頼できるのかを評価する方法を紹介する．これによってたとえば，α が $\alpha_1 \leq \alpha \leq \alpha_2$ の区間にあり，β が $\beta_1 \leq \beta \leq \beta_2$ の区間にある確率は 95％ であるといえるようになる．

　22.2 節では，相関分析を扱う．相関分析では，y と x が確率変数であると考え，y と x

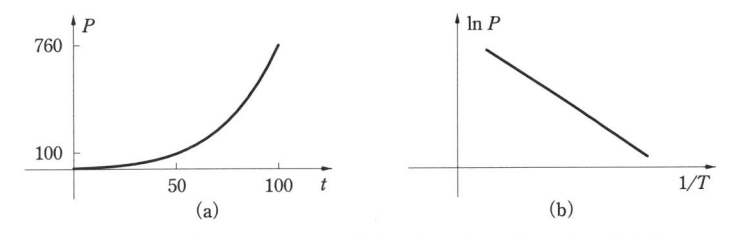

図 22.1 水の蒸気圧のセルシウス温度に対するグラフ(a)と，水の蒸気圧を対数にとった値の絶対温度の逆数に対するグラフ(b)．

の間に実際に相関があるのかを決定しようとする．相関分析で鍵となる量は相関係数である．相関係数は，yとxがどれくらい相関しているかを直接示す尺度である．さらに，相関係数の信頼区間を求める方法を紹介する．

22.1 線形回帰分析

表22.1は，ニクロム線の抵抗率ρをセルシウス温度tの関数としたときの典型的なデータを表にしたものである．それらのデータを図22.2にグラフに表した．図22.2および理論によって，ρとtの間に線形関係があることがわかる．私たちが知りたいのは，図22.2のデータにもっとも客観的な方法で直線をひく方法である．図22.3は，測定値の組とそれらのデータの間を通る直線をひいた図である．その直線の式が$y = a + bx$で表されるのであれば，$x = x_j$における直線から点y_jまでの垂直方向の距離d_jは，

$$d_j = y_j - (a + bx_j) \tag{22.1}$$

となる．すべての距離d_jの和が最小になるようなaとbを選ぶ．とくに，d_j^2の和が最小になるようにする．式で表すと，

$$S(a, b) = \sum_{j=1}^{n} d_j^2 = \sum_{j=1}^{n} (y_j - a - bx_j)^2 = (最小) \tag{22.2}$$

となる．ここで，nはデータの数である．この一般的な方法を最小二乗法という．式

表 22.1 ニクロム線の抵抗率ρをセルシウス温度tの関数としたときの典型的なデータ

$t/°C$	20	25	30	35	40	45	50
ρ	9.137	8.913	8.665	8.528	8.242	8.203	7.972

抵抗率の単位は，$m\Omega \times 10^{-7}$である．

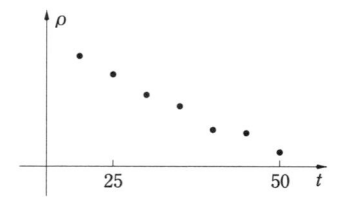

図 22.2 ニクロム線の抵抗率ρをセルシウス温度tの関数としたグラフ．抵抗率の単位は$m\Omega \times 10^{-7}$である．

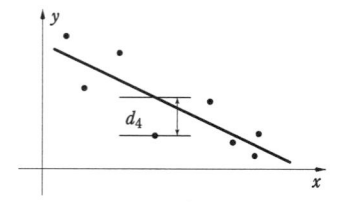

図 22.3 データ点とそれらの間を通る直線．直線を表す式が$y = a + bx$であれば，$x = x_j$における直線から点y_jまでの垂直方向の距離は$d_j = y_i - a - bx_j$である．

(22.2) の $S(a, b)$ を最小にするために,$\partial S/\partial a$ と $\partial S/\partial b$ をそれぞれ 0 に等しいとおいて a と b について解くと,

$$a = \bar{y} - b\bar{x} \quad \text{および} \quad b = \frac{\sum_{j=1}^{n} x_j y_j - n\bar{x}\bar{y}}{\sum_{j=1}^{n} x_j^2 - n\bar{x}^2} \tag{22.3}$$

を得る(問題 22-1).ここで,$\bar{y}$ と $\bar{x}$ はそれぞれ y と x の平均である.式(22.3)の一つ目の式は,$\bar{y} = a + b\bar{x}$ であることに注意せよ.

式(22.3)はそのままでも申し分ないくらい役立つが,b は習慣的に,

$$b = \frac{s_{xy}}{s_x^2} \tag{22.4}$$

のように表す.ここで,

$$s_x^2 = \frac{1}{n-1} \sum_{j=1}^{n} (x_j - \bar{x})^2 \tag{22.5}$$

であり,

$$s_{xy} = \frac{1}{n-1} \sum_{j=1}^{n} (x_j - \bar{x})(y_j - \bar{y}) \tag{22.6}$$

である.s_x^2 を標本分散といい,s_{xy} を標本共分散という.また,得られた直線を最小二乗直線という.

表 22.2 のデータでは,$\bar{t} = 35$,$\bar{\rho} = 8.523$,$s_t^2 = 116.7$,$s_{t\rho} = -4.449$ なので,

$$b = \frac{-4.449}{116.7} = -0.03812$$
$$a = 8.523 + (0.03812)(35) = 9.857$$

となる.つまり,最小二乗法によって得られた直線は,$\rho = 9.857 - 0.03812\,t$ となる(図 22.4).

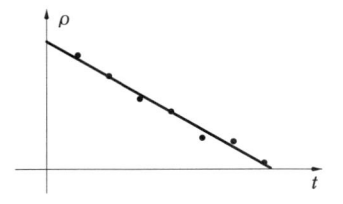

図 22.4 表 22.1 のデータとそのデータに最小二乗法を適用して得られた直線 $\rho = 9.857 - 0.03812\,t$.

例題 22-1

表 22.2 は，一酸化炭素のモル熱容量を絶対温度の関数として表にしたものである．これらのデータについて，最小二乗法で直線を決定せよ．

表 22.2 絶対温度の関数としての一酸化炭素のモル熱容量

T	600	650	700	750	800	850	900	950	1000
C_P	30.93	31.54	31.32	32.18	32.25	32.27	33.41	33.21	33.97

絶対温度 T の単位は K，モル熱量の単位は $J\,K^{-1}\,mol^{-1}$．

解： これらのデータから，直線を決定するのに必要な量は，

$$\overline{T} = 800 \qquad \overline{C}_P = 32.34$$
$$s_T^2 = 18\,750 \qquad s_{TC} = 134.0$$

である．これより，$b = s_{TC}/s_T^2 = 0.007\,147$，$a = 26.62$ となる．よって，最小二乗直線は，

$$C_P = 26.62 + 0.007\,147\,T$$

となる．これらのデータと結果は，図 22.5 にグラフにした．

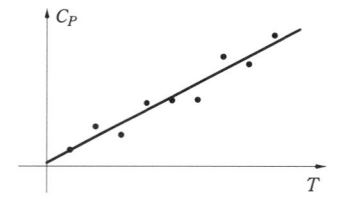

図 22.5 表 22.2 のデータとそのデータに最小二乗法を適用して得られた直線 $C_P = 26.64 + 0.007\,147\,T$．

式(22.3)で与えられた a と b の値は，選んだ標本[*1]に依存するので，どの標本を用いるかによって値が変わってくる．私たちが本当に知りたいのは，標本の集合体である母集団についての値である．それらのパラメーター（母数）を α と β で表し，最小二乗法を用いて決定した a と b を，α と β の最良の推定値として用いる．y_j は平均が $\mu(x) = \alpha + \beta x$ で表される正規分布であり（これは初歩的な統計においては標準的な仮定である），同じ分散をもつと仮定すると，α と β についての信頼区間とよばれる量を決定できる．いい換えると，95%や99%などの1に近い確率 η を選んで，

[*1] たとえば，熱容量の温度依存の測定をしたときに，一連の温度依存のデータをシリーズとよぶとする．同じ温度域でいくつかのシリーズのデータがあるときに，その内の1シリーズのデータを標本という．また，全シリーズのデータの集まりを母集団という．

22.1 線形回帰分析

$$\text{Prob}\{\alpha_1 \leq \alpha \leq \alpha_2\} = \eta$$
$$\text{Prob}\{\beta_1 \leq \beta \leq \beta_2\} = \eta \tag{22.7}$$

を満たすような組 (α_1, α_2) と (β_1, β_2) を決定する．この区間が，信頼度水準が η となる α と β の信頼区間である．

α と β の信頼区間を決める段階的な手順を以下に示す．これは，もっとも初歩的な統計の書籍に記載されている標準的な手順を少し単純化したものである．

段階 1: つぎの二つの量，

$$\sigma_a^2 = \frac{[(n-1)s_x^2 + n\bar{x}^2](s_y^2 - b^2 s_x^2)}{n(n-2)s_x^2} \tag{22.8}$$

および，

$$\sigma_b^2 = \frac{s_y^2 - b^2 s_x^2}{(n-2)s_x^2} \tag{22.9}$$

を計算する．

段階 2: 信頼度水準 η を決める（たとえば 95% や 99%）．

段階 3: $\sigma = 1$ となる正規分布 $p(z)$ の表を用いて，次式の γ の値を決定する（表22.3）．

$$\text{Prob}\{-\gamma \leq Z \leq \gamma\} = \int_{-\gamma}^{\gamma} p(z)\,\mathrm{d}z = \eta \tag{22.10}$$

段階 4: $\gamma\sigma_a$ と $\gamma\sigma_b$ を計算する．このとき，α と β の信頼区間は，

$$\text{Conf}\{a - \gamma\sigma_a < \alpha < a + \gamma\sigma_a\}$$

および，

$$\text{Conf}\{b - \gamma\sigma_b < \beta < b + \gamma\sigma_b\}$$

で与えられる．

表 22.3 式(22.10) を満足するいくつかの γ の値

η	γ
0.9000	1.645
0.9500	1.960
0.9800	2.326
0.9900	2.576
0.9950	2.810

例題 22-2 表 22.2 のデータを用いて、α と β について 95%の信頼区間を求めよ．

解： 例題 22-1 より，$\overline{T} = 800$, $\overline{C}_P = 32.34$, $s_T^2 = 18\,750$, $s_{TC} = 134.0$, $n = 9$, $a = 26.62$, そして $b = 0.007\,147$ である．さらに，表 22.2 より $s_C^2 = 1.0332$ がわかる．上述の段階的な手順にしたがって計算すると，

段階 1：
$$\sigma_a^2 = \frac{[(n-1)s_T^2 + n\overline{T}^2][s_C^2 - b^2 s_T^2]}{n(n-2)s_T^2}$$

$$= \frac{[(8)(18\,750) + (9)(800)^2][1.0332 - (0.007\,147)^2(18\,750)]}{(9)(7)(18\,750)}$$

$$= 0.3781$$

$$\sigma_b^2 = \frac{s_C^2 - b^2 s_T^2}{(n-2)s_T^2} = \frac{1.0332 - (0.007\,147)^2(18\,750)}{(7)(18\,750)}$$

$$= 5.73 \times 10^{-7}$$

つまり，$\sigma_a = 0.6149$, $\sigma_b = 0.000\,757$ となる．

段階 2： $\eta = 0.95$ とする．
段階 3： 表 22.3 より，$\gamma = 1.960$ である．
段階 4： Conf$\{25.41 < \alpha < 27.83\}$

であり

Conf$\{0.005\,66 < \beta < 0.008\,63\}$

である．つまり，α と β は 95%の確率でこの区間内にある．

22.2 相 関 分 析

これまで独立変数 (x_j) を，ほとんど確定できるものとして，通常の変数とみなしてきた．ここからは，X と Y の両方を確率変数（21.1 節参照）として扱う（確率変数 X, Y がとる値をそれぞれ x, y と表記している）．x と y の間の関係を判断する**標本相関係数**を，

$$r = \frac{s_{xy}}{s_x s_y} \qquad s_x > 0, \ s_y > 0 \tag{22.11}$$

と定義する．s_{xy} は正または負の値をとり，$s_x > 0$, $s_y > 0$ なので，r は正または負の値をとる．問題 22-4 で，

$$s_y^2 \geq \frac{s_{xy}^2}{s_x^2} \tag{22.12}$$

を示すことになるので，$r^2 \leq 1$, つまり $-1 \leq r \leq 1$ がわかる．さらに，$r^2 = 1$ であれ

ば，式(22.9)より σ_β は 0 であり，標本の組 (x_1, y_1)，(x_2, y_2)，……，(x_n, y_n) は直線上にある．その逆もまた真である．つまり，標本の組がすべて直線上にあれば $r^2 = 1$ である（問題 22-5）．一方，x_j と y_j の間にまったく関係がなければ，

$$\sum_{j=1}^{n} (x_j - \bar{x})(y_j - \bar{y})$$

の各項は，同じ割合で正または負の値をとるだろうから，s_{xy} の値，つまり結果として r は 0 となる．このとき，x_j と y_j には相関関係がないという．これらすべての結果から，r が x_j と y_j の間の線形相関の尺度となっていることがわかる（注意してもらいたいのは，$r = 0$ が x_j と y_j の間に相関がないことを意味しているわけではないことである．$r = 0$ はそれらの間に線形相関がないことを示しているだけである）．

例題 22-3　表 22.2 に与えられたデータを用いて r^2 の値を決定せよ．

解：
$$r^2 = \frac{s_{TC}^2}{s_T^2 s_C^2} = \frac{(134.0)^2}{(18\,750)(1.0332)} = 0.9269$$

となる．これは，与えられた温度範囲で一酸化炭素のモル熱容量と絶対温度の間に非常に強い線形関係があることを示している．

標本相関係数 r は，y と x の間の線形相関を本当に示す尺度となる母（母集団の）相関係数 ρ の概算である．つまり，y と x の間に本当は線形関係がないにもかかわらず，選択した n 個の標本の組が偶然に線形に並んで，r が 1 となることがあり得る．21.4 節で二つの確率変数の分散を，

$$\sigma_{XY} = \langle (x - \langle x \rangle)(y - \langle y \rangle) \rangle \tag{22.13}$$

と定義した．式(22.13)で，$\langle x \rangle$ と $\langle y \rangle$ は，それぞれ X と Y の平均値である．r について表した式(22.11)から類推して，母相関係数 ρ を，

$$\rho = \frac{\sigma_{XY}}{\sigma_X \sigma_Y} \tag{22.14}$$

と定義する．ここで，$\sigma_X^2 = \langle (x - \langle x \rangle)^2 \rangle$，$\sigma_Y^2 = \langle (y - \langle y \rangle)^2 \rangle$ である．母相関係数は，標本相関係数と似た性質をもつ．たとえば，$-1 \leq \rho \leq 1$ であり，Y と X は $\rho^2 = 1$ であれば線形関係である．$\rho = 0$ であれば，X と Y の間には相関がないという．式(22.13)によって，X と Y が独立であれば，$\sigma_{XY} = 0$ であることが示される（問題 22-6）．つまり，

確率変数 X, Y が独立であれば，それらの間には相関がない．

X と Y が両方とも正規分布であると仮定すれば，ρ についての信頼区間が計算できる．まず，証明はしないでその段階的な手順を示す．この手順は，ときどき大標本手順とよばれる．

段階 1: つぎの量を計算する．

$$z = \frac{1}{2}\ln\frac{1+r}{1-r}$$

段階 2: 信頼度水準 η を決める（たとえば 95％や 99％）．

段階 3: $\sigma = 1$ となる正規分布 $p(z)$ の表を用いて（表 22.3），次式の γ の値を決定する．

$$\mathrm{Prob}\{-\gamma \leq Z \leq \gamma\} = \int_{-\gamma}^{\gamma} p(z)\,\mathrm{d}z = \eta$$

段階 4: $\rho_1 = \tanh\left(z - \dfrac{\gamma}{\sqrt{n-3}}\right)$ と $\rho_2 = \tanh\left(z + \dfrac{\gamma}{\sqrt{n-3}}\right)$ を計算する．このとき，ρ についての信頼区間は，

$$\mathrm{Conf}\{\rho_1 \leq \rho \leq \rho_2\}$$

で与えられる．

例題 22-4 表 22.2 のデータを用いて母相関係数 ρ の 95％の信頼区間を求めよ．

解： 例題 22-3 にしたがって，$r = (0.9269)^{1/2} = 0.9628$ である．

段階 1: $z = \dfrac{1}{2}\ln\dfrac{1+r}{1-r} = \dfrac{1}{2}\ln\dfrac{1.9628}{0.0372} = 1.983$

段階 2: $\eta = 0.950$

段階 3: 表 22.3 を用いて，$\gamma = 1.960$

段階 4: $\rho_1 = \tanh\left(1.983 - \dfrac{1.960}{\sqrt{6}}\right) = \tanh(1.18) = 0.828$

$\rho_2 = \tanh\left(1.983 + \dfrac{1.960}{\sqrt{6}}\right) = \tanh(2.78) = 0.992$

なので，95％の信頼区間は，

$$\mathrm{Conf}\{0.828 \leq \rho \leq 0.992\}$$

となる．

22.3 測定誤差の伝搬

本章のさいごに,測定における誤差の伝搬という重要な話題について議論する. $f(x, y)$ を, x と y をべつべつに測定することによって決定できる量とする. たとえば $f(x, y)$ を長方形の面積としよう. 面積は, 幅 x と高さ y を測定することによって, $A = xy$ と決定できる. いま, x と y を測定して (x_1, y_1), (x_2, y_2), ……, (x_n, y_n) の組が得られたとしよう. x と y の平均と標本分散は,

$$\bar{x} = \frac{1}{n} \sum_{j=1}^{n} x_j \quad \text{および} \quad \bar{y} = \frac{1}{n} \sum_{j=1}^{n} y_j \tag{22.15}$$

$$s_x{}^2 = \frac{1}{n-1} \sum_{j=1}^{n} (x_j - \bar{x})^2 \quad \text{および} \quad s_y{}^2 = \frac{1}{n-1} \sum_{j=1}^{n} (y_j - \bar{y})^2 \tag{22.16}$$

にしたがって計算できる. また, $f_j = f(x_j, y_j)$ にしたがって, n 個の (x_j, y_j) の組から n 個の $f(x, y)$ の値が計算できるので,

$$\bar{f} = \frac{1}{n} \sum_{j=1}^{n} f(x_j, y_j) \quad \text{および} \quad s_f{}^2 = \frac{1}{n-1} \sum_{j=1}^{n} (f_j - \bar{f})^2 \tag{22.17}$$

を求められる. s_x と s_y は x_j と y_j の不正確さを表す尺度なので, s_f は $f(x_j, y_j)$ の不正確さを表す尺度である.

この不正確さが通常程度に小さいと仮定すると, $f_j = f(x_j, y_j)$ は $x_j = \bar{x}$ と $y_j = \bar{y}$ についてテイラー級数に展開できる(問題 3-26 参照)ので,

$$f_j = f(x_j, y_j) = f(\bar{x}, \bar{y}) + \left(\frac{\partial f}{\partial x}\right)_{\bar{x}, \bar{y}} (x_j - \bar{x}) + \left(\frac{\partial f}{\partial y}\right)_{\bar{x}, \bar{y}} (y_j - \bar{y}) + \cdots\cdots \tag{22.18}$$

を得る. 式 (22.18) の両辺を n で割って, j について和をとると(問題 21-18 参照),

$$\bar{f} = f(\bar{x}, \bar{y}) \tag{22.19}$$

となる. $f(x, y) = xy$ が長方形の面積を表すとすると, $\bar{A} = \bar{x}\bar{y}$ である.

また, (x_j, y_j) のデータの組の不正確さについて $s_f{}^2$ を決定できる. 式 (22.18) と式 (22.19) を $s_f{}^2$ に代入して(式 (22.17)),

$$s_f{}^2 = \left(\frac{\partial f}{\partial x}\right)_{\bar{x}, \bar{y}}^2 s_x{}^2 + \left(\frac{\partial f}{\partial y}\right)_{\bar{x}, \bar{y}}^2 s_y{}^2 + 2 \left(\frac{\partial f}{\partial x}\right)_{\bar{x}, \bar{y}} \left(\frac{\partial f}{\partial y}\right)_{\bar{x}, \bar{y}} s_{xy}{}^2 \tag{22.20}$$

を得る(問題 22-18). ここで, $s_x{}^2$, $s_y{}^2$, および $s_{xy}{}^2$ は以前に定義している(式 (22.5) と式 (22.6)). x_j と y_j が独立であれば, $s_{xy} = 0$ となって, 式 (22.20) は, 測定理論にお

ける標準的な公式である，

$$s_f^2 = \left(\frac{\partial f}{\partial x}\right)_{\bar{x},\bar{y}}^2 s_x^2 + \left(\frac{\partial f}{\partial y}\right)_{\bar{x},\bar{y}}^2 s_y^2 \tag{22.21}$$

を与える．

例題 22-5 球の質量と直径を測定することによって密度を求める．何回かの測定によって，その球の平均質量は 106.4 g でその標準偏差は 0.50 g，平均直径は 4.321 cm でその標準偏差は 0.0010 cm であることがわかった．平均密度とその標準偏差を決定せよ．

解： 球の密度は $\rho = m/(\pi d^3/6) = 6m/\pi d^3$ で与えられるので，平均密度は，

$$\bar{\rho} = \frac{6\bar{m}}{\pi \bar{d}^3} = \frac{6(106.4 \text{ g})}{\pi(4.321 \text{ cm})^3} = 2.519 \text{ g cm}^{-3}$$

となる．分散は，

$$\begin{aligned}
s_\rho^2 &= \left(\frac{\partial \rho}{\partial m}\right)_{\bar{m},\bar{d}}^2 s_m^2 + \left(\frac{\partial \rho}{\partial d}\right)_{\bar{m},\bar{d}}^2 s_d^2 \\
&= \left(\frac{6}{\pi \bar{d}^3}\right)^2 s_m^2 + \left(-\frac{18\bar{m}}{\pi \bar{d}^4}\right)^2 s_d^2 \\
&= (5.604 \times 10^{-4})(0.50)^2 + (3.058)(0.0010)^2 \\
&= 1.436 \times 10^{-4}
\end{aligned}$$

で与えられるので，$s_\rho = \pm 0.01198$ となる．この結果は，よく $\rho = 2.519 \pm 0.012 \text{ g cm}^{-3}$ の形で表される．

問題

22-1. 式 (22.3) を導け.

22-2. 式 (22.3) と式 (22.4) は, 式 (22.5) と式 (22.6) を介して一致することを示せ.

22-3. 最小二乗法によってひいた回帰曲線は, つねに点 $(\bar{x}, \bar{y})$ を通ることを示せ.

22-4. 式 (22.2) の $S(a, b)$ は,

$$S = (n-1)(s_y^2 - b^2 s_x^2) = (n-1)\left(s_y^2 - \frac{s_{xy}^2}{s_x^2}\right)$$

と表せることを示せ. ここで,

$$s_y^2 = \frac{1}{n-1}\sum_{j=1}^{n}(y_j - \bar{y})^2$$

である. また, $s_y^2 \geq \dfrac{s_{xy}^2}{s_x^2}$ を示せ.

22-5. 標本の組が直線上にあるならば, 相関係数 $r = \pm 1$ であることを示せ.
ヒント: 問題 22-4 の結果を用いるとよい.

22-6. X と Y が独立な確率変数ならば, 式 (22.13) に与えられている σ_{XY} は 0 となることを示せ.

22-7. 以下のデータについて最小二乗法によって回帰曲線を決定せよ.

x	0.00	0.25	0.50	0.75
y	−0.2765	0.0605	1.132	1.854
x	1.00	1.25	1.50	1.75
y	2.300	2.925	4.422	3.248
x	2.00	2.25	2.50	2.75
y	4.120	4.453	5.631	5.125
x	3.00	3.25	3.50	3.75	4.00
y	5.412	6.684	7.307	7.726	8.400

22-8. 問題 22-7 のデータを用いて, α と β についての 95% の信頼区間を求めよ.

22-9. 問題 22-7 のデータを用いて, 相関係数 r を求めよ.

22-10. ある高分子溶液の粘性率を η' とし, 溶媒の粘性率を η とする. このとき $(\eta' - \eta)/\eta = \eta_{sp}$ を溶液の比粘性率という. c を高分子溶液の濃度とすると, 理論では η_{sp}/c は c とともに線形に変化する. 表 22.4 はその代表的なデータである. このデータを用いて, 最小二乗法で直線を決定せよ.

22-11. 問題 22-10 のデータを用いて, α と β についての 99% の信頼区間を求めよ.

22-12. 問題 22-7 と問題 22-10 のデータを用いて, 99% の信頼区間を満たす母相関係数 ρ を求めよ.

22-13. 光電効果において, ある金属表面に電磁放射線をあてると, 電子がその表面から飛び出てくる. 飛び出た電子のエネルギーは, 光電子電流が 0 となる電位を測定することによって決定される. 光電効果の理論によると静止電位 ϕ_s は, 放射振動数と $\phi_s = a\nu + b$ で表せる線形関係がある. 表 22.5 のデータを用いて a と b の最小二乗値と相関係数 r の値を求めよ.

22-14. 問題 22-13 のデータを用いて, α と β についての 90% の信頼区間を求めよ.

22-15. 問題 22-13 のデータを用いて, 母相関係数 ρ についての 90% の信頼区間を求めよ.

22-16. 表 22.6 は水の蒸気圧 P/torr とそれに対応する温度 $t/°C$ のデータである. 熱力学によると, $1/T$ に対して $\ln P$ をグラフにすると

表 22.4 アルコール中のニトロセルロースの比粘性率

c	0.00	0.10	0.20	0.30	0.40	0.50	0.60	0.70	0.80	0.90	1.00
η_{sp}/c	9.04	10.2	11.7	13.6	14.8	16.4	17.7	19.9	20.5	22.3	23.9

c の単位は g dm^{-3}.

表 22.5 ナトリウム金属における光電効果の静止電位

ν	0.46	0.48	0.50	0.52	0.54	0.56	0.58	0.60
ϕ_S	0.0834	0.315	0.182	0.340	0.786	0.352	0.731	0.430

振動数 ν の単位は $10^{15}\,\text{Hz}$, 静止電位 ϕ_s の単位は V.

近似的に直線になるはずである．それらのデータの最小二乗法によって直線の式を求めよ．

22-17. 問題22-16のデータを用いて，αとβについての99.5%の信頼区間を求めよ．

22-18. 式(22.18)と式(22.19)を式(22.17)に代入して，式(22.20)を導け．

22-19. 軽い円筒形のシリンダーの高さと半径を測定して，その体積を決定する場合を考える．何回か測定すると，平均の高さは$16.06\,\text{cm}$，その標準偏差は$0.015\,\text{cm}$であり，平均半径は$3.751\,\text{cm}$，その標準偏差は$0.018\,\text{cm}$だった．シリンダーの平均体積とその標準偏差を求めよ．

22-20. 気体の圧力は，値が小さいときは理想気体の状態方程式 $P = \dfrac{nRT}{V}$ を満たす．ここでn/molは物質量，T/Kは絶対温度，V/Lは体積，Rは気体定数でその値は $0.083\,145\,\text{L bar K}^{-1}\,\text{mol}^{-1}$ である．n, T, V を測定して圧力を決定したい．

$\overline{n} = 0.1025\,\text{mol}$, $s_n = 0.006\,52\,\text{mol}$,
$\overline{T} = 286.30\,\text{K}$, $s_T = 0.196\,\text{K}$,
$\overline{V} = 30.444\,\text{L}$, $s_V = 0.0959\,\text{L}$

のとき，気体の平均圧力とその標準偏差を求めよ．

表 22.6 水の蒸気圧 P/torr とそれに対応するセルシウス温度 $t/°\text{C}$

t	0	5	10	15	20	25	30
P	4.6	6.5	9.2	12.8	17.4	23.8	31.6
t	35	40	45	50	55	60	65
P	42.2	55.3	71.9	92.5	118.0	149.4	187.5
t	70	75	80	85	90	95	100
P	233.7	289.1	355.1	433.6	525.8	633.9	760

23

数 値 計 算 法

　大学の物理化学の講義で出てくるほとんどの問題は，方程式が解析的に解けるものである．方程式のほとんどは二次方程式なので，二次方程式の公式を用いて簡単に解くことができる．積分のほとんどは積分の表を用いることができるので，これも簡単に計算できる．また，変数がいくつかある一次方程式も，変数がせいぜい二つか三つなので，解くのは容易である．しかし，実際に研究を始めてみると，容易に問題が解けることはほとんどなく，数値的な答えを求めるために数値計算法に頼らなければならない．数値計算法には多くの決まったやり方があり，それらを適用することで，多くの変数からなる方程式を解いたり，表には与えられていない積分を計算したり，次元の大きな行列の固有値や固有ベクトルを求めたり，そのほかさまざまなタイプの問題を解くことができる．数値計算法については多くの著書があるので，本章では，一覧するだけにとどめ，以下の四つのタイプの問題を議論する．① 代数方程式の解の決定，② 積分の数値計算，③ 級数の和の数値計算，④ 連立一次方程式の解法．

23.1　方程式の解

　二次方程式の解が二つであることは，高校で学んだだろう．つまり，二次方程式の解は，

$$x = \frac{-b \pm \sqrt{b^2 - 4ac}}{2a}$$

と与えられる．たとえば，二次方程式 $x^2 + 3x - 2 = 0$ を満たす x の二つの値（これを**解**または**根**という）は，

$$x = \frac{-3 \pm \sqrt{17}}{2}$$

となる．三次方程式，四次方程式の解の公式は，あるにはあるが非常に使い勝手が悪い．さらに，五次方程式あるいはそれより高次の方程式に解の公式はない．実際に，そのような三次以上の方程式によく出くわすので，それらを扱う術を学ばなければならない．一方，関数電卓やパソコンの進歩によって，多項式や $x - \cos x = 0$ などの方程式の数値解は，ある定まった方法で求められる．多項式やそのほかの方程式は，原理的には"力任せの"試行錯誤によって解けるが，いまでは，しっかりと確立したやり方を用いると，ほとんど望む精度で答えを求めることができる．数値計算で方程式の解を求める方法で，もっとも広く知られているやり方は，おそらくニュートン-ラフソン法である．この方法は，図を用いてうまく説明できる．図 23.1 は，$y = f(x)$ で表されるある関数を x に対して示したものである．方程式 $f(x) = 0$ の解を x_* で表す．ニュートン-ラフソン法の考え方は，x_* に"十分近い" x の初期値（以下 x_0 と記す）を推測し，x_* に近づけていくことである．図 23.1 のように，まず x_0 での関数 $f(x)$ の接線を求める．この接線が横軸（x 軸）と交わるときの x の値（これを x_1 とする）は，非常に高い頻度で x_0 よりも x_* に近い値となる．つぎに，この x_1 での関数 $f(x)$ の接線を求めて，これが横軸と交わるときの値を x_2 とする．この x_2 は x_1 よりもさらに x_* に近い値となる．この過程を繰り返し行うことにより（反復適用），本質的には望む精度で x_* に近づくことができる．

図 23.1 を用いて，x の反復値についての便利な公式が得られる．x_n での $f(x)$ の傾き $f'(x_n)$ は，次式で与えられる．

$$f'(x_n) = \frac{f(x_n) - 0}{x_n - x_{n+1}}$$

この方程式を x_{n+1} について解くと，

$$x_{n+1} = x_n - \frac{f(x_n)}{f'(x_n)} \tag{23.1}$$

と与えられる．これが，ニュートン-ラフソン法における反復公式である．この公式を適

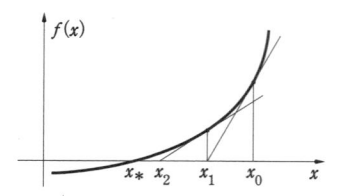

図 23.1 ニュートン-ラフソン法の図示．

表 23.1 ニュートン-ラフソン法を方程式 $f(x) = 4x^3 - 8.72x^2 + 8.72x - 2.18 = 0$ の解を求めるさいに適用した結果

n	x_n	$f(x_n)$	$f'(x_n)$
0	0.250	-4.825×10^{-1}	5.110
1	0.344	-4.772×10^{-2}	4.137
2	0.356	-7.491×10^{-4}	4.003
3	0.356		

用して,つぎの反応式を考える.

$$2\text{NOCl}(g) \rightleftharpoons 2\text{NO}(g) + \text{Cl}_2(g)$$

この反応式の平衡定数はある温度で 2.18 である.1 atm の NOCl 気体が,何も入っていない反応容器に導入されたとき,平衡状態に達したときの分圧は,$P_{\text{NOCl}} = 1.00 - 2x$,$P_{\text{NO}} = 2x$,$P_{\text{Cl}_2} = x$ であり,それらの分圧は平衡定数の式を満たしているので,

$$\frac{P_{\text{NO}}{}^2 P_{\text{Cl}_2}}{P_{\text{NOCl}}{}^2} = \frac{(2x)^2 x}{(1.00 - 2x)^2} = 2.18$$

となる.つまり,$f(x)$ は,

$$f(x) = 4x^3 - 8.72x^2 + 8.72x - 2.18 = 0$$

となる.反応式中の化学量論的な理由から,求めたい x の値は,0 と 0.5 の間になければならない(x が 0.5 より大きいと,$P_{\text{NOCl}} < 0$ と NOCl の分圧が負の値になり,現実にあり得ない状況となる).そこで,最初の推定値(x_0)として 0.250 を選ぼう.表 23.1 は式 (23.1) を用いた結果を示す.この計算が,たった 3 回の計算で有効数字 3 桁まで収束したことに着目しよう.

例題 23-1

不完全気体を議論するさいに三次方程式,

$$x^3 + 3x^2 + 3x - 1 = 0$$

を解くことがある.ニュートン-ラフソン法を用いてこの方程式の解を小数点以下第 5 位まで求めよ.

解: 方程式を,

$$f(x) = x^3 + 3x^2 + 3x - 1 = 0$$

とかく.調べてみると,解は 0 と 1 の間にあることがわかる.$x_0 = 0.5$ を用いると,結果はつぎの表のようになる.

n	x_n	$f(x_n)$	$f'(x_n)$
0	0.500 000	1.375 00	6.750 0
1	0.296 300	0.178 294	5.041 18
2	0.260 930	0.004 809	4.769 83
3	0.259 920	−0.000 005	4.762 20
4	0.259 920		

答えは，小数点以下第5位まで算出して $x = 0.25992$ となる．注目してほしいのは，$f'(x_n)$ がさほど変化していないのに対して，$f(x_n)$ は $f(x) = 0$ を満たす x の値に近づくべく，各段階で十分小さな値になっていくことである．同じような変化は，表23.1でもみてとれる．

ニュートン–ラフソン法は，強力なだけに，つねにうまくはたらくとは限らない．うまくはたらくときは明らかにうまくいくが，そうでないときははっきりとうまくいかないことがわかる．うまくはたらかない印象的な例としては，$x_* = 0$ の場合の方程式 $f(x) = x^{1/3}$ がある．この方程式を，ニュートン–ラフソン法によって $x_0 = 1$ からはじめると，$x_1 = -2$, $x_2 = +4$, $x_3 = -8$, ……となって収束しない．図23.2になぜこの方法が収束しないかを示す．このことからわかるのは，適切な解がどのあたりにあるのかという見当をつけ，対象とする関数に特異な性質がないことを確かめるために，つねにまず $f(x)$ のグラフを描くべきだということである．ニュートン–ラフソン法を熟練するために問題23–1から問題23–8に取り組もう．

23.2 数値積分

積分にも数値計算法がある．曲線と横軸に囲まれた領域の面積が積分，

$$I = \int_a^b f(u)\,du \tag{23.2}$$

で与えられ，図23.3の影をつけた領域で示されている．微積分の基本定理によると，

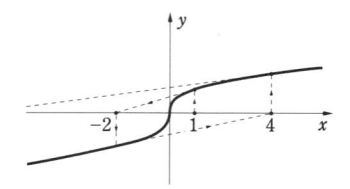

図23.2 $y = x^{1/3}$ のグラフ．ニュートン–ラフソン法がうまくいかない場合を示す．

23.2 数値積分

$F(x) = \int_a^x f(u)\,du$ であれば $\dfrac{dF}{dx} = f(x)$ である．すなわち，その微分が $f(x)$ となるような初等関数 $F(x)$ がなければ，$f(x)$ の積分は解析的に計算できない．初等関数とは，多項式，三角関数，指数関数，対数関数のいくつかの組みあわせで表せる関数のことである．

多くの積分が解析的に計算できないことがわかる．初等関数で計算できない積分でとくに重要な例は，

$$\phi(x) = \int_0^x e^{-u^2}\,du \tag{23.3}$$

である．式 (23.3) によって誤差関数が定義できる (4.3 節参照)．任意の x に対する $\phi(x)$ は，曲線 $f(u) = e^{-u^2}$ に $u = 0$ から $u = x$ までの間で囲まれた面積で与えられる．

式 (23.2) で与えられる面積，つまり図 23.3 の影をつけた部分の面積という，より一般的な場合を考えよう．この面積はいくつかの方法で近似できる．まず a と b の間を n 個の等間隔の小区間 $u_1 - u_0,\ u_2 - u_1,\ \cdots\cdots,\ u_n - u_{n-1}$ に分ける．ここで，$u_0 = a$, $u_n = b$ である．$j = 0, 1, \cdots\cdots, n-1$ について，$h = u_{j+1} - u_j$ とおく．図 23.4 は，小区間 $u_j - u_{j+1}$ を拡大して示したものである．曲線より下の面積を近似する一つの方法は，図 23.4 のように点 $f(u_j)$ と $f(u_{j+1})$ を直線でつなぐことである．$f(u)$ の a と b の間を直線で近似した面積は長方形の面積 $[hf(u_j)]$ と三角形の面積 $\left\{\dfrac{1}{2}h[f(u_{j+1}) - f(u_j)]\right\}$ の和である．$u = a$ から $u = b$ までの間に囲まれた曲線の面積は，次式の和で表される．

$$\begin{aligned}I \approx I_n = &\ hf(u_0) + \frac{h}{2}[f(u_1) - f(u_0)] + \\ &\ hf(u_1) + \frac{h}{2}[f(u_2) - f(u_1)] + \\ &\ \vdots \\ &\ hf(u_{n-2}) + \frac{h}{2}[f(u_{n-1}) - f(u_{n-2})] +\end{aligned}$$

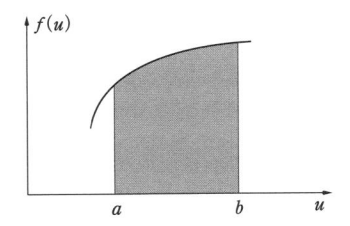

図 23.3 a から b までの $f(u)$ の積分は，影で表した部分の面積となる．

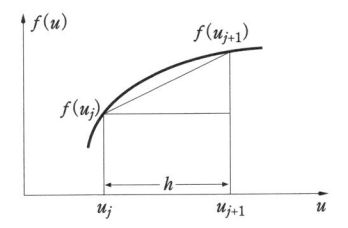

図 23.4 台形近似における $j+1$ 番目の小区間の領域の例．

$$hf(u_{n-1}) + \frac{h}{2}[f(u_n) - f(u_{n-1})]$$
$$= \frac{h}{2}[f(u_0) + 2f(u_1) + 2f(u_2) + \cdots\cdots + 2f(u_{n-1}) + f(u_n)] \qquad (23.4)$$

式(23.4)の係数は，1, 2, 2, ……, 2, 1 となることに注意しよう．式(23.4)は，$n = 10$ くらいまでなら電卓で計算できるし，n が大きな値になるとパソコンで計算できる．式(23.4)で与えられる積分の近似を台形近似という．誤差は Ah^2 となる．ここで A は定数で，その値は関数 $f(u)$ の性質に依存する．実際，M を区間 (a, b) での $|f''(u)|$ の最大値とすると，誤差は最大でも $M(b-a)h^2/12$ となる．表23.2 は，

$$\phi(1) = \int_0^1 e^{-u^2} du \qquad (23.5)$$

の $n = 10\ (h = 0.1)$，$n = 100\ (h = 0.01)$，$n = 1000\ (h = 0.001)$ における値を示す．その積分値の"確立した"値（つまり，より高度な数値積分法を用いて算出した値）は，小数点以下第 8 位まで計算して 0.746 824 13 となる．

より正確な数値積分は，図23.4 の $f(u)$ の近似を直線よりも良い近似をすることによってできる．$f(u)$ を二次関数で近似すると，シンプソン近似となり，その公式は，

$$I_{2n} = \frac{h}{3}[f(u_0) + 4f(u_1) + 2f(u_2) + 4f(u_3) + 2f(u_4) + \cdots\cdots +$$
$$2f(u_{2n-2}) + 4f(u_{2n-1}) + f(u_{2n})] \qquad (23.6)$$

となる．係数が 1, 4, 2, 4, 2, 4, ……, 4, 2, 4, 1 となることに注意しよう．式(23.6)で I_{2n} としたのは，シンプソン近似において偶数個の間隔を必要とすることによる．表23.3 は $\phi(1)$ の値を，$n = 10, 100, 1000$ のときについて表したものである．

$n = 100$ のときに，その計算結果は"確立した"値と小数点以下第 8 位で 1 しか違わないことに注意しよう．台形近似の誤差が h^2 にしたがって小さくなっていくのに対して，シンプソン近似は h^4 にしたがって小さくなっていく．実際に，M を区間 (a, b) での

表 23.2 式(23.5)で与えられる $\phi(1)$ の計算に，台形近似（式(23.4)）をあてはめた結果

n	h	I_n
10	0.1	0.746 218 00
100	0.01	0.746 818 00
1000	0.001	0.746 824 07

"確立した"値は，小数点以下第 8 位まで算出して，0.746 824 13 である．

23.2 数値積分

表 23.3 シンプソン近似(式(23.6))を式(23.5)に与えられている $\phi(1)$ に適用した結果

n	h	I_{2n}
10	0.1	0.746 824 94
100	0.01	0.746 824 14
1000	0.001	0.746 824 13

"確立した"値は,小数点以下第8位まで算出して,0.746 824 13 である.

$|f^{(4)}(u)|$ ($f(u)$ の四階微分の絶対値) の最大値であるとすると,その誤差は,最大でも $M(b-a)h^4/180$ となる.問題23-9から問題23-12までは,台形近似やシンプソン近似を用いる例である.

例題 23-2

単原子分子からなる結晶のモル熱容量はデバイ理論によると,

$$\overline{C}_V = 9R\left(\frac{T}{\Theta_D}\right)^3 \int_0^{\Theta_D/T} dx \frac{x^4 e^x}{(e^x - 1)^2}$$

で与えられる.ここで,R はモル気体定数 (8.314 J K^{-1} mol^{-1}),Θ_D は結晶の特徴を表す変数であり,デバイ温度という.銅のデバイ温度は $\Theta_D = 309$ K である.銅の $T = 103$ K におけるモル熱容量を計算せよ.

解: $T = 103$ K において,数値計算する基本的な積分は,

$$I = \int_0^3 dx \frac{x^4 e^x}{(e^x - 1)^2}$$

である.式(23.4)の台形近似と式(23.6)のシンプソン近似を用いると,積分値 I としてつぎの表が得られる.

n	h	I_n(台形近似)	I_{2n}(シンプソン近似)
10	0.3	5.9725	5.9648
100	0.03	5.9649	5.9648
1000	0.003	5.9648	5.9648

103 K におけるモル熱容量は,

$$\overline{C}_V = 9R\left(\frac{103\text{ K}}{309\text{ K}}\right)^3 I$$

で与えられるので,$\overline{C}_V = 16.5$ J K^{-1} mol^{-1} となる.これは実験値と一致する.

23.3 級数の和

すべての n について u_n は正の項 $(u_n \geq 0)$ であるような収束する級数,

$$s = \sum_{n=1}^{\infty} u_n \tag{23.7}$$

を仮定しよう. S_N をこの級数の第 N 項までの部分和 $(\sum_{n=1}^{N} u_n)$, R_N を第 N 項より後の項の和であるとすると,

$$s = S_N + R_N \tag{23.8}$$

となる. 実際の問題となるのは, S_N はどのくらい s に近づくのか, いい換えると, R_N は s に比べてどのくらい小さいのか, である. この問題に答えるために, 図 23.5 を参考にしよう. この図の実線で表した曲線は, $n = 1, 2, \cdots$ で $f(n) = u_n$ を満たすように滑らかに変化する連続関数 $f(x)$ である. この図からわかるように, $f(1) = u_1$, $f(2) = u_2$, $\cdots$ となる. 任意の N を選んだとき, N より大きな値での曲線 $f(x)$ より下の部分の面積は, $N+1$ 以降の長方形を足しあわせて得られた面積より大きい. これを式で表すと,

$$\int_N^{\infty} f(x)\,dx \geq \sum_{n=N+1}^{\infty} u_n = R_N \tag{23.9}$$

となる.

この結果を用いて, $s = \sum_{n=1}^{\infty} n^{-2}$ で表される級数 s に対する S_N の近似値を算出しよう. このとき, $f(x) = 1/x^2$ なので,

$$R_N \leq \int_N^{\infty} \frac{dx}{x^2} = \frac{1}{N} \tag{23.10}$$

である. 表 23.4 によって, S_N, R_N および式 (23.10) で与えられる積分境界を比較できる. 級数が非常にゆっくりと収束することに注目しよう. 小数点以下第 5 位で ± 1 の精度になるのに項の数が 10 万になる.

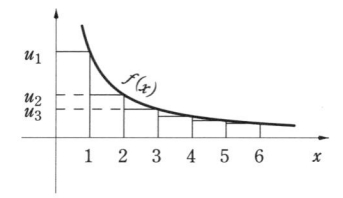

図 23.5 式 (23.9) が有効であることを理解するための補助図.

23.3 級数の和

表 23.4 級数 $\sum_{n=1}^{\infty} n^{-2}$ の部分和 (S_N) と第 N 項より後の項の和 (R_N) および式(23.10)で与えられる積分境界の比較

N	S_N	R_N	積分境界
500	1.642 94	0.001 998 0	0.002 000
1000	1.643 93	0.000 999 5	0.001 000
2000	1.644 43	0.000 499 9	0.000 500
3000	1.644 60	0.000 332 8	0.000 333
4000	1.644 68	0.000 250 0	0.000 250
5000	1.644 73	0.000 200 0	0.000 200
10 000	1.644 83	0.000 100 0	0.000 100

級数の厳密値は $\pi^2/6 = 1.644\,93\cdots$ である.

例題 23-3 $S = \sum_{n=1}^{\infty} n^{-4}$ を小数点以下第 4 位の値が 1 以下の誤差となるように小数点以下第 4 位まで計算せよ.

解: この問題の場合, 式(23.9)は,

$$R_N = \sum_{n=N+1}^{\infty} \frac{1}{n^4} \le \int_N^{\infty} \frac{dx}{x^4} = \frac{1}{3N^3}$$

となる. $N = 19$ でこの値は, 0.000 05 より小さくなる. 第 19 項までの部分和は 1.082 28 となり, 級数の厳密値 $\pi^4/90 = 1.082\,32$ とほぼ同じ値となる. この級数は, 級数 $\sum_{n=1}^{\infty} n^{-2}$ よりもかなり速く収束することに注意しよう.

この方法は, べき級数にも適用できる. このべき級数を用いて e^3 を求めよう. この場合,

$$e^3 = S_n + R_N = \sum_{n=0}^{N} \frac{3^n}{n!} + \sum_{n=N+1}^{\infty} \frac{3^n}{n!} \tag{23.11}$$

となる. 境界の関数は $f(x) = 3^x/x!$ なので, 式(23.9)は,

$$R_N \le \int_N^{\infty} dx \frac{3^x}{x!} \tag{23.12}$$

となる. この積分を数値で求めなければならないのだが, さほど難しくはない. 表 23.5 に数式処理システム (CAS) によって簡単に得られたいくつかの N の値に対する S_N, R_N とその積分境界を比較した値を表す. たとえば表 23.5 によって, 項の数が 13 のとき小数点以下第 4 位程度の精度となることがわかる.

表 23.5 式(23.11)で与えられる R_N と式(23.12)で与えられる積分境界の比較

N	S_N	R_N	積分境界
10	20.0797	0.005 872	0.012 344
11	20.0841	0.001 434	0.003 168
12	20.0852	0.000 324	0.000 751
13	20.0855	0.000 068	0.000 165
14	20.0855	0.000 013	0.000 034

級数の"確立した"値は 20.085 54…… である．

いままで述べてきた方法は，すべて正の項からなる級数にとくに有効である．ではつぎに，正と負が交互にでてくる交項級数，

$$s = \sum_{n=0}^{\infty} (-1)^n u_n$$

を考えてみよう．ここで，$u_n \geq 0$ である．交項級数の場合，$n = N$ より後の級数を省略したときの誤差は，省略した最初の項よりも絶対値において小さい．すなわち，

$$\left| s - \sum_{n=0}^{N} (-1)^n u_n \right| < |u_{N+1}| \tag{23.13}$$

となる．

式(23.13) を，

$$e^{-x} = \sum_{n=0}^{\infty} \frac{(-x)^n}{n!} = \sum_{n=0}^{\infty} \frac{(-1)^n x^n}{n!}$$

に適用しよう．ここで，x は正の値である．$n = N$ より後の級数を切り捨てると，正確な値との差（誤差）の絶対値 $|R_N|$ は，

$$|R_N| \leq \frac{x^{N+1}}{(N+1)!} \tag{23.14}$$

表 23.6 $x = 3$ のときの不等式(23.14) の評価

N	S_N	$|R_N|$	$|x|^{N+1}/(N+1)!$
9	0.037 054	0.012 733 5	0.016 272
11	0.048 888	0.000 899 1	0.001 109
13	0.049 741	0.000 045 6	0.000 055
15	0.049 786	0.000 001 2	0.000 002
17	0.049 787	$<10^{-7}$	$<10^{-7}$

を満たす．表 23.6 は $x=3$ のときの式(23.14)の不等式を評価したものである．ここで，$e^{-3}=0.0049787\cdots$ である．

23.4 連立一次方程式

17.3 節のクラメールの規則は，連立一次方程式を体系的で無駄なく解くことができるが，多くの行列式を求める必要があるため，便利ではない．本節では，連立方程式を解くもう一つの方法（ガウスの消去法という）を紹介する．これは，クラメールの規則に比べて，計算するさいにより便利な方法である．本章で紹介してきたすべての数値計算法と同様に，ガウスの消去法は複雑になっていくアルゴリズムの階層の最初のものにすぎない．しかし，この方法を紹介する前に，連立一次方程式について，いくつかの一般的な考え方を述べておく．

まず，二つの変数 x_1, x_2 からなる二つの方程式から始めよう．

$$a_{11}x_1 + a_{12}x_2 = h_1$$
$$a_{21}x_1 + a_{22}x_2 = h_2$$

この二つの方程式を幾何学的に考えると，以下の三つの可能性がある（図 23.6）．① 二つの直線が交わり，解を一つもつ場合，② 二つの直線が平行で，解がない場合，③ 直線がまったく同じで，無限の数の解をもつ場合．①の例として，

$$2x_1 + x_2 = 3$$
$$x_1 - 3x_2 = -2$$

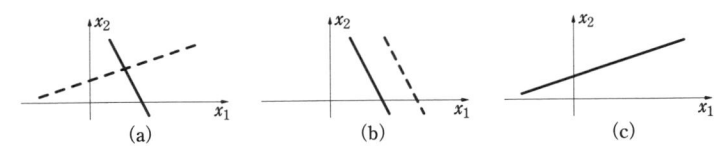

図 23.6 二つの変数 x_1, x_2 からなる二つの一次方程式の三つの幾何学的な可能性．(a)は実線 $(2x_1 + x_2 = 3)$ と破線 $(x_1 - 3x_2 = -2)$ は一つの交点をもつ．(b)は実線 $(2x_1 + x_2 = 3)$ と破線 $(2x_1 + x_2 = 5)$ は平行なので，交点がない．(c)は実線 $(2x_1 - x_2 = 1)$ と破線 $(4x_1 - 2x_2 = 2)$ は重なるので，解が無限にある．

がある．これは，$x_1 = 1$, $x_2 = 1$ を唯一の解にもつ．②の例として，

$$2x_1 + x_2 = 3$$
$$2x_1 + x_2 = 5$$

がある．二つの線は平行なので，交点は一つもない．③の例として，

$$2x_1 + x_2 = 3$$
$$4x_1 + 2x_2 = 6$$

がある．二つの直線は完全に一致するので，その解は，$x_2 = 3 - 2x_1$, ただし x_1 は任意の値と表せる．

では，一般的な $n \times n$ の連立方程式について考えよう．

$$\begin{aligned}
a_{11}x_1 + a_{12}x_2 + \cdots\cdots + a_{1n}x_n &= h_1 \\
a_{21}x_1 + a_{22}x_2 + \cdots\cdots + a_{2n}x_n &= h_2 \\
\vdots \qquad\qquad \vdots & \\
a_{n1}x_1 + a_{n2}x_2 + \cdots\cdots + a_{nn}x_n &= h_n
\end{aligned} \tag{23.15}$$

式(23.15)は，$AX = H$ とかける．ここで A は係数行列，X は変数の列ベクトル，H は系の定数ベクトルである．式(23.15)のすべての h_j が 0 ($H = 0$) であれば，連立方程式は斉次であるという．一つでも $h_j \neq 0$ であれば，その系は斉次でないという．

式(23.15)は左から（存在すれば）A^{-1} を掛けることによって形式的に解けて，

$$X = A^{-1}H \tag{23.16}$$

とかける．A が特異行列でなければ（つまり，$|A| \neq 0$ であれば），A^{-1} が存在することを思い出そう．式(23.16)を注意深く解析することによって，A が特異行列でないときに限って，斉次でない $n \times n$ の系において $AX = H$ は唯一の解をもつといえる．

$H = 0$ であれば，つまり連立方程式が斉次であれば，$x_1 = x_2 = \cdots\cdots = x_n = 0$（自明な解）が，つねに解として成立する．また，$A$ が特異行列でないときに限って解は唯一といえるので，A が特異行列でないならば，斉次の系では，自明な解だけが唯一の解である．斉次方程式である $n \times n$ の組が自明でない解をもつためには，係数行列は特異行列でなければならない．17.3節でも同じ結論に達したことを思い出そう．

本節のさいごに連立一次方程式の解を実際に見つけよう．つぎの連立方程式を考える．

$$\begin{aligned} 2x_1 + x_2 + 3x_3 &= 4 \\ 2x_1 - 2x_2 - x_3 &= 1 \\ -2x_1 + 4x_2 + x_3 &= 1 \end{aligned} \qquad (23.17)$$

この方程式の係数行列と定数ベクトルは，

$$A = \begin{pmatrix} 2 & 1 & 3 \\ 2 & -2 & -1 \\ -2 & 4 & 1 \end{pmatrix} \quad \text{および} \quad H = \begin{pmatrix} 4 \\ 1 \\ 1 \end{pmatrix}$$

となる．いま H を A のさいごの列に来るように加えて拡大係数行列とよばれる新たな行列をつくろう．

$$A \mid H = \begin{pmatrix} 2 & 1 & 3 & \bigm| & 4 \\ 2 & -2 & -1 & \bigm| & 1 \\ -2 & 4 & 1 & \bigm| & 1 \end{pmatrix} \qquad (23.18)$$

明らかに，この行列は式(23.17)にあるすべての情報を含み，まさにその方程式の簡潔な表現である．式(23.17)の任意の方程式に解を変える危険のない0でない定数を掛けることができるように，行列の内容を変えることなく $A \mid H$ の任意の行に定数を掛けることができる．同様に，式(23.17)つまり $A \mid H$ の任意の2行を交換できるし，足しあわせた行をもとの行におき換えることもできる．別の行に任意の定数を掛けることもできる．それら三つの操作を（行）基本変形といい，

操作1．任意の行に0でない定数を掛けることができる．
操作2．任意の行の組を交換できる．
操作3．任意の行を，その行と任意の定数を掛けた別の行との和でおき換えられる．

それらの基本操作は等価な系を生じる．つまり，もとの系と同じ解をもつ系を生じることがここで重要な点である．基本操作の組によってできる（もとの行列とは）別の行列を等価行列という．

では，つぎに式(23.18)の実際の処理に移ろう．基本操作によって $A \mid H$ の2行目と3行目の左の項を0にする．式(23.18)の1行目に -1 を掛けて2行目に足し，1行目と3行目を足すと，つぎの行列になる．

$$\begin{pmatrix} 2 & 1 & 3 & \bigm| & 4 \\ 0 & -3 & -4 & \bigm| & -3 \\ 0 & 5 & 4 & \bigm| & 5 \end{pmatrix}$$

つぎに2行目に5/3を掛けて3行目に足すと，

$$\begin{pmatrix} 2 & 1 & 3 & | & 4 \\ 0 & -3 & -4 & | & -3 \\ 0 & 0 & -8/3 & | & 0 \end{pmatrix}$$

を得る．この行列に対応する連立方程式をかき出すと，

$$2x_1 + x_2 + 3x_3 = 4$$
$$-3x_2 - 4x_3 = -3$$
$$-8/3 x_3 = 0$$

となる．これらの式を，下から上に解くと $x_3 = 0$, $x_2 = 1$, $x_1 = 3/2$ がわかる．

$A|H$ の最終的な形は，階段型とよばれる．つぎにあげるのは，ガウスの消去法を異なる二つの場合に適用した例である．

例題 23-4 つぎの連立方程式を解け．
$$x_1 + x_2 - x_3 = 2$$
$$2x_1 - x_2 + 3x_3 = 5$$
$$3x_1 + 2x_2 - 2x_3 = 5$$

解： 拡大係数行列は，

$$\begin{pmatrix} 1 & 1 & -1 & | & 2 \\ 2 & -1 & 3 & | & 5 \\ 3 & 2 & -2 & | & 5 \end{pmatrix}$$

となる．1行目に -2 を掛けて2行目に足し，1行目に -3 を掛けて3行目に足すと，

$$\begin{pmatrix} 1 & 1 & -1 & | & 2 \\ 0 & -3 & 5 & | & 1 \\ 0 & -1 & 1 & | & -1 \end{pmatrix}$$

を得る．これから先の計算で分数にならないように2行目と3行目を入れ替えて，新しい2行目に -3 を掛けて新しい2行目に加えると，

$$\begin{pmatrix} 1 & 1 & -1 & | & 2 \\ 0 & -1 & 1 & | & -1 \\ 0 & 0 & 2 & | & 4 \end{pmatrix}$$

となる．対応する連立方程式は，

$$x_1 + x_2 - x_3 = 2$$
$$-x_2 + x_3 = -1$$
$$2x_3 = 4$$

となる．それらの式を，下から上に解いていくと $x_3 = 2$, $x_2 = 3$, $x_1 = 1$ となることがわかる．

例題 23-5

つぎの連立方程式を解け．
$$x_1 + x_2 + x_3 = -2$$
$$x_1 - x_2 + x_3 = 2$$
$$-x_1 + x_2 - x_3 = -2$$

解： 拡大係数行列は，

$$A \mid H = \begin{pmatrix} 1 & 1 & 1 & -2 \\ 1 & -1 & 1 & 2 \\ -1 & 1 & -1 & -2 \end{pmatrix}$$

である．1行目に -1 をかけて 2 行目に足し，1 行目と 3 行目を足すと，

$$\begin{pmatrix} 1 & 1 & 1 & -2 \\ 0 & -2 & 0 & 4 \\ 0 & 2 & 0 & -4 \end{pmatrix}$$

を得る．つぎに，2 行目と 3 行目を足すと，

$$\begin{pmatrix} 1 & 1 & 1 & -2 \\ 0 & -2 & 0 & 4 \\ 0 & 0 & 0 & 0 \end{pmatrix}$$

となる．対応する連立方程式は，

$$x_1 + x_2 + x_3 = -2$$
$$-2x_2 = 4$$
$$0x_3 = 0$$

となる．その解は，x_3 は任意の値，$x_2 = -2$, $x_1 = -x_3$ となり，解は一つだけではない．このとき，$|A| = 0$ となるため，解が一組だけになることを期待できない．

> **例題 23-6**
>
> つぎの連立方程式を解け.
> $$2x_1 - x_3 = -1$$
> $$3x_1 + 2x_2 = 4$$
> $$4x_2 + 3x_3 = 6$$
>
> **解:** 拡大係数行列は,
> $$A \mid H = \begin{pmatrix} 2 & 0 & -1 & | & -1 \\ 3 & 2 & 0 & | & 4 \\ 0 & 4 & 3 & | & 6 \end{pmatrix}$$
> である.1 行目に $-3/2$ をかけて 2 行目に足すと,
> $$\begin{pmatrix} 2 & 0 & -1 & | & -1 \\ 0 & 2 & 3/2 & | & 11/2 \\ 0 & 4 & 3 & | & 6 \end{pmatrix}$$
> を得る.つぎに,2 行目に -2 を掛けて 3 行目に足すと,
> $$\begin{pmatrix} 2 & 0 & -1 & | & -1 \\ 0 & 2 & 3/2 & | & 11/2 \\ 0 & 0 & 0 & | & -5 \end{pmatrix}$$
> となる.さいごの行は,$-5 = 0$ であることを示し,これは上の方程式には解がないことを意味している.これらの式は整合していない.

ここでは $n \times n$ の連立方程式のみをみてきたが,ガウスの消去法は,変数と方程式の数が異なる連立方程式にも適用できる.

本章で議論したニュートン-ラフソン法,シンプソン近似,ガウスの消去法といった数値計算法は,特定の問題に対する数値的な解の求め方を示すのに有用だが実際にはあまり用いられないという意味で,教育的方法とよばれることがある.本章の導入で述べたように,数値計算法については膨大な文献があり,ここで用いたものよりも洗練された方法を見つけることができる.それらの方法によって,より速く必要な精度が得られ,またここで述べた方法では解を求められない状況を扱えるようになる.本書全体で推奨してきた Mathcad, Mathematica, Maple などの CAS では,それらの洗練された方法によって,方程式の解や数値積分,級数展開,連立方程式の解など,多くのものを求めることができる.

問題

23-1. 方程式 $x^5 + 2x^4 + 4x = 5$ は 0 と 1 の間に解を一つもつ．その解を有効数字 4 桁で求めよ．

23-2. ニュートン–ラフソン法を用いて，$\sqrt{A}$ の値に対する反復式，
$$x_{n+1} = \frac{1}{2}\left(x_n + \frac{A}{x_n}\right)$$
を導け．この式はバビロニアの数学者によって2000 年以上も前に発見された．この式を用いて $\sqrt{2}$ の値を有効数字 5 桁で求めよ．

23-3. ニュートン–ラフソン法を用いて，方程式 $e^{-x} + (x/5) = 1$ の解を有効数字 4 桁で求めよ．この方程式は黒体放射の理論に出てくる．

23-4. 次式で表される温度 300 K での反応式を考える．
$$CH_4(g) + H_2O(g) \rightleftharpoons CO(g) + 3H_2(g)$$
1.00 atm（気圧）のメタンガス $CH_4(g)$ と水蒸気 $H_2O(g)$ が反応容器に入れられるとすると，平衡状態での圧力は次式にしたがう．
$$\frac{P_{CO}P_{H_2}^3}{P_{CH_4}P_{H_2O}} = \frac{(x)(3x)^3}{(1-x)(1-x)} = 26$$
この方程式を x について解け．

23-5. 不完全気体を議論するさいに，つぎのような三次方程式が出てくることがある．
$$64x^3 + 6x^2 + 12x - 1 = 0$$
ニュートン–ラフソン法を用いて，この方程式の実数解だけを，有効数字 5 桁で求めよ．

23-6. 不完全気体を議論するさいに，つぎのような三次方程式が出てくることがある．
$$V^3 - 0.1231\,V^2 + 0.020\,56\,V - 0.001\,271 = 0$$
ニュートン–ラフソン法を用いて，この方程式の $V = 0.120$ 付近の解を求めよ．

23-7. 不完全気体を議論するさいに，つぎのような三次方程式が出てくることがある．
$$V^3 - 0.366\,36\,V^2 + 0.038\,020\,V - 0.001\,210\,2 = 0$$
ニュートン–ラフソン法を用いて，この方程式の三つの解が 0.070 73, 0.078 97, 0.2167 であることを示せ．

23-8. ニュートン–ラフソン法は，多項式からなる方程式に限られるわけではない．たとえば，方程式，
$$\varepsilon^{1/2} \tan \varepsilon^{1/2} = (12 - \varepsilon)^{1/2}$$
は，量子力学において，有限の深さをもつ箱のなかにある 1 粒子を研究するさいに出くわす．この方程式を ε について解く方法として，ε に対して $\varepsilon^{1/2} \tan \varepsilon^{1/2}$ と $(12 - \varepsilon)^{1/2}$ を同じグラフに描いて，二つの曲線の交点を記録するやり方がある．このようにすると，$\varepsilon = 1.47$ と 11.37 が解となることがわかる．上の方程式をニュートン–ラフソン法を用いて解いて，ε が同じ値になることを確かめよ．

つぎの 4 問については，Mathcad, Maple, Mathematica などの CAS を用いて解け．

23-9. 台形近似とシンプソン近似を用いて，
$$I = \int_0^1 \frac{dx}{1 + x^2}$$
を ± 0.0001 の正確さで求めよ．それぞれの近似の場合で，この正確さを保証するには n はいくらでなければならないか．この積分は，解析的に解ける．その値は，$\tan^{-1}(1)$ で与えられ，$\pi/4$ に等しい．つまり，有効数字 8 桁で表すと，$I = 0.785\,398\,16$ となる．

23-10. 台形近似とシンプソン近似を用いて，
$$\ln 2 = \int_1^2 \frac{dx}{x}$$
を評価することにより，$\ln 2$ の値を有効数字 5 桁まで求めよ．それぞれの近似の場合で，有効数字 5 桁を保証するには n はいくらでなければならないか．

23-11. シンプソン近似を用いて，
$$I = \int_0^5 e^{-x^2} dx$$
を有効数字 5 桁で求めよ．この正確さを保証するには，n はいくらでなければならないか．

23-12. 積分，
$$S = 4\pi^{1/2} \left(\frac{2\alpha}{\pi}\right)^{3/4} \int_0^\infty r^2 e^{-r} e^{-\alpha r^2} dr$$
を α が 0.200 と 0.300 の間で計算し，S は $\alpha = 0.271$ のときに最大値となることを示せ．この問題は，化学結合の理論を学ぶときに出くわす．

23-13. 級数 $\sum_{n=1}^{\infty} n^{-5/2}$ の和が ± 0.001 の正確さで計算するのに必要な級数の項の数は，いくつか．

23-14. 級数 $\sum_{n=1}^{\infty} n^{-3}$ の和が ± 0.0001 の正確

さで計算するのに必要な級数の項の数は，いくつか．

23-15. 級数 $\sum_{n=1}^{\infty} n^{-3/2}$ の和が ± 0.001 の正確さで計算するのに必要な級数の項の数は，いくつか．

23-16. e^4 の値を ± 0.0001 の正確さで，その級数から計算するのに必要な項の数は，いくつか．

23-17. e^{-2} の値を ± 0.001 の正確さで，その級数から計算するのに必要な項の数は，いくつか．

23-18. つぎの連立方程式を解け．
$$x_1 + 2x_2 - 3x_3 = 4$$
$$2x_1 - x_2 + x_3 = 1$$
$$3x_1 + 2x_2 - x_3 = 5$$

23-19. つぎの連立方程式を解け．
$$2x + 5y + z = 5$$
$$x + 4y + 2z = 1$$
$$4x + 10y - z = 1$$

23-20. つぎの連立方程式を解け．
$$x + y = 1$$
$$x + z = 1$$
$$2x + y + z = 0$$

23-21. つぎの連立方程式を解け．
$$2x_1 + x_2 - x_3 + x_4 = -2$$
$$x_1 - x_2 - x_3 + x_4 = 1$$
$$x_1 - 4x_2 - 2x_3 + 2x_4 = 6$$
$$4x_1 + x_2 - 3x_3 + 3x_4 = -1$$

23-22. つぎの連立方程式を解け．
$$x + 2y - 6z = 2$$
$$x + 4y + 4z = 1$$
$$3x + 10y + 2z = -1$$

23-23. つぎの連立方程式を解け．
$$x + 2y - z = 3$$
$$x + 3y + z = 5$$
$$3x + 8y + 4z = 17$$

23-24. CAS を用いて，問題 23-18 から問題 23-23 を解け．

参 考 文 献

教 科 書

R. Courant, "Differential and Integral Calculus", Wiley-Interscience (1992). 1934 年に初版が刊行された 2 巻本．これに匹敵するものはまだ現れていない［ドイツ語の原書は 1924 年刊行］．

F. Ayres, Jr., E. Mendleson, "Calculus, 4th ed.", Schaum's Outline Series, McGraw-Hill (1999). 初等微分積分の安価でよい入門書．

C. H. Edwards, D. E. Penney, "Elementary Differential Equations, 6th ed.", Prentice Hall (2007). 応用が多く手堅く読みやすい教科書．

G. Murphy, "Ordinary Differential Equations and Their Solutions", Van Nostrand (1960). 常微分方程式についての積分表［2010 年に Dover から復刊］．

M. Spiegel, "Schaum's Outline Series, Fourier Analysis", McGraw-Hill (1974). フーリエ級数やフーリエ積分ともに，ガンマ関数，ベータ関数，直交多項式を扱った安価な入門書．

G. Tolstov, "Fourier Series", Dover (1976). フーリエ級数や直交関数をうまく扱っている．

S. Lipschutz, M. Lipson, "Schaum's Easy Outline Series, Linear Algebra, 5th ed.", McGraw-Hill (2012). ほどよい長さで楽しい線形代数の入門書．

S. Farlow, "Partial Differential Equations for Scientists and Engineers", Dover (1993). 応用が多く，安価で非常に読みやすい教科書．

M. Spiegel, J. Schiller, R. A. Srinivasan, "Schaum's Outline Series, Probability and Statistics, 4th ed.", McGraw-Hill (2012). 物理化学に必要な確率・統計のよい入門書．

J. Taylor, "Introduction to Error Analysis, 2nd ed.", University Science Books (1997). 統計の実験データへの応用についてのすばらしい考察（どの本よりも広い範囲を扱っている）．

C-K. Cheung, G. E. Keough, C. Landraitis, R. Gross, "Getting Started with Mathematica, 3rd ed.", Wiley (2009). ほどよい長さで実践的な Mathematica の入門書．

D. McQuarrie, J. Simon, "Physical Chemistry: A Molecular Approach", University Science Books (1997)；千原秀昭，江口太郎，齋藤一弥 訳，"物理化学―分子論的アプローチ"，東京化学同人(2000)．

D. McQuarrie, "Quantum Chemistry, 2nd ed.", University Science Books (2007)．

D. McQuarrie, "Mathematical Methods for Scientists and Engineers", University Science Books (2003)；入江 克，入江美代子 訳，"マックォーリ 初歩から学ぶ数学大全"（全 7 冊），講談社，2009〜2010 年．これらの 3 冊についていうことはない．

M. Abramowitz, I. Stegun, "Handbook of Mathematical Functions with Formulas, Graphs, and Mathematical Tables", Dover (1965). 標準的な数学ハンドブックを Dover が復刊．ウェブでも閲覧

できる（4章参照）．

L. Pauling, E. B. Wilson, Jr., "Introduction to Quantum Mechanics with Applications to Chemistry", Dover (1985)．量子化学の古典的な初期の教科書を Dover が復刊．

一般読者向け（とはいえ数学に関心のある）

E. Maor, "e: The Story of a Number", Princeton University Press (1994)；伊理由美 訳, "不思議な数 e の物語", 岩波書店(1999)．うまく構成された微分積分の発展史．

W. Dunham, "The Calculus Gallery", Princeton University Press (2005)；一樂重雄, 實川敏明 訳, "微積分名作ギャラリー——ニュートンからルベーグまで", 日本評論社（2009）．一般向けの数学書のもっともすぐれた著者の一人による，Maor の書籍よりもやや難度の高い微分積分の歴史．

W. Dunham, "Journey through Genius", Wiley (1990)；中村由子 訳, "数学の知性——天才と定理でたどる数学史", 現代数学社（1998）．Dunham の書籍はいずれも読む価値がある．本書はいくつかの定理をとおして数学史を描く．

P. Nahin, "An Imaginary Tale: The Story of $\sqrt{-1}$", Princeton University Press (1998)．数学に $\sqrt{-1}$ が浸透していった過程をいきいきと描く．

P. Nahin, "Dr. Euler's Fabulous Formula", Princeton University Press (2006)．ここにあるいくつかの本ほど読みやすくはないが，フーリエ級数とフーリエ積分のみごとな一般向けの考察．

W. W. Sawyer, "Mathematician's Delight", Dover (2007)；東 健一 訳, "数学のおもしろさ", 岩波書店（1955）．1943 年に刊行され，いまも読みごたえのある楽しい書籍を Dover が復刊．

W. W. Sawyer, "Prelude to Mathematics", Dover (1982)；宮本敏雄, 田中 勇 訳, "数学へのプレリュード", みすず書房（1978）．前掲著と同様に，1955 年に刊行され，いまも魅力的な本を Dover が復刊．

W. Weaver, "Lady Luck: The Theory of Probability", Dover (1982)；秋月康夫, 渡辺寿夫 訳, "やさしい確率論——レイディ・ラック物語", 河出書房新社（1969）．1963 年に刊行され好評を得た確率論の紹介を Dover が復刊．少し古いが，まだまだすばらしい本である．

D. Salsburg, "The Lady Tasting Teas", Owl Books (2002)；竹内惠行, 熊谷悦生 訳, "統計学を拓いた異才たち——経験則から科学へ進展した一世紀", 日経ビジネス文庫（2010）．統計の科学への影響についての楽しい議論．

ウェブサイト

http://en.wikipedia.org/wiki/Computer_algebra_system

http://en.wikipedia.org/wiki/Trigonometric_identity

http://www.sosmath.com/trig/Trig5/trig5/trig5.html

http://en.wikipedia.org/wiki/Lists_of_derivatives

http://en.wikipedia.org/wiki/Lists_of_integrals

http://en.wikibooks.org/wiki/Calculus/Taylor_series

http://en.wikipedia.org/wiki/Fourier_series

http://en.wikipedia.org/wiki/Vector_space

http://www.sosmath.com/tables/tables.html

http://www.convertit.com/Go/Convertit/Reference/AMS55.ASP

http://dlmf.nist.gov

http://www-history.mcs.st-and.ac.uk

http://www.wolfram.com

http://www.maplesoft.com

http://www.mathsoft.com

問 題 解 答

第1章

1-1. (a) V字形；(c) 曲率のあるV字形
1-2. 階段状のグラフ
1-3. $x < 0$ では $y = 2x$, $x > 0$ では $y = 0$.
1-4. (a) 奇関数；(b) どちらでもない；
(c) 偶関数；(d) どちらでもない
1-5. $0 < x < 1$ では $y = 1$, $x > 1$ では $y = 0$.
1-6. 三角波のような形
1-7. (a) 周期関数, 2π；(b) 周期関数, $\pi/2$；
(c) 周期関数, π；(d) 周期関数でない
1-8. (a) $1 < x < 2$；(b) $-3/5 < x < 1$；
(c) すべての x
1-9. 両関数とも大きな x に対しては $e^x/2$ に近づくため.
1-10. 二つの曲線は対称になる；$\sin^{-1} x$ は x の一価関数ではない.
1-11. (a) 1；(b) 0
1-12. (a) $\alpha = \beta = -1/2$
1-13. (a) $(1 - 4x - 2x^2)e^{-x^2}$；
(b) $(x \cos x - \sin x)/x^2$；
(c) $2x \tan 2x + 2x^2 \sec^2 2x$ [$\sec x = 1/\cos x$, セカント, 正割]；
(d) $-e^{-\sin x} \cos x$
1-14. 微分できない
1-15. (a) $2 \cos x - x^2 \cos x - 4x \sin x$；
(b) $-2e^{-x} \cos x$；(c) $3 + 2\ln x$
1-16. (a) $y'(x) = -2xe^{-x^2}$,
$y''(x) = (4x^2 - 2)e^{-x^2}$；
(b) $y'(x) = -e^{-x} \cos e^{-x}$,
$y''(x) = e^{-x} \cos e^{-x} - e^{-2x} \sin e^{-x}$；
(c) $y'(x) = -e^{-\tan x} \sec^2 x$,
$y''(x) = e^{-\tan x}(\sec^4 x - 2\sec^2 x \tan x)$
1-17. $y'(x) = -3/2$, $y = -\dfrac{3}{2}x + \dfrac{5}{2}$

1-18. $x = -1$ で最大値, $x = 1$ で最小値となり, 変曲点は $x = 0$ である.
1-19. $x = 0$ に変曲点がある.
1-20. $x = 2$ で最小値, $x = -1$ で最大値となり, 変曲点は $x = 1/2$ である.
1-21. $x = 1$ で最大値, $x = 2$ と $x = -2$ で最小値となり, 変曲点は $x = (1 \pm \sqrt{13})/3$ である.
1-22. $x^x(1 + \ln x)$
1-23. $t = 2$ のとき最高到達点は 5120 である.
1-24. 面積 $A = ab$, 外周 $p = 2a + 2b$ とすると, $a = b = p/4$ のとき最大となる.
1-25. $D = (x^2 + 1/x)^{1/2}$ は $x = \pm(1/2)^{1/3}$, $y = \pm 2^{1/6}$ で最小となる；$D = 1.3747$
1-26. $d\rho_\lambda/d\lambda$ とすると,
$$x = hc/\lambda_{\max} k_B T = 4.965$$
において $xe^x = 5(e^x - 1)$ となる.
1-30. $\dfrac{1}{2} \sin x \cos x \leq \dfrac{1}{2} x \leq \dfrac{1}{2} \tan x$ から始める.

第2章

2-1. (a) $x^{n+1}/n + 1 + c$；(b) $\ln x + c$；
(c) $-e^{-x} + c$；(d) $-\cos x + c$；
(e) $\ln(1 + x) + c$
2-2. (a) $\ln 2$；(b) 2；(c) $(e - 1)/e$；
(d) $1/T_1 - 1/T_2$
2-3. (a) $\dfrac{1}{2} \ln 2$；(b) $\dfrac{1}{2} \ln 2$；(c) $\dfrac{1}{2} \ln 5$
2-5. (a) $-(1 + x)e^{-x} + c$；
(b) $\sin x - x \cos x + c$；(c) $x \ln x - x + c$；
(d) $x^3(3 \ln x - 1)/9 + c$
2-6. (a) -2π；(b) $\ln 4 - 3/4$；(c) 2；
(d) $\pi - 2$
2-7. (a) 0；(b) 0；(c) 0

- 2-8. (a) 0；(b) $1/2$；(c) $\sin^2\pi^2/8$；(d) 0
- 2-9. $4/3$
- 2-10. $\pi a^2/2$
- 2-13. $\beta^{1/2}x = u$ とおく．
- 2-14. $\alpha x = u$ とおく．
- 2-16. $F(1) = 1,\ F(2) = 3$
- 2-17. 2
- 2-18. $F(x) = \begin{cases} 0 & x < 0 \\ x^2/2 & 0 \le x < 1 \\ x - \dfrac{1}{2} & 1 \le x < 2 \\ 3x - \dfrac{x^2}{2} - \dfrac{5}{2} & 2 \le x < 3 \\ 2 & x \ge 3 \end{cases}$
- 2-19. $p = 1$ であり，
  $\lim_{x\to\infty} x(x^2+1)/(x^6+1)^{1/2} = K = 1$
- 2-20. $p = 3/2$ であり，
  $\lim_{x\to\infty} x^{3/2}x^2/(x^4+1) = K = 0$
- 2-21. $x - a = u$ とおき，$\int_0^{b-a}\dfrac{\mathrm{d}u}{u^p}$ を調べる．
- 2-22. $x \to \infty$ のとき，$-x^2$ のほうが支配的になる．

第 3 章

- 3-1. $3/2$
- 3-2. $1/3$
- 3-3. $27/99$
- 3-4. $142/999$
- 3-6. $1/24$
- 3-7. (a) 収束する；(b) 収束する；
  (c) 発散する；(d) 収束する
- 3-8. (a) 収束する；(b) 収束する；
  (c) 発散する；(d) 収束する
- 3-9. (a) $|x| < 1/2$；
  (b) $|x-1| < 1$，すなわち $0 < x < 2$；
  (c) $|2x-1| < 3$，すなわち $-1 < x < 2$；
  (d) $x < 0$
- 3-10. 収束しない
- 3-13. (a) $|x| < 1$；(b) すべての x；
  (c) すべての x；(d) $|x| < 1$
- 3-14. 等比数列を 2 回微分する．
- 3-15. $\ln(1+x) = x - x^2/2 + x^3/3 - x^4/4 + \cdots\cdots$
  から
  $\ln(1-x) = -x - x^2/2 - x^3/3 - x^4/4 - \cdots\cdots$
  を引く．
- 3-16. $(x+x^2)/(1-x)^3$
- 3-17. $x = \mathrm{e}^{-h\nu/k_\mathrm{B}T}$ とおく．
- 3-22. (a) 1；(b) 0；(c) $-1/2$
- 3-23. $-1/2$
- 3-25. $a^3/3 - a^4/4 + O(a^5)$
- 3-27. 一つは $x > 1$ で収束し，もう一つは $x < 1$ で収束する；それらの総和が収束する x はない．
- 3-28. (a) 収束する；(b) 収束する；
  (c) 収束する；(d) 発散する
- 3-30. $\sinh bx = (\mathrm{e}^{bx} - \mathrm{e}^{-bx})/2$ を用いるという方法がある．
- 3-31. 積分は収束し 0.42872 となる．
- 3-32. $x \to 0$ のとき積分は $1/x$ となるため発散する．
- 3-33. $\mathrm{e}^{-1/x^2} = 0 + 0 + 0 + \cdots\cdots$

第 4 章

- 4-1. $3\sqrt{\pi}/4a^{5/2}$
- 4-2. (a) $9/8$；(b) $3/8$
- 4-3. $\Gamma(1)/2a$
- 4-4. $(-1)^n\Gamma(n+1)$
- 4-6. (a) 3840；(b) 105
- 4-7. $\Gamma[(m+1)/n]/n$
- 4-8. $ax^2 = u$ とおく．
- 4-10. $\ln ab = \int_1^{ab}\dfrac{\mathrm{d}u}{u} = \int_1^a\dfrac{\mathrm{d}u}{u} + \int_a^{ab}\dfrac{\mathrm{d}u}{u}$ とし，$u = az$ とおく．
- 4-14. $5\pi/8$
- 4-15. 4
- 4-19. 部分積分を用いる．
- 4-20. $ax^2 + 2bx + c$ を
  $a[(x+b/a)^2 + (ac-b^2)/a^2]$
  のようにかき直す．
- 4-21. $(t+x^2)^{1/2} = u$ とおく．
- 4-23. 連続関数 $f(x)$ に対して，
  $\int_{-\infty}^{\infty} xf(x)\delta(x)\,\mathrm{d}x = 0,$
  $\int_{-\infty}^{\infty} xf(x)\delta'(x)\,\mathrm{d}x = \left[xf(x)\delta(x)\right]_{-\infty}^{\infty} - \int_{-\infty}^{\infty}\delta(x)[xf'(x) + f(x)]\,\mathrm{d}x =$

$$-\int_{-\infty}^{\infty} \delta(x) f(x)\, dx$$

である．

4-24. $ax = u$ とおく．

4-25. $I(\sigma) = e^{-\sigma/2} \sin x_0$

4-26. $I = \cos b$

4-30. $\mathrm{erf}(x) = \dfrac{2}{\sqrt{\pi}} \sum_{n=0}^{\infty} \dfrac{(-1)^n x^{2n+1}}{n!(2n+1)} =$
$\dfrac{2}{\sqrt{\pi}}\left(x - \dfrac{x^3}{3} + \dfrac{x^5}{10} - \cdots\cdots\right)$

第 5 章

5-1. (a) $2, -11$; (b) 1; (c) $1/e^2$;
(d) $2, -\sqrt{2}$

5-2. (a) x; (b) $x^2 - 4y^2$; (c) $4xy$;
(d) $x^2 + 4y^2$; (e) 0

5-3. (a) $225° = 5\pi/4$; (b) $135° = 3\pi/4$;
(c) $315° = 7\pi/4$; (d) $270° = 3\pi/2$

5-4. (a) $6e^{i\pi/2}$; (b) $(18)^{1/2} e^{-0.340i}$;
(c) $(5)^{1/2} e^{(1.107+\pi)i}$，象限に注意；
(d) $\sqrt{2} e^{i\pi/4}$

5-5. (a) $(1-i)/\sqrt{2}$; (b) $-3 + 3\sqrt{3} i$;
(c) $\sqrt{2}(1-i)$; (d) 2

5-6. i を掛けることは $e^{i\pi/2}$ を掛けることと等価である．

5-7. $e^{i\pi} = \cos \pi + i \sin \pi = -1$

5-9. 中心が $(0, -1)$ にある半径 1 と 3 の円の間．

5-11. $n = 2, 3, \cdots\cdots$ に対して，
$e^{in\theta} = \cos n\theta + i \sin n\theta = (e^{i\theta})^n$
$= (\cos\theta + i\sin\theta)^n$
の両辺の実数部と虚数部が等しいとする．

5-12. (a) $1 + i = \sqrt{2} e^{i\pi/4}$，よって
$(1+i)^{10} = 2^5 e^{10 i\pi/4} = 32i$;
(b) $(1-i)^{12} = 2^6 e^{-12 i\pi/4} = 64(-1) = -64$

5-15. $e^{2i\theta} = (e^{i\theta})^2$, $\cos^2\theta + \sin^2\theta = 1$,
$e^{4i\theta} = (e^{i\theta})^4$ を用いる．

5-18. $\cos\alpha \cos\beta = (e^{i\alpha} + e^{-i\alpha})(e^{i\beta} - e^{i\beta})/4$

5-19. $i^i = (e^{i\pi/2})^i = e^{-\pi/2}$；さらに良いのは，
$n = 0, \pm 1, \pm 2, \cdots\cdots$ について，
$i^i = (e^{i\pi/2 + 2n\pi i})^i = e^{-\pi/2 - 2n\pi}$

5-20. すべての根は点 $(1, 0)$ に一つの根をもつ単位円上にある．残りの根は単位円上に一様に分布する．

5-21. $2, -1 \pm \sqrt{3} i$

第 6 章

6-1. (a) $y(x) = 1/3 + ce^{-x^3}$;
(b) $y(x) = x^3/5 + 2x/3 + c/x^2$;
(c) $s(t) = t^3 e^{3t}/2 + cte^{3t}$;
(d) $x(y) = ce^y - y^2 - 2y - 2$

6-2. $y(x) = x$

6-3. $m(t) = \dfrac{2}{5}(20 + t) + \dfrac{3(20)^5}{5(20+t)^4}$

6-4. $A(t) = k_2(A_0 + B_0)/(k_1 + k_2) +$
$(k_1 A_0 - k_2 B_0) e^{-(k_1+k_2)t}/(k_1 + k_2)$

6-5. $m(t) = 10(4000 + 40t + t^2)/(20 + t)$.
この関数は $t = 40$ min で最小となる．

6-6. 348 s

6-7. (a) $y(x) = c_1 e^{2x} + c_2 e^{-x}$;
(b) $y(x) = (c_1 + c_2)e^{3x}$;
(c) $y(x) = e^{-2x}(c_1 e^{\sqrt{3} x} + c_2 e^{-\sqrt{3} x})$

6-8. (a) $y(x) = 3e^{2x}/4 + e^{-2x}/4$;
(b) $y(x) = e^{-x}(\cos \sqrt{3} x + 2 \sin \sqrt{3} x/\sqrt{3})$;
(c) $y(x) = \cos 3x + \sin 3x/3$

6-9. (a) $y(x) = (1 - e^{-6x})/6$;
(b) $y(x) = (e^{3x} - e^x)/2$;
(c) $y(x) = \sin 2x/2 = \cos x \sin x$

6-10. (a) $y(x) = 2e^{2x}$;
(b) $y(x) = 2e^{3x} - 3e^{2x}$; (c) $y(x) = 2e^{2x}$

6-11. $y(x) = c/x^2$

6-12. $y(x) = x \ln x$

6-13. 振動数 $\omega/2\pi$ は周期に変換すると $2\pi/\omega$ となる．$\cos \omega t$ の t を $t + 2\pi/\omega$ とおくと，$\cos(\omega t + 2\pi) = \cos \omega t$ となる．$A \cos \omega t + B \sin \omega t$ も同様に証明できる．

6-14. (a) $x(t) = v_0 \sin \omega t/\omega$;
(b) $x(t) = x_0 \cos \omega t + v_0 \sin \omega t/\omega$

6-16. $\theta(0) = \theta_0$ のとき $c_1 = \theta_0$ となり，
$\theta'(0) = 0$ のとき $c_2 = \gamma \theta_0/2\omega$ となる．

6-20. $v(t) = mg(1 - e^{-\gamma t/m})/\gamma$;
$\lim\limits_{t \to \infty} v(t) = mg/\gamma$

第 7 章

7-1. (a) $\sum_{n=0}^{\infty} (n+1) a_{n+1} x^n$;

(b) $\sum_{n=0}^{\infty} (n+1)(n+2) a_{n+2} x^n$;

(c) $x^2 \sum_{n=0}^{\infty} n c_n x^n$

7-2. (a) $a_n = (-1)^n 2^n a_0/n!$;
(b) $a_n = (n+1) a_0/2^n$;
(c) $a_n = (-1)^n a_0/(n!)^2$

7-3. $a_{2n} = (-1)^n a_0/(2n)!$;
$a_{2n+1} = (-1)^n a_1/(2n+1)!$

7-4. $y(x) = \sum_{n=0}^{\infty} \dfrac{(-1)^n x^n}{n!} = e^{-x}$

7-5. $y(x) = a_1 x + a_0 \left(1 - x \sum_{n=0}^{\infty} \dfrac{x^{2n+1}}{2n+1} \right) =$
$a_1 x + a_0 \left(1 - \dfrac{x}{2} \ln \dfrac{1+x}{1-x} \right)$

7-6.
$y(x) = a_0 \sum_{n=0}^{\infty} (n+1) x^{2n} + a_1 \sum_{n=0}^{\infty} \dfrac{2n+3}{3} x^{2n+1}$

7-7. 例題 3-5 の結果を用いる.

7-8. 比例定法を用いる.

7-9. (a) $|x| < 1$; (b) すべての x;
(c) $|x| < 2$

7-12. $f_4(x) = a_0 (1 - 10 x^2 + 70 x^4/6)$,
$f_5(x) = a_1 (x - 14 x^3/3 + 21 x^5/5)$

7-14. $P_4(1) = 1$ より $a_0 = 3/8$, $P_5(1) = 1$ より $a_1 = 15/8$ となる.

7-19. ルジャンドル多項式は, x の偶関数か奇関数となる.

7-20.
$\Theta''(\theta) + \dfrac{\cos\theta}{\sin\theta} \Theta'(\theta) + \alpha(\alpha+1) \Theta(\theta) = 0.$
この結果は,
$\sin\theta \dfrac{d}{d\theta} \left(\sin\theta \dfrac{d\Theta}{d\theta} \right) + \alpha(\alpha+1) \sin^2\theta \, \Theta(\theta) = 0$
とかくこともある.

7-23. $p(x) = 0$, $q(x) = -8/(1+4x^2) =$
$-8 \sum_{n=0}^{\infty} (-1)^n (4x^2)^n$ により, 収束半径は小さくても $1/2 (4x^2 < 1)$ であることが予測できる.

7-24. $u(x) = \int e^{3x^2/2} dx$

第 8 章

8-1. $-[(1-x^2) P_n'(x)]' =$
$-(1-x^2) P_n''(x) + 2x P_n'(x)$ を用いる.

8-2. 被積分関数は x の奇関数であるので,
$\int_{-1}^{1} P_1(x) P_2(x) dx = \int_{-1}^{1} P_1(x) P_4(x) dx = 0$ である.

8-3. $4 P_4(x) = 7 x P_3(x) - 3 P_2(x) =$
$(35 x^4 - 30 x^2 + 3)/8$

8-5. $\int_{-1}^{1} P_n(x) P_m(x) dx = h_n \delta_{nm}$ から, 二つの和のうち $n = m$ の項だけが残ることがわかる. つまり, $G(x, t) G(x, u)$ は, tu のみの関数である.

8-7. 式 (8.9) で $x = 1$ とすると
$G(1, t) = \dfrac{1}{1-t} = \sum_{n=0}^{\infty} t^n$; $x = -1$ とすると
$G(-1, t) = \dfrac{1}{1+t} = \sum_{n=0}^{\infty} (-1)^n t^n$

8-9. $x P_n(x)$ に式 (8.8) を用い, それから $\{P_n(x)\}$ の直交性を用いる.

8-10. 式 (8.9) と式 (8.10) を用いる.

8-11. D_N^2 を α_j で微分し, 結果を 0 に等しいとすること.

8-13. $D_N^2 \geq 0$ を用いる.

8-14. $\phi_0(x) = 1$, $\phi_1(x) = 2x$,
$\phi_2(x) = 4x^2 - 2$; これらはエルミート多項式である.

8-15. $H_4(x) = 2x H_3(x) - 6 H_2(x)$
$= 16 x^4 - 48 x^2 + 12$

8-17. 表 8.2 の $x H_m(x)$ についての回帰式を用いてから, $\{H_n(x)\}$ の直交性を利用する.

8-18. 問題 8-17 で用いた方法をここでも用いる.

8-19. $L_3(x) = -(x - 1 - 4) L_2(x) - 4 L_1(x)$
$= -x^3 + 9 x^2 - 18 x + 6$

8-21. $L_1^1(x) = -1$; $L_2^1(x) = 2x - 4$;
$L_3^1(x) = -18 + 18 x - 3 x^2$; $L_2^2(x) = 2$;
$L_3^2(x) = 18 - 6x$; $L_3^3(x) = -6$

8-24. $H_0(x) = 1$; $H_1(x) = 2x$;
$H_2(x) = 4x^2 - 2$; $H_3(x) = 8x^3 - 12x$

8-25. $L_0(x) = 1$; $L_1(x) = 1 - x$;

$L_2(x) = x^2 - 4x + 2$;
$L_3(x) = 6 - 18x + 9x^2 - x^3$

8-26. 関数 $f(x) - a_0 = f(x) - 1/2$ は x の奇関数である.

第9章

9-1. $\sin ax \sin bx =$
$(e^{iax} - e^{-iax})(e^{ibx} - e^{-ibx})/(2i)^2$ と
$\cos ax \cos bx = (e^{iax} + e^{-iax})(e^{ibx} + e^{-ibx})/4$
を用いる.

9-2. $\sin^2 x = (e^{ix} - e^{-ix})^2/(2i)^2$ と
$\cos^2 x = (e^{ix} + e^{-ix})^2/4$ を用いる.

9-5. $\cos ax \sin bx =$
$(e^{iax} + e^{-iax})(e^{ibx} - e^{-ibx})/(4i)$ を用いる.

9-7. $x = \pi z/l$ とする.

9-10. $a_0 = 1$, $a_n = 0$ ($n \geq 1$), n が奇数のとき $b_n = 2/n\pi$, n が偶数のとき $b_n = 0$.

9-11. $a_0 = 2\pi^2/3$, $a_n = (-1)^n 4/n^2$, $b_n = 0$

9-12. $a_0 = 1$, n が奇数のとき $a_n = -4/n^2\pi^2$, n が偶数のとき $a_n = 0$, $b_n = 0$.

9-13. $a_0 = 1$, $a_1 = 2/\pi$, $a_2 = 0$, $a_3 = -2/3\pi$, $a_4 = 0$, $a_5 = 2/5\pi$, ……, および $b_1 = 2/2\pi$, $b_2 = 2/\pi$, $b_3 = 2/3\pi$, $b_4 = 0$, …….

9-20. $f(0) = \dfrac{2l^2}{3} + \dfrac{4l^2}{\pi^2} \sum_{n=0}^{\infty} \dfrac{(-1)^{n+1}}{n^2}$
$= \dfrac{2l^2}{3} + \dfrac{4l^2}{\pi^2} \dfrac{\pi^2}{12} = l^2$
$f(l) = \dfrac{2l^2}{3} - \dfrac{4l^2}{\pi^2} \sum_{n=0}^{\infty} \dfrac{1}{n^2}$
$= \dfrac{2l^2}{3} - \dfrac{4l^2}{\pi^2} \dfrac{\pi^2}{6} = 0$

9-21. $f(2\pi) = \dfrac{4\pi^2}{3} + 4 \sum_{n=1}^{\infty} \dfrac{1}{n^2} = 2\pi^2 = f(0)$.
この結果は理にかなっている. というのは, 周期関数 $f(x)$ は $n = 0, \pm 2, \pm 4, ……$ のときに $x = n\pi$ で不連続であり, $2\pi^2 = (2\pi)^2/2$ はそれら不連続点における $f(x)$ の平均値であるからである.

9-23. (a) $1/n^2$ (実際には $1/(n^2 - 1)$ だが, これは n が大きくなるにつれて $1/n^2$ に近づく); (b) $1/n$; (c) $1/n^3$; (d) $1/n$ (b_n は $1/n$ に近づく)

9-24. $f(x) = a(x^4 - 2x^3 + x^2 + \alpha)$

第10章

10-1. $\hat{F}(\omega) = (\pi/2a^2)^{1/2} e^{-|a\omega|}$

10-2. $\hat{F}(\omega) = (2/\pi)^{1/2} \sin a\omega/\omega$

10-3. $\hat{F}(\omega) =$
$\dfrac{1}{(2\pi)^{1/2}} \left[\dfrac{\tau}{\tau^2 + (\omega + \omega_0)^2} + \dfrac{\tau}{\tau^2 + (\omega - \omega_0)^2} \right]$

10-8. 後半では $\hat{F}_c(\omega)$ のフーリエ変換対を用いる.

10-9. 問題10-8の積分を a について微分する.

10-11. $d\hat{F}(\omega)/d\omega$ が 0 に等しいとおくと, $\omega_{max} = \omega_0$ を得る.
$\hat{F}(\omega_0) = (2/\pi a^2)^{1/2}$ を用いると
$\hat{F}(\omega_0 \pm \alpha) = \hat{F}(\omega_0)/2$ となる. したがって最大の半値幅は $\omega_0 + \alpha - (\omega_0 - \alpha) = 2\alpha$.

10-12. 問題10-2における $\hat{F}(\omega)$ のフーリエ変換対を用いる.

10-13. $a = 1$, $x = 0$ として, $\sin az/z$ が z の奇関数であることを用いる.

10-15. 余弦変換は振動数をよく表していることがわかる.

10-18. 式10.20 と $\hat{F}(\omega) = (2/\pi)^{1/2}/(1 + \omega^2)$ という結果を用いる.

10-19. $x = u/\alpha$ とすることによって $\pi/4\alpha^3$ を得る.

第11章

11-1. (a) $\pm x^2$; (b) $(x^3 - a^3) e^{-ax}$; (c) $9/4$;
(d) $6xy^2z^4 + 2x^3z^4 + 12x^3y^2z^2$

11-2. (a) 非線形;
(b) 非線形 (係数が実数でない場合);
(c) 非線形; (d) 非線形

11-3. (a) $-\omega^2$; (b) $i\omega$; (c) $\alpha^2 + 2\alpha + 3$;
(d) 6

11-4. $-(a^2 + b^2 + c^2)$

11-5. (a) d^4/dx^4 ;
(b) $d^2/dx^2 + 2x d/dx + (1 + x^2)$;
(c) $d^4/dx^4 - 4x d^3/dx^3 + (4x^2 - 2)d^2/dx^2 + 1$

11-6. (a) 交換可能; (b) 交換可能でない;
(c) 交換可能でない (SQRT では ± が現れるため); (d) 交換可能でない

11-7. $\hat{P}$ と $\hat{Q}$ が交換可能なときだけ, ふつうの

代数と同じ展開結果となる．

11-8. この積分は積分範囲が正弦や余弦の n 周期にわたる積分となっている．

11-10. (a) $[\hat{A}, \hat{B}] = 2\mathrm{d}/\mathrm{d}x$；
(b) $[\hat{A}, \hat{B}] = -2x^2$；(c) $-f(0)$；
(d) $4x\mathrm{d}/\mathrm{d}x + 3$

11-11. $\mathrm{i}\mathrm{d}/\mathrm{d}x$, $\mathrm{d}^2/\mathrm{d}x^2$, x がエルミート演算子である．

11-14. $\int \psi_m{}^* \hat{A}\hat{B}\psi_n \mathrm{d}x = \int (\hat{A}^*\psi_m{}^*)\hat{B}\psi_n \mathrm{d}x = \int (\hat{B}^*\hat{A}^*\psi_m{}^*)\psi_n \mathrm{d}x = \int \psi_n \hat{B}^*\hat{A}^*\psi_m{}^* \mathrm{d}x$

11-15. 問題 11-4 より，$\hat{A}$ と $\hat{B}$ が交換可能なときのみ，
$$\int \psi_m{}^*(\hat{A}\hat{B})\psi_n \mathrm{d}x = \int \psi_n (\hat{A}\hat{B})^*\psi_m{}^* \mathrm{d}x$$
が成立する．

11-16. $\hat{A}^n \psi = \beta^n \psi$ を用いる．

11-17. $\hat{A}$ はそれ自身と交換可能であるということを用いる．

11-18. $\hat{A}$ と $\hat{B}$ が交換可能なときのみ．

11-19. $[\hat{A}, \hat{B}]\hat{C} + \hat{B}[\hat{A}, \hat{C}] =$
$\hat{A}\hat{B}\hat{C} - \hat{B}\hat{A}\hat{C} + \hat{B}\hat{A}\hat{C} - \hat{B}\hat{C}\hat{A} =$
$\hat{A}\hat{B}\hat{C} - \hat{B}\hat{C}\hat{A} = [\hat{A}, \hat{B}\hat{C}]$

第 12 章

12-1. (a) $\dfrac{\partial f}{\partial x} = \mathrm{e}^y$, $\dfrac{\partial f}{\partial y} = x\mathrm{e}^y + 1$,
$\dfrac{\partial^2 f}{\partial x^2} = 0$, $\dfrac{\partial^2 f}{\partial y^2} = x\mathrm{e}^y$, $\dfrac{\partial^2 f}{\partial x \partial y} = \mathrm{e}^y$

(b) $\dfrac{\partial f}{\partial x} = y\cos x + 2x$, $\dfrac{\partial f}{\partial y} = \sin x$,
$\dfrac{\partial^2 f}{\partial x^2} = -y\sin x + 2$, $\dfrac{\partial^2 f}{\partial y^2} = 0$,
$\dfrac{\partial^2 f}{\partial x \partial y} = \cos x$

(c) $\dfrac{\partial f}{\partial x} = -2x\mathrm{e}^{-(x^2+y^2)}$,
$\dfrac{\partial f}{\partial y} = -2y\mathrm{e}^{-(x^2+y^2)}$,
$\dfrac{\partial^2 f}{\partial x^2} = (4x^2 - 2)\mathrm{e}^{-(x^2+y^2)}$,
$\dfrac{\partial^2 f}{\partial y^2} = (4y^2 - 2)\mathrm{e}^{-(x^2+y^2)}$,
$\dfrac{\partial^2 f}{\partial x \partial y} = 4xy\mathrm{e}^{-(x^2+y^2)}$

12-2. (a) $f_{xy} = f_{yx} = -4xy\mathrm{e}^{-y^2}$；
(b) $f_{xy} = f_{yx} = y\mathrm{e}^{-y}\sin xy - \mathrm{e}^{-y}\sin xy - xy\mathrm{e}^{-y}\cos xy$；
(c) $f_{xy} = f_{yx} = \cos xy - xy\sin xy$

12-3. $\partial^2 P/\partial T \partial V = \partial^2 P/\partial V \partial T = -R/(V-b)^2$

12-6. (a) $\left(\dfrac{\partial V}{\partial T}\right)_{n,P} = \dfrac{nR}{P}$, $\left(\dfrac{\partial T}{\partial V}\right)_{n,P} = \dfrac{P}{nR}$

(b) $\left(\dfrac{\partial V}{\partial T}\right)_{n,P} = \dfrac{nR}{P}$, $\left(\dfrac{\partial T}{\partial V}\right)_{n,P} = \dfrac{P}{nR}$

12-7. 0 および a/V^2

12-10. どちらの場合も 0

12-11. 完全微分である．問題の式は $\pi r^2 h$ の全微分である．

12-12. 完全微分でない．$\mathrm{d}x/T$ は完全微分である（これは理想気体のエントロピーの微小変化量 $\mathrm{d}S$ である）．

12-15. $2t + t^2(2t^2 + 3)\mathrm{e}^{t^2}$

12-16. $\partial u/\partial s = (t\mathrm{e}^s + \cos s)\mathrm{e}^{t\mathrm{e}^s + \sin s}$ および $\partial u/\partial t = \mathrm{e}^{s + t\mathrm{e}^s + \sin s}$

12-17. $Y = n_1 \left(\dfrac{\partial Y}{\partial n_1}\right) + n_2 \left(\dfrac{\partial Y}{\partial n_2}\right) + \cdots\cdots = n_1 \overline{Y}_1 + n_2 \overline{Y}_2 + \cdots\cdots$. $\overline{Y}_j$ は部分モル量を表す．

12-18. $A = -PV + \mu n$，すなわち $\mu n = G = A + PV$

12-19. (a) それぞれの臨界点で極小値；
(b) それぞれの臨界点で最大値；
(c) 極大値；(d) 極大値

12-20. (a) $(-1, 2)$ で極小値；
(b) $(-1, -2)$ で鞍点；(c) $(1, 1)$ で極小値

12-21. (a) $(0, 0)$ で鞍点；
(b) $(3, -1)$ で極小値；
(c) $(-2, 0)$ で鞍点，$(-2, 1)$ で極小値

12-22. $4a^{1/2}(a-1)/3$

12-23. $4/3$

12-24. (a) $1/2$；(b) 1

12-26. $(\mathrm{e} - 2)/2$

12-27. $4[\sqrt{2} + \sinh^{-1}(1)]/3 = 3.0608\cdots\cdots$

12-31. 理想気体のとき $(\partial H/\partial P)_T = 0$.

12-33. $z(x, y) = x^3/3 - y^2 + x\sin y + $ （定数）

12-34. $z(x, y) = x^2 \sin y + y^2 + \mathrm{e}^x(1 + y) + $ （定数）

問 題 解 答   377

第 13 章

13-1. $(14)^{1/2}$ および $(x^2 + y^2 + z^2)^{1/2}$
13-2. $u \cdot v = 6 - 16 + 10 = 0$
13-3. $v \cdot j = 0$
13-4. $\cos \theta = -3/(6)^{1/2}(14)^{1/2} = -0.327$, すなわち $\theta = 109° = 1.904$ rad
13-6. $u \times v = 5i + 5j - 5k$;
$v \times u = -5i - 5j + 5k$
13-9. 円運動では $\theta = 90°$ で $\sin \theta = 1$.
13-11. $\dot{u} \times \dot{u} = 0$ に着目する.
13-12. $r \times F$ はトルクである.
13-14. $3i - j + k$
13-16. (a) $y^2 + 2xz - x^2$; (b) 3
13-21. $E = 3\mu x \left(\dfrac{xi + yj + zk}{r^5} \right) - \dfrac{\mu i}{r^3}$
13-22. (b) $y^3 + x^2 y$

第 14 章

14-1. (a) 120°; (b) 225°; (c) 45°; (d) 330°
14-2. $r = a/2$, $\theta = \pi/2$ の点を中心とする半径 $a/2$ の円. 面積は $\pi a^2/4$.
14-3. 曲線は, $\pm x$ 軸に沿った双葉の形となる. それぞれの葉の面積は $\pi/2$. 右の葉の積分範囲は $-\pi/4$ から $\pi/4$, 左の葉の積分範囲は $3\pi/4$ から $5\pi/2$ である.
14-4. $\left(1, \dfrac{\pi}{2}, 0\right)$; $\left(1, \dfrac{\pi}{2}, \dfrac{\pi}{2}\right)$; $(1, 0, \phi)$; $(1, \pi, \phi)$
14-5. (a) 原点を中心とする半径 5 の円;
(b) 原点を頂点とし z 軸に沿って $\pi/4$ の角度で広がった円錐; (c) y 軸と z 軸を含む面
14-6. $2\pi a^3/3$
14-7. $2\pi a^2$
14-8. $4/15$
14-12. 0 および $4\pi/3$
14-13. $8\pi/3$
14-16. $\nabla^2 f = \dfrac{\partial^2 f}{\partial r^2} + \dfrac{1}{r} \dfrac{\partial f}{\partial r} + \dfrac{1}{r^2} \dfrac{\partial^2 f}{\partial \theta^2}$
14-20. $\hat{F}(k) = e^{-\alpha k^2}/(2\pi)^{3/2}$

第 15 章

15-4. $u(x, t) = \cos \dfrac{3\pi vt}{l} \sin \dfrac{3\pi x}{l}$
15-5. $\sin^3 \theta = \dfrac{3}{4} \sin \theta - \dfrac{1}{4} \sin 3\theta$ の関係を用いることによって, $n = 1$ と $n = 3$ の振動が励起することが予測できる.
15-7. $E_{n_x, n_y, n_z} = \dfrac{n_x^2 h^2}{8ma^2} + \dfrac{n_y^2 h^2}{8mb^2} + \dfrac{n_z^2 h^2}{8mc^2}$
15-8. $t \to t + t_1$ ならば, $x \to vt_1$ の場合には, 波の形は大きくは変わらない. さらにある時刻において $x \to x + \lambda$ ならば波は変化しない. さらに, $t \to t + \lambda/v$ のときも波は変化しない.
15-9. $\cos \omega_n t \sin \dfrac{n\pi x}{l} =$
$\dfrac{1}{2} \sin \left(\dfrac{n\pi vt}{l} + \dfrac{n\pi x}{l} \right) - \dfrac{1}{2} \sin \left(\dfrac{n\pi vt}{l} - \dfrac{n\pi x}{l} \right)$
$= \dfrac{1}{2} \sin \left[\dfrac{n\pi}{l} (x + vt) \right] + \dfrac{1}{2} \sin \left[\dfrac{n\pi}{l} (x - vt) \right]$
15-10. $\lambda_n = 2l/n$ または $n/l = 2/\lambda_n$ を用いる.

第 16 章

16-4. 換算質量を導入することにより, 二体問題を一体問題にすることができる.
16-6. $m_1 = m_2 = m$ のとき,
$\mu = m_1 m_2 / (m_1 + m_2) = m/2$
16-7. $m_1 r_1 = m_2 r_2$ と $r = r_1 + r_2$ を用いると, $r_1 = m_2 r/(m_1 + m_2)$ と $r_2 = m_1 r/(m_1 + m_2)$ となる.
16-11. m が正のとき, $m + |m| = 2m$ なので, m が奇数で $i^{m+|m|} = i^{2m} = (-1)^m = -1$ となる; m が負のとき, $m + |m| = 0$ なので $i^{m+|m|} = i^0 = 1$ となる.
16-13. $2P_3^1(x) = -3P_1^1(x) + 5xP_2^1(x) = 3(5x^2 - 1)(1 - x^2)^{1/2}$
16-17. $l = 2$ のとき, 定数は $5/4\pi$ になる.
16-19. $L_1(x) = e^x \dfrac{d}{dx}(xe^{-x}) = 1 - x$;
$L_2(x) = e^x \dfrac{d^2}{dx^2}(x^2 e^{-x}) = x^2 - 4x + 2$;

$L_3(x) = e^x \dfrac{d^3}{dx^3}(x^3 e^{-x})$
$ = -x^3 + 9x^2 - 18x + 6;$
$L_4(x) = x^4 - 16x^3 + 72x^2 - 96x + 24;$
$L_5(x) = -x^5 + 25x^4 - 200x^3 + 600x^2 - 600x + 120;$
$L_1{}^1(x) = \dfrac{dL_3(x)}{dx} = -1;$
$L_2{}^1(x) = \dfrac{dL_2(x)}{dx} = 2x - 4;$
$L_3{}^1(x) = \dfrac{dL_3(x)}{dx} = -3x^2 + 18x - 18;$
$L_3{}^3(x) = \dfrac{d^3L_3(x)}{dx^3} = -6;$
$L_4{}^3(x) = \dfrac{d^3L_4(x)}{dx^3} = 24(x - 4);$
$L_5{}^5(x) = \dfrac{d^5L_5(x)}{dx^5} = -120$

16-20. $\psi_{100}(r, \theta, \phi) = e^{-r/a_0}/(\pi a_0^3)^{1/2}$

16-21. $\psi_{310}(r, \theta, \phi) =$
$\dfrac{1}{81}\left(\dfrac{2}{\pi a_0^3}\right)^{1/2}\rho(6 - \rho)e^{-\rho/3}\cos\theta$, ここで, $\rho = r/a_0$

第 17 章

17-1. $D = 5$
17-2. -5
17-3. -2
17-4. 0 (1 列と 3 列が等しい); 0 (1 列は 3 列の 2 倍である)
17-5. 5
17-6. -1
17-7. $\pm\sqrt{3}, 0, 0$
17-8. $\pm 2, 0, 0$
17-9. $2, 1, 1, -1, -1, -2$
17-10. 1
17-11. 1 および $1 \pm \sqrt{2}$
17-12. $x = 9/5$ および $y = 1/5$
17-13. $x = 1, y = 3, z = -4$
17-14. $2, 0, 0, -2$ (問題 17-8)
17-15. クラメールの規則から, $D = 0$ となり, 式が成立しないため, 解けない.
17-16. $1 \pm i$

第 18 章

18-1. $R(c_1 r_1 + c_2 r_2) = c_1 R r_1 + c_2 R r_2$ を示す.

18-2. (a) $u \to -u$, 原点を中心として対称になる.
(b) $u_y \to -u_y$, x 軸について対称になる.
(c) $u_x \to -u_x$, y 軸について対称になる.

18-3. $x_2^2 + y_2^2 = (x_1\cos\theta - y_1\sin\theta)^2 + (x_1\sin\theta + y_1\cos\theta)^2 = x_1^2 + y_1^2$

18-4. $C = \begin{pmatrix} 5 & -3 & -2 \\ -11 & 4 & -6 \\ -3 & -1 & -1 \end{pmatrix};$

$D = \begin{pmatrix} -7 & 6 & 1 \\ 19 & -2 & 12 \\ 6 & 5 & 5 \end{pmatrix}$

$|A| = 3, |B| = 1, |C| = -117,$
$|D| = 456$

18-8. $R^T R = R R^T = I$ を示す.
18-9. $S^T S = S S^T = I;$
$D = S^{-1} A S = S^T A S = \begin{pmatrix} 2 & 0 & 0 \\ 0 & 1 & 0 \\ 0 & 0 & 0 \end{pmatrix}$ を示す.

D は対角化されている.

18-10. $(AB)_{ij} = \sum_k a_{ik} b_{kj};$
$(AB)^T_{ij} = \sum_k a_{jk} b_{ki} = \sum_k b_{ik} a_{kj}^T = (B^T A^T)_{ij}$

18-11. $(AB)^{-1}(AB) = I,$
$(AB)^{-1} A = B^{-1}, (AB)^{-1} = B^{-1} A^{-1}$

18-12. $\sum_k a_{ik} a_{kj}^T = \delta_{ij} = \sum_k a_{ik} a_{jk}$ から始める.
これで列について和をとることになり, i 行と j 行が直交化される.

18-13. $A^{-1} = A^T$ および $B^{-1} = B^T$ のとき, $(AB)^{-1} = (AB)^T$ になるか. しかし $(AB)^{-1} = B^{-1} A^{-1}$ および $(AB)^T = B^T A^T$ (問題 18-10 および問題 18-11) なので, $B^{-1} A^{-1} = B^T A^T$ になるか. $A^{-1} = A^T$ および $B^{-1} = B^T$ なので, この等式は正しい.

18-15. $|A| = -2, |B| = 18, |AB| = -36,$
$|BA| = -36$

18-16. $A^T A = I$ から始める.
$|A^T| \cdot |A| = 1. |A| = \pm 1$ を示すために $|A^T| = |A|$ を用いる.

18-17. $A^{-1}A = I$ から始める．
$|A^{-1}|\cdot|A| = 1$, すなわち $|A^{-1}| = 1/|A|$ となる．

18-18. $A^\mathsf{T}A = AA^\mathsf{T} = I$ を示す．

18-19. $(14)^{1/2}$

18-20. $(i)(i) + (1)(2) + (i)(i) = 0$

18-21. $A^\mathsf{T} = A^*$ を示す．

18-22. $A^\dagger A = I$ から始めて，$|A^\dagger\|A| = 1$ を示す．$|A^\dagger| = |A^*| = |A|^*$ ならば，$|A|$ の絶対値は1になる．

18-23. $A^\dagger A = AA^\dagger = I$，または $A^\dagger = A^{-1}$ を示せばよい．

18-24.
行：$(2+4i)(-4i) + (-4i)(-2-4i) = 0$；
列：$(2+4i)(4i) + (4i)(-2-4i) = 0$

18-25. $A^\dagger A = AA^\dagger = I$，または $A^\dagger = A^{-1}$ を示す．

18-27. $x_1 = 24/13$, $x_2 = -19/13$, $x_3 = -8/13$

第19章

19-1. $\lambda = 2, 0$；$\boldsymbol{v}_1 = (1, 1)$, $\boldsymbol{v}_2 = (1, -1)$

19-2. $\lambda = 3, -1$；$\boldsymbol{v}_1 = (1, -1)$, $\boldsymbol{v}_2 = (1, 1)$

19-3. $\lambda = (1+\sqrt{5})/2, 1, (1-\sqrt{5})/2$；
$\boldsymbol{v}_1 = ((1+\sqrt{5})/2, 0, 1)$, $\boldsymbol{v}_2 = (0, 1, 0)$,
$\boldsymbol{v}_3 = ((1-\sqrt{5})/2, 0, 1)$

19-4. $\lambda = 2, 1, 0$；$\boldsymbol{v}_1 = (1, 0, -1)$,
$\boldsymbol{v}_2 = (0, 1, 0)$, $\boldsymbol{v}_3 = (1, 0, 1)$

19-11. $x_1(t) = c_1 e^{-t} + c_2 e^{-3t}$；
$x_2(t) = -2c_2 e^{-3t}$

19-12. $x_1(t) = c_1 e^{-t} + c_2 e^{3t}$；
$x_2(t) = -2c_1 e^{-t} + 2c_2 e^{3t}$

19-13. $x_1(t) = 25 e^t/6 - 7 e^{7t}/6$；
$x_2(t) = -5 e^t/6 - 7 e^{7t}/6$

19-14. $x_1(t) = e^{-2t}/3 + 2 e^t/3$；
$x_2(t) = 2 e^{-2t}/3 + e^t/3$；
$x_3(t) = e^{-2t}/3 - e^t/3$

19-15. $x_1(0) = x_2(0)$ のとき，式(19.30)から $b_2 = 0$ および $b_1 = [x_1(0) + x_2(0)]/2$ となる．また，$x_1(0) = -x_2(0)$ のとき，式(19.30)から $b_1 = 0$ および $b_2 = [x(0) - x_2(0)]/2$ となる．

19-16. $x_1 = (y_1 + y_2)/\sqrt{2}$ および
$x_2 = (y_1 - y_2)/\sqrt{2}$ を式(19.22)に代入する

と，$V(y_1, y_2) = k(y_1^2 + 3y_2^2)/2$ が得られる．

19-18. $\omega^2 = 2, 1, 1/2$

19-20. $S = \dfrac{1}{\sqrt{2}}\begin{pmatrix} 1 & 0 & 1 \\ 0 & \sqrt{2} & 0 \\ -1 & 0 & 1 \end{pmatrix}$；

$S^{-1} = S^\mathsf{T} = \dfrac{1}{\sqrt{2}}\begin{pmatrix} 1 & 0 & -1 \\ 0 & \sqrt{2} & 0 \\ 1 & 0 & 1 \end{pmatrix}$

19-22. $D = \begin{pmatrix} 2 & 0 \\ 0 & 0 \end{pmatrix}$

19-23. $D = \begin{pmatrix} -1 & 0 \\ 0 & 3 \end{pmatrix}$

19-24. $D = \begin{pmatrix} 2 & 0 & 0 \\ 0 & 1 & 0 \\ 0 & 0 & 0 \end{pmatrix}$

19-25. $\operatorname{Tr} AB = \sum_{i=1}^n \sum_{j=1}^n a_{ij}b_{ji} = \sum_{j=1}^n \sum_{i=1}^n b_{ji}a_{ij} = \sum_{j=1}^n \sum_{i=1}^n a_{ij}b_{ji}$

$\operatorname{Tr} S^{-1}AS = \operatorname{Tr} SS^{-1}A = \operatorname{Tr} A$

19-26. $\lambda = a+2, a+1, a+1, a-1, a-1, a-2$

第20章

20-8. $\begin{vmatrix} 0 & 1 & 0 & 0 \\ 1 & 1 & 0 & 0 \\ 0 & 1 & 1 & 0 \\ 0 & 0 & 0 & 1 \end{vmatrix} = -1 \neq 0$.

$c_1\boldsymbol{v}_1 + c_2\boldsymbol{v}_2 + c_3\boldsymbol{v}_3 + c_4\boldsymbol{v}_4 = \boldsymbol{0}$ は自明な解のみをもつため，これらのベクトルは線形独立である．

20-9. $\begin{vmatrix} 1 & 1 & 1 \\ 1 & -1 & 1 \\ -1 & 1 & -1 \end{vmatrix} = 0$ より，

$c_1\boldsymbol{v}_1 + c_2\boldsymbol{v}_2 + c_3\boldsymbol{v}_3 = \boldsymbol{0}$ は自明でない解をもつ．これらのベクトルは線形独立でない（$\boldsymbol{v}_2 = -\boldsymbol{v}_3$）．

20-10. $\begin{pmatrix} 1 \\ 0 \\ 2 \end{pmatrix} = c_1\begin{pmatrix} 1 \\ 1 \\ 1 \end{pmatrix} + c_2\begin{pmatrix} 1 \\ -1 \\ -1 \end{pmatrix} + c_3\begin{pmatrix} 3 \\ 1 \\ 1 \end{pmatrix}$ は解をもたない．よって，$(1, 0, 2)$ はこれらのベクトルで張られない．

380　問題解答

20-11. $\begin{vmatrix} 1 & 1 & 1 & 1 \\ 1 & -1 & 1 & -1 \\ 1 & 2 & 3 & 4 \\ 1 & 0 & 2 & 0 \end{vmatrix} = 4 \neq 0$ なので，これらのベクトルは線形独立．

20-12. $(-2, -1, 4)$

20-14. $|\boldsymbol{u} \cdot \boldsymbol{v}| = 1 < 6$

20-15. $\langle f_1, f_2 \rangle = 5/6 < 7^{1/3}/3$

20-18. $u_1 = (1, -1, 0)/\sqrt{2}$, $u_2 = (1, 1, 0)/\sqrt{2}$, $u_3 = (0, 0, 1)$

20-20. $i\boldsymbol{v}_1 = \boldsymbol{v}_3$

20-21. $\begin{vmatrix} 1 & 0 & 0 \\ 1 & i & 1 \\ -i & 1 & -1 \end{vmatrix} = -2i \neq 0$. これらのベクトルは線形独立．

20-22. (a) $(1+i)(2+i) = 1 + 3i$；
(b) $2i(2+i) = -2 + 4i$

20-23. $\begin{vmatrix} 1 & 0 & 0 & 1 \\ 0 & 1 & -i & 0 \\ 0 & 1 & i & 0 \\ i & 0 & 0 & -1 \end{vmatrix} = 2 - 2i \neq 0$. これらのベクトルは線形独立．

20-24. (a) $\langle \boldsymbol{u} | \boldsymbol{v} \rangle = -i - 2$, $\langle \boldsymbol{v} | \boldsymbol{u} \rangle = i - 2$；
(b) $\langle \boldsymbol{u} | \boldsymbol{v} \rangle = 2i$, $\langle \boldsymbol{v} | \boldsymbol{u} \rangle = -2i$

20-25. $\langle \boldsymbol{u} | i\boldsymbol{v} \rangle = i - 2i = -i = i\langle \boldsymbol{u} | \boldsymbol{v} \rangle$；
$\langle i\boldsymbol{u} | \boldsymbol{v} \rangle = -i + 2i = i = i^{*}\langle \boldsymbol{u} | \boldsymbol{v} \rangle$

第21章

21-1. それぞれのコイン投げは独立事象である（試行がそれまでの結果の影響を受けない）．つまり，コインの表が10回出た後のコイン投げで，表が出る確率と裏が出る確率は（前の結果の影響を受けないので）まったく同じである．

21-2. n 人中の集団のなかの二人が同じ誕生日でない確率は，
Prob $=$
$$\frac{365}{365} \times \frac{364}{365} \times \cdots \times \frac{365 - n + 1}{365} = \frac{365!}{(365)^n(365 - n)!}$$
で与えられる．二人以上の人が同じ誕生日となる確率は $1 - \text{Prob}$ となる．$n = 50$ のとき，同じ誕生日の人がいる確率は 0.9704 である．この確率が $1/2$ より大きくなる最小の n は，$n = 23$ である．

21-5. $\langle m \rangle = np$ および $\sigma_m^2 = np(1 - p)$

21-6. 二項分布を用いる：
$p_1 = 14!/13!1!\, (1/2)^{14} = 8.54 \times 10^{-4}$

21-7. それぞれの行にある数字は，その上にある二つの数字の和となっている；
$x^5 + 5x^4y + 10x^3y^2 + 10x^2y^3 + 5xy^4 + y^5$

21-8. $9!/3!6! = 84$

21-9. $\langle m \rangle = a$ および $\sigma_m^2 = a$

21-10. 平均 $a = 4.3$ としてポアソン分布を用いる：$p_0 = e^{-4.3} = 0.0136$；$\text{Prob}(m > 5) = 1 - p_0 - p_1 - p_2 - p_3 - p_4 - p_5 = 0.263$

21-11. 平均 $a = 6.7$ としてポアソン分布を用いる：$p_6 + p_7 = 0.303$

21-12. 1.12×10^{-5}

21-14. $c = \lambda$, $\langle x \rangle = 1/\lambda$, $\sigma_x^2 = 1/\lambda^2$, $\text{Prob}\{X > a\} = e^{-\lambda a}$

21-15. $I_1(\alpha) = \pi^{1/2}/2\alpha^{3/2}$,
$I_2(\alpha) = 3\pi^{1/2}/4\alpha^{5/2}$

21-16. $3\sigma^4$

21-18. $\sigma_x = a\left(\dfrac{1}{12} - \dfrac{1}{2n^2\pi^2}\right)^{1/2} < a$
$n = 1, 2, \ldots$

21-19. $1/2$

21-20. $\langle v \rangle = (8k_BT/\pi m)^{1/2}$

21-21. $\left\langle \dfrac{1}{2}mv^2 \right\rangle = \dfrac{m}{2}\langle v^2 \rangle = \dfrac{3}{2}k_BT$

21-22. $\langle v_x \rangle = 0$ および $\langle v_x^2 \rangle = k_BT/m$

21-23. $\text{Prob}\{-v_{x0} \leq V_x \leq v_{x0}\} = \text{erf}(w_0)$
$\text{Prob}\{-(2k_BT/m)^{1/2} \leq V_x \leq (2k_BT/m)^{1/2}\} = \text{erf}(1) = 0.8427$

21-24. $\text{Prob}\{V_x \geq +(k_BT/m)^{1/2}\} = 1 - \text{erf}(1/\sqrt{2}) = 0.3173$ および
$\text{Prob}\{V_x \geq +(2k_BT/m)^{1/2}\} = 1 - \text{erf}(1) = 0.1573$

21-26. $\langle \varepsilon \rangle = 3k_BT/2$

第22章

22-3. 式(22.3) の一つ目の式を参照する．

22-4. $S \geq 0$ なので $s_y^2 \geq s_{xy}^2/s_x^2$

22-5. 標本の組が直線上にあれば $S = 0$. したがって，$s_{xy}^2 = s_x^2 s_y^2$（問題22-4），すなわち $s_{xy} = \pm s_x s_y$, すなわち $r = \pm 1$（式(22.11)）．

22-6. XとYが独立であれば，
$\sigma_{XY} = E[X - \langle x \rangle]E[Y - \langle y \rangle] = 0 \cdot 0$

22-7. $y = 0.09074 + 2.0288x$

22-8. $0.09074 - (1.960)(0.2279) < \alpha <$
$0.09074 + (1.960)(0.2279)$
$2.0288 - (1.960)(0.09719) < \beta <$
$2.0288 + (1.960)(0.09719)$

22-9. $r = 0.9832$

22-10. $\eta_{sp}/c = 8.885 + 14.964c$

22-11. $8.885 - (2.576)(0.1452) < \alpha <$
$8.885 + (2.576)(0.1452)$
$14.964 - (2.576)(0.2454) < \beta <$
$14.964 + (2.576)(0.2454)$

22-12. 問題22-7のデータの場合，
$0.9351 < \rho < 0.9957$．問題22-10のデータの場合，$0.9926 < \rho < 0.9998$．

22-13. $\phi_s = -1.3208 + 3.2513\nu$

22-14. $-1.3208 - (1.645)(0.8255) < \alpha <$
$-1.3208 + (1.645)(0.8255)$
$3.2513 - (1.645)(1.5517) < \beta <$
$3.2513 + (1.645)(1.5517)$

22-15. $0.0396 < \rho < 0.9071$

22-16. $\ln P = 20.61 - \dfrac{5201.9}{T}$

22-17. $20.612 - (2.810)(0.04345) < \alpha <$
$20.612 + (2.810)(0.04345)$
$-5201.9 - (2.810)(13.848) < \beta <$
$-5201.9 + (2.810)(13.848)$

22-19. $V = (709.9 \pm 6.8) \text{ cm}^3$

22-20. $P = (0.0801 \pm 0.0051) \text{ bar}$

第23章

23-1. 0.8596

23-2. 1.4142

23-3. 4.965

23-4. 0.6148

23-5. 0.077796

23-6. 0.07498

23-9. 台形近似の場合，$n > 40$；シンプソン近似の場合，$m \approx 6$

23-10. 台形近似の場合，$n > 130$；シンプソン近似の場合，$m > 10$

23-11. $n > 14$ および $I = 0.88623$

23-13. > 76, 1.341

23-14. > 70, 1.2021

23-15. $\approx 4\,000\,000$, 2.611

23-16. > 16, 54.5981

23-17. > 9, 0.135

23-18. $x_1 = 13/12$, $x_2 = 7/12$, $x_3 = -7/12$

23-19. $x = 11$, $y = -4$, $z = 3$

23-20. 解はない．係数の行列式が0となることに着目する．

23-21. 解はない．係数の行列式が0となることに着目する．

23-22. 解はない．係数の行列式が0となることに着目する．

23-23. $x = 17/13$, $y = -2/3$, $z = 4/3$

索　引

あ

アインシュタインの比熱の理論　42
アークコサイン ⇨ 逆余弦
アークサイン ⇨ 逆正弦
アークタンジェント ⇨ 逆正接
アボガドロ定数　326,327
鞍　点　163,176

い

位相角　80
位置エネルギー（弦）　234
一次元波動方程式　187,233
一変数関数　1-28
一様分布　330
一階微分方程式　71,72
　　壊変過程　74
　　化学反応過程　74
　　溶液の希釈　75
一価関数　1,15
一酸化炭素のモル熱容量　340
一般解　78,222
井戸型ポテンシャル　24
陰関数　11
インダクタンス　81

う

ウィーンの変位則　16
ウンゼルトの定理　250
運動エネルギー
　　――演算子　151,156
　　気体の――　52
　　弦の――　234

運動方程式　294
　　調和振動子の――　80
　　ニュートンの――　82,89,199,200,203,249,292
運動量　203
　　――演算子　154,156
　　物体の――　81

え

永年行列式　260
永年方程式　260,261,283
x の関数　2
エネルギー（基底状態）　250
FFT ⇨ 高速フーリエ変換
FT-IR ⇨ フーリエ変換赤外分光
FT-NMR ⇨ フーリエ変換核磁気共鳴
エラー関数 ⇨ 誤差関数
エルミート演算子　154-161,285,286
エルミート共役　276
エルミート行列　276,279,285-288
エルミート多項式　112-115,117
　　調和振動子　112
エルミート内積　313
円運動　199
円関数　2
演算子　147-161
　　――の交換子　151-154
　　位置――　147
　　エルミート――　147,154-161,285,286
　　運動エネルギー――　147
　　運動量――　147
　　角運動量――　147
　　恒等――　153
　　勾配――　189,200

384　索　引

発散―― 189, 202
　ハミルトン―― 147, 235
　平滑化―― 28
　ラプラス―― 160, 202, 209, 235
エントロピー 166, 174

お

オイラーの公式 65-70, 131
オイラーの定理 173-175, 185
オービタル（水素原子） 212, 213
重み関数 111-113, 115, 117

か

解 71, 349-352
　完全―― 97
　級数―― 91-101
　自明な―― 83, 221, 259
　振動―― 80-85
　特殊 79
　微分方程式の級数―― 91-101
　フーリエ級数―― 226-228
　方程式の―― 349
　ルジャンドル方程式の一般―― 99
　ルジャンドル方程式の級数―― 95-101
回帰式（直交多項式） 113
回帰分析 337-348
階　乗 48, 49, 58, 69, 327
階数（微分方程式） 71
階数低下 79, 102
階段型 362
壊　変 324
　――過程 74
ガウスの消去法 359-364
ガウス分布 ⇨ 正規分布
化学反応過程 74
化学ポテンシャル 175
可　換 268
角運動量 198, 203
拡散定数 201
角速度 67
拡大係数行列 361-364
確　率 317-336
　エントロピーの分子論 317

気体分子の運動論 317
確率分布 330
確率変数 318, 332, 336, 337, 342
確率密度 318
カージオイド曲線 207, 208
換算質量 238, 249
関　数 2
　――の連続性 5
慣性モーメント 249
完全解 97
完全微分 170, 185, 187
ガンマ関数 47-49, 58

き

幾何級数 ⇨ 等比級数
規格化 56, 83, 111, 139, 158, 194, 212, 236, 275, 283, 311
　――定数（ルジャンドル陪関数） 242
　波動関数の―― 143
規格直交化 111, 159, 194, 274, 310
規格直交関数 158
規格直交条件 158, 247
　ルジャンドル多項式 241
奇関数 5, 19, 104
希　釈 75, 88
基準振動 224, 293
　――の重ねあわせ 224-226
気体の運動エネルギー 52
気体分子
　――の運動論 58, 336
　――の速度 58, 335
基　底 306
基底関数 281
　――系 281
基底状態
　――のエネルギー 250
　――の波動関数 250
基底の組 ⇨ 基底
軌道 ⇨ オービタル
ギブズエネルギー 186
基本変形 361
逆関数 3
逆行列 270-273
逆数の一致 185
逆正弦 207

索引　385

逆正接　*206*
逆余弦　*207*
キャパシタンス　*81*
球座標　*209-216*
　　——系　*210,283*
級　数　*29-45*
　　——の和　*356-358*
　　——法　*92-95*
　　結晶のモル熱容量の温度依存性　*42*
　　調和振動子の平均振動エネルギー　*36,44*
級数解（微分方程式）　*91-101*
球対称　*212*
球面調和関数　*243-245*
境界条件　*83,220,222,236*
境界値問題　*83*
境界密度関数　*333*
強電解質水溶液　*40*
　　——の浸透圧　*40*
共分散　*333*
行　列　*263-279*
　　——代数　*263*
　　——の対角化　*295-298*
　　——要素　*252,264,282*
行列式　*251-262*
　　——の性質　*254-256*
　　——の定義　*251-254*
極形式　*64-68*
極　限　*5,17,29-45*
　　結晶のモル熱容量の温度依存性　*42*
極限速度　*89*
極座標　*205-209*
極　小　*11,175-179*
極　大　*11,175-179*
極　値　*11-15*
虚　数　*61*
虚数部　*62*

く

偶関数　*5,19,104,135*
グラジエント演算子 ⇨ 勾配演算子
グラム–シュミットの直交化　*111,159,288,310*
クラメールの規則　*257-262*
クロス積 ⇨ ベクトル積
クロネッカーのデルタ　*107,116,158,227*
クーロンポテンシャル　*165,245*
群　論　*68*

け

係数行列　*360*
係数拡大行列　*361*
結合確率分布　*332-333*
結合確率密度　*332*
結　晶
　　——のモル熱容量の温度依存性　*42*
結晶学　*68*
ケーリー–ハミルトンの定理　*299*
原子スペクトル　*246*
減衰調和　*84*

こ

光　学　*68*
交換可能　*152,192*
交換子　*153*
　　演算子の——　*151-154*
交換不可能　*152*
交項級数　*358*
交差微分　*169*
合成関数　*10*
高速フーリエ変換　*142*
剛体回転子　*238-245*
剛体球　*28*
光電効果　*347*
恒等演算子　*153*
恒等行列 ⇨ 単位行列
恒等変換　*270*
勾配演算子　*189,200*
勾配ベクトル　*200*
互　換　*269*
黒体放射　*39,365*
　　——の法則　*15,16,28,29*
コサイン関数 ⇨ 余弦関数
誤差関数　*25,51-53,353*
　　気体の運動エネルギー　*52*
誤差の伝搬　*345*
古典的許容振幅　*59*
古典的波動方程式　*219,220*

386　索　引

固有角振動数　83
固有関数　149, 150, 314
固有行列式 ⇨ 永年行列式
固有値　149, 281, 285–288
　──問題　149, 281–300
固有ベクトル　281, 283–288
固有方程式 ⇨ 永年方程式
根 ⇨ 解

さ

サイクロトロン振動数 ⇨ ラーモア振動数
最小二乗直線　339, 340
最小二乗法　338
サイン関数 ⇨ 正弦関数
三角関数　2
三角恒等式　9
　──の導出　66, 67
三角不等式　204, 309
三次元空間　305, 306
三重スカラー積　197

し

CAS　22, 86, 184
仕　事　194
仕事率（輻射による）　143, 144
指数関数　3
実数部　62
質量密度（直線）　329
自明な解　83, 221, 259
周　期　3
　──関数　3
収　束　26, 28, 30–34
　──区間　34, 102
従属変数　2, 220
終端速度　88
縮重 ⇨ 縮退
縮　退　150, 237
縮退度　245
シュレーディンガー方程式　83, 219, 233, 235–250, 281, 282
シュワルツの不等式　70, 204, 309, 314, 315
蒸気圧（水）　337, 347
衝撃力　55

象　限　65
状態関数　170
状態方程式（理想気体）　169, 185, 348
常微分方程式　71–89
初期値問題　75
初等関数　47, 353
示量性　174
進行波　226, 233
心臓形曲線 ⇨ カージオイド曲線
浸透圧　40
振動解　80–85
　インダクタンス　81
　キャパシタンス　81
　振り子　81
　粒子の運動　81
振動スペクトル　117, 144
振　幅　80, 219
シンプソン近似　354, 355, 365
信頼区間　340
信頼度水準　341, 344

す

水素原子　28, 58, 112, 245–248
　──オービタル　212, 213
　──の波動関数　247
水平曲線　200
数式処理システム ⇨ CAS
数値解析　112
数値計算法　349–366
スカラー積　192
スターリング近似　327, 334
ステファン-ボルツマンの法則　28
スピン行列（パウリ）　316
スピンフリップ共鳴振動数　140

せ

正規直交化 ⇨ 規格直交化
正規分布　56, 136, 137, 330–332
　──関数　56, 136, 137
正弦関数　2
制限関数　55
　衝撃力　55
　電圧ノイズ　55
制限比較判定法　33

索　引

斉　次　　77, 257, 360
　——関数　　173
　——線形微分方程式　　77
静止電位　　347
生成関数　　106
　直交多項式の——　　114
正接関数　　3
静電ポテンシャル　　116, 165, 201, 204
正の定符号性　　307
成　分　　191
積　分　　17-28
　剛体球　　28
　水素原子　　28
積分関数　　47-59
絶対値　　62
節　線　　232
ゼロベクトル　　302
漸化式　　93, 94, 101
漸近近似　　327
線　形　　10
　——依存　　78, 304
　——演算子　　148-151
　——回帰分析　　338-342
　——結合　　78, 99
　——相関　　343
　——独立　　78, 304-307
　——微分演算子　　77
　——微分方程式　　71-79
　——偏微分方程式　　220
全微分　　167-170

そ

相関関係　　343
相関係数　　333, 338, 347
相関分析　　337-348
双極子モーメント　　195, 204
双曲線正弦関数　　4
双曲線余弦関数　　4
相互作用のポテンシャルエネルギー　　195
相似変換　　296
相補誤差関数　　53
総和記号　　322
総和の添字　　92
測定誤差の伝搬　　345, 346
速度式　　88

た

対角化　　295-298
対角行列　　270, 297
対角要素　　270
台形近似　　354, 355, 365
対称行列　　271
代数学の基本定理　　61
代数関数　　2
対数関数　　2
第二法則（ニュートン）　　81
ダイバージェンス演算子 ⇨ 発散演算子
大標本手順　　344
多価関数　　1
多項係数　　326
多項分布　　326-328
多重積分　　179-184
多変数関数　　163-184
ダミー変数　　18
ダランベールの収束判定法 ⇨ 比判定法
単位球の表面積　　210, 213
単位行列　　270
単位ベクトル　　67, 190
タンジェント関数 ⇨ 正接関数

ち

チェビシェフ多項式（数値解析）　　112
力　　194
中心極限定理　　332
超越関数　　2
調和振動　　89, 117, 224, 225
　——方程式　　89
調和振動子　　31, 112
　——の運動方程式　　80
　——のエネルギー　　44
　——の角振動数　　81
　——の平均振動エネルギー　　36, 44
直　交　　98, 194, 309
　——関数　　119-128
　——行列　　273-275
　——変換　　274
直交座標　　58, 205, 206
　——系　　190, 191
直交多項式　　103-118

──の回帰式　113
──の生成関数　114
──の積分条件　114, 115
──の微分方程式　115

つ

通常点　101

て

抵抗率　338
定在波 ⇨ 定常波
定常波　225
定積分　19
テイラー級数　45, 102, 345
ディラックのデルタ関数　53–58, 116, 140, 332
──のふるい分け　55
デバイ温度　355
デバイの T^3 則　45
デバイ理論　45, 355
デュロン–プティの極限　42
デュロン–プティの法則　43, 45
デルタ関数 ⇨ ディラックのデルタ関数
電圧ノイズ　55
転置行列　271
伝搬（測定誤差）　345, 346

と

等温膨張　173
等　価　298
──行列　361
──な系　361
導関数　8
統　計　337–348
動径方程式　246
等速運動　199
等比級数　30
特異行列　269, 272
特異積分　25–27
特殊解　79
特性行列式 ⇨ 永年行列式
特性振動　293
特性方程式 ⇨ 永年方程式

独立（確率変数）　333
独立変数　2, 220
ドット積 ⇨ スカラー積
凸の関数　12
ド・モアブルの公式　69
トレース　300

な

内　積
──空間　307–314
ベクトル空間の──　314
内部エネルギー　173, 174

に

二階微分方程式　71
二階偏微分　163, 223
二原子分子　117
──の振動スペクトル　117
──の分配関数　31
──のモデル　59
二項級数　38
二項係数　321
二項定理　322
二項展開　38
二項分布　322, 334
二次モーメント ➡ 分数
二重積分　143, 334
流体の統計力学　183
ニュートン
──の運動方程式　82, 88, 199, 200, 203, 249, 292
──の第二法則　81
ニュートン–ラフソン法　350–352, 365

ね

熱伝導率　201
熱力学第一法則　173
熱力学方程式　172, 185
熱流量　201

の

ノルム　276, 308, 312, 315

索引 389

は

倍音　224, 225
ハイゼンベルクの不確定性原理　138, 140
ハイパボリックコサイン関数 ⇨ 双曲線余弦関数
ハイパボリックサイン関数 ⇨ 双曲線正弦関数
パウリのスピン行列　316
パーシバルの定理　142-145
パスカルの三角形　334
発散　3, 26, 30
発散演算子　202
波動関数　145, 235
　——の規格化　143
　基底状態の——　250
　水素原子の——　247
　粒子の——　83, 138, 158, 236
波動方程式
　一次元——　187
　古典的——　219-234
ばね定数　59, 81, 292, 294
ハミルトン演算子　147, 235, 314
バリアンス ⇨ 分散
張る　305
反復公式　351
反復積分　180

ひ

p 検定　27, 28
非斉次　77, 257
非正則行列 ⇨ 特異行列
微積分の基本定理　19-21, 352
非相関　333
ピタゴラスの定理　309
左側極限　7
比粘性率　347
比判定法　32
微分　1-16
微分方程式　71, 95
　——の級数解　91-101
　直交多項式の——　115
ヒュッケルの分子軌道法　254, 259, 261, 300
標準偏差　319, 346

標本　340
　——共分散　339
　——相関係数　342
　——分散　339
表面積（単位球）　210, 213
ヒルベルト空間　314

ふ

ファンデルワールス気体　185
ファンデルワールス方程式　164, 166, 185
フィックの拡散法則　201
不確定性原理　335
　ハイゼンベルクの——　138, 140
不完全微分　170
輻射による仕事率　143, 144
複素共役　62
複素数　61-70
　——の極形式（三角恒等式の導出）　66, 67
複素内積空間　311-314
複素表現（フーリエ級数）　133
複素フーリエ級数　128, 129
複素平面　62-65
節　225
フックの法則　81
不定形　9, 41
不定積分　19, 20
部分空間　315
部分積分　21
部分和　30
不変　204
フーリエ級数　109, 119-132
　——の複素表現　133
　——解　226-228
　——の収束　129-130
フーリエ係数　120, 126, 226
フーリエの積分定理　133, 134
フーリエの法則　201
フーリエ変換　133-146
　——核磁気共鳴　137, 140
　——赤外分光　140
　——対　134-140
　高速——　142
　波動関数の規格化　143
フーリエ–ルジャンドル級数　107

振り子　*81*
ふるい分け（デルタ関数）　*55*
不連続　*7*
　——性　*5*
不連続関数
　井戸型ポテンシャル　*24*
　相転移　*5*
　ヘビサイドの階段関数　*7*
フロビニウスの方法　*100*
分光学　*140–142*
分　散　*319*
分子軌道法（ヒュッケル）　*254, 259, 261, 300*
分配関数（二原子分子）　*31*
分離定数　*221*

へ

平滑化演算子　*28*
平均収束　*115*
平均値　*318*
平均二乗誤差　*110*
平均ポテンシャルエネルギー　*117*
平均密度　*346*
平面極座標　*58, 205–218*
べき級数　*34–36, 38*
　強電解質水溶液の浸透圧　*40*
ベクトル　*189–204, 301*
　——積　*192, 195, 196*
　——の掛け算　*192–200*
　——の微分　*200–202*
　——の表現　*189–192*
　位置——　*189*
　運動量——　*189*
　速度——　*189*
　力——　*189*
ベクトル空間　*301–316*
　——の公理　*301*
　——の内積　*314*
　——の公理　*302*
　——の次元　*306*
　実——　*302*
　複素——　*302, 314*
　ユークリッド——　*302, 307, 315*
ベータ関数　*49–51*
ベッセル関数　*91*

ベッセル不等式　*117*
ベッセル方程式　*91*
ヘビサイドの階段関数　*7, 109*
ベルヌーイのレムニスケート曲線　*217*
ヘルムホルツエネルギー　*166, 185*
ヘルムホルツ式　*250*
変曲点　*12*
平均運動エネルギー　*335*
変数分離法　*220–224*
偏微分　*163–167*
　——の連鎖法則　*170–173*
偏微分方程式　*71, 220*

ほ

ポアソン分布　*323, 324*
　銀河の分布　*325*
　神経活動電位の伝達　*325*
ボーア半径　*247*
方形波　*124*
母集団　*340*
補助方程式　*78*
母相関係数　*343, 344, 347*
ポテンシャルエネルギー　*59, 82, 195, 292*

ま　行

マクスウェルの関係式　*167, 186*
マクスウェル-ボルツマン分布　*335*
マクローリン級数　*36–38, 42, 45, 94, 106, 109*

右側極限　*7*
右手座標系　*190, 191*
水の蒸気圧　*337, 347*

無限級数　*30–34, 99, 107*

面積素片　*179, 207, 208*

モード行列　*296*
モーメント　*319*
モルエントロピーの温度依存性　*5*
モル熱容量　*42, 45, 340, 355*
　一酸化炭素の——　*340*
　結晶の——　*42, 45, 355*

索引

や 行

ヤコビ行列式　218

ユークリッドベクトル空間　302, 307, 315
ユニタリー行列　276-277, 279

余因子　252
　——行列　272
余因数 ⇨ 余因子　252
溶液の熱力学的なエネルギー　40
余弦関数　3
余弦変換　135, 145

ら 行

ライプニッツの規則　28
ラゲール多項式　112, 117, 118, 247
　水素原子　112
ラゲール陪多項式　112, 117, 247, 250
ラプラシアン ⇨ ラプラス演算子
ラプラス演算子　160, 202, 209, 235
ラプラス方程式　165, 185, 215
ラーモア振動数　200

力学的なポテンシャルエネルギー　201
離散分布　317-326
理想気体の状態方程式　169, 185, 348
立体角　213
リーマン積分　17
リーマン和　17
粒子の運動　81
流体の統計力学　183
量子化　237
量子力学　147
量子力学的な調和振動子　31, 36, 44, 59, 117
臨界点　11, 163, 179

ルジャンドル多項式　91, 98, 103-110, 241
　規格直交条件　241
　——の直交条件　105
　——の生成関数　106
ルジャンドル陪関数　241, 242, 249
　規格化定数　242
ルジャンドル方程式　91, 95-101, 241
　——の一般解　99
　——の級数解　95-101

列ベクトル　273
レムニスケート曲線（ベルヌーイ）　217
連鎖法則　10, 170-173
連続関数　5-9
　区分的——　23
連続分布　329-332
連立一次方程式　359-364

ロドリーグの公式　118, 250
ロピタルの定理　41, 42, 45
ローレンツ関数　141, 145

記 号

$\cos$ ⇨ 余弦関数
$\cos^{-1}$ ⇨ 逆余弦
$\cosh$ ⇨ 双曲線余弦関数
$\mathrm{erfc}(x)$ ⇨ 相補誤差関数
$\mathrm{erf}(x)$ ⇨ 誤差関数
$F(x)$　2
$\sin$ ⇨ 正弦関数
$\sin^{-1}$ ⇨ 逆正弦
$\sinh$ ⇨ 双曲線正弦関数
$\tan$ ⇨ 正接関数
$\tan^{-1}$ ⇨ 逆正接
Σ ⇨ 総和記号
!!（二重階乗）　58, 95

訳 者 紹 介

藤 森 裕 基　日本大学文理学部化学科　教授
　　　　　　　東京工業大学　博士（理学）
　　　　　　　専門：物性物理化学
松 澤 秀 則　千葉工業大学工学部教育センター　教授
　　　　　　　慶應義塾大学　博士（理学）
　　　　　　　専門：理論化学・ナノ構造科学
筑 紫 　 格　千葉工業大学工学部教育センター　教授
　　　　　　　大阪大学　博士（理学）
　　　　　　　専門：物性化学物理

マッカーリ化学数学

　　　　　　　平成26年3月25日　発　　　行
　　　　　　　令和7年2月25日　第8刷発行

　　　　　藤　森　裕　基
訳　者　　松　澤　秀　則
　　　　　筑　紫　　　格

発行者　　池　田　和　博

発行所　　丸善出版株式会社

〒101-0051　東京都千代田区神田神保町二丁目17番
編集：電話(03)3512-3263／FAX(03)3512-3272
営業：電話(03)3512-3256／FAX(03)3512-3270
https://www.maruzen-publishing.co.jp

© Hiroki Fujimori, Hidenori Matsuzawa, Itaru Tsukushi, 2014

組版印刷・創栄図書印刷株式会社／製本・株式会社　松岳社

ISBN 978-4-621-08810-4 C 3043　　　Printed in Japan

本書の無断複写は著作権法上での例外を除き禁じられています．